# DOMINIC OLIVASTRO

# DAS CHINESISCHE DREIECK

# DOMINIC OLIVASTRO

# DAS CHINESISCHE DREIECK

## Die kniffligsten mathematischen Rätsel aus 10 000 Jahren

Aus dem Amerikanischen
von Michael Schmidt

Zweitausendeins

Originaltitel: Ancient Puzzles
Originalverlag: Bantam Books, New York

König Neferkire hat angefangen,
mit seinen Fingern zu zählen.
*Das Buch der Toten*


Meiner Mutter Mary
und meinem Vater Manfredo…
… und König Neferkire

# Inhalt

# Einleitung

Am einfachsten wäre es gewesen, ein Buch mit dem Titel *Die klassischen Rätsel aller Zeiten* zu schreiben sowie ein zweites Buch: *Die Geschichte der klassischen Rätsel.* Das vorliegende Buch ist weder das eine noch das andere. Es versucht vielmehr, beide zu einem einzigen Werk zu verbinden. Das birgt natürlich das Risiko, daß ich Leser enttäusche, die nur an einem der beiden Bücher interessiert wären, aber ich hoffe doch sehr, mit meinem Buch jedem etwas zu bieten.

Schon seit meiner frühen Jugend sind alte Rätsel meine ganze Leidenschaft. Wie viele Amerikaner meiner Generation bin ich mit Martin Gardners allmonatlich im *Spektrum der Wissenschaft* erscheinendem Beitrag über Zahlenspiele groß geworden, und sobald ein bestimmtes Rätsel meine Aufmerksamkeit erregt hat, habe ich unglaublich viel Zeit damit verbracht, in öffentlichen Bibliotheken herumzustöbern, um seinen Ursprung herauszufinden. Oft tauchte das Rätsel dann in den Papyrushandschriften auf, die ein Schreiber eines Pharaos verfertigt hatte, oder auch in den Briefen eines mittelalterlichen Mönchs – in solchen Fällen wurde aus dem Rätsel, das zunächst nichts weiter als interessant gewesen war, so etwas wie eine Reliquie. Viele dieser alten Schriften besitzen eine Art von zeitlosem Zauber, was wohl vor allem damit zusammenhängt, daß es den Verfassern gelungen ist, hinter einfachen Dingen wunderbare Geheimnisse zu entdecken. Man denke nur an die Geschichte von Evas Aufenthalt im Paradies: Der Autor hält sie für nichts Geringeres als den Ursprung des Lebens und der Sünde – doch das Ganze spielt sich ganz unspektakulär ohne Blitz und Donner ab. Am Anfang ist da nichts weiter als ein Knochen, am Ende ein Baum. Alle tiefe und unvergängliche Literatur arbeitet mit solch schlichten Elementen. Ich hoffe, dieses Buch hat etwas von diesem Zauber eingefangen. Mit Sicherheit bietet es genügend Rätsel, die jeden faszinieren, insbesondere Neulinge; aber auch Experten oder Leute, die sich eigentlich kaum etwas daraus machen, Rätsel zu lösen, werden in den anekdotischen Abschnitten Stoff zum Nachdenken finden.

Wenn wir die Überreste uralter Rätsel ausgraben, sind wir so etwas wie Archäologen der Logik. Dabei können wir zwei Erfahrungen machen, die etwa so lohnend sind wie die Entdeckung einer versunkenen Stadt: Zum einen stoßen wir vielleicht auf ein modernes Rätsel, das zu einem fast unwahrscheinlich frühen Zeitpunkt nur geringfügig anders formuliert war. Zum andern finden wir vielleicht ein totes Rätsel, das heute kaum noch problematisch ist, aber einer vergangenen Kultur ungeheuer viel Kopfzerbrechen bereitet hatte. Die Ägypter beispielsweise hatten große Mühe, fünf Laib Brot unter drei Arbeitern aufzuteilen. Ist dieser Rätseltyp uninteressant? Im Hinblick auf unsere modernen Problemlösungsmethoden zweifellos. Doch keineswegs für jemanden, der sich für die Entwicklung dieser Methoden interessiert. In unserem modernen Zahlensystem ist bereits die Darstellung des Problems seine Lösung: 5 geteilt durch 3 ist eben $\frac{5}{3}$. Aber die Ägypter hatten unser Zahlensystem noch nicht.

In solchen Fällen ist es wichtig, sich genau vorzustellen, welche Vorgehensweise die Menschen damals bei der Lösung ihrer Probleme hatten, auch wenn wir dabei gezwungen sind, auf unsere erprobten und bewährten Methoden zu verzichten. Ein Problem auf diese Weise zu lösen, also ohne die notwendigen Hilfsmittel, ist wirklich eine sehr schwierige Aufgabe – etwa wie Denken ohne Sprache. Aber es lohnt sich, weil es eine ganze Menge über Denken und Sprache vermittelt.

So etwas wie eine erste Vorstufe zu diesem Buch stellte ein Beitrag dar, den ich für *The Sciences* schrieb, diese wunderbare, lebendig und – was heutzutage nicht selbstverständlich ist – höchst sorgfältig gemachte populärwissenschaftliche Zeitschrift.* Schon als ich diesen Artikel schrieb, kam mir die unvermeidliche Frage in den Sinn: Warum gibt es überhaupt Rätsel? Für manche Leute ist das wie mit der Fahrt auf einer Achterbahn: Wir erfinden Probleme, die in der wirklichen Welt nicht existieren – und die unser Leben auch nicht bereichern, wenn wir sie lösen –, und zwar nur zu unserem Vergnügen, eben wie eine Berg-und-Tal-Fahrt bei halsbrecherischer Geschwindigkeit, die uns nirgendwo hinbringt. Ich stelle mir das lieber wie bei dem ersten primitiven Zimmermann vor. Gerade hat er den ersten Hammer erfunden. Doch leider lebt der arme Kerl in einem Dorf aus lauter Grashütten, so daß er seine handwerklichen Fähigkeiten nirgendwo in seiner näheren Umgebung erproben kann. Zum Zeitvertreib haut er ein paar verrückte windschiefe Holzgebilde zusammen, nur damit er sich mit seinem Hammer austoben kann. Niemand hat ihn dazu aufgefordert, sie zu bauen, niemand kann sie gebrauchen. Diese Gebilde sind Schrott, doch für den Zimmermann haben sie eine wichtige Bedeutung, und wenn man dies nicht versteht, könnte man ihn, der eigentlich ein Genie ist, nur für einen Irren halten.

Rätsel sind sozusagen logischer Schrott. Sie tauchen auf, sobald unser Denken jedes Problem in der wirklichen Welt erledigt hat, über das man

* »A Sampler of Ancient Conundrums«, in: *The Sciences*, Jan./Feb. 1990.

sich Gedanken machen muß. Sie sind sinnlos, unrentabel, unbrauchbar, dumm, bedeutungslos, irrelevant – aber ohne sie wären manche hochintelligenten Menschen nichts weiter als Irre.

Der Hammer in unserem Bild ist das Zahlensystem: die zehn Ziffern 0, 1, 2, 3, 4, 5, 6, 7, 8, 9 sowie die Schreibweise, nach der der Wert einer Ziffer von ihrer Position in der Zahl abhängt. In der Zahl 110 beispielsweise stellt die mittlere 1 den Wert 10 dar, die 1 ganz links hingegen 100. Als Kind habe ich gelernt, dies das »Hindu-arabische Zahlensystem« zu nennen, eine Bezeichnung, die in etwa auch auf seinen historischen Ursprung verweist. Später entschied man sich dafür, den Zahlen einen zweckmäßigen Namen zu geben, und so verloren sie ihre kulturelle Basis. Die meisten Leser haben vermutlich gelernt, einfach vom Stellenwert- oder Dezimalsystem zu sprechen. Im Laufe der Entwicklungsgeschichte des Menschen hat es nichts anderes gegeben, was so folgenreich war – weder das Rad noch das Feuer, noch die Kernenergie. In unserer ein wenig übersättigten Zeit meinen wir, daß unsere Zahlen nichts weiter als eine Zählhilfe sind und sich von irgendeinem anderen Zahlensystem nicht unterscheiden. Aber die Art und Weise, wie wir unsere Zahlen von 0 bis 9 abzählen, dann eine Stelle weiterrücken und wieder von 0 bis 9 zählen, ist tatsächlich eine außergewöhnliche Erfindung, die imstande ist, das rein logische Funktionieren der Welt widerzuspiegeln. Darum ist es gar nicht so weit hergeholt, wenn man sagt, die Geschichte der Rätsel und Probleme sei die Geschichte der Menschheit, die sich seit der Antike allmählich zum Stellenwertsystem »hinhangelt«. Wenn es sich anbot, habe ich in jedem Kapitel auch die Zahlen und die mathematische Methode aufgeführt, mit deren Hilfe man einst die in diesem Kapitel behandelten Probleme gelöst hat. Das macht die Rätsel lebendiger und bringt vielleicht ein wenig von der verlorengegangenen Geschichte zurück.

Dieses Buch soll eigentlich Vergnügen bereiten, aber die Einleitung jedes Buches, selbst von einem, das nichts weiter als unterhalten will, ist auf Belehrung aus. Bevor also das Vergnügen beginnt, möchte ich meine Leser mit ein paar Gedanken behelligen, die mich in letzter Zeit hartnäckig verfolgt haben.

Heute gibt es zwei Trends, die den einen oder anderen dazu verleiten könnten, dieses Buch mißzuverstehen. Da gibt es zum einen eine Bewegung, die die beiden schrecklichen Begriffe »multikulturell« und »Ethnozentrismus« geprägt hat. Diese Bewegung wendet sich dagegen, daß Europa bzw. der Westen für so lange Zeit ein kulturelles Zentrum bildeten. Um das zu korrigieren, versucht man die Bedeutung von anderen Teilen der Welt zu verstärken – darum haben wir nun eine »multikulturelle Wissenschaft«, ja sogar eine »ethnozentrische Mathematik«. Wie bei den meisten entsetzlichen Entwicklungen hat auch hier alles ganz unschuldig begonnen, aber in letzter Zeit ist diese Verehrung außereuropäischer Kulturen stark übertrieben worden. In den folgenden Kapiteln gibt es eine ganze Reihe von Beispielen, bei denen Europa schlechter wegkommt als andere Teile der Welt. Das läßt sich nun einmal nicht vermeiden. Sobald man nämlich in der Geschichte von irgend etwas »Westlichem«, insbesondere der Naturwissenschaften und der Mathematik, weit genug zurückgeht, stößt man darauf, daß ein Großteil davon tatsächlich aus Ländern wie China stammt. Ich hoffe aber doch sehr, daß ich diesen Umstand nicht wie gewisse Autoren zu einer Art von »Euroschelte« mißbrauche. Historische Darstellungen wie dieses Buch sollten auch Vergnügen bereiten. Auf keinen Fall kann die Geschichte der Mathematik jemals wichtiger sein als die Mathematik selbst, und im guten wie im bösen (ersteres ist mir lieber) ist die Mathematik heute und in absehbarer Zukunft weitgehend eine westliche Angelegenheit.

Zum anderen gibt es einen Trend zur Irrationalität, und vermutlich ist er in den USA stärker ausgeprägt als anderswo. Ich meine das beunruhigende Interesse an Formen des Aberglaubens wie Astrologie, Zahlensymbolik, parapsychologische Phänomene und so weiter. In diesem Buch gibt es nicht nur Beispiele von Ethnozentrismus, sondern auch von Aberglauben. In alten Zeiten waren Rätsel aufs engste mit geistigen Dingen verbunden. Zunächst mag dies befremdlich sein, aber tatsächlich ist es ganz vernünftig. Rätsel erklären nämlich etwas, was unsichtbar ist, eine Ordnung, an die man eigentlich nicht heranreicht: die »dunklen Geheimnisse« der Welt, wie es der Schreiber Ahmes einst formulierte, als ob er den Geist der Gottheit erahnt hätte. Oder wie es der Philosoph Gottfried Wilhelm Leibniz einmal gesagt hat: Das höchste Wesen zeichne sich dadurch aus, daß es alle möglichen Spiele geschaffen und gelöst habe. Daran mag etwas Wahres sein. Vielleicht hat Gott alle möglichen magischen Quadrate geschaffen und dann beschlossen, daß jede Aktion eine gleiche und eine entgegengesetzte Reaktion auslösen soll. Vielleicht hat Gott auch alle Figurenspiele gelöst und dann beschlossen, daß der Raum exakt drei Dimensionen haben soll. Und vielleicht hat Gott ja auch alle möglichen Spiele mit falschen Münzen gelöst und dann beschlossen, daß jedes physikalische System zu maximaler Entropie tendieren soll. Wenn wir diese Rätsel lösen, kommen wir dann nicht wirklich dahinter, wie die Welt funktioniert? Wahrscheinlich haben die Menschen in alten Zeiten genauso gedacht.

Den Aberglauben alter Zeiten sollte man nicht einfach abtun, er ist ein wesentliches Element der Rätsel selbst. Man denke etwa an den Isis-Kult, der zur Zeit von Christus in Ägypten in Blüte stand. Plutarch hat ihn als eine

Mischung aus Unsinn und überraschend intelligenter Mathematik beschrieben:

*Die Ägypter erzählen sich, daß sich der Tod des Osiris am 17. [des Monats] ereignet, wenn der Vollmond ganz deutlich abnimmt. Daher nennen die Pythagoräer diesen Tag die »Barrikade«, und sie verabscheuen diese Tag ganz und gar. Denn die Zahl 17, zwischen der Quadratzahl 16 und der Rechteckzahl 18 liegend, zwei Zahlen, bei denen von allen Planzahlen der Umfang gleich der von ihnen umschlossenen Fläche ist – die Zahl 17 also trennt eine von der anderen, wobei sie in ungleiche Teile im Verhältnis von neun zu acht geteilt ist. Manche sagen, die Zahl von 28 Jahren sei die Lebenszeit von Osiris, andere meinen, seine Herrschaft; denn das ist die Anzahl der Tage, in denen der Mond leuchtet, und in so vielen Tagen vollendet er seinen eigenen Zyklus. Wenn sie Holz zur Zeit der sogenannten Beerdigungen des Osiris schneiden, verfertigen sie eine sichelförmige Kiste, weil der Mond sichelförmig und verfinstert wird, wenn er sich der Sonne nähert. Die Zerstückelung des Osiris in vierzehn Teile wird in Beziehung zu den Tagen gedeutet, in denen der Planet nach dem Vollmond abnimmt, bis ein neuer Mond wiederkehrt.*

Das ist natürlich Unsinn, aber interessanter Unsinn. Er stammt von einem Volk, das gerade herausgefunden hat, daß Zahlen die Welt regieren, und das über diese Tatsache einfach nicht hinwegkommt. Man beachte die völlig korrekte Aussage, daß die beiden einzigen Rechtecke, deren Fläche gleich ihrem Umfang ist, Rechtecke mit einer Fläche von 16 bzw. 18 sind.*
Typisch für den Aberglauben in alter Zeit ist es, daß er zu soliden Entdeckungen führt und dann stillschweigend verschwindet. Nicht so der moderne Aberglaube. Ich könnte dafür zahllose Beispiele anführen, aber eines scheint mir in diesem Zusammenhang besonders geeignet zu sein. Man könnte es die »psychoanalytische Barrikade« nennen. Moderne Psychoanalytiker glauben nämlich seit Wilhelm Fließ und Sigmund Freud, daß der Zyklus des idealen Mannes und der idealen Frau exakt 23 bzw. 28 Tage beträgt. Man hält dies für bedeutsam, da es möglich ist, durch Addieren von

---

* Nennen wir die beiden Seiten des Rechtecks x und y. Dann gilt: $x \cdot y = 2x + 2y$. Mit ein bißchen Algebra läßt sich das verändern zu $y = 2 + 4/(x-2)$. Wenn y nun, wie es das Problem verlangt, eine ganze Zahl ist, dann muß $(x-2)$ ein Teiler von 4 sein, weil sonst die Gleichung 2 plus »irgendeinen Bruch« ergibt. Das bedeutet: $(x-2)$ muß entweder 1, 2 oder 4 sein, und somit gibt es nur drei Möglichkeiten:

$$x = 3, \quad y = 6, \quad xy = 18$$
$$x = 4, \quad y = 4, \quad xy = 16$$
$$x = 6, \quad y = 3, \quad xy = 18$$

Also ist es wahr, daß die Fläche des Rechtecks entweder nur 16 oder 18 sein kann.

Vielfachen der beiden Zahlen – 23 und 28 – alle ganzen Zahlen zu erzeugen. Zum Beispiel: 13 = (3 · 23) + (-2 · 28). Wenn Männer und Frauen diese Barrikade durchbrechen und miteinander schlafen, können sie Nachwuchs zeugen.

Auch das ist Unsinn, aber diesmal ist er dumm und kindisch.* Im Unterschied zur alten Zahlenmystik kommt man dabei nicht zu neuen Einsichten, und dieser Unsinn wird auch nie verschwinden. Er stammt von einem Volk, das mit einem nüchternen Verständnis von der Welt aufgewachsen ist. Alter Aberglaube war immer vorausschauend. Moderne Irrationalismen sind rückwärtsgewandt. Der Aprikosenkern, der Krebs heilt, das Kraut, das Leben verlängert, der Wunderheiler in einem Land der Dritten Welt – all dies verrät einen Hang zu einer zurückliegenden Zeit und einem fernen Ort. Auch wenn dieses Buch ein bißchen (sehr interessanten) Aberglauben enthält, hoffe ich doch sehr, daß man das im richtigen Sinne versteht: als lebendige und anschauliche Ausschmückung alter Rätsel, nicht als Unterstützung moderner Torheit.

Ich habe mich bemüht, in jedem Kapitel mit alten Rätseln zu beginnen und dann so schnell wie möglich zu eher modernen und naheliegenden Problemen zu gelangen. Auf diese Weise könnte man einige Bände füllen, aber notwendigerweise mußte ich mich auf mehrere faszinierende Beispiele beschränken. Ich habe versucht, sie aus möglichst vielen Teilen der Welt, verteilt über mehrere Jahrhunderte, zusammenzustellen. Es ist unvermeidlich, dabei mit Afrika und China zu beginnen. Noch ein Kapitel über magische Quadrate mag dem einen überflüssig erscheinen, anderen Lesern jedoch nicht, und vielleicht ist die Geschichte dieser Gebilde interessant für jeden. Danach gehe ich zu Europa und zum Nahen Osten über. Vielleicht wird der eine oder andere überrascht sein, daß ich nur Abu Kamils *Buch der Seltenheiten der Rechenkunst* aufgenommen habe, aber ich habe es sonst nicht oft erwähnt gefunden, und außerdem gibt es mir Gelegenheit, Probleme mit unbestimmten Gleichungen ins Spiel zu bringen. Natürlich gibt es auch viele eklatante Auslassungen, und am meisten schäme ich mich über die totale Abwesenheit der amerikanischen Ureinwohner.

Nicht nur die Kapitel sind in etwa chronologisch angeordnet, sondern auch das Buch als Ganzes folgt einem ähnlichen Ablauf von der Urzeit zur Moderne: Es beginnt mit einem Knochen und endet mit einem Baum.

---

* Er ist nicht so sehr falsch, sondern sinnlos. *Alle* zwei Zahlen, die relative Primzahlen sind – also keine gemeinsamen Teiler haben –, besitzen diese Eigenschaft. So kann man beispielsweise alle ganzen Zahlen erzeugen, indem man Vielfache von 6 und 13 miteinander addiert.

# DIE ERSTEN ZEICHEN

*Es müssen viele Zeitalter vergangen
sein, bis man erkannt hat, daß ein
Paar Fasane wie zwei Tage Beispiele
für die Zahl Zwei sind.*

Bertrand Russell

Wie alt ist eigentlich das älteste Rätsel? Es ist relativ einfach, eine alte Handschrift aufzutreiben, die von den seinerzeit beliebten Rätseln berichtet, aber solche Handschriften führen uns höchstens bis ins 2. Jahrtausend v. Chr. zurück. Mit Sicherheit aber sind die größten Rätsel niemals schriftlich festgehalten worden, jene Rätsel, die sich Menschen in der Frühzeit der Kulturgeschichte ausgedacht haben. Als sich die Menschen über ihre tierische Herkunft erhoben, indem sie zum ersten Mal auf ihren Hinterbeinen gingen und von ihrer Fähigkeit zu denken Gebrauch machten, von ihrem Verstand, der Rätsel über alles liebte – was waren dies eigentlich für Rätsel? Wir werden es vielleicht nie genau erfahren, aber immerhin gibt es ein paar Funde, die einige reizvolle Hinweise liefern.

## Ein simpler Knochen

Vor rund 11 000 Jahren gab es am Lake Edward in Zaire in Zentralafrika ein blühendes kleines Fischerdorf. Seine Bewohner heißen heute Ishango. Aus den Ausgrabungen rund um den See geht hervor, daß die Ishango wie andere Menschen damals auch Kannibalen waren und bestimmte primitive Werkzeuge herstellten, die sie zum Fischen, zur Jagd und zum Ernten verwendeten. Dies waren unsere intellektuellen Ahnen, Menschen, die die ersten zögerlichen Schritte hin zum rationalen Denken taten. Den Großteil der Ausgrabungen um den Lake Edward hat der Archäologe Jean de Heinzelin in den frühen sechziger Jahren vorgenommen. Kleine Knochen-

und Zahnteile ergeben zusammengesetzt ein ziemlich detailliertes Bild von diesen Menschen. Wer sich durch das Alter – 11 000 Jahre – nicht beeindrucken läßt, sollte sich immerhin vor Augen halten, daß de Heinzelin die Meinung vertritt, die Ishango seien nichts Geringeres als die Ureinwohner Afrikas:

*… Einige von den Backenzähnen, die wir gefunden haben, waren so groß wie die des Australopithecus, des prähumanen »Menschenaffen«. Darüber hinaus waren die Schädelknochen dick … etwa von der Stärke der Neandertalerschädel…. Andererseits hatte der Ishango-Mensch nicht die überstehenden Augenbrauen des Neandertalers und anderer früherer Formen… sein Kinn war wie das Kinn des heutigen Menschen geformt … die langen Knochen seines Körpers waren ganz schmal … und daraus ergibt sich ein einzigartiges Bild. Bei keinem anderen fossilen Menschen ist eine derartige Kombination zu beobachten.*

Das Bild rundet sich noch mehr ab, wenn man die Werkzeuge dieser Menschen betrachtet. Sie waren »primitiv und völlig anders als die Gegenstände, die man an anderen afrikanischen Stätten ausgegraben hat«, und dazu gehörten auch einige Werkzeuge, die offenbar dazu benutzt wurden, »Samen und Körner für Nahrung zu zerstoßen«. Besonders interessant ist ein Objekt, das auf etwa 9000 v. Chr. datiert wird. Es war ein »Werkzeuggriff aus Knochen, an dessen einem Ende noch immer ein kleines Stück Quarzit befestigt war… Vielleicht wurde es zum Ritzen oder Tätowieren verwendet oder vielleicht sogar zum Schreiben«.

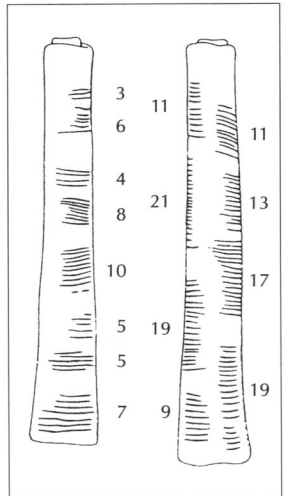

Noch interessanter allerdings sind die Markierungen darauf: Gruppen von Kerben, die in drei deutlich voneinander abgesetzten Spalten angeordnet sind. Aufgrund des Musters dieser Kerben drängt sich mir die Vermutung auf, daß es sich dabei um mehr als um reine Verzierungen handelt.

Abbildung 1 zeigt den Ishango-Knochen mit seinen seltsamen Kerben. Das obere Ende trägt die Quarzitspitze, die vermutlich zum Ritzen verwendet wurde.

Es gibt noch viele andere solcher Knochen. Der Schienbeinknochen eines Wolfes beispielsweise, den man in der Tschechoslowakei gefunden hat, weist ähnliche Markierungen auf und ist sehr wahrscheinlich viel älter als der Ishango-Knochen. Solche mit Kerben versehenen Kno-

Abb. 1. Der Ishango-Knochen (aus de Heinzelin, 1962)

16

chen sind die frühesten Beispiele von Kerbhölzern, der direktesten Form eines Zählsystems. Kerbhölzer wurden keineswegs ausschließlich von primitiven Völkern verwendet. In Frankreich wurde der Gebrauch eines solchen Kerbholzes in einem der ersten Beispiele einer modernen Gesetzgebung behandelt – im *Code civil*, den Napoleon 1804 herausgegeben hat:

*Das Kerbholz, das dem Kapital entspricht, hat die zwingende Kraft von Verträgen zwischen Personen, die es gewohnt sind, auf diese Weise die Lieferungen zu deklarieren, die sie gemacht oder erhalten haben.*

Im Grunde ist es schon ein wenig erstaunlich, daß solche Kerbhölzer vor gar nicht so langer Zeit noch in weiten Teilen der Welt verwendet wurden. So waren sie beispielsweise um 1800 im Bankwesen von England gang und gäbe. Wenn jemand der Bank Geld lieh, wurde die Höhe dieser Anleihe in ein Stöckchen eingeritzt, und das Stöckchen wurde der Länge nach gespalten, so daß man zwei Ausfertigungen erhielt. Die eine, die bei der Bank verblieb, wurde ein *foil* genannt, die andere, die der Darlehensgeber besaß, hieß *stock* – er war also ein *stockholder* (heute das englische Wort für Aktionär). Als die Anleihe fällig war, wurde der *stock* auf seine Echtheit hin überprüft *(checked)*, also ob er dem *foil* nach Größe und Abstand der Kerben entsprach. Später wurde das Wort »check« auch für schriftliche Urkunden verwendet (unser heutiger Scheck!). Dieser Brauch bestand in England noch lange fort, auch noch nachdem man genauere Methoden eingeführt hatte. Das englische Parlament schaffte ihn schließlich im Jahre 1826 ab. Doch als man alle Kerbhölzer eingesammelt hatte und sie in den Öfen verbrannte, die das Oberhaus erwärmten, geriet das Feuer außer Kontrolle und zerstörte beide Parlamentsgebäude.

## Die Bedeutung der Kerben

In Abbildung 1 ist das Muster der Kerben zu sehen. Oft sind sie zu Gruppen zusammengefaßt, die durch einen entsprechend großen Zwischenraum von den anderen Gruppen getrennt sind. In einer Spalte gibt es 11, 21, 19 und 9 Kerben, in einer anderen befinden sich acht Gruppen mit 3, 6, 4, 8, 10, 5, 5 und 7 Kerben, in der dritten Spalte schließlich 11, 21, 19 und 9 Kerben. »Es fällt mir schwer zu glauben«, fährt de Heinzelin fort, »daß diese Folgen nichts weiter als eine zufällige Auswahl von Zahlen sein sollten.« Das sind sie sicher nicht. Vielleicht haben wir hier das frühestmögliche Zahlensystem vor uns, und wie es sich für ein Volk gehört, das vor 11 000 Jahren gelebt hat, ist es ein ganz einfaches System: Es ist das Einersystem, in dem eine Kerbe 1 bedeutet, zwei Kerben 2 bedeuten und so weiter.

Es ist lohnend, sich genau vor Augen zu halten, was die Ishango mit diesem Zahlensystem zuwege brachten, auch wenn es uns vielleicht lächerlich einfach und direkt vorkommt. Versetzen wir uns doch einmal in die Ishango hinein und versuchen zu zählen, während wir uns gedanklich von unseren Zahlen lösen. Das ist gar nicht so einfach, aber zum Glück gibt es selbst heutzutage noch viele Menschen, die ein Zahlensystem besitzen, das sich nicht allzusehr vom Ishango-System unterscheidet. So haben beispielsweise die Bakairi in Zentralbrasilien nur Wörter für »eins« und »zwei«. Um weiterzuzählen, müssen sie diese Wörter miteinander kombinieren: Eins heißt *tokále*, zwei *ahága* und drei folglich *ahága tokále*. Vier heißt natürlich *ahága ahága*. Fünf und sechs folgen logischerweise diesem System – aber für »sieben« gibt es kein Wort. Wir könnten vielleicht erwarten, daß es *ahága ahága ahága tokále* heißt (gleich 2 + 2 + 2 + 1), aber eine solche Formulierung setzt voraus, daß der Zuhörer (und der Sprecher) mitzählt, wie oft das Wort *ahága* gesprochen wird, was nicht gleichbedeutend ist mit der Zahl der Objekte, die gezählt werden. Die Bakairi behelfen sich damit, daß sie auf bestimmte Finger und Zehen deuten und *méra* sagen, und das bedeutet »so viele«. »Sieben« bedeutet *méra*, wenn man auf den Zeigefinger der linken Hand deutet. »Elf« heißt *méra*, wenn man auf den großen Zeh des rechten Fußes zeigt. Nach »zwanzig« raufen sich die Bakairi einfach die Haare, während sie *méra, méra* rufen, als ob sie sagen wollten: »Mehr als ich Haare auf dem Kopf habe« oder einfach: »Eine große Menge.«

Dabei ist die Entwicklung eines Zahlensystems, selbst eines so simplen wie des Einersystems, eine ganz außerordentliche Leistung, die wir wohl einfach für selbstverständlich halten. Und höchstwahrscheinlich begann alles mit dem Ishango-Knochen. Wenn wir nur wüßten, was diese Menschen dazu bewogen hat, den Knochen auf eine derartige Weise einzuritzen, dann würden wir einen wichtigen Aspekt des menschlichen Verstands auf seiner frühen Entwicklungsstufe kennen – nämlich was ihn erstmals veranlaßt hat, zu zählen. Das wäre etwa so ähnlich, wie wenn wir wüßten, was ein Neugeborenes sieht, wenn es zum ersten Mal die Augen öffnet, also bevor es noch Wörter für die Farben und Formen in seiner Umgebung hat. Aber Neugeborene können nun einmal nicht sprechen, und die Ishango haben keine Aufzeichnungen hinterlassen, so daß wir uns mit schlichten Vermutungen zufriedengeben müssen.

Betrachten wir zunächst einmal die Spalte mit den vier Kerbensets: 11, 21, 19 und 9. Das scheint soviel zu bedeuten wie: 10 plus 1, 20 plus 1, 20 minus

1 und 10 minus 1. Soll damit die Zahl 10 betont werden, oder ist dies nur ein Zufall?

Sehen wir uns nun die zweite Spalte mit den acht Gruppen 3, 6, 4, 8, 10, 5, 5 und 7 an. Die drei und die sechs liegen sehr dicht beieinander. Nach einer sehr großen Lücke kommen eine Gruppe von vier und eine Gruppe von acht Kerben, die ebenfalls dicht beieinander liegen. Nach einer weiteren großen Lücke gibt es eine Gruppe von zehn, der zwei Gruppen von je fünf folgen. Für die letzte Gruppe von sieben Kerben am Ende des Knochens gibt es keine einfache Erklärung, aber die anderen Markierungen legen doch die Vorstellung von der Verdoppelung einer Zahl sehr nahe. Man sieht förmlich den Ishango vor sich, wie er von links nach rechts arbeitet und zunächst einen Satz von 5, dann einen weiteren Satz von 5, dann einen Satz von 10 Kerben einritzt – und plötzlich geht ihm auf, daß zwei mal fünf wundersamerweise das gleiche ist wie zehn. Nun ritzt er rasch 3 Kerben ein und verdoppelt sie zu 6. Dann 4 und 8. Oder ist auch dies bloß Zufall?

Die dritte Spalte des Knochens ist ein wenig verwirrender. Diesmal sind es 11, 13, 17 und 19 Kerben. Das sind alle Primzahlen – Zahlen, die nur durch sich selbst und durch eins geteilt werden können – zwischen zehn und zwanzig. Auch dies Zufall?

De Heinzelin hält den Knochen für »irgendein arithmetisches Spiel, das sich ein Volk ausgedacht hat, das ein auf der 10 basierendes Zahlensystem besessen sowie die Verdoppelung und die Primzahlen gekannt hat«. Wenn dem so ist, dann haben wir hier mit Sicherheit das älteste Rätsel vor uns. Zugegeben, die Beweise dafür sind dürftig: nur 16 Kerbengruppen, die in einen Knochen geritzt sind. Und es gibt absolut keinen Grund, darin »ein auf der 10 basierendes Zahlensystem« zu sehen, wie de Heinzelin meint, auch wenn wir hier vielleicht die Anfänge eines solchen Systems vor uns haben. Im allgemeinen tun denn auch die Mathematiker eher als die Archäologen den Knochen als unbedeutend ab, und doch ist er noch immer faszinierend, wenn man feststellt, wie oft die Ideen, die wir darauf sehen – oder zu sehen vermeinen –, später in allen Regionen um das Ishango-Dorf auftauchen. In diesem Sinne ist das Rätsel auf dem Knochen das Rätsel des Zahlensystems an sich, ein durchaus passendes Rätsel für die Zeit um 9000 v. Chr. Jede der drei Spalten des Knochens ist so etwas wie eine kleine Initialzündung bei der Geburt des Zahlensystems.

Schauen wir uns zunächst an, wie der Knochen die Zahl 10 umkreist. Etwas Ähnliches findet sich im ägyptischen *Totenbuch*, das etwa aus dem 16. Jahrhundert v. Chr. stammt. Das »Buch« ist eigentlich eine Sammlung von magischen Sprüchen, Formeln, Gebeten und Zeichen (Kartuschen) auf verschiedenen Papyrusrollen, die den Gräbern der Verstorbenen bei-gegeben wurden und der Seele für das Leben nach dem Tode dienen sollten. Wie in modernen Hausbibeln enthielten einige der Gebete Leerzeilen, die mit dem Namen des Verstorbenen ausgefüllt wurden. Eine Kartusche bedeutet »Der Zauber, um eine Fähre zu bekommen«. Hier versucht ein König den Fährmann dazu zu bewegen, ihn über einen der Kanäle zur Unterwelt zu bringen. Der Fährmann hält ihm entgegen: »Der erhabene Gott [auf der anderen Seite des Kanals] wird sagen: ›Hast du mir da einen Mann gebracht, der seine Finger nicht abzählen kann?‹« Aber der König ist ein Zauberer, der einen Abzählvers für seine zehn Finger kennt. Damit gibt sich der Fährmann zufrieden und bringt den König hinüber. Auch im Buddhismus begegnen wir dieser engen Verbindung zwischen der 10 und der Spiritualität. In einem Mythos über die Kindheit und Jugend Buddhas werden die geistigen Kräfte der 10 immer wieder eingesetzt – bis zu $10^{153}$ mal. Vielleicht begegnen wir in der ersten Spalte des Ishango-Knochens den Anfängen dieser Vorstellung von der magischen Zahl Zehn.

Als nächstes beachten wir, wie verblüfft die Bearbeiter des Knochens über die Verdoppelung einer Zahl waren. Das ist ein weiteres typisches Merkmal der Mathematik des Altertums, wie wir ihm in vielen Regionen von Afrika und anderswo begegnen. Ausgiebigen Gebrauch von der Verdoppelung macht man im heutigen Äthiopien, und mit Sicherheit liegen die Ursprünge dafür sehr weit zurück. In Äthiopien erzählt man sich die Geschichte von einem Oberst, der sieben Stiere kaufen wollte, von denen jeder 22 Maria-Theresien-Taler kostete. Der Besitzer der Tiere rief den örtlichen Priester, der die erforderliche Multiplikation ausführte, indem er in den Erdboden eine Reihe von Löchern (sogenannten Häusern) grub, die in zwei parallelen Spalten angeordnet waren. Ins oberste Haus der ersten Spalte legte er 7 Kiesel (die Zahl der Stiere), ins oberste Haus der zweiten Spalte 22 (der Kaufpreis für jeden Stier). Hier der Bericht des Obersts:

*Man erklärte mir, daß die erste Spalte zum Multiplizieren mit zwei verwendet wird, das heißt: Doppelt so viele Kiesel wie im ersten Haus werden ins zweite getan, dann zweimal soviel ins dritte und so weiter. Die zweite Spalte dient dem Dividieren durch zwei: Halb so viele Kiesel, wie im ersten Haus sind, werden ins zweite getan und so weiter, bis im letzten Haus nur noch ein Kiesel ist. Brüche werden dabei nicht berücksichtigt. Dann sieht man nach, in welchen Mulden der Teilungsspalte sich gerade und in welchen sich ungerade Zahlen von Kieseln befinden. Alle geraden Häuser gelten als böse, alle ungeraden Häuser als gut. Sobald man ein böses Haus ausgemacht hat, werden die Kiesel [auch aus dem daneben liegenden Haus der ersten Spalte] hinausgeworfen und nicht gezählt. Dann werden alle Kiesel in den übrigen Mulden der Multiplikationsspalte gezählt, und die Endsumme ist das Ergebnis.*

So also sieht das Problem des Obersts aus:

| Erste Spalte (zur Multiplikation) | Zweite Spalte (zur Division) |
|---|---|
| ~~7~~ | ~~22~~ |
| 14 | 11 |
| 28 | 5 |
| ~~56~~ | ~~2~~ |
| 112 | 1 |
| 154 | |

Mit anderen Worten: $7 \cdot 22 = 154$. Wenn man sich die Zahlen genau ansieht, die in der ersten Spalte nicht ausgestrichen sind, dann entdeckt man, daß hier eigentlich mit Zweierpotenzen multipliziert wird. Die obige Multiplikation bedeutet also: $7 \cdot 22 = 14 + 28 + 112 = 7 \cdot (2^1 + 2^2 + 2^4)$. Das mag einem seltsam vorkommen, aber eigentlich ist es eine ganz logische Möglichkeit des Rechnens für Menschen, die nicht über ein vollständiges Zahlensystem verfügen. In bestimmten Gebieten der ehemaligen Sowjetunion wird diese Methode übrigens noch immer angewendet.

Auch ein Computer hat ja kein vollständiges Zahlensystem, zumindest keines, bei dem bis 10 gezählt wird. Wie die Äthiopier drückt er alle Zahlen in Zweierpotenzen aus (einer sogenannten »binären Darstellung«), und zwar praktisch aus dem gleichen Grund: Für den Computer ist es am einfachsten, wenn er eine Zahl verdoppelt. Moderne Informatiklehrbücher wenden oft einen simplen Trick an bei der Umwandlung von Zahlen in die binäre Darstellung eines Computers. Es mutet fast ein wenig unheimlich an, daß diese Bücher damit eigentlich das Prinzip wiederverwenden, das von den Äthiopiern entdeckt wurde. Man notiere zunächst die Zahl, die man binär darstellen will, und teile sie dann immer weiter durch zwei, wobei man einen entsprechenden Rest wegläßt. (Auch in unserer Geschichte erklärt der Oberst, daß der Priester die Brüche wegwarf.) Ist die Zahl gerade (ein böses Haus), schreibt man eine 0 daneben, wirft sie also praktisch weg, ist sie ungerade (ein gutes Haus), schreibt man eine 1 daneben, behält sie also. Liest man diese Spalte aus Nullen und Einsen von unten nach oben, erhält man die Computerdarstellung der Zahl. Das sieht dann beispielsweise bei der Zahl 22 so aus:

$$22 \rightarrow 0$$
$$11 \rightarrow 1$$
$$5 \rightarrow 1 \quad \rightarrow \quad 10110 = 22 \text{ binär}$$
$$2 \rightarrow 0 \qquad\qquad \text{dargestellt}$$
$$1 \rightarrow 1$$

Wem der äthiopische Trick ein wenig geheimnisvoll erscheint, der sehe sich an, wie der Computertrick eine Zahl in ihre binäre Form verwandelt. Indem der Äthiopier Zahlen »gute« und »böse« Häuser nennt, reduziert er nach der modernen Terminologie »eine Zahl modulo 2«. Das klingt nicht weniger mysteriös, aber es meint nichts weiter, als daß wir den Rest einer Zahl erhalten, wenn wir sie durch 2 teilen. Böse Häuser sind gerade Zahlen, bei denen ein Rest von 0 bleibt, gute Häuser sind ungerade Zahlen, bei denen ein Rest von 1 übrigbleibt. Statt verschiedene Häuser hinauszuwerfen oder zu behalten, multipliziert der Äthiopier einfach mit diesem Rest.

Am 2-Modul ist also nichts Magisches. Wir können einen Schritt über den Äthiopier hinausgehen, indem wir einen anderen Modul verwenden, wie in Abbildung 2, wo wir das Produkt $7 \cdot 58$ durch Verwendung von 3-Modul erhalten. Wieder arbeiten wir mit zwei Spalten, in denen oben 7 bzw. 58 steht; aber weil wir den 3-Modul nehmen, wird in der ersten Spalte verdreifacht statt verdoppelt und in der zweiten Spalte durch 3 statt durch 2 geteilt. Um das Verfahren zu erleichtern, habe ich eine dritte Spalte eingeführt, die den Rest der in der zweiten Spalte durch 3 geteilten Zahl enthält.

| Erste Spalte | Zweite Spalte | Rest | Rest mal erste Spalte |
|---|---|---|---|
| 7 | 58 | 1 | 1 x 7 = 7 |
| 21 | 19 | 1 | 1 x 21 = 21 |
| 63 | 6 | 0 | 0 x 63 = 0 |
| 189 | 2 | 2 | 2 x 189 = 378 |
| | | | 406 |

Abb. 2. Wie ein heutiger Äthiopier 58 mit 7 im Modul 3 multiplizieren könnte.

Nun multiplizieren wir einfach die erste Spalte mit der dritten und zählen die Produkte zusammen. Mit dieser Methode werden sozusagen die bösen Häuser weggeworfen, die nichts weiter als Zahlen sind, bei denen ein Rest von 0 übrigbleibt, und die beiden Typen von guten Häusern behalten, und das sind Zahlen, bei denen ein Rest von 1 oder von 2 übrigbleibt. Diese Regel funktioniert bei jedem beliebigen Modul und damit auch bei dem von den Äthiopiern gewählten 2-Modul. (Der Leser möge dies mit höheren Moduln probieren.) Die äthiopische Methode war identisch mit der Umwandlung einer Zahl in ihre binäre Form, während die oben beschriebene Methode eine Zahl in ihre ternäre, also dreiwertige Form umwandelt. Können Sie die Zahl 58 in ihrer ternären Form von Abbildung 2 ablesen? Allgemein gesagt, stellt die Verwendung eines Moduls $n$ eine Methode dar, die eine Zahl in ihre $n$-äre Darstellung umwandelt.

Schließlich sehen wir uns noch die Liste der Primzahlen auf dem Knochen an. Zu akzeptieren, daß diese Zahlen Primzahlen sein sollen, und zwar nicht zufällig, fällt besonders schwer, da Primzahlen ein ziemlich modernes Konzept darstellen. Aber gerade fundamentale Konzepte fallen recht oft dem Laien ein.

Wir wissen nicht, warum der Knochen bei 19 aufhört. Es ist durchaus möglich, daß er zu einer Zeit, als Zahlen bestenfalls etwas Vages waren, eine vollständige Auflistung *aller* Primzahlen darstellen sollte. Selbst heutzutage glauben viele Menschen, denen die Idee von Primzahlen zum ersten Mal begegnet, daß diese an irgendeinem Punkt zu Ende sind, als ob sozusagen eine genügend große Zahl aus anderen kleineren Zahlen zusammengesetzt sein müßte. Aber genau das Gegenteil ist der Fall. Nehmen wir an, wir haben eine vollständige Liste aller bekannten Primzahlen: $p_1, p_2, p_3, \ldots p_n$, wobei $p_n$ die größte ist. Nun zählen wir 1 zum Produkt aller Primzahlen hinzu: $1 + p_1 \cdot p_2 \cdot p_3 \cdot \ldots \cdot p_n$. Diese Zahl läßt sich nicht durch irgendeine bekannte Primzahl teilen, weil immer ein Rest von 1 übrigbleibt. Darum ist sie entweder eine Primzahl größer als $p_n$ oder eine zusammengesetzte Zahl, die eine Primzahl als Teiler hat, die größer ist als $p_n$. Auf jeden Fall also gibt es immer eine Primzahl, die größer ist als die letzte bekannte Primzahl. Im Prinzip ist die Reihe der Primzahlen unendlich.

Stellen wir uns einmal den Ishango-Menschen vor, wie er da an seinem See sitzt und über die vier Primzahlen auf seinem Knochen nachgrübelt. Was dachte er sich dabei? 11 … 13 … 17 … 19 … Gibt es hier eine Art von Ordnung? Erinnern wir uns: Nach unserer Rekonstruktion hat er gerade

*Folgende Doppelseite:*
Abb. 3. Der Beginn der Primzahlenreihe (aus Davis und Hersch, 1981)

| | 0 | 1 | 2 | 3 | 4 | 5 | 6 | 7 | 8 | 9 | 10 | 11 |
|---|---|---|---|---|---|---|---|---|---|---|---|---|
| 1 | 2 | 547 | 1229 | 1993 | 2749 | 3581 | 4421 | 5281 | 6143 | 7001 | 7927 | 8837 |
| 2 | 3 | 557 | 1231 | 1997 | 2753 | 3583 | 4423 | 5297 | 6151 | 7013 | 7933 | 8839 |
| 3 | 5 | 563 | 1237 | 1999 | 2767 | 3593 | 4441 | 5303 | 6163 | 7019 | 7937 | 8849 |
| 4 | 7 | 569 | 1249 | 2003 | 2777 | 3607 | 4447 | 5309 | 6173 | 7027 | 7949 | 8861 |
| 5 | 11 | 571 | 1259 | 2011 | 2789 | 3613 | 4451 | 5323 | 6197 | 7039 | 7951 | 8863 |
| 6 | 13 | 577 | 1277 | 2017 | 2791 | 3617 | 4457 | 5333 | 6199 | 7043 | 7963 | 8867 |
| 7 | 17 | 587 | 1279 | 2027 | 2797 | 3623 | 4463 | 5347 | 6203 | 7057 | 7993 | 8887 |
| 8 | 19 | 593 | 1283 | 2029 | 2801 | 3631 | 4481 | 5351 | 6211 | 7069 | 8009 | 8893 |
| 9 | 23 | 599 | 1289 | 2039 | 2803 | 3637 | 4483 | 5381 | 6217 | 7079 | 8011 | 8923 |
| 10 | 29 | 601 | 1291 | 2053 | 2819 | 3643 | 4493 | 5387 | 6221 | 7103 | 8017 | 8929 |
| 11 | 31 | 607 | 1297 | 2063 | 2833 | 3659 | 4507 | 5393 | 6229 | 7109 | 8039 | 8933 |
| 12 | 37 | 613 | 1301 | 2069 | 2837 | 3671 | 4513 | 5399 | 6247 | 7121 | 8053 | 8941 |
| 13 | 41 | 617 | 1303 | 2081 | 2843 | 3673 | 4517 | 5407 | 6257 | 7127 | 8059 | 8951 |
| 14 | 43 | 619 | 1307 | 2083 | 2851 | 3677 | 4519 | 5413 | 6263 | 7129 | 8069 | 8963 |
| 15 | 47 | 631 | 1319 | 2087 | 2857 | 3691 | 4523 | 5417 | 6269 | 7151 | 8081 | 8969 |
| 16 | 53 | 641 | 1321 | 2089 | 2861 | 3697 | 4547 | 5419 | 6271 | 7159 | 8087 | 8971 |
| 17 | 59 | 643 | 1327 | 2099 | 2879 | 3701 | 4549 | 5431 | 6277 | 7177 | 8089 | 8999 |
| 18 | 61 | 647 | 1361 | 2111 | 2887 | 3709 | 4561 | 5437 | 6287 | 7187 | 8093 | 9001 |
| 19 | 67 | 653 | 1367 | 2113 | 2897 | 3719 | 4567 | 5441 | 6299 | 7193 | 8101 | 9007 |
| 20 | 71 | 659 | 1373 | 2129 | 2903 | 3727 | 4583 | 5443 | 6301 | 7207 | 8111 | 9011 |
| 21 | 73 | 661 | 1381 | 2131 | 2909 | 3733 | 4591 | 5449 | 6311 | 7211 | 8117 | 9013 |
| 22 | 79 | 673 | 1399 | 2137 | 2917 | 3739 | 4597 | 5471 | 6317 | 7213 | 8123 | 9029 |
| 23 | 83 | 677 | 1409 | 2141 | 2927 | 3761 | 4603 | 5477 | 6323 | 7219 | 8147 | 9041 |
| 24 | 89 | 683 | 1423 | 2143 | 2939 | 3767 | 4621 | 5479 | 6329 | 7229 | 8161 | 9043 |
| 25 | 97 | 691 | 1427 | 2153 | 2953 | 3769 | 4637 | 5483 | 6337 | 7237 | 8167 | 9047 |
| 26 | 101 | 701 | 1429 | 2161 | 2957 | 3779 | 4639 | 5501 | 6343 | 7243 | 8171 | 9059 |
| 27 | 103 | 709 | 1433 | 2179 | 2963 | 3793 | 4643 | 5503 | 6353 | 7247 | 8179 | 9067 |
| 28 | 107 | 719 | 1439 | 2203 | 2969 | 3797 | 4649 | 5507 | 6359 | 7253 | 8191 | 9091 |
| 29 | 109 | 727 | 1447 | 2207 | 2971 | 3803 | 4651 | 5519 | 6361 | 7283 | 8209 | 9103 |
| 30 | 113 | 733 | 1451 | 2213 | 2999 | 3821 | 4657 | 5521 | 6367 | 7297 | 8219 | 9109 |
| 31 | 127 | 739 | 1453 | 2221 | 3001 | 3823 | 4663 | 5527 | 6373 | 7307 | 8221 | 9127 |
| 32 | 131 | 743 | 1459 | 2237 | 3011 | 3833 | 4673 | 5531 | 6379 | 7309 | 8231 | 9133 |
| 33 | 137 | 751 | 1471 | 2239 | 3019 | 3847 | 4679 | 5557 | 6389 | 7321 | 8233 | 9137 |
| 34 | 139 | 757 | 1481 | 2243 | 3023 | 3851 | 4691 | 5563 | 6397 | 7331 | 8237 | 9151 |
| 35 | 149 | 761 | 1483 | 2251 | 3037 | 3853 | 4703 | 5569 | 6421 | 7333 | 8243 | 9157 |
| 36 | 151 | 769 | 1487 | 2267 | 3041 | 3863 | 4721 | 5573 | 6427 | 7349 | 8263 | 9161 |
| 37 | 157 | 773 | 1489 | 2269 | 3049 | 3877 | 4723 | 5581 | 6449 | 7351 | 8269 | 9173 |
| 38 | 163 | 787 | 1493 | 2273 | 3061 | 3881 | 4729 | 5591 | 6451 | 7369 | 8273 | 9181 |
| 39 | 167 | 797 | 1499 | 2281 | 3067 | 3889 | 4733 | 5623 | 6469 | 7393 | 8287 | 9187 |
| 40 | 173 | 809 | 1511 | 2287 | 3079 | 3907 | 4751 | 5639 | 6473 | 7411 | 8291 | 9199 |
| 41 | 179 | 811 | 1523 | 2293 | 3083 | 3911 | 4759 | 5641 | 6481 | 7417 | 8293 | 9203 |
| 42 | 181 | 821 | 1531 | 2297 | 3089 | 3917 | 4783 | 5647 | 6491 | 7433 | 8297 | 9209 |
| 43 | 191 | 823 | 1543 | 2309 | 3109 | 3919 | 4787 | 5651 | 6521 | 7451 | 8311 | 9221 |
| 44 | 193 | 827 | 1549 | 2311 | 3119 | 3923 | 4789 | 5653 | 6529 | 7457 | 8317 | 9227 |
| 45 | 197 | 829 | 1553 | 2333 | 3121 | 3929 | 4793 | 5657 | 6547 | 7459 | 8329 | 9239 |
| 46 | 199 | 839 | 1559 | 2339 | 3137 | 3931 | 4799 | 5659 | 6551 | 7477 | 8353 | 9241 |
| 47 | 211 | 853 | 1567 | 2341 | 3163 | 3943 | 4801 | 5669 | 6553 | 7481 | 8363 | 9257 |
| 48 | 223 | 857 | 1571 | 2347 | 3167 | 3947 | 4813 | 5683 | 6563 | 7487 | 8369 | 9277 |
| 49 | 227 | 859 | 1579 | 2351 | 3169 | 3967 | 4817 | 5689 | 6569 | 7489 | 8377 | 9281 |
| 50 | 229 | 863 | 1583 | 2357 | 3181 | 3989 | 4831 | 5693 | 6571 | 7499 | 8387 | 9283 |
| 51 | 233 | 877 | 1597 | 2371 | 3187 | 4001 | 4861 | 5701 | 6577 | 7507 | 8389 | 9293 |
| 52 | 239 | 881 | 1601 | 2377 | 3191 | 4003 | 4871 | 5711 | 6581 | 7517 | 8419 | 9311 |
| 53 | 241 | 883 | 1607 | 2381 | 3203 | 4007 | 4877 | 5717 | 6599 | 7523 | 8423 | 9319 |
| 54 | 251 | 887 | 1609 | 2383 | 3209 | 4013 | 4889 | 5737 | 6607 | 7529 | 8429 | 9323 |
| 55 | 257 | 907 | 1613 | 2389 | 3217 | 4019 | 4903 | 5741 | 6619 | 7537 | 8431 | 9337 |
| 56 | 263 | 911 | 1619 | 2393 | 3221 | 4021 | 4909 | 5743 | 6637 | 7541 | 8443 | 9341 |
| 57 | 269 | 919 | 1621 | 2399 | 3229 | 4027 | 4919 | 5749 | 6653 | 7547 | 8447 | 9343 |
| 58 | 271 | 929 | 1627 | 2411 | 3251 | 4049 | 4931 | 5779 | 6659 | 7549 | 8461 | 9349 |
| 59 | 277 | 937 | 1637 | 2417 | 3253 | 4051 | 4933 | 5783 | 6661 | 7559 | 8467 | 9371 |
| 60 | 281 | 941 | 1657 | 2423 | 3257 | 4057 | 4937 | 5791 | 6673 | 7561 | 8501 | 9377 |
| 61 | 283 | 947 | 1663 | 2437 | 3259 | 4073 | 4943 | 5801 | 6679 | 7573 | 8513 | 9391 |
| 62 | 293 | 953 | 1667 | 2441 | 3271 | 4079 | 4951 | 5807 | 6689 | 7577 | 8521 | 9397 |
| 63 | 307 | 967 | 1669 | 2447 | 3299 | 4091 | 4957 | 5813 | 6691 | 7583 | 8527 | 9403 |
| 64 | 311 | 971 | 1693 | 2459 | 3301 | 4093 | 4967 | 5821 | 6701 | 7589 | 8537 | 9413 |
| 65 | 313 | 977 | 1697 | 2467 | 3307 | 4099 | 4969 | 5827 | 6703 | 7591 | 8539 | 9419 |
| 66 | 317 | 983 | 1699 | 2473 | 3313 | 4111 | 4973 | 5839 | 6709 | 7603 | 8543 | 9421 |
| 67 | 331 | 991 | 1709 | 2477 | 3319 | 4127 | 4987 | 5843 | 6719 | 7607 | 8563 | 9431 |
| 68 | 337 | 997 | 1721 | 2503 | 3323 | 4129 | 4993 | 5849 | 6733 | 7621 | 8573 | 9433 |
| 69 | 347 | 1009 | 1723 | 2521 | 3329 | 4133 | 4999 | 5851 | 6737 | 7639 | 8581 | 9437 |
| 70 | 349 | 1013 | 1733 | 2531 | 3331 | 4139 | 5003 | 5857 | 6761 | 7643 | 8597 | 9439 |
| 71 | 353 | 1019 | 1741 | 2539 | 3343 | 4153 | 5009 | 5861 | 6763 | 7649 | 8599 | 9461 |
| 72 | 359 | 1021 | 1747 | 2543 | 3347 | 4157 | 5011 | 5867 | 6779 | 7669 | 8609 | 9463 |
| 73 | 367 | 1031 | 1753 | 2549 | 3359 | 4159 | 5021 | 5869 | 6781 | 7673 | 8623 | 9467 |
| 74 | 373 | 1033 | 1759 | 2551 | 3361 | 4177 | 5023 | 5879 | 6791 | 7681 | 8627 | 9473 |
| 75 | 379 | 1039 | 1777 | 2557 | 3371 | 4201 | 5039 | 5881 | 6793 | 7687 | 8629 | 9479 |
| 76 | 383 | 1049 | 1783 | 2579 | 3373 | 4211 | 5051 | 5897 | 6803 | 7691 | 8641 | 9491 |
| 77 | 389 | 1051 | 1787 | 2591 | 3389 | 4217 | 5059 | 5903 | 6823 | 7699 | 8647 | 9497 |
| 78 | 397 | 1061 | 1789 | 2593 | 3391 | 4219 | 5077 | 5923 | 6827 | 7703 | 8663 | 9511 |
| 79 | 401 | 1063 | 1801 | 2609 | 3407 | 4229 | 5081 | 5927 | 6829 | 7717 | 8669 | 9521 |
| 80 | 409 | 1069 | 1811 | 2617 | 3413 | 4231 | 5087 | 5939 | 6833 | 7723 | 8677 | 9533 |
| 81 | 419 | 1087 | 1823 | 2621 | 3433 | 4241 | 5099 | 5953 | 6841 | 7727 | 8681 | 9539 |
| 82 | 421 | 1091 | 1831 | 2633 | 3449 | 4243 | 5101 | 5981 | 6857 | 7741 | 8689 | 9547 |
| 83 | 431 | 1093 | 1847 | 2647 | 3457 | 4253 | 5107 | 5987 | 6863 | 7753 | 8693 | 9551 |
| 84 | 433 | 1097 | 1861 | 2657 | 3461 | 4259 | 5113 | 6007 | 6869 | 7757 | 8699 | 9587 |
| 85 | 439 | 1103 | 1867 | 2659 | 3463 | 4261 | 5119 | 6011 | 6871 | 7759 | 8707 | 9601 |
| 86 | 443 | 1109 | 1871 | 2663 | 3467 | 4271 | 5147 | 6029 | 6883 | 7789 | 8713 | 9613 |
| 87 | 449 | 1117 | 1873 | 2671 | 3469 | 4273 | 5153 | 6037 | 6899 | 7793 | 8719 | 9619 |
| 88 | 457 | 1123 | 1877 | 2677 | 3491 | 4283 | 5167 | 6043 | 6907 | 7817 | 8731 | 9623 |
| 89 | 461 | 1129 | 1879 | 2683 | 3499 | 4289 | 5171 | 6047 | 6911 | 7823 | 8737 | 9629 |
| 90 | 463 | 1151 | 1889 | 2687 | 3511 | 4297 | 5179 | 6053 | 6917 | 7829 | 8741 | 9631 |
| 91 | 467 | 1153 | 1901 | 2689 | 3517 | 4327 | 5189 | 6067 | 6947 | 7841 | 8747 | 9643 |
| 92 | 479 | 1163 | 1907 | 2693 | 3527 | 4337 | 5197 | 6073 | 6949 | 7853 | 8753 | 9649 |
| 93 | 487 | 1171 | 1913 | 2699 | 3529 | 4339 | 5209 | 6079 | 6959 | 7867 | 8761 | 9661 |
| 94 | 491 | 1181 | 1931 | 2707 | 3533 | 4349 | 5227 | 6089 | 6961 | 7873 | 8779 | 9677 |
| 95 | 499 | 1187 | 1933 | 2711 | 3539 | 4357 | 5231 | 6091 | 6967 | 7877 | 8783 | 9679 |
| 96 | 503 | 1193 | 1949 | 2713 | 3541 | 4363 | 5233 | 6101 | 6971 | 7879 | 8803 | 9689 |
| 97 | 509 | 1201 | 1951 | 2719 | 3547 | 4373 | 5237 | 6113 | 6977 | 7883 | 8807 | 9697 |
| 98 | 521 | 1213 | 1973 | 2729 | 3557 | 4391 | 5261 | 6121 | 6983 | 7901 | 8819 | 9719 |
| 99 | 523 | 1217 | 1979 | 2731 | 3559 | 4397 | 5273 | 6131 | 6991 | 7907 | 8821 | 9721 |
| 100 | 541 | 1223 | 1987 | 2741 | 3571 | 4409 | 5279 | 6133 | 6997 | 7919 | 8831 | 9733 |

| 12 | 13 | 14 | 15 | 16 | 17 | 18 | 19 | 20 | 21 | 22 | 23 | 24 |
|---|---|---|---|---|---|---|---|---|---|---|---|---|
| 9739 | 10663 | 11677 | 12569 | 13513 | 14533 | 15413 | 16411 | 17393 | 18329 | 19427 | 20359 | 21391 |
| 9743 | 10667 | 11681 | 12577 | 13523 | 14537 | 15427 | 16417 | 17401 | 18341 | 19429 | 20369 | 21397 |
| 9749 | 10687 | 11689 | 12583 | 13537 | 14543 | 15439 | 16421 | 17417 | 18353 | 19433 | 20389 | 21401 |
| 9767 | 10691 | 11699 | 12589 | 13553 | 14549 | 15443 | 16427 | 17419 | 18367 | 19441 | 20393 | 21407 |
| 9769 | 10709 | 11701 | 12601 | 13567 | 14551 | 15451 | 16433 | 17431 | 18371 | 19447 | 20399 | 21419 |
| 9781 | 10711 | 11717 | 12611 | 13577 | 14557 | 15461 | 16447 | 17443 | 18379 | 19457 | 20407 | 21433 |
| 9787 | 10723 | 11719 | 12613 | 13591 | 14561 | 15467 | 16451 | 17449 | 18397 | 19463 | 20411 | 21467 |
| 9791 | 10729 | 11731 | 12619 | 13597 | 14563 | 15473 | 16453 | 17467 | 18401 | 19469 | 20431 | 21481 |
| 9803 | 10733 | 11743 | 12637 | 13613 | 14591 | 15493 | 16477 | 17471 | 18413 | 19471 | 20441 | 21487 |
| 9811 | 10739 | 11777 | 12641 | 13619 | 14593 | 15497 | 16481 | 17477 | 18427 | 19477 | 20443 | 21491 |
| 9817 | 10753 | 11779 | 12647 | 13627 | 14621 | 15511 | 16487 | 17483 | 18433 | 19483 | 20477 | 21493 |
| 9829 | 10771 | 11783 | 12653 | 13633 | 14627 | 15527 | 16493 | 17489 | 18439 | 19489 | 20479 | 21499 |
| 9833 | 10781 | 11789 | 12659 | 13649 | 14629 | 15541 | 16519 | 17491 | 18443 | 19501 | 20483 | 21503 |
| 9839 | 10789 | 11801 | 12671 | 13669 | 14633 | 15551 | 16529 | 17497 | 18451 | 19507 | 20507 | 21517 |
| 9851 | 10799 | 11807 | 12689 | 13679 | 14639 | 15559 | 16547 | 17509 | 18457 | 19531 | 20509 | 21521 |
| 9857 | 10831 | 11813 | 12697 | 13681 | 14653 | 15569 | 16553 | 17519 | 18461 | 19541 | 20521 | 21523 |
| 9859 | 10837 | 11821 | 12703 | 13687 | 14657 | 15581 | 16561 | 17539 | 18481 | 19543 | 20533 | 21529 |
| 9871 | 10847 | 11827 | 12713 | 13691 | 14669 | 15583 | 16567 | 17551 | 18493 | 19553 | 20543 | 21557 |
| 9883 | 10853 | 11831 | 12721 | 13693 | 14683 | 15601 | 16573 | 17569 | 18503 | 19559 | 20549 | 21559 |
| 9887 | 10859 | 11833 | 12739 | 13697 | 14699 | 15607 | 16603 | 17573 | 18517 | 19571 | 20551 | 21563 |
| 9901 | 10861 | 11839 | 12743 | 13709 | 14713 | 15619 | 16607 | 17579 | 18521 | 19577 | 20563 | 21569 |
| 9907 | 10867 | 11863 | 12757 | 13711 | 14717 | 15629 | 16619 | 17581 | 18523 | 19583 | 20593 | 21577 |
| 9923 | 10883 | 11867 | 12763 | 13721 | 14723 | 15641 | 16631 | 17597 | 18539 | 19597 | 20599 | 21587 |
| 9929 | 10889 | 11887 | 12781 | 13723 | 14731 | 15643 | 16633 | 17599 | 18541 | 19603 | 20611 | 21589 |
| 9931 | 10891 | 11897 | 12791 | 13729 | 14737 | 15647 | 16649 | 17609 | 18553 | 19609 | 20627 | 21599 |
| 9941 | 10903 | 11903 | 12799 | 13751 | 14741 | 15649 | 16651 | 17623 | 18583 | 19661 | 20639 | 21601 |
| 9949 | 10909 | 11909 | 12809 | 13757 | 14747 | 15661 | 16657 | 17627 | 18587 | 19681 | 20641 | 21611 |
| 9967 | 10937 | 11923 | 12821 | 13759 | 14753 | 15667 | 16661 | 17657 | 18593 | 19687 | 20663 | 21613 |
| 9973 | 10939 | 11927 | 12823 | 13763 | 14759 | 15671 | 16673 | 17659 | 18617 | 19697 | 20681 | 21617 |
| 10007 | 10949 | 11933 | 12829 | 13781 | 14767 | 15679 | 16691 | 17669 | 18637 | 19699 | 20693 | 21647 |
| 10009 | 10957 | 11939 | 12841 | 13789 | 14771 | 15683 | 16693 | 17681 | 18661 | 19709 | 20707 | 21649 |
| 10037 | 10973 | 11941 | 12853 | 13799 | 14779 | 15727 | 16699 | 17683 | 18671 | 19717 | 20717 | 21661 |
| 10039 | 10979 | 11953 | 12889 | 13807 | 14783 | 15731 | 16703 | 17707 | 18679 | 19727 | 20719 | 21673 |
| 10061 | 10987 | 11959 | 12893 | 13829 | 14797 | 15733 | 16729 | 17713 | 18691 | 19739 | 20731 | 21683 |
| 10067 | 10993 | 11969 | 12899 | 13831 | 14813 | 15737 | 16741 | 17729 | 18701 | 19751 | 20743 | 21701 |
| 10069 | 11003 | 11971 | 12907 | 13841 | 14821 | 15739 | 16747 | 17737 | 18713 | 19753 | 20747 | 21713 |
| 10079 | 11027 | 11981 | 12911 | 13859 | 14827 | 15749 | 16759 | 17747 | 18719 | 19759 | 20749 | 21727 |
| 10091 | 11047 | 11987 | 12917 | 13873 | 14831 | 15761 | 16763 | 17749 | 18731 | 19763 | 20753 | 21737 |
| 10093 | 11057 | 12007 | 12919 | 13877 | 14843 | 15767 | 16787 | 17761 | 18743 | 19777 | 20759 | 21739 |
| 10099 | 11059 | 12011 | 12923 | 13879 | 14851 | 15773 | 16811 | 17783 | 18749 | 19793 | 20771 | 21751 |
| 10103 | 11069 | 12037 | 12941 | 13883 | 14867 | 15787 | 16823 | 17789 | 18757 | 19801 | 20773 | 21757 |
| 10111 | 11071 | 12041 | 12953 | 13901 | 14869 | 15791 | 16829 | 17791 | 18773 | 19813 | 20789 | 21767 |
| 10133 | 11083 | 12043 | 12959 | 13903 | 14879 | 15797 | 16831 | 17807 | 18787 | 19819 | 20807 | 21773 |
| 10139 | 11087 | 12049 | 12967 | 13907 | 14887 | 15803 | 16843 | 17827 | 18793 | 19841 | 20809 | 21787 |
| 10141 | 11093 | 12071 | 12973 | 13913 | 14891 | 15809 | 16871 | 17837 | 18797 | 19843 | 20849 | 21799 |
| 10151 | 11113 | 12073 | 12979 | 13921 | 14897 | 15817 | 16879 | 17839 | 18803 | 19853 | 20857 | 21803 |
| 10159 | 11117 | 12097 | 12983 | 13931 | 14923 | 15823 | 16883 | 17851 | 18839 | 19861 | 20873 | 21817 |
| 10163 | 11119 | 12101 | 13001 | 13933 | 14929 | 15859 | 16889 | 17863 | 18859 | 19867 | 20879 | 21821 |
| 10169 | 11131 | 12107 | 13003 | 13963 | 14939 | 15877 | 16901 | 17881 | 18869 | 19889 | 20887 | 21839 |
| 10177 | 11149 | 12109 | 13007 | 13967 | 14947 | 15881 | 16903 | 17891 | 18899 | 19891 | 20897 | 21841 |
| 10181 | 11159 | 12113 | 13009 | 13997 | 14951 | 15887 | 16921 | 17903 | 18911 | 19913 | 20899 | 21851 |
| 10193 | 11161 | 12119 | 13033 | 13999 | 14957 | 15889 | 16927 | 17909 | 18913 | 19919 | 20903 | 21859 |
| 10211 | 11171 | 12143 | 13037 | 14009 | 14969 | 15901 | 16931 | 17911 | 18917 | 19927 | 20921 | 21863 |
| 10223 | 11173 | 12149 | 13043 | 14011 | 14983 | 15907 | 16937 | 17921 | 18919 | 19937 | 20929 | 21871 |
| 10243 | 11177 | 12157 | 13049 | 14029 | 15013 | 15913 | 16943 | 17923 | 18947 | 19949 | 20939 | 21881 |
| 10247 | 11197 | 12161 | 13063 | 14033 | 15017 | 15919 | 16963 | 17929 | 18959 | 19961 | 20947 | 21893 |
| 10253 | 11213 | 12163 | 13093 | 14051 | 15031 | 15923 | 16979 | 17939 | 18973 | 19963 | 20959 | 21911 |
| 10259 | 11239 | 12197 | 13099 | 14057 | 15053 | 15937 | 16981 | 17957 | 18979 | 19973 | 20963 | 21929 |
| 10267 | 11243 | 12203 | 13103 | 14071 | 15061 | 15959 | 16987 | 17959 | 19001 | 19979 | 20981 | 21937 |
| 10271 | 11251 | 12211 | 13109 | 14081 | 15073 | 15971 | 16993 | 17971 | 19009 | 19991 | 20983 | 21943 |
| 10273 | 11257 | 12227 | 13121 | 14083 | 15077 | 15973 | 17011 | 17977 | 19013 | 19993 | 21001 | 21961 |
| 10289 | 11261 | 12239 | 13127 | 14087 | 15083 | 15991 | 17021 | 17981 | 19031 | 19997 | 21011 | 21977 |
| 10301 | 11273 | 12241 | 13147 | 14107 | 15091 | 16001 | 17027 | 17987 | 19037 | 20011 | 21013 | 21991 |
| 10303 | 11279 | 12251 | 13151 | 14143 | 15101 | 16007 | 17029 | 17989 | 19051 | 20021 | 21017 | 21997 |
| 10313 | 11287 | 12253 | 13159 | 14149 | 15107 | 16033 | 17033 | 18013 | 19069 | 20023 | 21019 | 22003 |
| 10321 | 11299 | 12263 | 13163 | 14153 | 15121 | 16057 | 17041 | 18041 | 19073 | 20029 | 21023 | 22013 |
| 10331 | 11311 | 12269 | 13171 | 14159 | 15131 | 16061 | 17047 | 18043 | 19079 | 20047 | 21031 | 22027 |
| 10333 | 11317 | 12277 | 13177 | 14173 | 15137 | 16063 | 17053 | 18047 | 19081 | 20051 | 21059 | 22031 |
| 10337 | 11321 | 12281 | 13183 | 14177 | 15139 | 16067 | 17077 | 18049 | 19087 | 20063 | 21061 | 22037 |
| 10343 | 11329 | 12289 | 13187 | 14197 | 15149 | 16069 | 17093 | 18059 | 19121 | 20071 | 21067 | 22039 |
| 10357 | 11351 | 12301 | 13217 | 14207 | 15161 | 16073 | 17099 | 18061 | 19139 | 20089 | 21089 | 22051 |
| 10369 | 11353 | 12323 | 13219 | 14221 | 15173 | 16087 | 17107 | 18077 | 19141 | 20101 | 21101 | 22063 |
| 10391 | 11369 | 12329 | 13229 | 14243 | 15187 | 16091 | 17117 | 18089 | 19157 | 20107 | 21107 | 22067 |
| 10399 | 11383 | 12343 | 13241 | 14249 | 15193 | 16097 | 17123 | 18097 | 19163 | 20113 | 21121 | 22073 |
| 10427 | 11393 | 12347 | 13249 | 14251 | 15199 | 16103 | 17137 | 18119 | 19181 | 20117 | 21139 | 22079 |
| 10429 | 11399 | 12373 | 13259 | 14281 | 15217 | 16111 | 17159 | 18121 | 19183 | 20123 | 21143 | 22091 |
| 10433 | 11411 | 12377 | 13267 | 14293 | 15227 | 16127 | 17167 | 18127 | 19207 | 20129 | 21149 | 22093 |
| 10453 | 11423 | 12379 | 13291 | 14303 | 15233 | 16139 | 17183 | 18131 | 19211 | 20143 | 21157 | 22109 |
| 10457 | 11437 | 12391 | 13297 | 14321 | 15241 | 16141 | 17189 | 18133 | 19213 | 20147 | 21163 | 22111 |
| 10459 | 11443 | 12401 | 13309 | 14323 | 15259 | 16183 | 17191 | 18143 | 19219 | 20149 | 21169 | 22123 |
| 10463 | 11447 | 12409 | 13313 | 14327 | 15263 | 16187 | 17203 | 18149 | 19231 | 20161 | 21179 | 22129 |
| 10477 | 11467 | 12413 | 13327 | 14341 | 15269 | 16189 | 17207 | 18169 | 19237 | 20173 | 21187 | 22133 |
| 10487 | 11471 | 12421 | 13331 | 14347 | 15271 | 16193 | 17209 | 18181 | 19249 | 20177 | 21191 | 22147 |
| 10499 | 11483 | 12433 | 13337 | 14369 | 15277 | 16217 | 17231 | 18191 | 19259 | 20183 | 21193 | 22153 |
| 10501 | 11489 | 12437 | 13339 | 14387 | 15287 | 16223 | 17239 | 18199 | 19267 | 20201 | 21211 | 22157 |
| 10513 | 11491 | 12451 | 13367 | 14389 | 15289 | 16229 | 17257 | 18211 | 19273 | 20219 | 21221 | 22159 |
| 10529 | 11497 | 12457 | 13381 | 14401 | 15299 | 16231 | 17291 | 18217 | 19289 | 20231 | 21227 | 22171 |
| 10531 | 11503 | 12473 | 13397 | 14407 | 15307 | 16249 | 17293 | 18223 | 19301 | 20233 | 21247 | 22189 |
| 10559 | 11519 | 12479 | 13399 | 14411 | 15313 | 16253 | 17299 | 18229 | 19309 | 20249 | 21269 | 22193 |
| 10567 | 11527 | 12487 | 13411 | 14419 | 15319 | 16267 | 17317 | 18233 | 19319 | 20261 | 21277 | 22229 |
| 10589 | 11549 | 12491 | 13417 | 14423 | 15329 | 16273 | 17321 | 18251 | 19333 | 20269 | 21283 | 22247 |
| 10597 | 11551 | 12497 | 13421 | 14431 | 15331 | 16301 | 17327 | 18253 | 19373 | 20287 | 21313 | 22259 |
| 10601 | 11579 | 12503 | 13441 | 14437 | 15349 | 16319 | 17333 | 18257 | 19379 | 20297 | 21317 | 22271 |
| 10607 | 11587 | 12511 | 13451 | 14447 | 15359 | 16333 | 17341 | 18269 | 19381 | 20323 | 21319 | 22273 |
| 10613 | 11593 | 12517 | 13457 | 14449 | 15361 | 16339 | 17351 | 18287 | 19387 | 20327 | 21323 | 22277 |
| 10627 | 11597 | 12527 | 13463 | 14461 | 15373 | 16349 | 17359 | 18289 | 19391 | 20333 | 21341 | 22279 |
| 10631 | 11617 | 12539 | 13469 | 14479 | 15377 | 16361 | 17377 | 18301 | 19403 | 20341 | 21347 | 22283 |
| 10639 | 11621 | 12541 | 13477 | 14489 | 15383 | 16363 | 17383 | 18307 | 19417 | 20347 | 21377 | 22291 |
| 10651 | 11633 | 12547 | 13487 | 14503 | 15391 | 16369 | 17387 | 18311 | 19421 | 20353 | 21379 | 22303 |
| 10657 | 11657 | 12553 | 13499 | 14519 | 15401 | 16381 | 17389 | 18313 | 19423 | 20357 | 21383 | 22307 |

entdeckt, daß 2 mal 3 stets 6 ist, genauso wie 2 mal 5 stets 10. Zahlen stellten offenbar die verborgene Ordnung der Welt um ihn herum dar. Vielleicht dachte er: »Wenn man sich diese Zahlen ansieht, hat man das Gefühl, eines der unerklärlichen Geheimnisse der Schöpfung mitzuerleben.« Diese Aussage enthält eine primitive Mystik, aber sie stammt nicht von dem Ishango-Menschen, sondern tatsächlich von einem modernen Mathematiker, Don Zagier, der seinen eigenen Ishango-Knochen schuf: eine moderne Computerversion, die nicht nur vier, sondern fünfzig Millionen Primzahlen auflistet. Eine Seite davon stellt Abbildung 3 dar. Warum hat Zagier diese Liste angelegt? Vielleicht aus dem gleichen Grund, aus dem der Ishango seinen Knochen einkerbte: um einen Blick auf die »unerklärlichen Geheimnisse der Schöpfung« zu erhaschen. Diese Primzahlen sind die unteilbaren Einheiten oder Atome des Zahlensystems, die der Ishango gerade entdeckt hatte. Wir erwarten von ihnen, daß sie eine Art Ordnung aufweisen.

Worin besteht diese Ordnung? Wir können es nicht genau sagen, aber wir erhalten doch gewisse irritierende Hinweise darauf, wenn wir uns die Verteilung der Primzahlen ansehen. Da gibt es viele überraschende Regelmäßigkeiten. Wenn man beispielsweise eine Zahl $n$ nimmt, die größer ist als 8, dann muß es mindestens eine Primzahl zwischen $n$ und $1{,}5n$ geben. Noch interessanter ist es, wenn man die $n$-te Primzahl finden möchte. Man kann sie nur finden, wenn man die ersten $n$ Zahlen in Abbildung 3 abzählt, aber wenn man die beiden Werte $0{,}91 \cdot \ln(n)$ und $1{,}7 \cdot \ln(n)$ berechnet, dann wird die $n$-te Primzahl irgendwo zwischen beiden liegen. Die Möglichkeiten sind hier zwar begrenzt, aber immerhin lassen sich beide Theorien anhand von Abbildung 3 überprüfen.

Einen noch verblüffenderen Versuch, eine Ordnung in der Verteilung der Primzahlen zu entdecken, stellt Abbildung 4 dar, in der die Anzahl der Primzahlen aufgelistet ist, die größer oder gleich den nachfolgenden Potenzen von 10 sind, also 10, 100, 1000 usw. Hier scheint es so etwas wie eine Ordnung zu geben, die sichtbar wird, wenn wir die Zehnerpotenz durch die Anzahl der Primzahlen teilen. Dies geschieht in der dritten Spalte.

| (1) Vielfache von 10 | (2) Anzahl der Primzahlen, kleiner als die oder gleich der Potenz von 10 | (3) Spalte 1 dividiert durch Spalte 2 | (4) Zunahme in Spalte 3 |
|---|---|---|---|
| 10 | 4 | 2,50 | 1,50 |
| 100 | 25 | 4,00 | 1,95 |
| 1 000 | 168 | 5,95 | 2,18 |
| 10 000 | 1 229 | 8,14 | 2,29 |
| 100 000 | 9 592 | 10,43 | 2,31 |
| 1 000 000 | 78 498 | 12,74 | 2,31 |
| 10 000 000 | 664 579 | 15,05 | 2,31 |
| 100 000 000 | 5 761 455 | 17,36 | 2,31 |
| 1 000 000 000 | 50 847 634 | 19,67 | 2,31 |
| 10 000 000 000 | 455 052 512 | 21,98 | 2,31 |

Abb. 4. Die Verteilung der Primzahlen

Die Zahlen in der dritten Spalte scheinen etwa um den Wert 2,3 in jeder Stufe größer zu werden. Dieses allgemeine Muster setzt sich unendlich fort. Es ist nicht besonders gut, aber es genügt, um unser Vertrauen in die Ordnung zu bestärken, über die der Ishango-Mensch vor über 9000 Jahren nachgrübelte.

Den kompliziertesten Versuch, ein Muster in der Verteilung der Primzahlen zu erkennen, stellt die folgende Gleichung dar. Lassen Sie sich durch ihr Aussehen nicht völlig verschrecken.

$$R(n) = 1 + \sum_{k=1}^{\infty} \frac{1}{k\,\zeta(k+1)} \frac{(\log n)^k}{k!}$$

Die Funktion $\zeta(n)$ ist die zeta-Funktion mit der Gleichung

$$\zeta(n) = 1 + \left(\frac{1}{2}\right)^n + \left(\frac{1}{3}\right)^n + \left(\frac{1}{4}\right)^n + \ldots$$

Das alles braucht uns freilich nicht weiter zu kümmern, denn wir wollen damit nichts anderes zeigen, als daß die Funktion R(n) ziemlich genau die

Anzahl der Primzahlen voraussagt, die kleiner oder gleich n ist. Das tun wir in Abbildung 5.

| (1)<br>Potenzen von 10 | (2)<br>Anzahl der Primzahlen kleiner als die oder gleich der Potenz von 10 | (3)<br>R(n) | (4)<br>Differenz |
|---|---|---|---|
| 100 000 000 | 5 761 455 | 5 761 552 | 97 |
| 200 000 000 | 11 078 937 | 11 079 090 | 153 |
| 300 000 000 | 16 252 325 | 16 252 355 | 30 |
| 400 000 000 | 21 336 326 | 21 336 185 | −141 |
| 500 000 000 | 26 355 867 | 26 355 622 | −350 |
| 600 000 000 | 31 324 703 | 31 324 622 | − 81 |
| 700 000 000 | 36 252 931 | 36 252 719 | −212 |
| 800 000 000 | 41 146 179 | 41 146 248 | 69 |
| 900 000 000 | 46 009 215 | 46 009 949 | 734 |
| 1 000 000 000 | 50 847 534 | 50 847 455 | − 79 |

Abb. 5. Vorhersage der Verteilung der Primzahlen

Man beachte, daß R(n) stets nur geringe Abweichungen erzielt. Es reicht völlig, die Herzen der Ishango zu wärmen: Ordnung im Chaos, die eines der Geheimnisse der Schöpfung enthüllt – den Zugang zu allen verborgenen Geheimnissen.

## Das Sieb des Eratosthenes…

Eratosthenes lebte in Griechenland im 3. Jahrhundert v. Chr. Seine Landsleute gaben ihm den Spitznamen »Beta«, den zweiten Buchstaben im Alphabet, da sie der Meinung waren, Eratosthenes wäre bei den meisten seiner Unternehmungen nur Zweiter gewesen. Dieser Spitzname ist allerdings nicht herabsetzend, wenn man bedenkt, auf wie vielen Gebieten Beta sich betätigte: Er war Astronom, Mathematiker, Historiker und Geograph. Und zumindest in einem erstaunlichen Fall lagen seine Landsleute mit ihrer Einschätzung völlig daneben, aber das konnten sie nicht wissen. Das war Eratosthenes Schätzung des Umfangs der Erde. Nur aufgrund weniger Beobachtungen glaubte er, der Erdumfang betrage etwas mehr als 40 000 Kilometer, und das ist schließlich nahezu korrekt.

Wie viele andere Mathematiker war sich auch Eratosthenes darüber im klaren, daß es gar nicht so einfach ist, alle Primzahlen nacheinander aufzuzeigen. Die beste Methode ist ziemlich naiv: Man untersucht, ob eine Zahl sich durch irgendeine andere Zahl außer 1 teilen läßt, die kleiner ist als sie selbst. Ist 2 956 913 eine Primzahl? Ist sie durch 2 956 912 teilbar? Nein. Ist sie durch 2 956 911 teilbar? Nein… Machen Sie so weiter, und mit ein wenig Geduld werden Sie die Antwort bekommen. Wir können das Verfahren ein wenig raffinierter gestalten, indem wir nicht jede Zahl überprüfen, die kleiner ist als die fragliche Zahl, sondern nur jede Zahl die gleich oder kleiner ist als ihre Quadratwurzel – ausgehend von der Überlegung, daß unter den Primteilern von $n$ zumindest eine gleich oder kleiner als $\sqrt{n}$ sein muß.

Eratosthenes erkannte, daß es wirklich ein bißchen bequemer ist, dieses Verfahren umzudrehen. Statt nach den Teilern einer Zahl suchen wir nach den Vielfachen aller anderen Zahlen. Sobald wir sie alle eliminiert haben, müssen nur noch die Primzahlen übrigbleiben. Schreiben wir einmal alle Zahlen zwischen 2 und 100 auf. Welche davon sind Primzahlen? Wir beginnen bei 2 und eliminieren jede zweite Zahl, da sie ja ein Vielfaches von 2 ist – also streichen wir 2, 4, 6, 8, 10 und so weiter durch. Jetzt zur 3. Sie ist nicht durchgestrichen, also muß sie eine Primzahl sein. Nun eliminieren wir jede dritte Zahl: 6, 9, 12, 15 und so weiter. Nun zur 4: Sie ist

|    | 2  | 3  | 4  | 5  | 6  | 7  | 8  | 9  | 10  |
|----|----|----|----|----|----|----|----|----|-----|
| 11 | 12 | 13 | 14 | 15 | 16 | 17 | 18 | 19 | 20  |
| 21 | 22 | 23 | 24 | 25 | 26 | 27 | 28 | 29 | 30  |
| 31 | 32 | 33 | 34 | 35 | 36 | 37 | 38 | 39 | 40  |
| 41 | 42 | 43 | 44 | 45 | 46 | 47 | 48 | 49 | 50  |
| 51 | 52 | 53 | 54 | 55 | 56 | 57 | 58 | 59 | 60  |
| 61 | 62 | 63 | 64 | 65 | 66 | 67 | 68 | 69 | 70  |
| 71 | 72 | 73 | 74 | 75 | 76 | 77 | 78 | 79 | 80  |
| 81 | 82 | 83 | 84 | 85 | 86 | 87 | 88 | 89 | 90  |
| 91 | 92 | 93 | 94 | 95 | 96 | 97 | 98 | 99 | 100 |

Abb. 6. Das Sieb des Eratosthenes

bereits durchgestrichen, daher muß sie eine zusammengesetzte Zahl sein. Jetzt die 5: Sie ist eine Primzahl, da sie für keine Zahl kleiner als 5 ein Vielfaches sein kann, und darum eliminieren wir nun jede fünfte Zahl. Wir machen auf diese Weise weiter, und wenn wir fertig sind, haben wir alle Primzahlen zwischen 2 und 100. Da wir ja nach Primzahlen unter 100 suchen, können wir das Verfahren bei 7 abbrechen, der größten Primzahl, die kleiner ist als $\sqrt{100}$. Siehe Abbildung 6.

Dieses Verfahren heißt heute das »Sieb des Eratosthenes«. Es ist zwar noch immer naiv, aber ziemlich einfach zu handhaben. Sein Hauptnachteil besteht darin, daß man die Suche im voraus begrenzen muß.

# … und das Sieb von John Horton Conway

John Horton Conway ist Professor für Mathematik an der Princeton University, der zu Recht nicht nur wegen seiner ernsthaften Entdeckungen berühmt ist, sondern auch wegen seiner vielen Probleme und Spiele. Zumindest einer seiner Landsleute neigt dazu, ihm den Spitznamen »Alpha und Omega« zu geben.*

Ihm ist so etwas wie ein neuartiges Sieb eingefallen, das indes im Unterschied zu dem des Eratosthenes tatsächlich alle Primzahlen in Folge produziert, und zwar ohne irgendwelche Begrenzungen. Es hat etwas unglaublich Magisches an sich, und wie bei jedem guten Zauber wird es sogar noch wunderbarer, wenn man den Schleier lüftet und dahinter seine makellose Schlichtheit erkennt. Es besteht wirklich aus nichts anderem als aus dem in Abbildung 7 gezeigten Satz von vierzehn Brüchen.

Nehmen Sie eine beliebige Zahl und multiplizieren Sie damit die Brüche vom ersten bis zum letzten, bis Sie einen finden, der eine ganze Zahl ergibt. Sobald Sie diese ganze Zahl haben, gehen Sie die Brüche erneut durch, um die nächste ganze Zahl zu bekommen. Beginnen Sie mit 2. Bekommen Sie beim ersten Bruch eine ganze Zahl? Nein, also gehen Sie weiter zum zweiten Bruch. Auf diese Weise gelangen Sie bis zum vorletzten Bruch, und hier ist das Produkt endlich eine ganze Zahl: 15. Mit dieser neuen Zahl fangen wir

---

* Ich meine Donald E. Knuth, einen Professor für Informatik an der Stanford University. Sein Kurzroman *Surreal Numbers* handelt von einem antiken Text über einen gewissen J.H.W.H. Conway, eine mythische Gestalt, die die Regeln geschaffen hat, »alle großen und kleinen Zahlen hervorzubringen«.

wieder von vorn an. Aus 15 wird 825, wenn man 15 mit dem letzten Bruch multipliziert, aus 825 wird 725 (beim fünften Bruch) und so weiter. Wir hören auf, sobald wir bei einer Zahl ankommen, die eine Potenz von 2 ist. Der Exponent ist die nächste Primzahl!

| | | | | | | |
|---|---|---|---|---|---|---|
| $\dfrac{17}{91}$ | $\dfrac{78}{85}$ | $\dfrac{19}{51}$ | $\dfrac{23}{38}$ | $\dfrac{29}{33}$ | $\dfrac{77}{29}$ | $\dfrac{95}{23}$ |
| $\dfrac{77}{19}$ | $\dfrac{1}{17}$ | $\dfrac{11}{13}$ | $\dfrac{13}{11}$ | $\dfrac{15}{14}$ | $\dfrac{15}{2}$ | $\dfrac{55}{1}$ |

Abb. 7. Das Sieb des John Horton Conway

Abbildung 8 zeigt, wie man mit den Conway-Brüchen die erste Primzahl ermittelt – die 2. Und zwar nach 19 Schritten. Sie benötigen 50 weitere Schritte, um die nächste Primzahl zu ermitteln, also 3 (sie erscheint als $2^3$), und weitere 211, um auf 5 zu kommen (oder $2^5$). Das hört sich ein wenig an, als wolle man eine Fliege mit schwerer Artillerie abschießen, aber denken Sie daran, daß allein diese vierzehn Brüche in der Lage sind, unendlich viele Primzahlen zu erzeugen, selbst jene, die noch keiner kennt. Schauen Sie sie sich genau an, und dann wird Sie eine gewisse Ehrfurcht überkommen, vielleicht so wie es den Ishango ergangen sein muß, als sie zum ersten Mal über die Kerben in ihrem Knochen nachgrübelten.

Wie funktioniert das eigentlich? Um das beantworten zu können, sollten wir uns etwas ansehen, was auf den ersten Blick nichts damit zu tun zu haben scheint, was aber dem Conway-Sieb wirklich sehr ähnlich ist. Stellen Sie sich einen einfachen Computer mit einem kleinen Satz von Registern oder Speicherplätzen vor, die eine ganze Zahl speichern können. Die Maschine kann nur drei Operationen durchführen. Erstens kann sie den Inhalt eines Registers inkrementieren (um 1 erhöhen) oder dekrementieren (um 1 vermindern). Zweitens kann sie feststellen, ob ein Register 0 beträgt. Und drittens kann sie zu einem neuen Befehl überspringen. Wir könnten dies einen Ishango-Computer nennen, da er sich auf Addition und Subtraktion im Unärsystem beschränkt. Wir führen den Ishango-Computer hier ein, damit wir uns an etwas Einfaches und Solides halten können, während wir uns mit Ideen herumschlagen, die uns andernfalls unverständlich und abstrakt vorkommen.

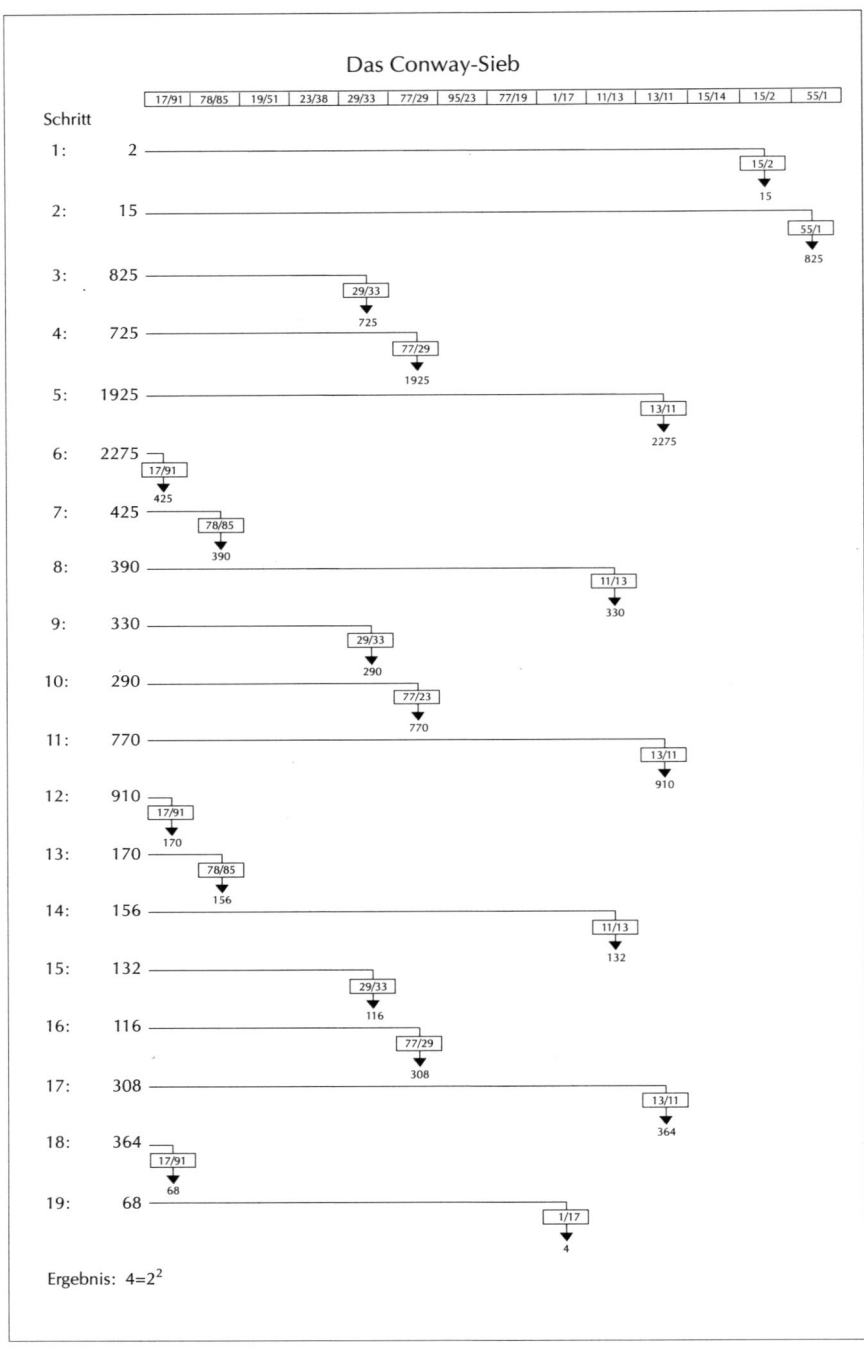

Abb. 8. Wie man die ersten Primzahlen mit dem Conway-Sieb findet

Können wir mit Hilfe eines Ishango-Computers zwei andere Zahlen als 1 subtrahieren? Ja, und dazu benötigen wir nur zwei Register. Zunächst geben wir in den Computer die beiden Zahlen ein, wobei wir die größere Zahl ins erste Register eingeben und die kleinere ins zweite. Wir schauen uns an, ob das zweite Register gleich 0 ist. Wenn dies nicht der Fall ist, dekrementieren wir beide Register um 1; dann wiederholen wir diesen letzten Schritt. Wenn das zweite Register gleich 0 ist, hören wir auf. Das erste Register enthält die Lösung. Wir können nun ein einfaches Programm schreiben:

0. Gebe in Register A die große Zahl ein. Gebe in Register B die kleine Zahl ein.
1. Ist Register B gleich 0?
   Wenn ja, gehe zu Schritt 5.
2. Dekrementiere Register B.
3. Dekrementiere Register A.
4. Gehe zu Schritt 1.
5. Halt

Das Programm wird in Abbildung 9 als Standardflußdiagramm gezeigt.

Vielleicht kommt Ihnen dieses Verfahren unnötig umständlich vor, aber wir können uns schließlich nur in Binärschritten bewegen. Entscheidend dabei ist, daß selbst mit dieser Einschränkung Aufgaben auf einer höheren Ebene mit genügend Geduld gelöst werden können. Aber vielleicht ist ja nicht auf den ersten Blick klar, daß diese Aufgabe – ebenso wie alle anderen Aufgaben auf dem Ishango-Computer – mit Hilfe der Conway-Brüche simuliert werden kann.
Der Trick beruht auf der schlichten Tatsache, daß jede Zahl in einen eindeutigen Satz von Primzahlen zerlegt werden kann – und umge-

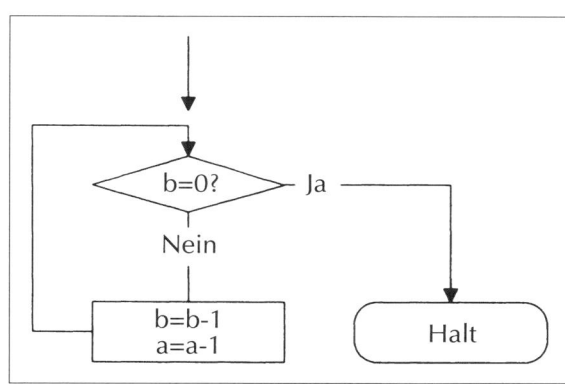

Abb. 9. Wie ein Ishango-Computer zwei Zahlen subtrahiert

kehrt: Jeder Satz von Primzahlen ergibt durch Multiplizieren eine eindeutige Zahl.

Und so funktioniert es. Stellen Sie sich vor, Sie haben einen Ishango-Computer mit nur zwei Registern – A und B –, genauso einen wie den, den wir gerade benützt haben. Natürlich ist der Status des Computers absolut festgelegt, wenn wir den Inhalt der Register vorgeben. Nun stellen Sie sich vor, Sie haben eine Zahl in Form von $2^a3^b$. Diese Zahl ist dann absolut bestimmt, wenn wir die Werte von A und B angeben. Sehen Sie, was passiert? Einerseits könnte ein Ishango sagen: »Mein Computer hat in seinen beiden Registern eine 5 und eine 2.« Andererseits könnte John Horton Conway erwidern: »288.« Beide haben das gleiche gesagt, da keine andere Zahl als 288 gleich $2^53^2$ ist. Bei diesem Beispiel sind die »Register« die Primzahlen 2 und 3. Es funktioniert auch mit allen anderen Primzahlen, aber am einfachsten mit den beiden ersten.

Die Fähigkeit eines Computers, den Inhalt eines Registers um 1 zu verändern, wird simuliert durch die simple Multiplikation und Division mit den entsprechenden Primzahlen. So könnte unser Ishango sagen: »Ich habe den Inhalt von Register A dekrementiert.« Daraufhin sagen wir: » $\frac{288}{2} = 144$.« Wieder haben wir beide das gleiche gesagt, da $144 = 2^43^2$ ist. Und wenn unser Ishango erklärt: »Ich habe den Inhalt von Register B inkrementiert«, erwidern wir: »$144 \cdot 3 = 432$«, da dies gleich $2^43^3$ ist.

Andere Primzahlen als diejenigen, die wir als Register verwendet haben, ermöglichen es uns, jederzeit einen Befehl zu erteilen oder zu widerrufen, womit wir praktisch die Fähigkeit eines Ishango-Computers simulieren, in seinem Programm hin und her zu springen. Schauen wir uns dies an einem Beispiel an. Nehmen wir den Bruch

$$\frac{7}{10}$$

Man beachte, daß der Nenner dieses Bruches – 10 – aus zwei Primzahlen – 2 und 5 – zusammengesetzt ist, da $10 = 2 \cdot 5$.

Welche Zahlen ergeben eine ganze Zahl, wenn sie mit diesem Bruch multipliziert werden? Offenbar alle Zahlen wie 10, 20, 30, 40 …, und so könnte die Antwort zunächst lauten: »Jede Zahl, die ein Vielfaches von 10 ist, ergibt eine ganze Zahl, wenn sie mit diesem Bruch multipliziert wird.« Diese Antwort ist zwar völlig korrekt, aber sie paßt nicht zu dem Vergleich, den wir zwischen Conways Brüchen und einem Ishango-Computer ziehen wollen.

Besser ist folgende Antwort: »Jede Zahl, die unter ihren Primfaktoren eine 2 und 5 aufweist, wird eine ganze Zahl ergeben, wenn man sie mit diesem

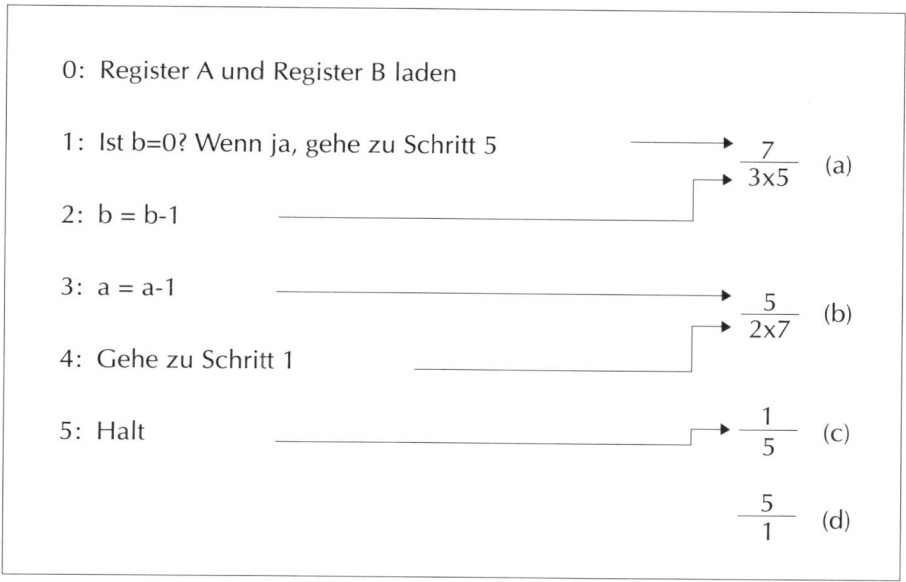

0: Register A und Register B laden

1: Ist b=0? Wenn ja, gehe zu Schritt 5 $\quad\longrightarrow\quad \dfrac{7}{3\times 5}$ (a)

2: b = b-1

3: a = a-1 $\quad\longrightarrow\quad \dfrac{5}{2\times 7}$ (b)

4: Gehe zu Schritt 1

5: Halt $\qquad\qquad\qquad \dfrac{1}{5}$ (c)

$\dfrac{5}{1}$ (d)

Abb. 10. Die Bedeutung der Brüche

Bruch multipliziert.« Dies ist zumindest Conways Antwort. Und sie entspricht auch der Antwort des Ishango: »Jeder Computer, der eine Nicht-Null im ersten Register hat und sich gegenwärtig im Status 5 befindet, wird diesen Befehl ausführen.«

Sehen wir uns einmal an, wie sich beide miteinander verständigen. Wir fragen Conway: »Erhalten wir eine ganze Zahl, wenn wir 40 mit $\frac{7}{10}$ multiplizieren?« Und Conway antwortet: »Ja, weil $40 = 2^3 5$, und unter diesen Primfaktoren gibt es eine 2 und eine 5.« Nun fragen wir den Ishango: »Wird ein Computer, der sich gegenwärtig im Status $2^3 5$ befindet, den Befehl $\frac{7}{10}$ ausführen?« Der Ishango erwidert: »Ja, weil es im ersten Register eine Nicht-Null gibt und sich der Computer im Status 5 befindet.« Beide haben das gleiche gesagt.

Nun fragen wir wieder Conway: »Erhalten wir eine ganze Zahl, wenn wir 56 mit $\frac{7}{10}$ multiplizieren?« Antwort: »Nein, weil $56 = 2^3 7$ – unter den Primfaktoren gibt es zwar eine 2, aber keine 5.« Nun fragen wir den Ishango: »Wird ein Computer, der sich im Status $2^3 7$ befindet, den Befehl $\frac{7}{10}$ ausführen?« Antwort: »Nein – es gibt zwar eine Nicht-Null im ersten Register, aber der Computer befindet sich nicht im Status 5, sondern im Status 7.« Wieder haben beide das gleiche gesagt.

Was ergibt sich nun, wenn wir 40 mit $\frac{7}{10}$ multiplizieren? Conway: »Das ergibt die ganze Zahl 28, die gleich $2^2 7$ ist. Daraus ergibt sich wiederum, welcher

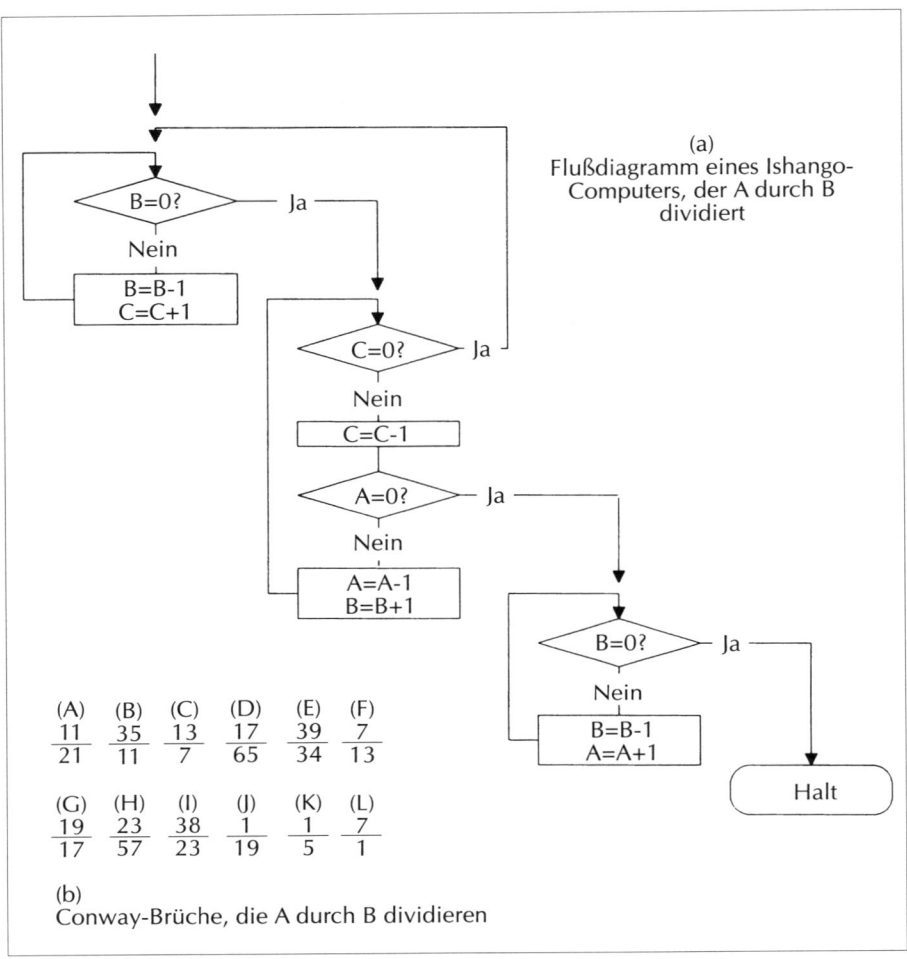

(a)
Flußdiagramm eines Ishango-
Computers, der A durch B
dividiert

(b)
Conway-Brüche, die A durch B dividieren

Abb. 11. Wie ein Ishango-Computer zwei Zahlen dividiert

36

Bruch im nächsten Schritt verwendet wird, denn nun muß es unter den Primfaktoren sowohl eine 2 wie eine 7 geben.« Der Ishango: »Dadurch verwandelt sich $2^3 5$ in $2^2 7$, das heißt, das erste Register wird dekrementiert, und der Status des Computers ändert sich von 5 zu 7. Wird der Status auf diese Weise verändert, legt dies fest, welcher Befehl im nächsten Schritt befolgt wird.« Und wieder haben beide das gleiche gesagt!

In Abbildung 10 wandeln wir jede Zeile unseres Programms in den Bruch um, der es simuliert. (Wir haben die Brüche um der einfacheren Zuordnung willen markiert.)

Wenn wir auf diese Brüche stoßen, haben wir es weniger mit Arithmetik zu tun als mit der Programmierung eines Ishango-Computers. Wir wollen nun mit Hilfe des Computers 2 von 5 subtrahieren. Zuerst laden wir die Zahlen in die entsprechenden Register, das heißt, wir geben $2^5 3^2 = 288$ ein. Nun gehen wir die Brüche wie zuvor durch, bis wir eine Potenz von 2 erhalten:

$$288 \;\rightarrow\; D \;\rightarrow\; 1440 \;\rightarrow\; A \;\rightarrow\; 672 \rightarrow B \;\rightarrow\; 240 \;\rightarrow$$
$$A \;\rightarrow\; 112 \rightarrow B \;\rightarrow\; 40 \;\rightarrow$$
$$C \;\rightarrow\; 8 \text{ (oder } 2^3)$$

Beachten Sie, daß die Potenz von 2 – der Inhalt von Register A – 3 ist, genauso, wie es im Ishango-Computer sein sollte.

Können wir einen Ishango-Computer auch dazu verwenden, um festzustellen, ob eine Zahl durch eine andere teilbar ist? Ja, und auch wenn dies nicht auf der Hand zu liegen scheint, haben wir doch einen Großteil der Vorarbeit dazu geleistet. Abbildung 11a zeigt ein allgemeines Flußdiagramm, Abbildung 11b enthält einen entsprechenden Satz von Brüchen.

Nun versuchen wir mit Hilfe des Computers – der Brüche – herauszubekommen, ob 3 durch 2 teilbar ist. Diesmal benötigen wir drei Register, da wir das dritte zum vorübergehenden Abspeichern brauchen. Wir laden die Zahlen entsprechend in die Register A und B und löschen Register C – das heißt, wir geben $2^3 3^2 5^0 = 72$ ein. Nun gehen wir mit dieser Zahl die Brüche wie üblich durch und halten an, wenn wir eine Potenz von 2 erhalten. Das Programm ist so ausgelegt, daß die Potenz selbst der Rest bei der Teilung der beiden Zahlen ist: Wenn also der Rest 0 ist (d.h., wenn das Ergebnis $2^0 = 1$ ist), dann ist die erste Zahl genau durch die zweite teilbar. Bei diesem Beispiel ist das Ergebnis $2 = 2^1$. Hätten wir statt dessen mit $2^{13} 3^5 5^0 = 1\,990\,656$ begonnen, wäre das Ergebnis $8 = 2^3$ gewesen.

| | | | | | | | | | |
|---|---|---|---|---|---|---|---|---|---|
| 72 | → | L | → | 504 | → A → | 264 → | B | → | 840 → |
| | | | | | A → | 440 → | B | → | 1400 → |
| | | C | → | 2600 | → D → | 680 → | E | → | 780 → |
| | | | | | D → | 204 → | E | → | 234 → |
| | | F | → | 126 | → A → | 66 → | B | → | 210 → |
| | | | | | A → | 110 → | B | → | 350 → |
| | | C | → | 650 | → D → | 170 → | E | → | 195 → |
| | | | | | D → | 51 → | | | |
| | | G | → | 57 | → H → | 23 → | | → | 38 → |
| | | J | → | 2 (oder $2^1$) | | | | | |

Bei diesem Programm verwenden wir das vorhergehende Programm, um eine Zahl von einer anderen abzuziehen. Diesmal hören wir allerdings nicht auf, sondern subtrahieren so lange, bis nichts mehr übrigbleibt. Beispielsweise ist der Computer nicht intelligent genug, um 13 durch 5 teilen zu können, und daher zieht er 5 von 13 ab, bekommt 8 heraus, zieht davon wieder 5 ab und erhält 3. (Aber auch das ist noch übertrieben, da der Computer nicht 5, sondern 1 fünfmal abzieht.)

Können wir mit Hilfe eines Ishango-Computers alle Primzahlen finden? Ja, und auch dazu haben wir bereits die meiste Vorarbeit geleistet. Nehmen wir einmal an, wir haben die Zahl 15 im Register A. Ist sie eine Primzahl? Mit Hilfe des vorigen Programms sehen wir uns an, ob sie durch 14, dann durch 13, durch 12 und so weiter teilbar ist. Gelangen wir bis ans Ende, ist es eine Primzahl. Hier stoßen wir endlich auf Conways Zauberkunst, und überraschenderweise ist das allgemeine Verfahren eigentlich nicht komplexer als der ganz naive Algorithmus, der sogar noch älter als das Verfahren von Eratosthenes ist. In diesem Fall zeige ich das Flußdiagramm nicht, sondern überlasse es vielmehr dem Leser. Es ist ein bißchen kompliziert, aber wer die entsprechende Geduld aufbringt, kann es lösen.

Noch etwas: Was ich hier einen Ishango-Computer genannt habe, heißt eigentlich Minsky-Maschine. Und die ist alles andere als altertümlich oder primitiv, sondern vielmehr ein Grundwerkzeug in der modernen Informatik.

# Oder handelt es sich um einen Kalender?

Man kann den Ishango-Knochen noch auf eine andere Weise deuten.

Wir erinnern uns: Die Ishango waren Jäger und Sammler, die an einem See lebten. Zu ganz bestimmten Zeiten im Jahr sorgten Regenfälle dafür, daß das Dorf am See unbewohnbar war, und dann gab es wieder andere Zeiten, in denen es sich eher lohnte, zu fischen als zu jagen. In beiden Fällen, ebenso wie in vielen anderen, die wir uns vorstellen können, war es vielleicht notwendig, daß die Ishango die Jahreszeiten unterscheiden konnten. War also der Knochen möglicherweise eine primitive Art von Kalender? Auf diese Möglichkeit hat Alexander Marshack in seinem Buch *The Roots of Civilization* (*Die Anfänge der Kultur*) aufmerksam gemacht.

Eine Tatsache spricht ganz offensichtlich dafür, daß wir es bei diesem Knochen mit der Aufzeichnung von Himmelserscheinungen zu tun haben. Bilden wir einmal die Summe aus den Zahlen in der Spalte, die wir für eine Liste von Primzahlen gehalten haben: $11 + 13 + 17 + 19 = 60$. Und dann bilden wir die Summe aus den Zahlen in der Spalte, von denen wir annahmen, daß sie sich um die Zahl 10 drehten: $11 + 21 + 19 + 9 = 60$. In beiden Spalten kommen wir also der Zahl von Tagen ganz nahe, die zwei Mondmonate ausmachen. (Ein echter Mondmonat ist zwar nur 29,5 Tage lang, aber diese astronomische Genauigkeit können wir von den Ishango nicht erwarten.) Die Jahreszeiten vom Mond abzulesen war durchaus üblich bei Völkern, die entsprechende Aufzeichnungen von ihrer Tätigkeit hinterlassen haben, wie etwa bei den Babyloniern, die ein bemerkenswert fortschrittliches System der Astronomie entwickelten. Die Neugier für das, was am Himmel vor sich ging, ist vielleicht zum ersten Mal bei den Ishango aufgekommen.

Wie können wir diese Hypothese überprüfen? Wenn wir einmal annehmen, daß jede Kerbe auf dem Knochen einen Tag darstellt und die verschiedenen Zahlen astrologischen (astronomischen?!) Perioden zwischen unterschiedlichen Phasen des Mondes entsprechen, dann stehen wir vor ein paar Hürden. Zunächst einmal wissen wir nicht, in welcher Reihenfolge die Kerben eingeritzt wurden. Hielten die Ishango die Tage von rechts nach links fest oder von links nach rechts? Und wenn das Ende einer Zeile erreicht war, kehrte man dann einfach um und schrieb in der entgegengesetzten Richtung weiter, wie es einige alte Völker beim Schreiben taten, oder begann man wieder von vorn und bewegte sich in der gleichen Richtung wie wir heute? Selbst der Gedanke, daß hier Tage gezählt wurden, wirft Fragen auf. Ein Mondmonat ist eigentlich ganz unpräzise. So kann die Zahl der Tage zwischen dem Neumond und einer sichtbaren Mondsichel von eins bis drei schwanken, im Durchschnitt freilich sind es nur zwei Tage. Schließlich gibt es sogar für die Kerben verschiedene Interpretationen. Wenn man nämlich die Abbildung genau betrachtet, zeigt sich, daß es ein wenig willkürlich ist, einige Kerben zu einer Gruppe zusammenzufassen. Der erste Abschnitt von 19 Kerben besteht aus zwei ziemlich unterschiedlichen Gruppen: einer mit 5 kleinen und einer mit 14 größeren Kerben. Wenn man all dies berücksichtigt, kann man sich eigentlich kaum noch festlegen, sondern fast jede Hypothese beweisen. Gleichwohl hat Marshack seine Behauptung ziemlich glaubwürdig begründet. Nehmen wir also einmal an, daß der Ishango den Knochen in der Linken hielt, wobei die Quarzitspitze nach rechts zeigte. Dann begann er die Kerben am Quarzitende einzuritzen und setzte dies nach links hin fort. Am Ende der ersten Reihe wurde der Knochen um 180 Grad gedreht, und die zweite Serie von Kerben wurde in der gleichen Richtung eingeritzt. Auf diese Weise scheinen die Kerben nach verschiedenen Phasen des Mondes ausgerichtet zu sein. Was dabei herauskommt, zeigt Abbildung 12.

Man beachte, daß verschiedene Abschnitte von Kerben mit verschiedenen Phasen des Mondes zu beginnen und zu enden scheinen, wobei es aller-

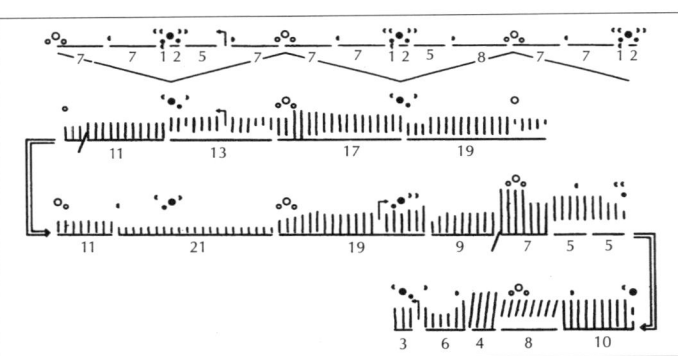

Abb. 12. Der Ishango-Knochen als Kalender (aus Marshack, 1971)

dings erforderlich ist, einen Kerbenabschnitt doppelt zu nehmen. Das geschieht jedoch nur dann, wenn dies aus irgendeinem Grund auf dem Knochen selbst sichtbar gemacht wird, nämlich wenn die Kerben offenbar ihre Form oder ihren Winkel ändern.
Alles in allem mag Marshacks Theorie zwar ein wenig weit hergeholt sein, aber nichts daran ist offenkundig falsch. »Ich hatte das fast verzweifelte Verlangen, den Knochen in Händen zu halten, um ihn sehen und spüren zu können«, schrieb Marshack später, als er erkannte, daß an seiner ur-

sprünglichen Hypothese etwas Wahres dran war. Tatsächlich birgt der Knochen ein unerklärliches Geheimnis. Egal wie sein Besitzer ihn tatsächlich verwendet hat – wir werden wohl niemals dahinterkommen –, läßt sich doch nicht bestreiten, daß die Kerben in der Tat eine primitive Form des Zählens darstellen. In diesem Sinne ist dies der Anfang aller Rätsel.

## Das Ende der Ishango

Nicht sehr lange nachdem der Knochen mit diesen Kerben versehen wurde, brach am Lake Edward ein Vulkan aus, und die Asche verdunkelte den Himmel. Sie ging auf das kleine Fischerdorf nieder, und so wurden die Ishango und ihre Lebensform ausgelöscht. Vielleicht beschränkte sich ihre Zeit auf Erden nur auf ein paar Jahrhunderte. Wir werden zwar nie erfahren, was sie wirklich mit diesem seltsamen Knochen gemacht haben, aber ganz gleich, ob es sich dabei um ein Spiel handelte, das sie miteinander spielten, oder um einen Kalender, von dem sie die Jahreszeiten ablasen – unzweifelhaft haben wir es hier mit einer der frühesten Formen der Verwendung von Zahlen zu tun, die wir kennen. Etwas Ähnliches aus dieser Zeit konnte in Europa bislang nicht gefunden werden. »Es ist sogar möglich«, meint de Heinzelin, »daß unsere heutige Welt dem Volk der Ishango eine der größten Errungenschaften verdankt. Auf jeden Fall ist es bemerkenswert, daß der älteste Hinweis auf die Verwendung eines Zahlensystems durch den Menschen aus dem Zentralafrika des Mesolithikums stammt.«
Traurigerweise ist das Bild Afrikas – und damit auch dieses Fossils, des Ishango-Knochens – im Laufe der Zeit getrübt, ja sogar grotesk verzerrt worden. In dieser Hinsicht ist die folgende Geschichte ganz bezeichnend, zumal sie auch etwas mit der Verdoppelung einer Zahl zu tun hat: Im Jahre 1853 hat der britische Anthropologe Sir Francis Galton eine Begegnung mit dem Volk der Damara aus Namibia in seinem Buch *Narrative of an Explorer in Tropical South Africa* (*Bericht eines Forschers im tropischen Südafrika*) geschildert. Beim üblichen Tauschhandel wurden zwei Tabakstauden für ein Schaf gegeben. Aber die Damaras waren ganz verwirrt, als ihnen ein Händler gleich vier Stauden auf einmal für zwei Schafe anbot. Der Handel mußte langsamer durchgeführt werden: Zunächst wurden zwei Tabakstauden gegen ein Schaf eingetauscht, dann noch einmal zwei Stauden für ein Schaf. Als der Händler darauf hinwies, daß diese Transaktion identisch sei

mit dem ursprünglich vorgeschlagenen Handel, wurden die Damaras ganz mißtrauisch, weil sie dachten, der Händler verfüge über magische Kräfte. Es gibt eine ganze Menge ähnlicher Geschichten, mit denen demonstriert werden soll, daß ein Volk, das kein Zahlensystem besitzt, nicht in der Lage sei, das Konzept der Multiplikation zu begreifen. Aber Galton hat die Damaras aufgefordert, ein Spiel nach seinen eigenen Regeln zu spielen, sozusagen in seiner eigenen Sprache. Kein Wunder, daß ihnen das nicht gelang. Gewiß bezeichnen die Damaras alle Mengen über zwei als »viele«, aber nur nach gewissen Aspekten des täglichen Lebens. (Im Westen geschieht übrigens das gleiche, wenn von »unilateraler«, »bilateraler« und »multilateraler« Abrüstung gesprochen wird.) In dieser Geschichte ist allerdings nicht von einer anderen Seite der Damaras die Rede, die Howard Eves recht hübsch in seinem Buch *In Mathematical Circles* beschrieben hat: »Sie [die Damaras] waren nicht unintelligent. Sie wußten ganz genau, wie groß eine Herde Schafe oder Ochsen war, und hätten das Fehlen eines einzelnen Tieres sofort feststellen können, da sie die Gesichter aller Tiere kannten. Für uns wäre es unendlich schwieriger, diese Form der Intelligenz zu kultivieren, nämlich die getreue und scharfe Beobachtung, als die, die mit dem Zählen verbunden ist.« Dieser Zahlensinn ist keineswegs minderwertig, sondern nur anders. Er genügte durchaus den Ansprüchen der Damaras, so wie Galtons Zahlensinn seinen Ansprüchen genügte. Ich frage mich allerdings, wie Galton reagiert hätte, wenn der Damara-Hirt am Ende der Verhandlungen erklärt hätte: »Du kannst alle Schafe mit gebogenen Ohren nehmen.« Er hätte sicher nicht gewußt, wie viele er nehmen sollte. Das müßte eigentlich mindestens einmal passiert sein, und darum hoffe ich von ganzem Herzen, daß jemand irgendwo in Namibia immer wieder Geschichten über dumme Westler erzählt, die ein Schaf nicht vom andern unterscheiden können.

# DER ZUGANG ZU ALLEN DUNKLEN GEHEIMNISSEN

*Rack're, Bruder, Ruh' ist nah –*
*Pharao lebt ewig!*
*Alle Wesen dieser Welt:*
*Niedrer Wurm und flüchtger Vogel –*
*Müssen fronen, müssen sterben:*
*Nur Pharao lebt ewig!*

George John Whyte-Melville,
Sachedon

In der ägyptischen Abteilung des British Museum befindet sich ein vergilbtes Dokument, das für jeden, der sich für Rätsel und ihre Geschichte interessiert, eine der kostbarsten Handschriften darstellt. Der Autor ist ein Schreiber namens A'h-mose oder Ahmes, was soviel bedeutet wie »A'h [der Mondgott] ist geboren«. Er behauptet, das Dokument während der Herrschaft von A-user-Re geschrieben zu haben, und damit wäre es um 1650 v. Chr. zu datieren. Ahmes fügt allerdings hinzu, er habe nur einen viel älteren Papyrustext abgeschrieben, der in der Zeit von Ne-ma'et-Re entstanden sei, der zuweilen auch Amenemhet III. genannt wird, ein Herrscher über Ober- und Unterägypten, so daß das Dokument auf die Zeit um 1850 v. Chr. zu datieren ist – und vielleicht ist es sogar noch älter, wenn jener Text seinerseits die Abschrift eines noch früheren war.

## Wärme, Wind und hohes Wasser

Schreiber standen im alten Ägypten in hohem Ansehen. Ihre Ausbildung begann schon früh und zog sich über viele Jahre hin, und zwar hauptsächlich deshalb, weil die Texte, an denen sie arbeiteten, so wertvoll waren und man um das Risiko wußte, daß jeder Fehler von künftigen Abschriften übernommen werden würde. Bezeichnend für die Bedeutung eines Schreibers ist zum Beispiel, daß seine Ausbildung oft in einem Tempel stattfand. So sind denn auch die Übungen dieser Schreiberlehrlinge in einem der Tempel von Theben erhalten. Heutzutage stellen sie eine interessante Lektüre dar – damals aber sollten sie dem jungen Schüler Ehrfurcht vor seinem Beruf einflößen und ihn zu härterer Arbeit anhalten. Der folgende Text ist frei in unsere heutige Umgangssprache übersetzt:

*Du solltest mich gesehen haben, als ich so alt war wie du. Damals mußte ich mit Handfesseln dasitzen, und durch dieses Hilfsmittel wurden meine Glieder gefügig gemacht. Drei Monate lang trug ich sie und saß eingesperrt im Tempel. Mein Vater und meine Mutter waren draußen auf dem Feld, ebenso meine Brüder. Aber als mir die Handfesseln abgenommen wurden, übertraf ich alles, was ich bisher getan hatte, und wurde der Beste in meiner Klasse und überflügelte die anderen in der Kunst des Schreibens. Nun tue, wie ich dir sage, und dann wirst du Erfolg haben und schon bald feststellen, daß du keine Konkurrenz hast.*

Wie sehr Schreiber geschätzt wurden, geht auch aus den *Lehren* eines Schreibers namens Tuauf hervor. Dieses Dokument, das heute im British Museum aufbewahrt wird, diente vermutlich als Schulbuch für Anfänger. Tuauf erklärt:

*Ich wollte, du würdest Bücher so lieben, wie du deine Mutter liebhast, und ich werde dir ihre Schönheiten vorführen. Der Beruf des Schreibers ist der großartigste aller Berufe – er hat auf Erden nicht seinesgleichen. Bereits am Anfang seiner Karriere holt man den Rat des Schreibers ein. Er wird als Gesandter des Staates in alle Welt geschickt, und wenn er zurückkehrt, ist er keinem anderen mehr unterstellt.*

Und dann schlägt uns Tuauf seine Meinung über andere Berufe um die Ohren:

*Der Kupferschmied muß vor seinem glühend heißen Ofen arbeiten, seine Finger sind so schuppig wie die Beine des Krokodils, und er stinkt schlimmer als die Eingeweide des Fisches… Der Fährmann wird von Mücken und Moskitos zu Tode gestochen, und der Gestank der Kanäle raubt ihm den Atem… Der Weber ist schlimmer dran als eine Frau. Seine Schenkel sind an seinen Körper gepreßt, so daß er keine Luft bekommt. Sobald er eines Tages seine Arbeit nicht verrichtet, wird er aus der Hütte gezerrt, wie ein Lotus aus dem Teich, und ausgemustert.*

*Wenn er das Tageslicht sehen will, muß er dem Aufseher sein Essen überlassen…*
*Die Finger des Schilfrohrschneiders stinken wie die eines Fischhändlers; seine*
*Augen sind stumpf und ausdruckslos, und den ganzen Tag ist er nackt und mit*
*nichts anderem beschäftigt, als Schilfrohr zu schneiden.*

Diese Tirade geht über mehrere Seiten weiter, bis Tuauf schließlich erklärt: »Jeder, der sich abrackert, verflucht seine Tätigkeit oder Beschäftigung, außer dem Schreiber, zu dem niemand sagt: ›Geh hinaus und arbeite auf den Feldern von Soundso.‹«

Auf einer der Wandmalereien aus dem Grab des Menna ist ein Schreiber zu erkennen, ein bedeutender Schreiber, der im 14. Jahrhundert v. Chr. in einer Stadt namens Abd-el-Qurna starb. Die Bilderfolge zeigt Menna, wie er die Steuereinnahmen der Region während der Erntezeit schätzt. Zu seiner Rechten wird ein Bauer bestraft, weil er vermutlich versäumt hat, seinen Anteil abzuführen. Die große Gestalt zu seiner Linken ist ein *harpedonaptai* oder Seilspanner, der Regierungsbeamte, der das Land des Bauern vermessen hat; eine Seilwindung ist bereits straff gespannt, eine andere ist noch um seine Schulter gewunden. Das gespannte Seil diente in Ägypten als primitives Meßgerät, um die geradlinige Strecke einer Seite des Feldes zu ermitteln. Anhand dieser Zahlen mußte Menna die Abgaben des Bauern errechnen. Möglicherweise war das Manuskript, das Ahmes abgeschrieben hatte, das »Lehrbuch« für diese Berechnungsmethode gewesen.

Der einzige Titel auf dem Dokument lautet *Anweisungen zur Erlangung von Kenntnissen in allen dunklen Geheimnissen.* Eigentlich ist es ziemlich unfair, daß es nicht gemeinhin nach Ahmes benannt wird, sondern Rhind-Papyrus heißt, weil es irgendwann später von einem gewissen A. Henry Rhind, einem schottischen Antiquitätenhändler, erworben wurde. Rhind gelangte 1858, als er sich in Ägypten aufhielt, in den Besitz dieses Dokuments. Man erklärte ihm, daß die alten, losen Papyrusseiten in den Ruinen um Theben gefunden worden seien. Bereits fünf Jahre nach seiner Rückkehr nach England starb Rhind an Tuberkulose, leider viel zu früh, so daß er die beachtliche Entdeckung nicht mehr miterlebte, die man später machte. Denn fast ein halbes Jahrhundert nach seinem Tod tauchten ganz zufällig wichtige Abschnitte aus seinem Dokument in der New Yorker Historical Society auf. Diese fehlenden Fragmente waren unter antike medizinische Texte geraten und von dem Sammler Edwin Smith der Gesellschaft gestiftet worden. Als man sie mit Rhinds Dokumenten kombinierte, stellte sich heraus, daß es sich um einen Text handelte, der alles andere als ein kurioses Sammlerstück eines Antiquitätenhändlers war, sondern »eines der antiken Zeugnisse des Wissens«, wie man das Dokument heute üblicherweise nennt.

Die Handschrift beginnt mit einem hübschen kleinen Gedicht (siehe Abbildung 13):

Abb. 13. »Der Zugang zu …
allen dunklen Geheimnissen«
(aus Chace u.a., 1927)

*Genaues Rechnen. Der Zugang zum Wissen über alle existierenden Dinge und alle dunklen Geheimnisse.*

Und es endet mit einem merkwürdigen Gebet:

*Fang das Ungeziefer und die Mäuse, reiß' das schädliche Unkraut aus. Bete zum Gott Ra um Wärme, Wind und hohes Wasser.*

Zwischen diesen beiden Passagen enthält der Papyrustext offenbar die beliebten Rätsel der damaligen Zeit.

# Zahlen und Rechnen

Um die Probleme begreifen zu können, müssen wir verstehen, wie Ahmes sie gelöst hat. Die von ihm verwendeten Zahlen basierten auf der 10, eine Verwirklichung der Idee also, die de Heinzelin auf dem Ishango-Knochen gefunden zu haben glaubte. In vielerlei Hinsicht funktioniert dieses Zah-

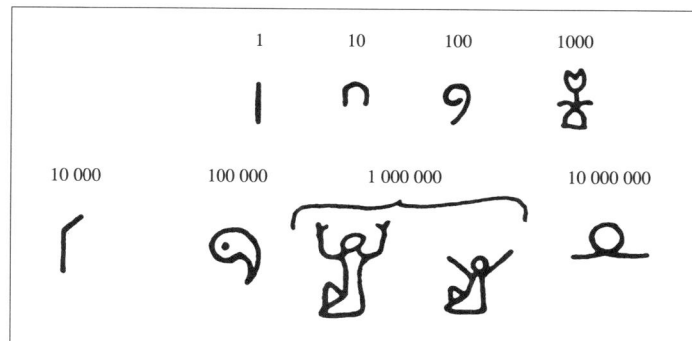

Abb. 14.
Ägyptische Zahlen

lensystem in etwa wie unseres. So gab es beispielsweise unterschiedliche Symbole für die Potenzen von 10. Die ersten acht sind in Abbildung 14 zu sehen.

Falls dies erforderlich war, wurden die Zahlen einfach wiederholt. Abbildung 15 zeigt, wie etwa die Zahl 365 und die Zahl 3650 in dieser Schreibweise aussehen.

Bei diesem Zahlensystem ist für die Null kein eigenes Symbol erforderlich. Das Fehlen einer bestimmten Potenz von 10 wird durch das Fehlen des entsprechenden Symbols dargestellt. Gegenüber der Null als einem Zahlensymbol gibt es eine psychologische Barriere, die bei allen Menschen in alten Zeiten auftrat und heute von einigen wenigen Kindern empfunden wird. Das liegt am logischen Widerspruch, daß etwas für nichts stehen soll. Die ebenso hübsche wie einengende Antwort der Ägypter auf dieses Problem: Sie lassen statt dessen nichts für nichts stehen.

In diesem System sind beliebig große Zahlen darstellbar, auch wenn für jede neue Potenz von 10 ein neues Symbol erfunden werden muß. Um zu sehen, wie sehr dieses System unserem modernen System nahekommt, müssen wir

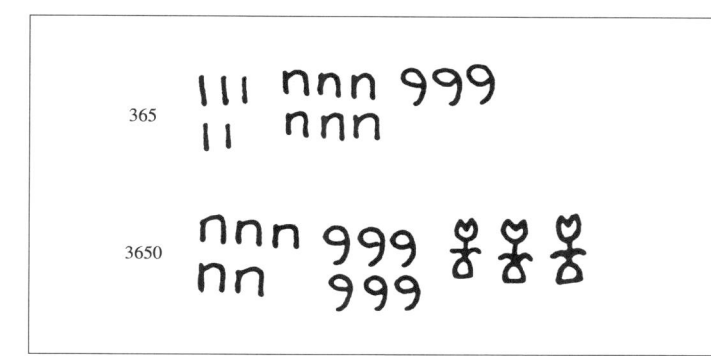

Abb. 15.
365 und 3650,
wie Ahmes sie
schreiben würde

47

nur an unseren Trick denken, mit dem wir eine Zahl mit 10 multiplizieren: Wir hängen einfach eine 0 an die Zahl an, zum Beispiel 45 · 10 = 450. Die Ägypter mußten nur jedes Symbol in einer Zahl durch das Symbol für die nächsthöhere Potenz von 10 ersetzen, während die Anzahl der Symbole gleich blieb. Abbildung 15 demonstriert dies an den Zahlen 365 und 3650.

Archäologen haben öfter Täfelchen ausgegraben, auf denen Zahlen eine auffallende Rolle spielen. Abbildung 16 zeigt eine Palette und den Kopf eines Amtsstabes des ägyptischen Pharaos Narmer, der es einst für nötig hielt, die Libyer dafür zu bestrafen, weil sie sich gegen ihn erhoben hatten. In Bild 16 (b) steht der Name des Pharaos zwischen zwei Köpfen der Kuhgottheit Hathor. Darunter ist Narmer selbst zu sehen, wie er sich anschickt, einen Gefangenen zu enthaupten. Unter ihm befinden sich zwei weitere Gefangene, die offenkundig bereits tot sind. Links hinter ihm steht ein Sandalenträger, und rechts von ihm wird ein Gefangener symbolisch durch Kopf und Rumpf dargestellt. Diesen Gefangenen demütigt der von einem Falken symbolisierte Gott Horus, indem er seine Nase mit einem Stock festhält. Was oberhalb von diesem Gefangenen wie ein Strauß von sechs Blumen aussieht, ist tatsächlich die Zahl 6000 – offenkundig verweist sie auf die Hinrichtung von 6000 Gefangenen.

Auf Bild 16 (a) sitzt Narmer unter einem Baldachin, während der Gott Horus über ihm schwebt. Vor ihm befinden sich die Pharaonin und drei Tänzer, die vielleicht seine Siege feiern. Hinter und unter den Tänzern erkennen wir einen Teil seiner Kriegsbeute. Mit ein bißchen Phantasie und unter Verwendung der oben angegebenen Zahlen ist das Bild leicht zu

Abb. 16.
Aus Budge,
1985
(a) Gedenktafel
des Narmer

Abb. 16.
Aus Budge,
1985
(b) Kopf des Amtsstabs
des Narmer

entziffern. In der unteren rechten Ecke beispielsweise erkennen wir die Zahl 120 000. Darüber hockt ein Mann mit auf den Rücken gefesselten Händen. Offenbar hat der Pharao 120 000 Gefangene gemacht. An anderer Stelle erkennt der Leser »400 000 Kühe« und »1 422 000 Ziegen«.

Die Schönheit der neuen Zahlen beruht auf der Tatsache, daß man mit ihnen endlos weiterzählen kann. (Stellen Sie sich vor, wie die Bakairi darauf reagieren würden.) Und so folgte fast direkt daraus, daß die Ägypter auch ein einfaches Additionssystem hatten: Sie ordneten bloß die Symbole der beiden Zahlen zu einer neuen Zahl an. Wenn sich dabei mehr als 10 identische Symbole ergaben, wurden sie ersetzt durch ein einziges Symbol für die nächsthöhere Potenz – ähnlich wie bei unserer modernen Methode des Übertrags bei der Addition.

Es gab aber auch eine einfache Form der Multiplikation, und im Rhind-Papyrus wurde sie viele Male angewendet. Zur Veranschaulichung sehen wir uns einmal an, wie die Ägypter herausbekamen, wieviel 7 · 22 ist. Sie machten also zwei Spalten und setzten oben in die erste eine »1« und in die zweite einen Multiplikanden (entweder 7 oder 22). Dann wurde jede Zahl wiederholt verdoppelt:

$$
\begin{array}{ll}
1 & 7 \\
2\ \checkmark & 14 \\
4\ \checkmark & 28 \\
8 & 56 \\
\underline{16\ \checkmark} & \underline{112} \\
2 + 4 + 16 = 22 & 14 + 28 + 112 = 154
\end{array}
$$

In der ersten Spalte haben wir diejenigen Zahlen mit einem Häkchen versehen, deren Summe den zweiten Multiplikanden ergibt, in diesem Falle also $22 = 2 + 4 + 16$. Die Summe der entsprechenden Zahlen in der zweiten Spalte ergibt dann unsere Lösung: $7 \cdot 22 = 154$. Im Grunde haben die Ägypter herausbekommen, daß $7 \cdot 22 = 7 \cdot (2+4+16) = 7 \cdot (2^1 + 2^2 + 2^4)$ ist. Auf diese Weise läßt sich jedes Vielfache von 7 errechnen, da jede Zahl als Summe der Potenzen von 2 ausgedrückt werden kann (auch wenn es zweifelhaft ist, ob die Ägypter dies gewußt haben). Hätten wir statt dessen wissen wollen, wieviel $19 \cdot 7$ ist, dann hätten wir in der ersten Spalte die Zahlen 1, 2 und 16 abgehakt (da $19 = 1 + 2 + 16$) und in der zweiten die Summe $7 + 14 + 112 = 133$ herausbekommen.

Diese Methode ist offensichtlich die Vorläuferin der äthiopischen Multiplikationsmethode, die ich bereits vorgestellt habe. Daß beide zu identischen Ergebnissen führen, läßt sich mit der folgenden Berechnung von $7 \cdot 22$ demonstrieren, wobei die Spalten 1 und 2 die ägyptische Methode und die Spalten 2 und 3 die äthiopische Methode veranschaulichen. Man beachte, daß die Ägypter praktisch das abhakten, was die Äthiopier die »guten Häuser« nannten. Diese Entsprechung zwischen den beiden Methoden wird es in jedem Falle geben.

$$
\begin{array}{lll}
1 & \cancel{7} & \cancel{22} \\
2\ \checkmark & 14 & 11 \\
4\ \checkmark & 28 & 5 \\
8 & \cancel{56} & \cancel{2} \\
\underline{16\ \checkmark} & \underline{112} & 1 \\
2 + 4 + 16 = 22 & 14 + 28 + 112 = 154
\end{array}
$$

Daß die beiden Methoden miteinander identisch sind, ist nicht weiter überraschend, da beide auf dem Gedanken der Darstellung eines Multiplikanden im binären System beruhen. Erinnern wir uns, daß wir in der Lage waren, die äthiopische Methode auszubauen, indem wir statt binärer ternäre Zahlen verwendet haben. Können wir das auch bei der ägyptischen Methode? Das heißt, können wir die Zahlen in jeder Spalte nicht nur verdoppeln, sondern auch verdreifachen oder vervierfachen? Versuchen

Sie doch einmal eine allgemeine Methode herauszufinden, wie man das korrekte Produkt herausbekommt.

Die Division war für die Ägypter indes nicht ganz so einfach. Sehen wir uns beispielsweise das folgende Problem auf dem Rhind-Papyrus an:

*Ich gehe dreimal hinunter; $\frac{1}{3}$ von mir, $\frac{1}{5}$ von mir wird mir hinzugefügt; kehre ich zurück, bin ich gefüllt. Wer bin ich?*

Die seltsame Formulierung ist übrigens ganz typisch für derartige Probleme: Ahmes weiß noch nicht, wie man ein Rätsel richtig ausdrückt. Offenbar wird hier nach der Summe aus $3 + \frac{1}{3} + \frac{1}{5}$ gefragt – nach heutigen Maßstäben ein triviales Problem, aber in Abbildung 17 erkennt man, was sich der arme Schreiber damit aufgehalst hatte.

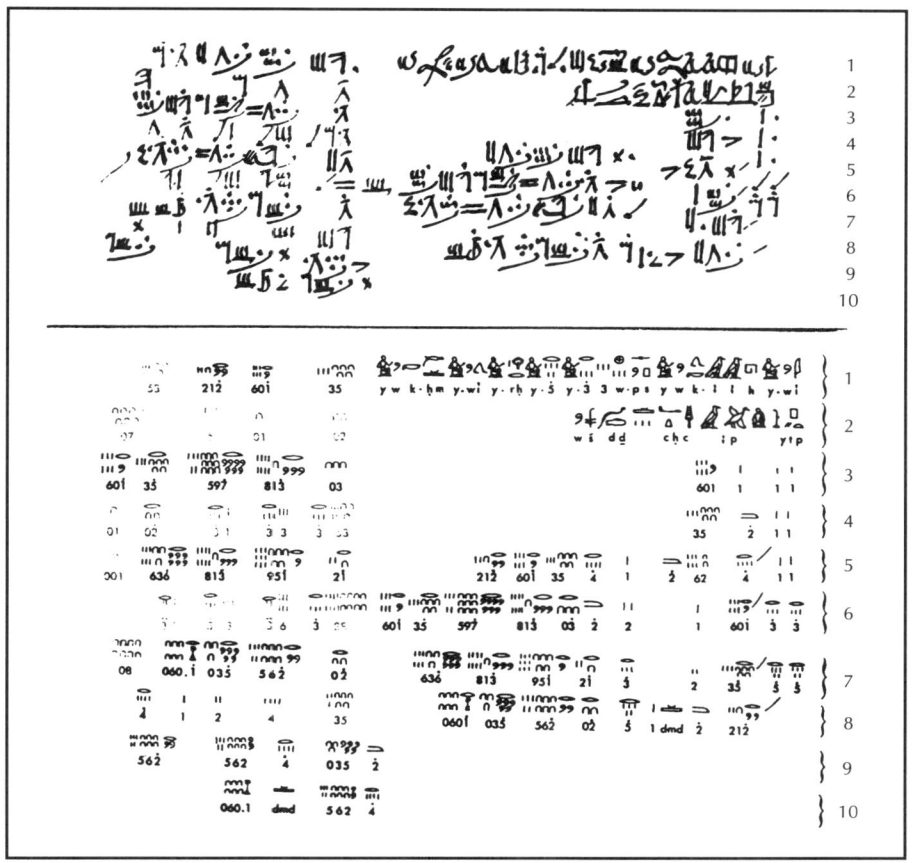

Abb. 17. »… kehre ich zurück, bin ich gefüllt. Wer bin ich?« (aus Chace u.a., 1927)

Oben befindet sich der hieratische oder heilige Text nach dem Original, das von rechts nach links gelesen werden mußte. Eine dicke Linie (die im Original nicht vorhanden war) trennt den hieratischen Text von der Übertragung in Hieroglyphen, wobei die entsprechenden Zeilen jeweils gleich numeriert sind. Der Unterschied zwischen hieratischem Text und Hieroglyphen ist rein formal: Bei ersterem handelt es sich um Schrift, bei letzteren um Grafik. Die hieroglyphischen Ziffern sind außerdem noch in unsere moderne Notation übersetzt, wobei auch diese von rechts nach links gelesen werden muß – wo also »35« gedruckt ist, ist 53 gemeint.

Die obige Abbildung gibt natürlich auch die vielen Fehler wieder, die Ahmes bei seiner Lösung unterlaufen sind. Aber es lohnt sich durchaus, wenn wir uns einmal die ägyptische Methode der Teilung und ihre Verwendung von Brüchen ansehen. Teilen wir beispielsweise 43 durch 8 genauso, wie Ahmes es getan hätte. Wir legen wieder zwei Spalten an, wobei wir in die erste zunächst eine 1 und in die zweite den Divisor schreiben, in diesem Fall eine 8. Als nächstes verdoppeln wir die Zahlen in beiden Spalten, bis wir fast den Dividenden erreichen, in diesem Fall 43. Dann halbieren wir beide Zahlen so lange, bis wir in der zweiten Spalte bei 1 angelangt sind. Schließlich haken wir in der zweiten Spalte die Zahlen ab, deren Summe den Dividenden (43) ergibt, und nun ist die Summe der entsprechenden Zahlen in der ersten Spalte die Lösung. Dies sieht dann so aus:

| | | |
|---|---|---|
| 1 | ✓ | 8 |
| 2 | | 16 |
| 4 | ✓ | 32 |
| $\frac{1}{2}$ | | 4 |
| $\frac{1}{4}$ | ✓ | 2 |
| $\frac{1}{8}$ | ✓ | 1 |

$\rightarrow$ Ab hier halbieren wir, beginnend mit 1 und 8

Summe $1 + 4 + \frac{1}{4} + \frac{1}{8}$        43

Versuchen Sie es mal mit ein paar Beispielen für sich, um zu sehen, wie gut es funktioniert und wie schnell es langweilig wird. Ein Effekt dieser Methode besteht darin, daß nur »Stammbrüche« verwendet werden, also Brüche, deren Zähler 1 ist (einzige Ausnahme von dieser Regel war der Bruch $\frac{2}{3}$). Dies erklärt auch, warum in dem Problem von »$\frac{1}{3}$ von mir, $\frac{1}{5}$ von mir« die Rede ist. Die oben aufgeführte Summe hätte Ahmes genauso geschrieben: $5 + \frac{1}{4} + \frac{1}{8}$. Er hätte nicht wie wir die Brüche zu $5\frac{3}{8}$ zusammenfassen können. Die Verwendung von Stammbrüchen bedeutete nichts anderes, als daß die Ägypter für Brüche keine neuen Symbole brauchten: Sie schrieben die Zahl einfach als Nenner und setzten ein Oval darüber. Entsprechende Beispiele finden sich in der Abbildung 17.

Ägyptische Brüche weisen zwei auffällige Schwächen auf. Zum einen kann man einen Bruch auf alle möglichen Arten schreiben. Zum anderen können wir nicht auf einen Blick erkennen, ob zwei verschiedene Darstellungsformen tatsächlich gleich sind, ja nicht einmal ob ein Bruch größer als ein anderer ist. Viele Kommentatoren haben diese Methode mit den Stammbrüchen abgetan, weil sie so umständlich ist, aber sie haben dabei einen ganz subtilen Punkt übersehen. Sehen wir uns ein anderes Rätsel von Ahmes an, nämlich die Aufteilung von drei Laib Brot unter fünf Menschen. Wir würden sagen: »Jeder erhält $\frac{3}{5}$ von einem Laib.« Ahmes dagegen sagt: »Jeder erhält $\frac{1}{3} + \frac{1}{5} + \frac{1}{15}$.« In gewisser Hinsicht ist diese Aussage umfassender, da sie nicht nur die korrekte Lösung enthält, sondern auch zeigt, wie die Laibe praktisch zu teilen sind. Schauen wir uns einmal diese praktische Seite an. Unsere moderne Antwort bedeutet ja, daß wir drei Menschen ein ganzes Stück Brot geben könnten, das $\frac{3}{5}$ eines Laibs ausmacht, und daß wir dann den anderen beiden Menschen je zwei Stück Brot geben, wovon das eine $\frac{1}{5}$ und das andere $\frac{2}{5}$ ausmacht. Ist dies gerecht? Wenn Sie ein ägyptischer Arbeiter wären, der vielleicht keine Kenntnisse in Mathematik besitzt, würden Sie dann nicht glauben, daß das eine große Stück Brotlaib mehr wert sei als die beiden kleineren Stücke? Schließlich könnte sich der andere Arbeiter ein schönes Sandwich machen, während man Sie mit Brotkanten abgespeist hat. Die Antwort der Ägypter dagegen ist alles andere als umständlich, sondern beschreibt eigentlich genau, wie man beim Schneiden des Brotes zu verfahren hat. Dadurch erhält nämlich jeder genau drei Stück Brot: Das erste ist $\frac{1}{3}$ eines Laibs, das zweite $\frac{1}{5}$ und das dritte $\frac{1}{15}$. Siehe hierzu Abbildung 18. Diese Lösung ist genauso gerecht wie die moderne Lösung, aber sie hat noch zusätzlich den Vorzug, *augenscheinlich* gerecht zu sein, und zwar sogar für jemanden, der die Arithmetik, die dem Ganzen

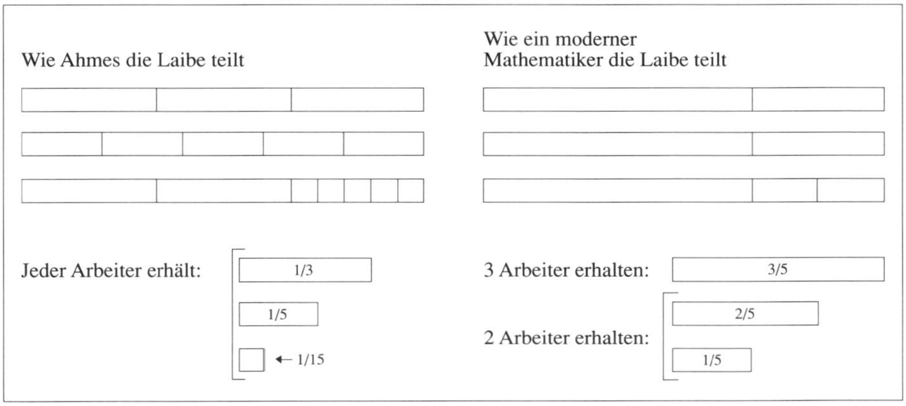

Abb. 18. Alte und moderne Methode, einen Brotlaib zu teilen

zugrunde liegt, nicht versteht. Ahmes konnte einen Bruch auch nur in diesem Sinne verstehen. Es ist fast so, als ob das ursprüngliche Problem so gelautet haben muß (und nur so von Ahmes gestellt werden konnte): Wie teilen wir drei Laib Brot unter fünf Menschen so auf, daß jeder die gleiche Menge und die gleiche Stückzahl erhält?

## Zwei moderne Probleme

Ein weiterer Effekt der ägyptischen Methode der Division besteht darin, daß es keine zwei Stammbrüche geben kann, die den gleichen Nenner haben. So hätte Ahmes beispielsweise niemals eine Zahl wie $5 + \frac{1}{8} + \frac{1}{8} + \frac{1}{8} + \frac{1}{8}$ geschrieben, weil er das für unnötig verwirrend gehalten hätte. Damit stellt sich die Frage: Kann man *alle* Brüche als Summe von Einheitsbrüchen schreiben, von denen keine zwei den gleichen Nenner haben? Hieße die Antwort nein, dann können Sie sich vorstellen, wie sich das auf ägyptische Rätsel ausgewirkt hätte: Gewisse Probleme wären dann für immer die »dunklen Geheimnisse« geblieben, von denen Ahmes in seiner Einleitung schrieb.

Erst im Jahre 1880 wurde dieser Sachverhalt von dem englischen Mathematiker James Joseph Sylvester untersucht. Die Antwort lautet also ja: Alle rationalen Brüche standen Ahmes zur Verfügung, und mit einer einfachen Technik kann man ihre Darstellung in Form von Stammbrüchen herausfinden. Nehmen wir den Bruch $\frac{5}{11}$. Wie schreibt man ihn in Stammbrüchen? Suchen wir zunächst den größten Stammbruch, der nicht größer ist als $\frac{5}{11}$ – in diesem Fall ist es $\frac{1}{3}$. Nun machen wir eine einfache Subtraktion:

$$\frac{5}{11} - \frac{1}{3} = \frac{4}{33}$$

Jetzt suchen wir den größten Stammbruch, der nicht größer ist als $\frac{4}{33}$. Dies ist $\frac{1}{9}$, und wieder subtrahieren wir:

$$\frac{4}{33} - \frac{1}{9} = \frac{3}{297}$$

Der größte Stammbruch, der nicht größer ist als $\frac{3}{297}$, ist $\frac{1}{99}$. Wir subtrahieren:

54

$$\frac{3}{297} - \frac{1}{99} = 0$$

Und damit sind wir schon fertig. Die Ägypter hätten also den Bruch $\frac{5}{11}$ so geschrieben: $\frac{1}{3} + \frac{1}{9} + \frac{1}{99}$.

Wenn wir uns die Brüche ansehen, mit denen wir bei jedem Schritt angefangen haben, entdecken wir etwas Interessantes: Diese Brüche waren $\frac{5}{11}$, $\frac{4}{33}$ und $\frac{3}{297}$, deren Zähler (5, 4, 3) immer kleiner werden. Sylvester zeigte nun, daß dies immer der Fall ist, und damit lieferte er den Beweis dafür, daß dieses Verfahren stets ein Ende findet, da am Schluß nichts mehr von dem Bruch übrigbleibt.

Wie haben wir eigentlich die obigen Stammbrüche gefunden? Wir suchten zunächst den größten Stammbruch, der nicht größer war als $\frac{5}{11}$. Der Stammbruch, der exakt *gleich* $\frac{5}{11}$ ist, lautet:

$$\frac{1}{\left(\frac{11}{5}\right)}$$

Nun ist $\frac{11}{5}$ gleich 2 und ein kleiner Rest. Der größte Stammbruch, der *nicht* größer ist als $\frac{5}{11}$ und einen ganzzahligen Nenner hat, ist also $\frac{1}{3}$, also exakt der Stammbruch, den wir verwendet haben. Und als wir den Stammbruch suchten, der nicht größer war als $\frac{4}{33}$, gingen wir genauso vor: Wir suchten einfach die ganze Zahl, die gerade etwas größer ist als $\frac{33}{4}$, nämlich 9, und erhielten so den Stammbruch $\frac{1}{9}$.

Nehmen wir nun den allgemeinen Bruch $\frac{A}{B}$, bei dem $A$ nicht ganzzahliges Vielfaches von $B$ sei. Also müssen wir nach dem größten Stammbruch suchen, der nicht größer ist als $\frac{A}{B}$. Auch hier kennen wir den Stammbruch, der genau gleich $\frac{A}{B}$ ist, nämlich:

$$\frac{1}{\left(\frac{B}{A}\right)}$$

Nennen wir den ganzzahligen Anteil von $\frac{B}{A}$ $N$, so daß $B = AN + R$, wobei $R$ nicht größer als Null sein darf. Der gesuchte Stammbruch muß also $1/(N+1)$ sein. Daraus folgt:

$$\frac{A}{B} - \frac{1}{(N+1)} = \frac{A(N+1) - B}{B(N+1)}$$

Muß dieser neue Zähler $A(N+1) - B$ kleiner sein als der alte Zähler $A$? Ja. Wenn wir nun $B = AN + R$ einsetzen, ergibt sich

$$A(N+1) - B = A(N+1) - (AN + R)$$
$$= AN + A - AN - R$$
$$= A - R$$

und das ist mit Sicherheit kleiner als $A$.

Damit hatten die Ägypter zum zweiten Mal eine glückliche Hand gehabt. Beim ersten Mal verwendeten sie eine Multiplikationsmethode, die voraussetzt, daß jede Zahl in binärer Form geschrieben werden kann, was die Ägypter nicht bewiesen haben konnten, und dann verwendeten sie eine Divisionsmethode, die voraussetzt, daß jeder Bruch als Summe von Stammbrüchen geschrieben werden kann, was erst 1880 bewiesen wurde.

Es gibt noch ein zweites Problem: Kann jeder Bruch mit einem ungeraden Nenner – wie etwa $\frac{2}{7}$ oder $\frac{4}{9}$ oder $\frac{5}{13}$ – als Summe von Stammbrüchen geschrieben werden, die alle *ungerade* Nenner haben, von denen keine zwei gleich sind? Zum Beispiel:

$$\frac{5}{13} = \frac{1}{3} + \frac{1}{21} + \frac{1}{273}$$

Ist dies immer der Fall? Diese Frage wurde 1956 zum ersten Mal gestellt, und bis heute hat sie noch niemand beantworten können. Tausende von Computerstunden sind für die Suche nach einem Beispiel verwendet worden, das dieser Vermutung widerspricht, aber bislang ohne Erfolg. Anscheinend lautet die Antwort ja, aber niemand weiß dies ganz genau.

# Wie man einem Kamel das Leben rettet

Während ein Rätsel überliefert und von Kontinent zu Kontinent weitergereicht wird, gehen zuweilen seine ursprünglichen Feinheiten verloren. Oft fällt neues Licht auf ein Rätsel, wenn wir es zu rekonstruieren und ihm eine plausible Geschichte zu geben versuchen. Dies können wir auch bei dem bekannten Rätsel von dem arabischen Kaufmann tun, der in seinem Testament verfügt hatte, daß seine 17 Kamele unter seinen drei Söhnen im Verhältnis $\frac{1}{2}$, $\frac{1}{3}$ und $\frac{1}{9}$ aufgeteilt werden sollen. Ein armes Tier sollte also geteilt werden! Zum Glück erkannte der Testamentsvollstrecker, daß es einfacher ist, ein einzelnes Kamel hinzuzufügen, so daß es insgesamt 18

Kamele sind. Natürlich wußte er, daß die Söhne nichts dagegen einzuwenden hätten, da jeder von ihnen mehr bekäme, als er erwarten durfte. Tatsächlich bekommen die drei Söhne 9, 6 beziehungsweise 2 Kamele. Und genau ein Kamel bleibt übrig, das der weise Notar zurückerhält. Des Rätsels (mathematische) Lösung: Die Summe der Brüche ist selbst ein Bruch der Form $\frac{d}{(d+1)}$. In diesem Falle ergibt sich: $\frac{1}{2} + \frac{1}{3} + \frac{1}{9} = \frac{17}{18}$. Da die Differenz zwischen Zähler und Nenner gleich eins ist, muß also genau ein weiteres Kamel hinzugefügt werden, damit die Division aufgeht.

Die Figur eines arabischen Kaufmanns sowie die Verwendung von Kamelen verweisen darauf, daß das Rätsel aus dem Nahen Osten kommt. Das erklärt vielleicht auch die Tatsache, daß alle Brüche Stammbrüche sind. Man kann dieses Problem ohne weiteres variieren, während man an seinem Grundprinzip festhält. So kann der Kaufmann beispielsweise 11 Kamele haben, die zwischen seinen drei Erben im Verhältnis $\frac{1}{2}$, $\frac{1}{3}$ und $\frac{1}{12}$ aufgeteilt werden sollen. Oder 7 Kamele im Verhältnis $\frac{1}{2}$, $\frac{1}{4}$ und $\frac{1}{8}$. In jedem Fall stellt der schlaue Anwalt ein einzelnes Kamel zur Verfügung, nimmt die geforderte Aufteilung vor und bekommt dann sein Kamel zurück. Interessanter ist die Frage, die man sich vielleicht auch in den arabischen Ländern gestellt hat: »Wie viele verschiedene Rätsel dieser Art gibt es insgesamt?« In Zahlen ausgedrückt, suchen wir also nach allen möglichen Sätzen von drei Zahlen a, b und c, wobei gilt: $\frac{1}{a} + \frac{1}{b} + \frac{1}{c} = \frac{d}{d+1}$. Außerdem müssen alle Rätsel auch drei Bedingungen entsprechen: Erstens müssen sie von Ahmes nachvollzogen werden können, das heißt, die Verhältnisse müssen unterschiedliche Stammbrüche darstellen. Zweitens muß der Anwalt genau ein Kamel zur Verfügung stellen und wieder zurückbekommen. Drittens muß $(d+1)$ ohne Rest durch a, b und c teilbar sein. Die letzte Bedingung berücksichtigt die Tatsache, daß ein Kamel nicht geteilt werden kann.

Auf den ersten Blick scheint es unendlich viele solcher Zahlen zu geben. Wir beginnen damit, daß a gleich 2, b gleich 3 ist und lassen c gleich 4, 5, 6 und so weiter sein. In jedem Fall ergibt sich ein neuer Satz von Brüchen. Einige von diesen Sätzen werden die gewünschten Eigenschaften aufweisen, andere nicht, aber das wissen wir erst, wenn wir jeden einzelnen für sich überprüfen. Sehen wir uns den ersten Satz an:

$$\frac{1}{2} + \frac{1}{3} + \frac{1}{4} = \frac{13}{12}$$

Das entspricht eindeutig nicht unseren Bedingungen, da die Summe der Brüche nicht die Form $\frac{d}{(d+1)}$ hat. Bestenfalls könnten wir daraus ein Rätsel konstruieren, bei dem der Kaufmann – der offenbar kein helles Licht ist – seine 12 Kamele unter seinen Söhnen im Verhältnis $\frac{1}{2}$, $\frac{1}{3}$ und $\frac{1}{4}$ aufteilt. Der Anwalt, der sieht, was hier los ist, gibt sein eigenes Kamel dazu, so daß die Söhne 6, 4 bzw. 3 Kamele erhalten – aber er bekommt seins nicht mehr zurück! Für ein Rätsel ist dies alles andere als ein Volltreffer.

Ähnlichen Fallstricken begegnen wir, bis c gleich 7 ist. Nun ergibt sich:

$$\frac{1}{2} + \frac{1}{3} + \frac{1}{7} = \frac{41}{42}$$

Da die Summe die Form $\frac{d}{d+1}$ aufweist, haben wir ein richtiges Rätsel, bei dem der Kaufmann seine 41 Kamele unter seinen Söhnen im Verhältnis $\frac{1}{2}$, $\frac{1}{3}$ und $\frac{1}{7}$ aufteilt.

Wenn man das lange genug durchspielt, entdeckt man, daß die Zahl der Brüche, bei denen es funktioniert, tatsächlich begrenzt ist. Zum Glück finden wir gleich heraus, daß $a$ keine andere Zahl sein kann als 2. Nehmen wir einmal an, $a$ sei gleich 3. Dann ist der kleinste Wert von ($d$+1) gleich 12, nämlich wenn $a$=3, $b$=4, $c$=6. Aber –

$$\frac{1}{3} + \frac{1}{4} + \frac{1}{6} = \frac{9}{12}$$

– die Summe entspricht also nicht der Form $\frac{d}{d+1}$. Offenkundig funktioniert es immer schlechter, wenn $b$ und $c$ größer werden, da dann ja die Brüche noch kleiner werden. Also beschränken wir uns auf $a$=2. Bei ähnlicher Überlegung ergibt sich, daß $b$ entweder 3 oder 4 sein muß. Tatsächlich gibt es nur sieben Lösungen überhaupt, die in Abbildung 19 aufgelistet

| | Zahl der Kamele | Erster Sohn | Zweiter Sohn | Dritter Sohn |
|---|---|---|---|---|
| **Ahmes-artige Lösungen** | 41 | $\frac{1}{2}$ | $\frac{1}{3}$ | $\frac{1}{7}$ |
| | 23 | $\frac{1}{2}$ | $\frac{1}{3}$ | $\frac{1}{8}$ |
| | 17 | $\frac{1}{2}$ | $\frac{1}{3}$ | $\frac{1}{9}$ |
| | 11 | $\frac{1}{2}$ | $\frac{1}{3}$ | $\frac{1}{12}$ |
| | 19 | $\frac{1}{2}$ | $\frac{1}{4}$ | $\frac{1}{5}$ |
| | 11 | $\frac{1}{2}$ | $\frac{1}{4}$ | $\frac{1}{6}$ |
| | 7 | $\frac{1}{2}$ | $\frac{1}{4}$ | $\frac{1}{8}$ |
| **Nicht-Ahmes-artige Lösungen** | 9 | $\frac{1}{2}$ | $\frac{1}{5}$ | $\frac{1}{5}$ |
| | 5 | $\frac{1}{2}$ | $\frac{1}{6}$ | $\frac{1}{6}$ |
| | 12 | $\frac{1}{3}$ | $\frac{1}{3}$ | $\frac{1}{4}$ |
| | 3 | $\frac{1}{4}$ | $\frac{1}{4}$ | $\frac{1}{4}$ |
| **Andere numerische Lösungen** | 5 | $\frac{1}{3}$ | $\frac{1}{3}$ | $\frac{1}{6}$ |
| | 5 | $\frac{1}{3}$ | $\frac{1}{4}$ | $\frac{1}{4}$ |
| | 14 | $\frac{1}{2}$ | $\frac{1}{3}$ | $\frac{1}{10}$ |

Abb. 19. Wie man Kamele aufteilt

sind. Jede Zeile dieser Tabelle stellt ein neues arabisches Kaufmannsrätsel dar. Wenn wir unsere »Ahmes-Bedingung« fallenlassen, nach der jeder Bruch verschieden sein muß, dann bekommen wir fünf weitere Lösungen. Und wenn wir das Problem rein numerisch angehen, also alle Lösungen der Gleichung $\frac{1}{a} + \frac{1}{b} + \frac{1}{c} = \frac{d}{d+1}$ suchen, dann gibt es noch zwei mehr.

## Wie Ahmes nach St. Ives kam

Leser, die begeisterte Amateurägyptologen sind, sollten die Abbildung 20 zu entziffern versuchen, eine Reproduktion von Problem 79 aus dem Rhind-Papyrus. Wieder zeigen wir den hieratischen Text und die Hieroglyphen und haben moderne Zahlen unter die Hieroglyphen gedruckt. Sehen Sie sich zuerst die Zahlen in der linken Spalte an. Sie werden eine kleine Überraschung erleben.

Die Zahlen sind 7, 49, 343, 2301, 16 807, 19 607. Die ersten fünf Zahlen kommen den ersten fünf Potenzen von 7 so nahe, daß wir vermuten dürfen, Ahmes muß bei der Abschrift ein kleines Versehen unterlaufen sein – eigentlich sollte er als vierte Zahl 2401 hinschreiben. Dieser Fehler, eine Abweichung um 100, kann im ägyptischen Zahlensystem leicht passieren. Die letzte Zahl bestätigt unsere Vermutung, denn sobald wir die vierte Zahl ausgetauscht haben, ist die letzte Zahl die Summe der anderen Zahlen. Hier also die Zahlen mit dem ihnen zugeordneten Text:

| | |
|---|---:|
| Häuser | 7 |
| Katzen | 49 |
| Mäuse | 343 |
| Weizengarben | 2 401 |
| Kornmaße à 100 | 16 807 |
| Insgesamt | 19 607 |

Fällt Ihnen bei dieser verrückten Einkaufsliste etwas ein? Sie scheint nämlich die Lösung eines Problems zu sein, das zu erwähnen Ahmes nicht für nötig hält, als ob es seinen Lesern längst bestens bekannt wäre. Vielleicht lautete es folgendermaßen:

*Ein Mann besaß 7 Häuser. In jedem Haus befanden sich 7 Katzen. Jede Katze tötete 7 Mäuse. Jede Maus fraß 7 Garben Weizen. Jede Garbe produzierte 7 Maß*

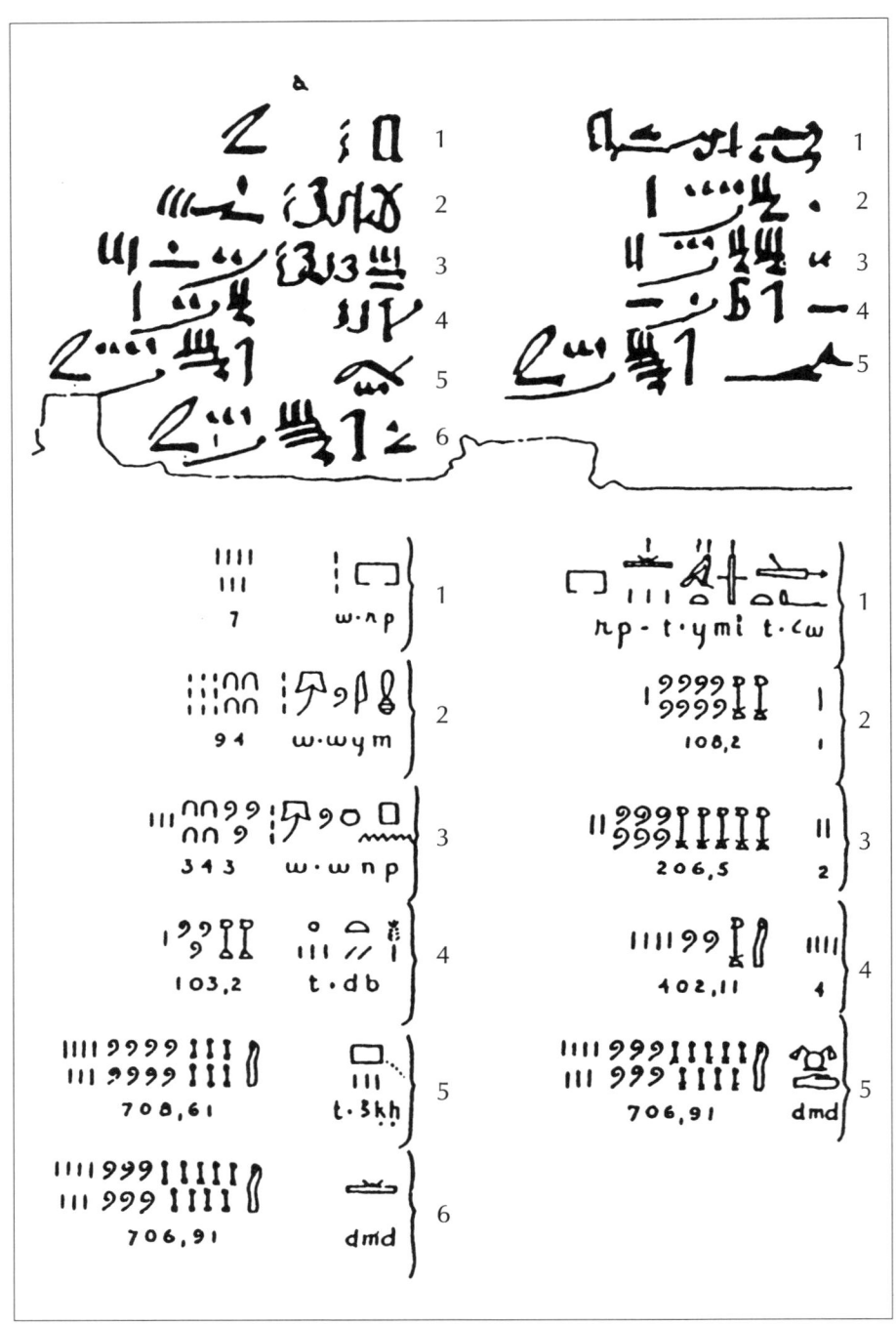

Abb. 20. »Als ich nach St. Ives ging…« (aus Chace u.a., 1927)

*Körner. Körner, Weizen, Mäuse, Katzen, Häuser – wieviel besaß der Mann insgesamt?*

Sollte dies wirklich das fehlende Rätsel sein, dann tauchte es etwa 30 Jahrhunderte später wieder auf, mit ganz geringen Abweichungen, und zwar in Leonardo Fibonaccis *Liber Abaci*. Hier Fibonaccis Version des Rätsels:

*Sieben alte Frauen sind auf dem Weg nach Rom. Jede Frau hat 7 Maultiere, jedes Maultier trägt 7 Säcke, jeder Sack enthält 7 Laib Brot, bei jedem Laib befinden sich 7 Messer, und jedes Messer steckt in 7 Scheiden. Wie viele Dinge sind das: Frauen, Maultiere, Säcke, Laibe, Messer, Scheiden?*

Auch hier haben wir es mit einer geometrischen Reihe zu tun, die auf der 7 beruht. Erneut tauchte das Rätsel im England des 18. Jahrhunderts auf, diesmal als Kinderreim, der dem Leser vielleicht bekannt ist. Interessanterweise sind Ahmes' Katzen wieder dabei:

> *Als ich nach St. Ives ging,*
> *Begegnete ich einem Mann mit sieben Frauen.*
> *Jede Frau hatte sieben Säcke,*
> *In jedem Sack waren sieben Katzen,*
> *Jede Katze hatte sieben Junge.*
> *Junge, Katzen, Säcke, Frauen –*
> *Wie viele gingen nach St. Ives?*

So wurde aus einem Rätsel, das aus dem Ägypten der Pharaonen stammte, ein Kinderreim im viktorianischen England, und dies war sicher die längste und am längsten dauernde Von-Mund-zu-Mund-Reise in der Geschichte. Eine primitive Art von Zahlenmystik, die noch immer in unserem Hirn schlummert, erklärt vielleicht, warum die Zahl 7 während ihrer langen Reise unverändert geblieben ist.

In der rechten Spalte von Abbildung 20 befindet sich eine zweite Lösung des Problems. Darüber steht die Erklärung: »Die Summe nach der allgemeinen Regel – multipliziere 2801 mit 7«, und dann kommen zwei Spalten mit Zahlen.

| | | |
|---|---|---|
| 1 | ✓ | 2801 |
| 2 | ✓ | 5602 |
| 4 | ✓ | 11 204 |
| Insgesamt | | 19 607 |

Dies ist die Multiplikationsmethode, der wir bereits begegnet sind. Da die Summe der abgehakten Zahlen in der ersten Spalte 7 beträgt, muß die Summe der entsprechenden Zahlen in der zweiten Spalte (19 607) $7 \cdot 2801$ betragen. (Man beachte, daß alle Zeilen abgehakt sind – vielleicht weil für dieses Rätsel die Zahl 7 gewählt wurde? Und beruht die Tatsache, daß diese Zahl für so viele verschiedene Kulturen eine mystische Bedeutung behalten hat, darauf, daß sie die Summe der ersten drei Potenzen von zwei darstellt?) Das Beispiel ist offensichtlich als Gegenprobe zur ersten Rechnung gedacht – aber warum $7 \cdot 2801$? Bezeichnenderweise gibt Ahmes keinen Grund dafür an, aber da $2801 = (7^5-1)/(7-1)$, kommt diese Methode einer modernen Formel unheimlich nahe. Um die Summe von $n$ Termen in der geometrischen Reihe

$$a + ar^1 + ar^2 + ar^3 + \ldots$$

herauszubekommen, müssen wir nur das Produkt

$$a(r^n-1)/(r-1)$$

errechnen.

Ahmes verwendete exakt die gleiche Formel, indem er $a = 7$, $r = 7$ und $n = 5$ einsetzte. Bedauerlicherweise gibt es nur diese eine Lösung als Beleg für die Annahme, daß die Ägypter diese Formel kannten.

# Denk dir eine Zahl aus

Oft ist ein Problem im Rhind-Papyrus so merkwürdig formuliert, daß man Mühe hat, den dahinterstehenden Gedanken zu verstehen. Problem 28 ist ein typisches Beispiel:

> *Zwei Drittel sollen hinzugefügt werden.*
> *Ein Drittel soll abgezogen werden.*
> *10 bleiben übrig.*
> *Nimm davon ein Zehntel; daraus wird 1.*
> *Der Rest ist 9.*
> *Zwei Drittel davon, nämlich 6, sollen hinzugefügt werden.*
> *Die Summe ist 15.*
> *Ein Drittel davon ist 5.*
> *Siehe da: 5 geht weg; Rest 10.*
> *So macht man das.*

Man kann dies als ein sehr frühes Beispiel eines »Denk-dir-eine-Zahl-Problems« deuten, als ob damit eigentlich gemeint wäre:

*Denk dir eine Zahl aus. Addiere zwei Drittel dieser Zahl zu ihr hinzu. Subtrahiere von dieser Summe ein Drittel. Wenn dabei 10 herauskommt, dann lautet die Zahl, an die du zuerst gedacht hast, 9.*

Das ist zumindest der erste Teil des Problems. Der Rest müßte dann als Gegenbeweis für die Lösung gedeutet werden. Fangen wir also mit 9 an:

*Zwei Drittel von 9 ist 6. Wir addieren beides zusammen und erhalten 15. Ein Drittel von 15 ist 5, das ziehen wir ab (»Siehe da: 5 geht weg«), und der Rest ist 10.*

Wie der Schreiber schon sagt: »So macht man es.« Natürlich war dieser Problemtypus jahrhundertelang sehr beliebt. Ein Gesellschaftsspiel, das Fibonacci im *Liber Abaci* erwähnt, ist im Grunde nichts anderes als eine ganz raffinierte Variante eines »Denk-dir-eine-Zahl-Problems«: Die Gäste sitzen in einer Reihe. Einer von ihnen trägt einen Ring, der Gastgeber weiß aber nicht, wer, er weiß auch nicht, an welcher Hand, an welchem Finger und an welchem Fingerglied der Ring steckt. Der unbekannte Träger wird aufgefordert, seine Position in der Reihe abzuzählen, diese Zahl zu verdoppeln, das Produkt mit 5 zu addieren, die Summe mit 5 zu multiplizieren und 10 zu addieren. Zu dieser Zahl soll der Träger eine Zahl addieren, die dem Finger entspricht. (Am einfachsten ist es, den kleinen Finger der linken Hand als 1 zu bezeichnen, deren Ringfinger als 2 und so weiter – der Daumen der rechten Hand ist dann 10.) Die Summe wird sodann mit 10 multipliziert, und zu diesem Produkt addiert der Träger eine Zahl, die dem Fingerglied entspricht. (Wir können die Fingerspitze als 1 und das innerste Glied als 3 bezeichnen.) Der Gastgeber erfährt die Zahl, und nun weiß er, wer den Ring trägt, an welcher Hand, an welchem Finger und an welchem Glied.

In einem späteren Kapitel über den *Liber Abaci* steht die Lösung, aber einstweilen überlasse ich es dem Leser, sie herauszufinden. Hinweis: Ziehen Sie 350 von der letzten Zahl ab.

# Die Kaufmannsregel

Die interessantesten Probleme im Rhind-Papyrus sind diejenigen, die auf eine allgemeine Lösungsmethode verweisen. Beispielsweise Problem 24: »Ein Haufen und sein 7. Teil werden 19. Wie heißt der Haufen?« (Interessanterweise verwendet Ahmes das Wort »Haufen«, um damit eine allgemeine Zahl zu bezeichnen, fast so, wie wir heute dafür *x* verwenden würden.) Und so lautet die Lösung:

> *Nehmen wir die Zahl 7.*
> *Dann heißt der Haufen 7*
> *und $\frac{1}{7}$ des Haufens ist 1,*
> *was insgesamt 8 ergibt.*
> *So oft, wie 8 multipliziert werden muß, um 19 zu ergeben,*
> *so oft muß 7 multipliziert werden, damit wir die gesuchte*
> *Zahl erhalten.*

Der Text erklärt dann, daß $7 \cdot \frac{19}{8} = 16\frac{5}{8}$, und dies ist der Haufen oder die Lösung.

Ahmes hat nichts weiter getan, als anzunehmen, daß der Haufen – oder die unbekannte Menge – gleich 7 ist, weil er dadurch am leichtesten den 7. Teil ermitteln kann. Allerdings kommt er rasch dahinter, daß 7 nicht korrekt ist, da $7 + (\frac{1}{7} \cdot 7)$ nur gleich 8 ist, aber nicht 19, wie im Problem verlangt. Daraufhin erklärt er gewissermaßen: »Damit aus der 8 die 19 wird, muß ich sie mit $\frac{19}{8}$ multiplizieren; damit aus der 7 der korrekte Haufen wird, muß ich sie gleichfalls mit $\frac{19}{8}$ multiplizieren.« (In Wirklichkeit war Ahmes' Lösung natürlich viel umständlicher, da er ja nur mit Stammbrüchen arbeiten konnte.) Daher multipliziert er im letzten Satz 7 mit $\frac{19}{8}$ und erhält die korrekte Antwort. Dieser Lösungstyp heißt zuweilen auch *regula falsi* oder falsche Position und ist eine Mischung aus Ausprobieren und proportionalen Korrekturen. Das *falsi* in *regula falsi* bedeutet, daß wir eine Lösung raten müssen, von der wir wissen, daß sie falsch ist. Anschließend arbeitet Ahmes mit einem einfachen Verhältnis. Dies ist das erste Beispiel für eine Rechenregel, die für die Kaufleute des Mittelalters von unschätzbarem Wert war und zuweilen auch Kaufmannsregel, Dreisatz oder sogar die Goldene Regel hieß.

Man erkennt natürlich gleich, warum diese Regel für Kaufleute so nützlich war, wenn sie vielleicht beispielsweise wußten, daß ein Pfund von etwas eine bestimmte Summe wert war, und dann eine Menge verkaufen mußten, die eine andere Summe wert war. Genauso wußte auch Ahmes, daß sich aus 7 eine bestimmte Zahl ergab, nämlich 8, und dann mußte er die Zahl herausfinden, mit der sich 19 ergab. Heute ist das natürlich kinderleicht, aber um 1850 v. Chr. war es das nicht.

Eine sehr komplizierte Anwendung der *regula falsi* kann man aus einem anderen Problem von Ahmes herauslesen, das wegen seiner verwickelten Arithmetik so interessant ist. Ganz offensichtlich hat es nichts mit irgendeinem praktischen Problem in Ahmes' Zeit zu tun, es wird also zur schieren Unterhaltung wiedergegeben:

*Laibe 100 für Mensch 5, $\frac{1}{7}$ der 3 darüber an Mensch 2 jene darunter. Was ist der Unterschied vom Anteil?*

*[Interpretation: Teile 100 Laibe unter 5 Menschen so auf, daß (1) die so erhaltenen Teile eine arithmetische Reihe bilden, und (2) daß $\frac{1}{7}$ der 3 größten Teile (»der 3 darüber«) gleich ist den 2 kleinsten Teilen (»an Mensch 2 jene darunter«). Wie lautet die arithmetische Reihe?]*

Eine arithmetische Reihe ist eine Zahlenfolge, in der sich jede Zahl durch einen konstanten Wert von der vorhergehenden Zahl unterscheidet. Wir wissen, daß Ahmes eine arithmetische Reihe haben will, weil er nach dem »Unterschied vom Anteil« fragt. So ist beispielsweise 5, 9, 13, 17 eine arithmetische Reihe, in der der »Unterschied vom Anteil« 4 beträgt. Ehe Sie Ahmes' Lösung lesen, sollten Sie sie für sich herausfinden. Sie läßt sich leicht mit modernen Methoden ermitteln, aber um sich besser in die Welt der alten Ägypter hineinversetzen zu können, sollten Sie das Problem nur mit Hilfe der *regula falsi* zu lösen versuchen. Ahmes' Lösung selbst ist bezeichnenderweise rätselhaft und enthält nur einen Hinweis:

*Mach es so: Mach den Unterschied der Anteile $5\frac{1}{2}$. Dann werden die Mengen, die die fünf Menschen erhalten, 23, $17\frac{1}{2}$, 12, $6\frac{1}{2}$, 1 sein: insgesamt 60. So oft es notwendig ist, 60 zu multiplizieren, damit sich 100 ergibt, so oft müssen diese Termen multipliziert werden, damit sich die richtige Reihe ergibt.*

Man beachte, daß der letzte Satz der Lösung das Prinzip hinter der *regula falsi* umformuliert. Ahmes geht von der Annahme aus, daß die konstante Differenz in der arithmetischen Reihe $5\frac{1}{2}$ ist. Wir wissen nicht, wie er darauf gekommen ist, aber höchstwahrscheinlich stammt dies aus einer früheren Anwendung einer Methode vom Typus *regula falsi*.

Wir können rekonstruieren, was da vielleicht passiert ist. Nehmen wir an, die Differenz beträgt nur 1. Damit ergibt sich eine Reihe von 1, 2, 3, 4, 5. Aber die beiden kleinsten Termen summieren sich zu 3, und $\frac{1}{7}$ der drei größten Termen ist $1\frac{5}{7}$. Diese beiden Ergebnisse sollten eigentlich gleich sein, aber tatsächlich differieren sie um $3 - 1\frac{5}{7} = 1\frac{2}{7}$.

Nehmen wir nun also an, daß die Differenz nicht 1, sondern 2 beträgt. Damit erhalten wir die Reihe 1, 3, 5, 7, 9. Aber nun ist die Summe der beiden kleinsten Termen 4, und $\frac{1}{7}$ der drei größten Termen beträgt 3. Auch diese beiden Zahlen sind noch immer nicht gleich, aber nun ist die Differenz nur $4 - 3 = 1$.

Wenn wir auf diese Weise fortfahren, stellen wir fest: Während wir die Konstante der arithmetischen Reihe um 1 erhöhen, nimmt die Differenz der beiden Summen um $\frac{2}{7}$ ab. Wir möchten, daß die Differenz null beträgt. Ahmes würde die Lösung so definieren: »So oft $\frac{2}{7}$ in $1\frac{2}{7}$ hineingeht, das ist die Menge, um die man 1 erhöhen muß.« Nun ist $1\frac{2}{7}$ geteilt durch $\frac{2}{7}$ gleich $4\frac{1}{2}$. Das addieren wir zu 1 und erhalten damit $5\frac{1}{2}$ – genau die Zahl, die Ahmes bei seiner Lösung verwendet. Dies ist nicht ganz dasselbe wie eine *regula falsi*, aber der Gedanke, der dahintersteht, ist ganz ähnlich. Warum hat Ahmes nicht einfach gesagt, daß er die Zahl auf diese Weise gefunden hat, wenn dies wirklich der Fall war? Vermutlich weil die damit verbundene Arithmetik zu schwierig für ihn gewesen wäre.

Kehren wir nun zur Lösung zurück. Ahmes nimmt an, die Reihe sollte 23, $17\frac{1}{2}$, 12, $6\frac{1}{2}$, 1 sein. Er stellt fest, daß ihre Summe 60 beträgt. Aber das Problem verlangte, daß die Summe der Laibe 100 sein sollte. Also wendet er das Prinzip der *regula falsi* zum zweiten Mal an. Damit aus 60 100 wird, muß er 60 mit $\frac{100}{60}$ oder $\frac{5}{3}$ multiplizieren. Er multipliziert jede Zahl in der Reihe mit dieser Zahl und erhält die neue Reihe: $38\frac{1}{3}$, $29\frac{1}{6}$, 20, $10\frac{5}{6}$, $1\frac{2}{3}$. Damit ist schließlich das Problem gelöst: Es ist eine arithmetische Reihe (die

66

Konstante ist $9\frac{1}{6}$), ihre Summe ergibt 100, und die Summe der beiden kleinsten Termen ist gleich $\frac{1}{7}$ der Summe der drei größten Termen.

# Die Zahl Pi

Ein Abschnitt des Rhind-Papyrus ist geometrischen Problemen gewidmet. Die Leistungen der Ägypter auf diesem Gebiet waren ihren Nachbarn bekannt. Lange nachdem die Griechen die Ägypter bei ihren Lösungen mathematischer Probleme übertroffen hatten, erwiesen sie auch weiterhin noch ihre Reverenz dem Land, in dem sie zu Recht die Wiege der neuen Wissenschaft erblickten. Und sogar damals stellte man sich die Frage: Warum nahm die Geometrie ihren Anfang in Ägypten und nicht anderswo? Diese Frage beschäftigte auch den griechischen Historiker Herodot, der auf die Antwort verweist, die darauf üblicherweise in seiner Zeit gegeben wurde: Periodische Überschwemmungen des Nils veränderten zuweilen die Form und Größe des Landes an seinen Ufern, und darum mußte ein Meßsystem erarbeitet werden, das eine gerechte Besteuerung erlauben würde. Herodot:

*Dieser König [Sesostris] habe das Land auch unter alle Bewohner aufgeteilt – so erzählt man – und jedem ein gleich großes, viereckiges Stück gegeben. Die jährliche Abgabe, die er davon erhob, bildete seine Einkünfte. Riß aber der Strom von einem Ackerstück etwas mit weg, dann ging sein Besitzer zum König und meldete ihm dies. Der sandte Leute hin, die untersuchen und ausmessen sollten, wieviel kleiner die Fläche geworden war, damit der Besitzer die ursprünglich auferlegte Abgabe nur im Verhältnis zum Rest zu bezahlen brauchte. Mir scheint, daß hierbei die Kunst der Landvermessung erfunden wurde, die dann nach Griechenland kam.*

Problem 50 ist ein wichtiges Beispiel für diese Idee einer Messung, da es einen der ersten Gedanken über Pi (gewöhnlich durch das Symbol $\pi$ dargestellt) oder die Konstante enthält, die man bekommt, wenn man den Umfang eines Kreises durch seinen Durchmesser teilt:

*Ein zylindrischer Kornspeicher mit einem Durchmesser 9 und einer Höhe 6. Welche Menge Korn geht hinein?*

*[Interpretation: Wie groß ist das Volumen eines Zylinders, dessen Durchmesser 9 Einheiten und dessen Höhe 6 Einheiten beträgt?]*

Bei seiner Lösung ging Ahmes davon aus, daß die Fläche der Zylinderbasis gleich der Fläche eines Quadrats mit einem Seitenumfang von 8 Einheiten ist. Wir wissen natürlich, daß die Fläche des Kreises π-mal dem Radius im Quadrat gleich ist. Wenn wir unsere Formel neben die von Ahmes setzen, bekommen wir einen Wert für den ägyptischen Begriff von Pi:

$$\pi \cdot (\frac{9}{2})^2 = 8^2$$

$$\pi = 8^2 : (\frac{2}{9})^2 = 3,16049$$

und das ist ein ganz beachtlicher Wert. Der richtige Wert beträgt nämlich 3,14159…

Wie ist Ahmes zu diesem Wert von Pi gelangt? Ein Hinweis findet sich bereits in Problem 48, in dem er nach der Fläche eines Kreises fragt, der einem Quadrat mit einer Seitenlänge von 9 Einheiten einbeschrieben ist, oder wie wir sagen würden: Er fragt nach der Fläche eines Kreises mit einem Durchmesser von 9 Einheiten. Um dies beantworten zu können, dreiteilt Ahmes die Seiten des Quadrats und erhält somit 9 kleinere Quadrate, wie wir es in Abbildung 21 zeigen. Die Diagonalen sind durch die Eckzellen gezogen, so daß ein (unregelmäßiges) Achteck entsteht, dessen Fläche, wie Ahmes offenbar annimmt, gleich der Fläche des Kreises ist. Sie ist natürlich nur annähernd gleich, aber dies scheint ihm zu genügen. Wie groß ist nun die Fläche des Achtecks? Offensichtlich muß sie so groß sein wie die Fläche der fünf kleineren Quadrate plus der vier Dreiecke, wobei jeweils zwei ein weiteres kleines Quadrat ergeben. Somit ergeben insgesamt 7 kleinere Quadrate eine Gesamtfläche von 7 · 9 = 63 Quadrateinheiten.

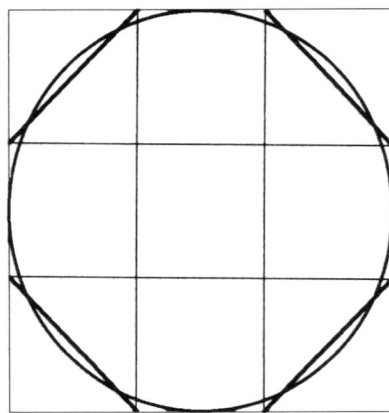

Abb. 21.
Wie Ahmes Pi
errechnete

Hier schummelt Ahmes. Er erklärt, 63 ist fast 64, und das ist gleich $8^2$. Damit hat er, zumindest zu seiner eigenen Genugtuung, bewiesen, daß die Fläche eines Kreises mit einem Durchmesser von 9 gleich der Fläche eines Quadrats mit einer Seitenlänge von 8 ist.

Das Problem, das Ahmes hier gestellt hat, ist weniger wegen seiner Lösung wichtig, sondern weil hier zum ersten Mal die allgemeine Erkenntnis zum Ausdruck gebracht wird, daß Pi eine Konstante ist. In diesem kleinen Problem wird der erste eindeutige Schritt im ältesten und verflixtesten Rätsel der Menschheit getan: Wie heißt der Wert von Pi? Diese Frage kann natürlich nur annäherungsweise beantwortet werden, da Pi eine transzendent irrationale Zahl ist, das heißt, sie läßt sich nicht in der folgenden Form ausdrücken:

$$a_n x^n + a_{n-1} x^{n-1} + \ldots + a_2 x^2 + a_1 x + a_0$$

wobei alle Koeffizienten $a_i$ ganze Zahlen sind. Dies ist wahr, unabhängig davon, welchen Wert wir für x nehmen. Das hat unter anderem auch zur Folge, daß Pi sich einer Notierung in jedem möglichen Zahlensystem entzieht, und das ist schon etwas Seltsames für eine Zahl, die man in einer so einfachen Figur wie einem Kreis finden kann.

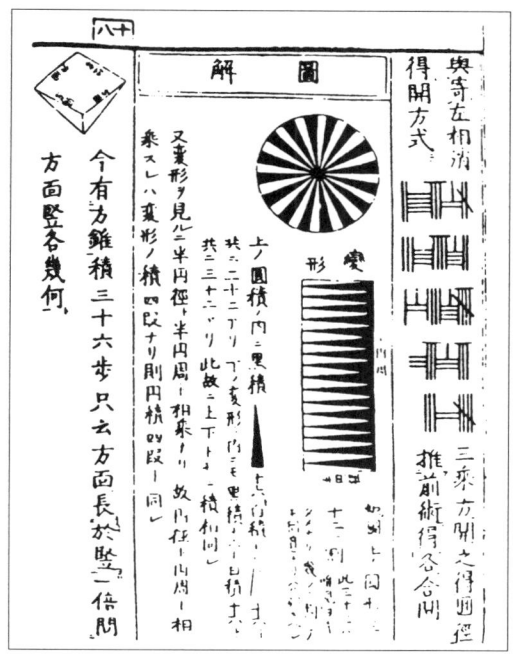

Abb. 22.
Ahmes' Idee
auf japanische Art

Ahmes' allgemeine Idee besteht darin, daß er einen Kreis so lange zerlegt, bis er annäherungsweise seine Fläche erhält. Interessanterweise begegnet man der gleichen Idee in einer japanischen Schriftrolle aus dem 17. Jahrhundert, die in Abbildung 22 wiedergegeben ist. Auch ohne Übersetzung erkennt man, worum es geht. In einen Kreis wird ein regelmäßiges Vieleck einbeschrieben, dann werden die Teile des Vielecks zu einer Figur neu geordnet, die einem Rechteck nahekommt. Mit der Fläche dieses Rechtecks wird die Fläche des Kreises annäherungsweise bestimmt.

Dieses Vorgehen wiederum ähnelt der direktesten Möglichkeit, Pi zu berechnen, einer Methode, wie sie zum ersten Mal einer der bedeutendsten Mathematiker entwickelt hat, nämlich Archimedes von Syrakus, und wie sie in Abbildung 23 veranschaulicht wird.

Die zugrundeliegende Idee ist von besonderer Bedeutung, da sie es uns ermöglicht, Pi bis zu jeder erforderlichen Präzision zu berechnen. Man nimmt zunächst einen Kreis mit dem Durchmesser 1, um den und in dem man regelmäßige Sechsecke beschreibt. Der Wert von Pi muß irgendwo zwischen den Werten der Umfänge der beiden Sechsecke liegen. Das äußere ist offensichtlich zu groß, das innere offensichtlich zu klein. Aber indem wir die Anzahl der Seiten der Vielecke verdoppeln, können wir den Kreis »einkreisen« und einen zunehmend präziseren Wert von Pi erhalten. Archimedes hörte bei Vielecken mit 96 Seiten auf und erklärte korrekterweise, daß Pi irgendwo zwischen $3\frac{10}{71}$ und $3\frac{1}{7}$ liege. In der Dezimalschreibung ist Pi damit auf den ersten beiden Dezimalstellen genau berechnet worden.

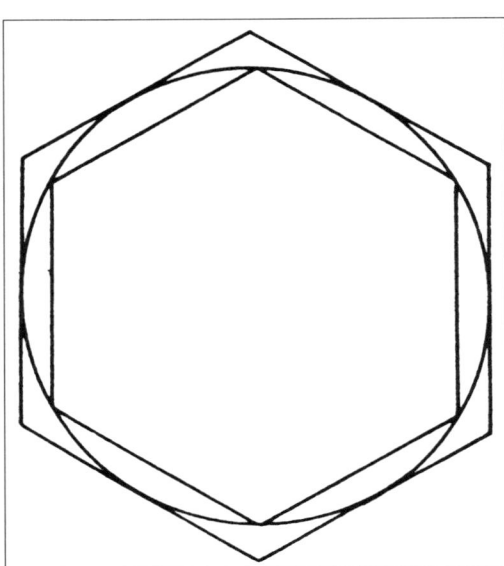

Abb. 23.
Archimedes'
Methode, Pi
zu berechnen

Auch dieser Gedanke taucht in anderen Kulturen wieder auf. Im Jahre 264 verwendete der chinesische Mathematiker Liu Hui Vielecke mit 3072 Seiten und errechnete die ersten fünf Dezimalstellen von Pi. Bis zum 5. Jahrhundert hatten Tsu Ch'ung-Chih und sein Sohn Pi bis zur zehnten Dezimalstelle berechnet. Die Berechnungen sind leider nicht erhalten, aber dieses Bravourstück wurde im Jahre 1300 wiederholt, wobei ein riesiger Kreis von rund drei Meter Durchmesser und Vielecke mit 16 384 Seiten verwendet wurden. Um eine gewisse Vorstellung von dieser Leistung zu vermitteln, enthält Abbildung 24 ein Vieleck mit nur 40 Seiten. Tatsächlich wurde hier kein Kreis einbeschrieben. Es handelt sich nur um eine optische Täuschung, die dadurch hervorgerufen wird, daß die 40 Seiten des Vielecks auf dem Umfang des Kreises so dicht beieinander liegen.

Die Aufgabe, die Ahmes sich vorgenommen hatte, ist auch heute noch nicht abgeschlossen. Vor kurzem wurde Pi mit einer Genauigkeit von 480 Millionen Stellen berechnet, und zweifellos werden noch mehr dazukommen. Die Berechnung von Pi mit einer derartigen Genauigkeit ist eine nützliche Methode, um einen Computer »aufstoßen« zu lassen, wenn man irgendeinen Fehler in seinen Leitungen ausfindig machen will, aber der praktische Nutzen dieses Unternehmens ist gleich Null. Hermann Schubert, ein deutscher Mathematiker aus dem 19. Jahrhundert, hat dies einmal in einer oft zitierten Passage mit verblüffenden Bildern begründet:

*Um zu zeigen, welch einen Grad von Genauigkeit auch nur 100 Dezimalstellen darstellen, diene das folgende Beispiel. Der Sirius ist 83 Millionen mal Millionen Meilen von uns entfernt. Durch ihn denken wir uns um das Zentrum der Erde*

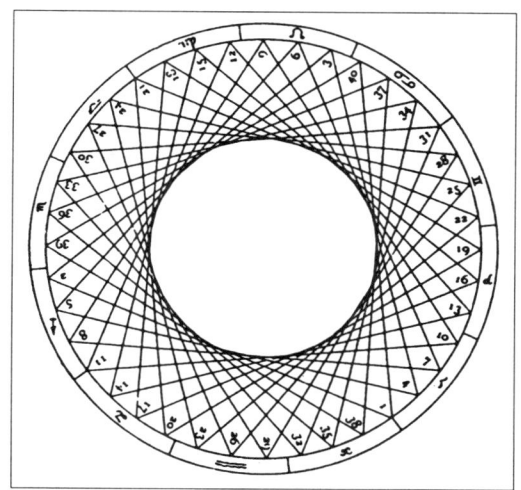

Abb. 24.In dieser Figur
gibt es keinen Kreis
(aus Beckmann, 1971)

*eine Kugel gelegt und diese ungeheure Kugel so von Bakterien angefüllt, daß auf jedes Kubikmillimeter Millionen mal Millionen Bakterien kommen. Die Zahl der in dieser Weise jene Kugel füllenden Bakterien wird dann mit 74 Ziffern geschrieben. Dann denken wir uns diese Bakterien ausgepackt und auf eine gerade Linie gelegt, so daß immer zwei aufeinanderfolgende Bakterien ebensoweit voneinander entfernt sind wie der Sirius von der Erde, also 83 Billionen Meilen. Auf diese Weise erhalten wir eine Strecke, die so viel Meilen lang ist, als das Produkt von 83 Billionen mit der 74ziffrigen Zahl der Bakterien beträgt. Diese Strecke sei der Durchmesser eines Kreises, dessen Umfang wir uns dann auf zweierlei Weise bestimmt denken, erstens durch wirkliche Ausmessung, zweitens dadurch, daß wir seinen Durchmesser mit π multiplizieren, wobei wir uns 100 Dezimalstellen von π berücksichtigt vorstellen wollen. Dann müssen die beiden für den Umfang jenes Kreises erhaltenen Resultate voneinander abweichen, weil ja von der Zahl π nur 100 Dezimalstellen beim Multiplizieren berücksichtig sind. Diese Ungenauigkeit müßte sich nun äußerst bemerkbar machen, da der Kreis so ungeheuer groß ist. Trotzdem würde man finden, daß der Unterschied zwischen dem durch wirkliche Messung bestimmten Umfange und dem durch Multiplikation mit π auf 100 Stellen berechneten Umfange noch nicht den millionsten Teil eines Millimeters betrüge.*

Und dennoch stellt die Suche nach einem immer genaueren Wert von Pi ein Problem dar, in dem sich jeder minuziöse Schritt in der menschlichen Entwicklung widerspiegelt. Jede Kultur hat irgendwann versucht, Pi zu berechnen.


## Wenn eine Nadel aufs Geratewohl fällt


Das klassische Problem, das man mit Pi verbindet, ist Buffons Nadelproblem, bei dem wir Pi rein nach der Wahrscheinlichkeit berechnen.

*Eine Nadel mit der Länge L segelt durch die Luft, flattert im Zugwind herum und fällt schließlich auf ein Brett mit horizontalen Linien, die um die Strecke d voneinander entfernt sind, wobei d größer als L ist. Wie groß ist die Wahrscheinlichkeit W, daß die Nadel auf eine Linie fallen wird?*

Auf den ersten Blick scheint es wenig Sinn zu machen, Pi überhaupt mit diesem Problem in Verbindung zu bringen. Aber sonderbarerweise lautet die Antwort: $W = \frac{2L}{\pi d}$. Wenn wir die Gleichung umstellen, erhalten wir $\pi = \frac{2L}{Wd}$. Der Wert von $W$ kann geschätzt werden, indem man die Nadel wiederholt fallen läßt. Das bedeutet: Wenn man die Nadel oft genug fallen läßt, sollte man eine ziemlich genaue Berechnung von Pi erhalten, ohne daß man überhaupt versucht, den Durchmesser oder Umfang eines Kreises zu messen. Das Rätsel ist sehr beliebt, weil es auf verblüffende Weise eine Konstante des Universums mit einem rein zufälligen Vorgang verbindet.

Dieses Problem wurde zum ersten Mal von Georges Louis Leclerc, Comte de Buffon, im 18. Jahrhundert gestellt. Buffon war eine interessante Gestalt. Als erster überprüfte er eine Errungenschaft, die üblicherweise Archimedes zugeschrieben wurde. Es handelte sich dabei um die ursprünglich von Plutarch erzählte, einigermaßen plausible Geschichte, der zufolge Archimedes seine Heimatstadt Syrakus durch die Verwendung von Kränen und Wurfgeschossen verteidigt haben sollte. Irgendwann im 12. Jahrhundert hatte Johannes Tzetzes die ursprüngliche Geschichte zu einer komischen Erzählung über Spiegel verfälscht, die die Sonnenstrahlen auf die feindlichen Schiffe gebündelt und sie am Ende zu Asche verbrannt hätten. Überraschenderweise werden in unseren Geschichtsbüchern Tzetzes Ausschmückungen immer wieder aufgetischt. Wir wissen nicht, ob Buffon diese Mär glaubte – auf jeden Fall versuchte er, noch eins draufzusetzen, und hatte damit Erfolg! Er nahm nämlich 168 Spiegel und entzündete Holzbohlen aus einer Entfernung von etwa 50 Metern.

Buffons Nadelproblem sieht zunächst ein wenig schwierig aus, und um die dahinterstehende Idee zu begreifen, schauen wir uns zuerst einmal etwas Einfacheres an. In Abbildung 25 haben wir einen Kreis mit einem Radius 1 gezogen, den wir mit einem Quadrat mit der Seitenlänge 2 umschreiben. Wenn wir nun eine Münze auf das Quadrat werfen, wobei wir davon ausgehen, daß die Münze die Figur nur in einem einzigen Punkt berührt – wie groß ist dann die Wahrscheinlichkeit, daß sie auch im Kreis landen wird? Um die Wahrscheinlichkeit von irgend etwas herauszufinden, muß man

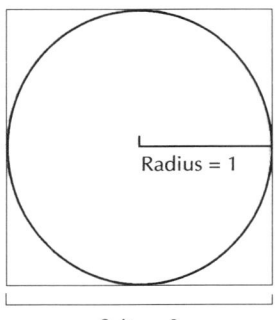

Radius = 1

Seite = 2

Abb. 25.
Wie groß ist die Wahrscheinlichkeit,
daß eine fallende Münze im Kreis landet?

generell die Zahl der günstigen Fälle und die Zahl aller möglichen Fälle zählen. Somit müssen wir bei diesem Problem die Zahl der Punkte im Kreis und die Zahl der Punkte im Quadrat herausfinden. (Das ist nicht ganz korrekt, aber wir tun praktisch das gleiche, wenn wir die Fläche des Kreises beziehungsweise die des Quadrats nehmen.) Die Wahrscheinlichkeit läßt sich nun ermitteln, indem man die eine Punktzahl oder Fläche durch die andere teilt. Die Fläche des Kreises – die Fläche *jedes* Kreises – beträgt $\pi\,r^2$, was in diesem Fall einfach gleich Pi ist, da der Radius 1 beträgt. Die Fläche des Quadrats ist 4. Daher ist die fragliche Wahrscheinlichkeit $W = \frac{\pi}{4}$. Und das heißt auch hier $\pi = 4W$. Theoretisch müßte es möglich sein, mehrere Münzen auf die Figur zu werfen und die Anzahl derer zu ermitteln, die irgendwo auf das Quadrat fallen (wir nennen sie $q$), sowie die Anzahl derer, die auch in den Kreis fallen ($k$ genannt). Nun ist das Verhältnis $\frac{k}{q}$ unser Näherungswert von W. Setzen wir diesen nun in obige Formel ein, können wir $4\left(\frac{k}{q}\right)$ berechnen und erhalten so einen guten Näherungswert von Pi.

Natürlich hat Abbildung 25 nichts Magisches an sich. Wir könnten statt dessen ohne weiteres Abbildung 26 verwenden.

Auch hier lautet die Frage: Wie hoch ist die Wahrscheinlichkeit, daß die Münze unter die Kurve fallen wird, wenn sie aufs Geratewohl auf die Abbildung geworfen wird? Diese Lösung ist mathematisch etwas schwieriger zu ermitteln, aber es lohnt sich, dieser Methode zu folgen. Teile, die uns zu anstrengend vorkommen, können auf eher intuitive Weise herausgefunden werden.

Im Prinzip ist die Lösung die gleiche wie bei der vorigen Darstellung des Kreises im Quadrat. Wir benötigen hier die Fläche des gesamten Rechtecks, in das die Kurve eingeschrieben ist, sowie die Fläche unter der Kurve. Diesmal weist die Kurve auf der Abbildung zwei Werte auf, nämlich x und

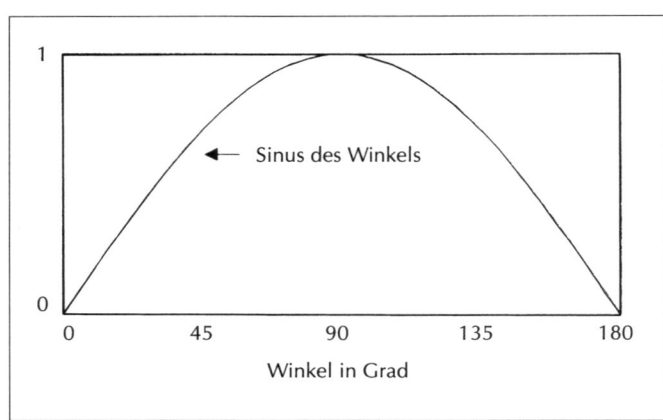

Abb. 26.
Wie groß ist
die Wahrschein-
lichkeit, daß eine
fallende Münze
unter der Sinuskurve
landet?

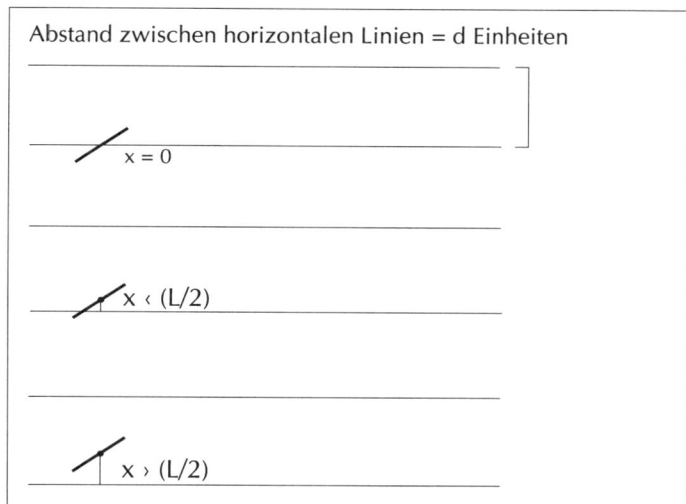

Abb. 27. Wie groß ist die Wahrscheinlichkeit, daß eine fallende Nadel, $L$ Einheiten lang, auf einer Linie landet?

einen Winkel $\theta$; sie wird bestimmt durch die Formel $x = \frac{L}{2} L \sin\theta$, wobei statt $\frac{1}{2}$ jede beliebige Konstante stehen kann (später wird es natürlich die halbe Länge der Nadel sein). Die Fläche der Figur unter der Kurve wird durch Integrieren ermittelt; dabei finden wir heraus, daß die Wahrscheinlichkeit $\frac{2L}{\pi d}$ sein muß. Selbstverständlich war dies nicht so einfach wie bei der vorhergehenden Abbildung, da dazu eine Integralrechnung erforderlich war, aber das dahinterstehende Prinzip ist das gleiche. Außerdem hat es den zusätzlichen Vorteil, daß wir mit seiner Hilfe Buffons Nadelproblem lösen können, wie wir bald sehen werden.

Abbildung 27 veranschaulicht, wie eine Nadel mit der Länge L aufs Geratewohl auf eine Ebene mit horizontalen Linien fällt, wobei jede Linie von der nachfolgenden durch die Strecke d getrennt ist. Uns interessieren hier nur zwei Parameter: Der eine ist die Entfernung des Mittelpunkts der Nadel von der horizontalen Linie – auf der Abbildung x genannt, der andere ist der Winkel, den die Nadel mit der Senkrechten bildet, die vom Mittelpunkt der Nadel zur Horizontale gezogen wird und in der Abbildung $\theta$ sein soll. Es ist leicht zu erkennen, daß andere Parameter, etwa die horizontale Position der Nadel, das Problem nicht beeinflussen.

Ob die Nadel die Horizontale berührt oder nicht, hängt von diesen beiden Parametern ab. Im oberen Beispiel der Abbildung ist $x$ auf Null reduziert worden – das Zentrum der Nadel berührt also die Horizontale. In diesem Fall kann der Winkel $\theta$ beliebig sein: Es kommt immer zu einer Berührung. Im mittleren Beispiel ist $x$ ein wenig größer – das Zentrum der Nadel ist etwas von der Horizontale entfernt, aber $x$ ist noch kleiner als $\frac{1}{2}L$. In diesem Fall wird die Nadel bei gewissen Winkeln zwangsläufig die Horizontale berühren, bei anderen nicht. Genauer gesagt: Es kommt zu einer Berührung, wenn $x$ kleiner ist als $\sin\theta$.

Schließlich ist $x$ im unteren Beispiel so groß geworden, daß es nun größer ist als $\frac{1}{2}L$. Offensichtlich wird die Nadel in diesem Fall nie die Horizontale berühren, ganz gleich, welchen Winkel sie zu ihr bildet.

Um alle Fälle zusammenzufassen, müssen wir $x$ im Verhältnis zu $\theta$ darstellen, so daß wir für jeden Wert $x$ die Werte von $\theta$ herausfinden, bei denen die Nadel eine Horizontale berühren wird. Anhand einer solchen Figur könnten wir die Antwort auf Buffons Problem geben, da die fragliche Wahrscheinlichkeit sich direkt davon ablesen ließe. Aber ein derartiges Diagramm stellt ja bereits die Abbildung 26 dar. Die Fläche unter der Kurve enthält alle Positionen und Ausrichtungen der Nadel, bei denen eine der Horizontalen geschnitten wird.

Damit haben wir also Buffons Nadelproblem gelöst. Die Wahrscheinlichkeit, daß eine Nadel eine Horizontale schneiden wird, beträgt $W = \frac{2L}{\pi d}$ .

Dies war auch Buffons Lösung. Wir wissen zwar, daß er sie experimentell überprüfte, aber nicht, ob er die Gleichung jemals so umstellte, daß er mit seinem Experiment Pi errechnen konnte. Dies hat als erster Pierre Simon Laplace getan, einer der bedeutenden französischen Mathematiker, der einen entscheidenden Beitrag zur Entwicklung der Wahrscheinlichkeitstheorie leistete. Laplace entdeckte erstmals, daß Buffons Problem, das ursprünglich nur zur Unterhaltung diente, auch eine beachtliche Möglichkeit zur annäherungsweisen Ermittlung von Pi darstellte. In unserer Lösung ist Pi $= \frac{2\,L}{W\,(d)}$. Die Werte von L (der Länge der Nadel) und d (der Distanz zwischen zwei Horizontalen) sind bereits bekannt. $W$ ermitteln wir annäherungsweise, indem wir einfach eine Nadel auf das entsprechende Brett fallen lassen. Unabhängig von allen zufällig einwirkenden Kräften werden wir stets ziemlich genau Pi bestimmen können.

Der Zauber dieses Rätsels hat schon immer viele Menschen fasziniert. Zu ihnen gehörte auch ein gewisser Hauptmann Fox, der sich damit unterhielt, daß er eine Nadel auf ein mit Strichen versehenes Brett fallen ließ, während er sich von seinen Verwundungen aus dem amerikanischen Bürgerkrieg erholte. Und einer von Buffons Fans war auch der italienische Mathematiker Mario Lazzarini. Im Jahre 1901 behauptete er, er habe eine 2,5 Zentimeter lange Nadel auf ein Brett mit Parallelen fallen lassen, die 3 Zentimeter voneinander entfernt gewesen seien. Er fand heraus, daß in 3408 Fällen die Nadel 1808mal eine Linie berührte. Nach Laplace' Formel ergibt sich: Pi $= \frac{2 \cdot 2,5 \cdot 3408}{3 \cdot 1808} = 3,1415929$ – und damit ist Pi bis auf sechs Dezimalstellen korrekt dargestellt.

| Anzahl der Nadelwürfe | $\pi$ |
| --- | --- |
| 500 | 3,2154341 |
| 1000 | 3,2414911 |
| 1500 | 3,1645569 |
| 2000 | 3,1620553 |
| 2500 | 3,1407035 |
| 3000 | 3,1430068 |
| 3500 | 3,1460674 |
| 4000 | 3,1421838 |
| 4500 | 3,1435557 |
| 5000 | 3,1446541 |
| 5500 | 3,1401656 |
| 6000 | 3,1217482 |
| 6500 | 3,1175060 |
| 7000 | 3,1354983 |
| 7500 | 3,1453135 |
| 8000 | 3,1452722 |
| 8500 | 3,1493145 |
| 9000 | 3,1441048 |
| 9500 | 3,1384209 |
| 10000 | 3,1392246 |
| 10500 | 3,1493701 |
| 11000 | 3,1527658 |
| 11500 | 3,1485284 |
| 12000 | 3,1417725 |

Abb. 28. Berechnung von Pi (nach Beckmann, 1971)

Aber Lazzarini hat seine Daten offensichtlich getürkt. Buffons Problem ist gewiß eine hübsche Spielerei, aber als praktische Methode zur Berechnung von Pi gänzlich ungeeignet. Man kann nämlich beweisen, daß auch bei 3400 Fällen der dabei erzielte Annäherungswert von Pi wahrscheinlich nur bis zur vierten Dezimalstelle korrekt ist. Über Lazzarinis Schwindel haben so viele ansonsten so sorgfältig arbeitende Autoren berichtet, und darum ist nur ganz wenigen Menschen aufgefallen, daß seine exzentrischen Zahlen – warum sollte man ausgerechnet nach 3408 Versuchen aufhören? – fast mit Sicherheit den berühmten Bruch $\frac{355}{113}$ vertuschen sollten, der zuerst im 5. Jahrhundert von den Chinesen gefunden wurde und der einen ziemlich genauen Wert von Pi ergibt, was natürlich auch zu Lazzarinis Zeit in Europa bekannt war. So wurde Lazzarinis Schwindel zwar erstmals von N.T. Gridgeman im Jahre 1960 aufgedeckt, aber noch immer fallen Autoren darauf herein, die es eigentlich besser wissen müssen.

Petr Beckmann hat einmal den Fall einer Nadel mit dem Computer simuliert. Seine Ergebnisse sind in Abbildung 28 dargestellt. Wenn man sich die rechte Spalte ansieht, kann man fast sehen, wie die Nadel immer enger den Wert Pi umkreist. Man beachte aber auch, daß wir auch nach 12 000 Fällen erst einen Wert von 3,1417725 erhalten.

# »Kostbarer als die Schätze Ägyptens...«

Längst nachdem ihre Glanzzeit zu Ende war, blieben die »Schätze Ägyptens« noch sagenumwoben. Diese Formulierung stammte von den Hebräern und wurde sogar noch zu Zeiten von Paulus verwendet. Auch die Griechen erwiesen den Ägyptern die übliche Reverenz, und zwar noch lange nachdem ihre eigene Kultur die aller Nachbarn weit in den Schatten gestellt hatte. Selbst Archimedes hielt sich erst für wahrhaft gebildet, als er in Ägypten studiert hatte, wobei es allerdings zweifelhaft ist, ob er dort irgend etwas Originelles erfuhr.

Vielleicht meinen wir ja, von den »Schätzen Ägyptens« weit entfernt zu sein, und darum ist es stets ein Schock für uns, wenn wir entdecken, wie nahe wir ihnen noch immer sind. Diese Nähe beruht nicht auf irgend etwas Bestimmtem, sondern eher auf dem Mythos – oder dem Bewußtsein –, der unsere Zeit definiert.

Nehmen wir zum Beispiel die kuriose Geschichte von König Seneferu. Als er eines Tages deprimiert war, bat er den Priester Tchatcha-em-ankh, für ihn einen Bootsausflug zu arrangieren. Also stellte der Priester zwanzig schöne Frauen zusammen, behängte sie mit Schmuck und befahl ihnen, zu rudern und für den König zu singen. »Denn das Herz Eurer Majestät wird sich ergötzen, wenn Ihr hin und her gleitet und die wunderschönen Blüten erblickt, die den See zieren.« Aber beim Rudern ließ eine der Frauen ein wertvolles Geschmeide aus Türkis fallen, und sie und die anderen Frauen hörten auf zu rudern. Um den König nicht zu verstimmen, sprach Tchatcha-em-ankh bestimmte Zauberworte, die das Wasser des Sees teilten, so daß er das Schmuckstück leicht wiederfand. Dann versetzte er das Wasser wieder in seinen ursprünglichen Zustand, und zur Freude des Königs ruderten die Damen wieder weiter.

Oder nehmen wir die Geschichte des Propheten Zaclas. Beim Begräbnis eines jungen Mannes, der an einer unerklärlichen Krankheit gestorben war, warf sich der ältere Onkel des Mannes über die Bahre und beschuldigte die

Witwe seines Neffen, ihren Mann vergiftet zu haben, um seinen ganzen Besitz zu erben. Die Witwe bestritt dies, aber einige Leute aus dem Leichenzug waren darüber so erzürnt, daß sie sich vornahmen, ihr Haus anzuzünden. Der Onkel rief aus: »So laß denn, o göttliche Vorsehung, die Wahrheit ans Tageslicht kommen.« In diesem Augenblick tauchte Zaclas aus der Menge auf und berührte mit einer Zauberpflanze dreimal den Mund und die Brust des Toten. Dann wandte er sich nach Osten und betete. Die Lungen des Leichnams füllten sich mit Atem, und als er von Zaclas befragt wurde, erklärte der Tote, daß seine Frau ihn in der Tat vergiftet habe.

Natürlich haben wir solche Geschichten schon öfter gehört und gelesen. Sie wurden viel später auch von den Hebräern und den frühen Christen erzählt, um ein Gefühl von einem geistigen Wesen zu vermitteln, das viel höher sei als alle weltlichen Mächte. Wir können zwar nicht behaupten, daß die eine oder andere Geschichte direkt von den Ägyptern übernommen worden war, aber dennoch liegt es auf der Hand, daß die ursprüngliche intuitive Anschauung dieses geistigen Wesens längst existierte, bevor ihr die Christen oder Hebräer zu so nachhaltiger Wirkung verhalfen. Und genau dies sind die kostbarsten Schätze der Ägypter: ihre intuitiven Anschauungen.

Sie waren die eigentlichen Erben eines Denksystems, das bei den Ishango seinen Ausgang genommen hatte. Sie kamen damit sehr weit – und was noch wichtiger ist: Sie gaben ihre Fähigkeiten an andere weiter.

> Rack're, Bruder, noch ist's Tag –
> Pharao lebt ewig!
> Flüsse werden einst versiegen,
> Marmor wird wie Wachs sich biegen,
> Völker dem Verfall erliegen –
> Nur Pharao lebt ewig!
> *George John Whyte-Melville,*
> Sachedon

# AUF EINEM TEMPELDACH

*Sie machen Neun-Löcher mit ihren Messern*
*nach Abendgebeten*
Bericht über eine gegen zwei Männer
verhängte Strafe, durch ein Kirchen-
gericht auf der Insel Man, 1699

Am Ufer des Nils bei der Stadt Theben befindet sich eines der bedeutendsten Baudenkmäler der Welt, der Tempel von Karnak. Sein
Bau wurde im 15. Jahrhundert v. Chr. begonnen und unter dem Nachfol-
ger von Ramses I., Sethos I., zu Beginn des 14. Jahrhunderts abgeschlossen. Auf den Dachplatten des Tempels befinden sich ein paar merkwürdige eingeritzte Figuren, von denen einige auf der Abbildung 29 zu sehen
sind.
Diese Zeichnungen wurden höchstwahrscheinlich von den Maurern ange-
fertigt, die am Tempel arbeiteten. Die Figur (a) in Abbildung 29 scheint
unvollendet und sogar teilweise durchgestrichen zu sein – vielleicht wurde
dabei ein Fehler gemacht. Die anderen Zeichnungen hingegen wurden
ganz offensichtlich als eine Art von Spielbrettern verwendet, als ob die
Maurer sich rasch ein wenig die Zeit vertreiben wollten.

## Pentalpha

Läßt sich herausfinden, wie diese Spiele gespielt wurden? Was das Pentagramm in Abbildung 29 (b) betrifft, so wird etwas Ähnliches von Pollux in
seinem *Onomastikon* erwähnt: »Jeder Spieler hat fünf Männer auf fünf
Linien, so daß Sophokles natürlich sagen kann: ›Bretter mit fünf Linien
und die Würfe mit den Würfeln.‹« Das Originalzitat von Sophokles ist nie
gefunden worden. Diese Formulierung, wie sie bei Pollux auftaucht, ist
hoffnungslos rätselhaft. Aber wenn wir daran denken, daß die Griechen

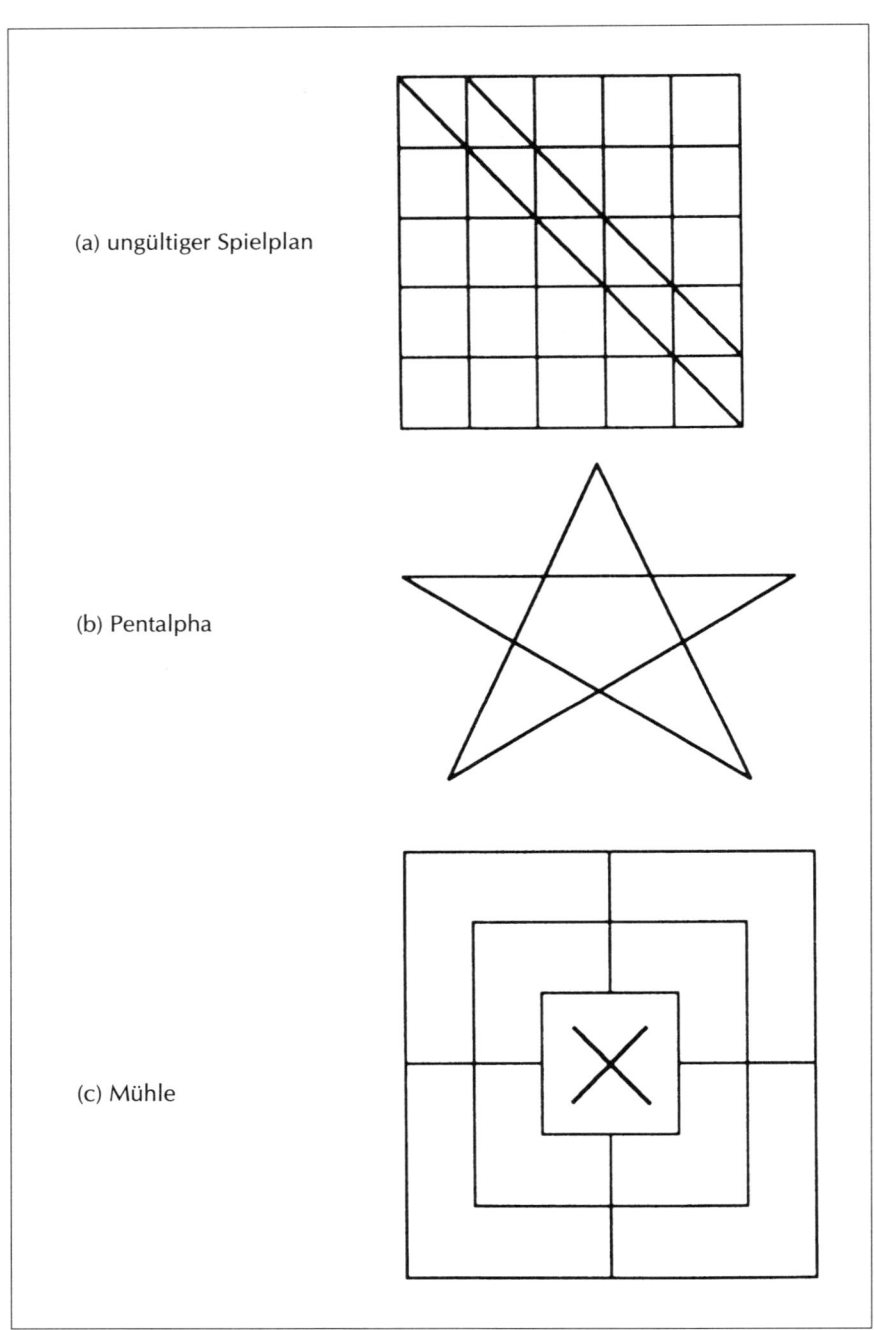

(a) ungültiger Spielplan

(b) Pentalpha

(c) Mühle

Abb. 29. Zeichen auf einem Tempeldach

82

viele von ihren Spielen aus Ägypten übernommen haben, dann ist es durchaus möglich, daß die »fünf Linien«, von denen hier die Rede ist, identisch sind mit dem Spiel in Abbildung 29 (b).

Zum Glück wird noch heute ein Pentagramm in einem Spiel verwendet, das man in Griechenland spielt und das Pentalpha heißt, und auch in Spanien gibt es ein ähnliches Spiel. Von dort ist es vielleicht nach Mexiko und dann nach Nordamerika gelangt, wo es von allen Völkern gespielt wird. Höchstwahrscheinlich stammt es von dem Spiel ab, das von Pollux erwähnt wurde, und dies wiederum ist vermutlich das Spiel, das für alle Ewigkeit ins Dach des Tempels von Karnak eingeritzt wurde. Die Regeln sind ganz einfach. Die Figur besitzt auf den fünf Linien zehn Schnittpunkte, und in Abbildung 30 haben wir sie entsprechend gekennzeichnet: die fünf äußeren Punkte mit A1 bis A5, die fünf inneren mit B1 bis B5.

In der heutigen Version ist es ein Spiel für einen Spieler. Dieser nimmt eine Spielfigur, etwa eine Schachfigur, und stellt sie auf einen der unbesetzten Punkte. Dann bewegt er die Figur zu einem zweiten Punkt, ganz gleich, ob dieser besetzt ist oder nicht, und schließlich zieht er auf einen dritten Punkt, der wie der erste nicht besetzt sein darf. Die drei Punkte müssen nacheinander auf einer geraden Linie liegen. Ein korrekter Zug wäre beispielsweise A1-B5-B4, aber nicht A1-B5-A2, da letzterer nicht auf einer Linie mit den anderen beiden liegt. Nachdem die Figur auf B4 gestellt wurde, ist der Zug B4-B3-A4 nun nicht mehr erlaubt, da er auf einem besetzten Punkt beginnt. Der Zug A4-B3-B4 ist ebenfalls nicht erlaubt, da er auf einem besetzten Punkt endet. Korrekt hingegen ist der Zug A3-B4-B5, da er nur über einen besetzten Punkt führt. Das Spiel geht so lange weiter, bis insgesamt neun Spielfiguren plaziert sind, sobald aber der Spieler keinen korrekten Zug mehr machen kann, ist das Spiel verloren.

Pollux spricht dagegen von einem Spiel für zwei und nicht für einen Spieler, bei dem auch ein Würfel verwendet wird. Vielleicht meint er damit eine Version dieses Spiels für zwei Personen, bei der jeder Spieler mit dem Würfel ermittelt, ob er an der Reihe ist oder nicht. Auf jeden Fall gibt es hier viele derartige Komplikationen zu bedenken.

Der Leser sollte das Spiel ein paarmal durchspielen, um seinen Schwierigkeitsgrad zu testen. Es ist überhaupt nicht so einfach, wie es vielleicht zunächst scheint. Und noch schwerer ist es, eine allgemeine Regel für die Lösung zu finden und nicht nur eine Tabelle mit den einzelnen Zügen aufzustellen.

Das einfachste Verfahren ist folgendes: Der erste Zug kann überall auf dem Brett gemacht werden. Jeder folgende Zug sollte am Ausgangspunkt des vorhergehenden Zuges enden. Es gibt immer nur exakt eine Möglichkeit, dies zu tun. Da außerdem der erste Zug erlaubt ist, muß auch der zweite

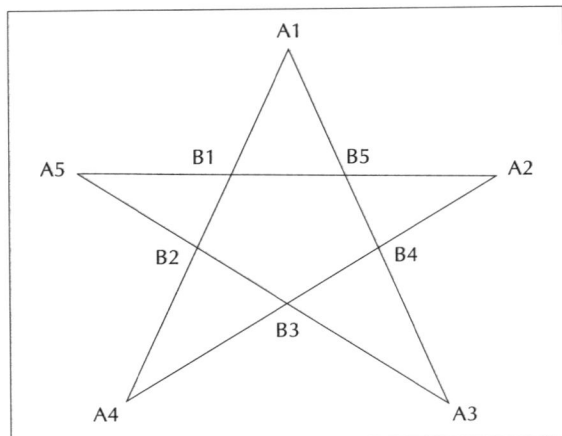

Abb. 30.
Pentalpha

Zug erlaubt sein, da er stets an einem unbesetzten Punkt beginnen und enden wird. Nehmen Sie zum Beispiel an, der erste Zug heißt A1-B5-B4. Dann muß der zweite Zug bei A1 enden (also am ersten Punkt des vorhergehenden Zuges). Es gibt nur eine Möglichkeit: B2-B1-A1. Sie können sicher sein, daß A1 unbesetzt ist, da er ein erlaubter Ausgangspunkt für den vorhergehenden Zug war. Auch B2 muß unbesetzt sein, da er bislang nicht benützt worden ist. Nun muß der nächste Zug auf B2 enden (dem Ausgangspunkt des vorhergehenden Zuges). Wieder gibt es nur eine Möglichkeit: A3-B3-B2. Der nächste Zug muß bei A3 enden, und so weiter, bis das Brett bis auf einen Punkt voll ist.

Hier nun ein komplettes Spiel. Man beachte, wie die Züge miteinander zusammenhängen, wobei der erste Punkt eines Zuges der letzte Punkt des nächsten Zuges ist:

(1) A1-B5-B4
(2) B2-B1-A1
(3) A3-B3-B2
(4) B5-B4-A3
(5) A5-B1-B5
(6) B3-B2-A5
(7) A2-B4-B3
(8) B1-B5-A2
(9) A4-B2-B1

Natürlich wird die obige Regel immer funktionieren, aber damit sind keineswegs andere Lösungsmöglichkeiten ausgeschlossen. Die folgende

84

beispielsweise ist ein gültiges Spiel, aber sie durchbricht die Verknüpfungs-
regel an zwei Stellen:

(1) B2-B3-A3
(2) A1-B1-B2
(3) A5-B1-B5
(4) B4-B5-A1
(5) A4-B3-B4
(6) B1-B2-A4
(7) A2-B5-B1
(8) B3-B4-A2
(9) B3-B2-A5

Es liegt nahe, das Spiel auf Bretter mit anderen Konfigurationen zu übertragen. In Abbildung 31 versuchen wir ein Hexagramm für ein Spiel zu
verwenden, das man Hexalpha nennen könnte. Auch hier gibt es 4 Punkte
auf einer Linie, aber diesmal sind es insgesamt 6 Linien und 12 Punkte, so
daß das Spiel beendet ist, wenn 11 Spielfiguren auf dem Plan nach den
Regeln von Pentalpha plaziert sind. Die äußeren Punkte werden wieder mit
A, die inneren mit B bezeichnet.
Kann dieses Spiel gespielt werden? Nein. Nicht nur wird die Verknüpfungs-
regel nicht funktionieren, sondern auch alle möglichen Strategien, 11
Spielfiguren auf dem Plan zu plazieren, sind zum Scheitern verurteilt. Das
Problem steckt im Wesen des Hexagramms. Nehmen wir die Punkte A1 und

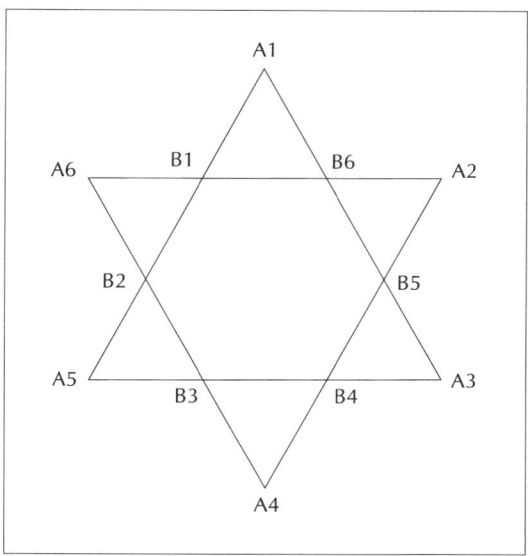

Abb. 31. Hexalpha

A4. Von beiden Punkten gelangt man nach B2 sowie nach B5. Man könnte B2 und B5 als »Geschwister« bezeichnen, weil man sie von den gleichen Knoten erreicht. Das Vorhandensein von Geschwistern aber macht das Spiel unmöglich. Wenn Sie ein Pentagramm betrachten, sehen Sie, daß es dort keine Geschwister gibt.

Eine interessante Übung für den Leser besteht darin, das Spiel auf höhere Ordnungen zu übertragen, also auf Spiele der Ordnung »$n$-alpha«, die aus $n$ Linien bestehen mit jeweils vier Schnittpunkten. Für welche Werte von $n$ ist das Spiel möglich?


# Das Mühlebrett


Das letzte Spiel, das ins Tempeldach eingeritzt ist, wird auf einem Brett gespielt, das drei konzentrische Quadrate besitzt, wie in Abbildung 29 (c). Wieder bekommen wir eine gewisse Vorstellung von dem ursprünglichen Spiel, wenn wir ähnliche Spiele ansehen, wie sie heute noch in Griechenland, aber auch in England, in Skandinavien und anderen westlichen Ländern gespielt werden. Das Spiel heißt normalerweise Mühle, in englischsprachigen Ländern *Nine Men's Morris*. Die Schäfer in Warwickshire vertrieben sich die Zeit damit, daß sie ein Morris- oder Mühlebrett in den Boden einritzten. Wenn es regnete, weichte der Boden auf, und dann sah das »Brett« so unheimlich aus, wie es Shakespeare in *Ein Sommernachtstraum* geschildert hat:

*The nine men's morris is fill'd up with mud.**

Das Spiel wird von zwei Spielern gespielt, von denen jeder neun Spielsteine hat. Das Spiel verläuft in zwei Stufen. Auf der ersten Stufe plazieren die Spieler abwechselnd einen Stein auf einem der 24 Punkte auf dem Brett, die durch zwei sich schneidende Linien gebildet werden. Ziel dieser Plazierung ist es, eine Mühle zu bilden: drei Steine hintereinander auf einer geraden Linie. Sobald ein Spieler eine Mühle gebildet hat, darf er einen Stein des Gegners entfernen, allerdings keinen, der zu einer Mühle gehört. Nachdem alle Steine ausgespielt sind, beginnt die zweite Stufe des Spiels.

---

* In der deutschen Übersetzung heißt dies fälschlicherweise: »Verschlämmt vom Lehme liegt die Kegelbahn«. (Anm. d. Übers.)

Nun ziehen die Spieler ihre Steine abwechselnd auf den geraden Linien, wobei sie wieder versuchen, eine Mühle zu bilden. Es ist auch möglich, eine Mühle zu »öffnen«, indem man einen Stein davon wegbewegt, und sie dann wieder zu »schließen«, indem man den Stein auf seinen ursprünglichen Platz zurückzieht. Jedesmal wenn eine Mühle gebildet wird, nimmt der Spieler seinem Gegner einen Stein weg, der nicht zu einer Mühle gehört. Das Spiel ist zu Ende, wenn ein Spieler nicht mehr ziehen kann oder nur noch zwei Steine besitzt.

Es gibt viele strategische Möglichkeiten bei diesem Spiel, und aufgrund der Grenzen des Bretts kann es durchaus vorkommen, daß ein Spiel, das von einem Spieler schon so gut wie gewonnen scheint, plötzlich an den anderen Spieler geht, und zwar nur wegen eines einzigen schlechten Zuges. Geoffrey Mott-Smith gibt ein wunderbares Beispiel für diese Situation an. In Abbildung 32 ist ein Spiel zwischen Weiß und Schwarz zu sehen. Die Reihenfolge, in der die Steine gespielt wurden, ist auf den Steinen angegeben. Vollziehen Sie das Spiel nach und sehen Sie, wie Weiß, der weit überlegene Spieler, am Ende tatsächlich das Spiel verlieren wird.

Weiß hat mit dem naheliegenden ersten Zug begonnen, indem er einen Stein auf einen nach vier Seiten offenen Schnittpunkt gesetzt hat, von dem aus viele künftige Mühlen möglich sind. Schwarz macht nun gleich einen dummen Zug, indem er nicht sofort eine dieser Mühlen blockiert. Nach dem zweiten Zug von Weiß ist Schwarz gezwungen zu blockieren. Ja, von

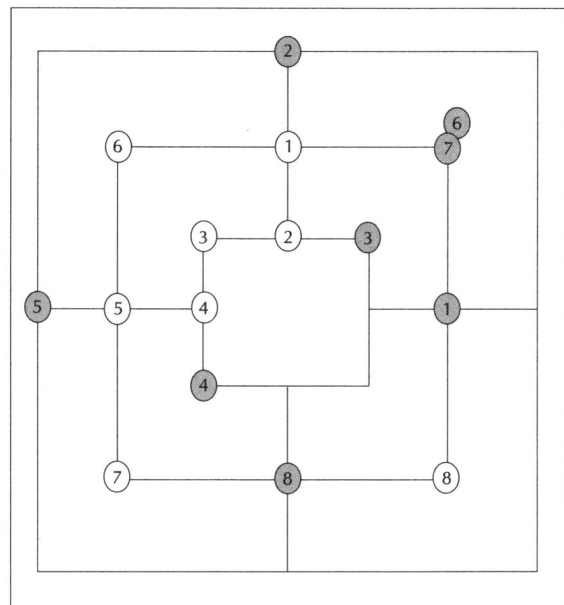

Abb. 32.
Mühleproblem
(aus Mott-Smith, 1978)

Zug 2 an bis Zug 5 tut Schwarz nichts anderes, als auf die Züge von Weiß zu reagieren, indem er mögliche Mühlen blockiert. Wenn Weiß den sechsten Stein spielt, hat er eine Gabel, das heißt, er hat zwei mögliche Mühlen: Weiß kann die Mühle 6-1 komplett machen oder die Mühle 6-5. Schwarz kann natürlich nur eine blockieren, wenn er den sechsten Stein spielt. Weiß macht die andere Mühle komplett (in diesem Fall 6-5), indem er den siebten Stein spielt. Nun nimmt er den sechsten Stein von Schwarz weg, und Schwarz ersetzt ihn mit seinem siebten Stein. Zum ersten Mal hat Schwarz die Chance, eine Mühle aus den Steinen 7 und 1 zu bilden, und das geschieht aus reinem Zufall. Weiß blockiert sie leicht mit dem achten Stein, und wieder muß Schwarz reagieren und eine Mühle mit seinem achten Stein blockieren.

Versuchen Sie einmal, das Spiel für Weiß zu beenden. Er scheint der sichere Sieger zu sein, da er einen Stein mehr hat als Schwarz. Aber mit ein wenig Voraussicht erkennen Sie, daß das Spiel praktisch gelaufen ist und Schwarz, nicht Weiß, gewinnen wird. Nachdem die Spieler ihren letzten Stein gesetzt haben, kann Weiß höchstens noch zwei Züge machen – Schwarz hat alle anderen Steine blockiert.

Es ist nicht möglich, eine allgemeine Gewinnregel für dieses Spiel aufzustellen, wie wir es bei Pentalpha getan haben, da es bei den verschiedenen Strategien der beiden Spieler zu viele Möglichkeiten gibt.

## Ovids Spiel und moderne Varianten

Dieses alte ägyptische Spiel ist die Urform der Reihenspiele, von Spielen also, in der die Spieler versuchen, eine bestimmte Anzahl von Spielsteinen in eine Reihe zu bekommen und zugleich den anderen Spieler daran zu hindern, das gleiche zu tun. Das Grundbrett, wie es in den Tempel von Karnak eingeritzt war, wurde mehrfach verändert, während es in verschiedene Kulturen Einzug hielt. Eine reduzierte Version des Spiels, eine Art von *Three Men's Morris*, war bei den Römern beliebt. Dies ist der *Ludus terni lapilli*, den Ovid in seiner *Ars amatoria* oder *Liebeskunst* jungen Mädchen zu lernen empfiehlt:

*Es gibt ein Spiel, das in feiner Berechnung in so viele Felder aufgeteilt ist, wie das dahingleitende Jahr Monate hat. Ein kleines Brett nimmt beiderseits je drei Steine auf, und derjenige siegt, der seine Steine in eine Reihe bringt.*

Ovids Spielbrett entspricht heute dem Spielplan eines typischen 3x3-Kästchenspiels (siehe Abbildung 33). Jeder Spieler hatte drei Steine. Wie beim Mühlespiel plazierte er einen Stein, um eine Mühle aus drei Steinen zu bilden. Wenn dies keiner Seite gelang, zogen die Spieler abwechselnd Steine auf ein benachbartes Kästchen (aber nicht in der Diagonalen) und versuchten erneut, eine Mühle zu bilden. Man erkennt gleich, daß der Eröffnungszug ins Zentrum dem ersten Spieler den Sieg garantiert. Nehmen wir an, Weiß setzt auf *e*. Dann gibt es für Schwarz nur zwei Erwiderungen: in ein Eckkästchen zu spielen (etwa *a*) oder in ein anderes Kästchen (etwa *b*). Nehmen wir an, Schwarz nimmt *a*. Dann sollte Weiß *h* nehmen, so daß Schwarz *b*, dann Weiß *c* und Schwarz schließlich *g* nehmen muß. Nun werden die Steine gezogen. Weiß muß nun nur noch den Stein von *e* nach *f* und den Stein von *h* nach *i* ziehen, um zu gewinnen.

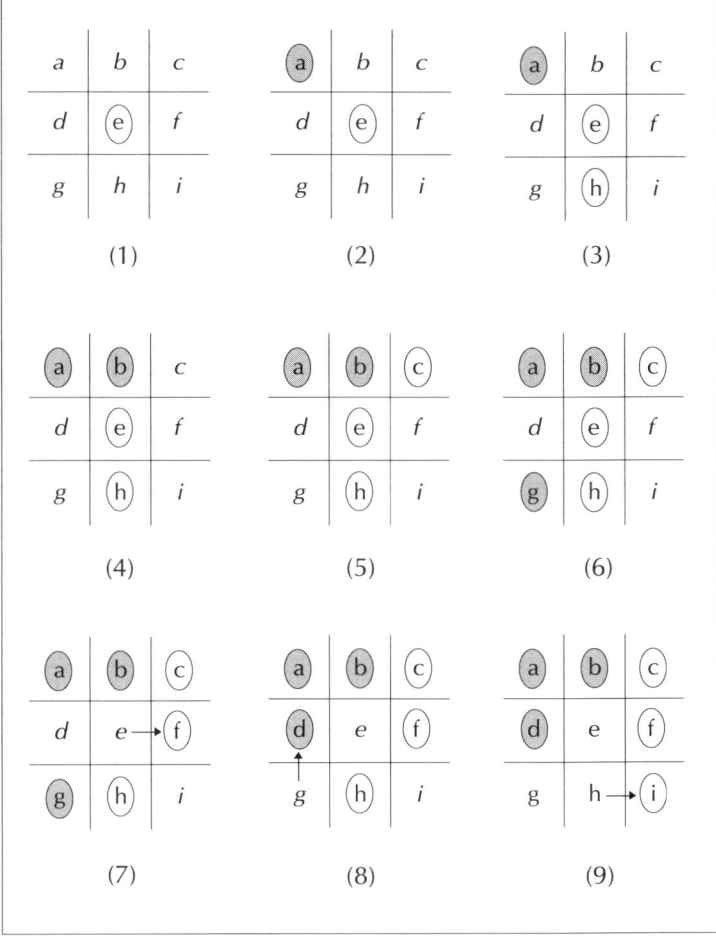

Abb. 33.
Wie man
Ovids Spiel
gewinnt

Nimmt Schwarz im ersten Zug hingegen das Nichteckkästchen *b*, dann sollte Weiß *g* nehmen. Von nun an sind alle Züge wieder erzwungen und enden mit dem Gewinn von Weiß. Diese beiden Erwiderungen decken alle möglichen Züge von Schwarz ab, da andere Kästchen einfach Drehungen des Bretts darstellen.

Irgendwann war der Gedanke, die Steine zu ziehen, fallengelassen worden, und das neue Spiel wurde in englischsprechenden Ländern nach den leicht variierten ersten Wörtern eines bekannten Kinderreims benannt:

> *Tic-Tac-Toe, my first go,*
> *Three jolly butcher boys all in a row.*
> *Stick one up, stick one down,*
> *Stick one in the old man's crown.**

Die Worte »Tic-Tac-Toe« sind unsinnige Silben, die aber einen hübschen Beiklang haben, wie wenn man 1-2-3 eine Mühle bildet. Der Reim wurde abgezählt, während man eine Reihe verschiedener Spiele spielte. Er enthält eine Regel fürs Punktezählen. Ein Punkt wurde entweder »hinauf« (up) oder »hinab« (down) gegeben, das heißt an den Spieler, der an der »oberen« oder »unteren« Seite des Brettes saß, je nachdem, wer gewonnen hatte. Der »alte Mann« wurde gelegentlich auch »Old Nick« genannt, eine stehende Figur in frühen englischen Spielen, die bei einem Unentschieden den Punkt bekam. Der Gewinner erhielt nicht nur seine eigenen Punkte, sondern auch noch alle Punkte, die Old Nick angehäuft hatte. Es gibt sogar noch in englischen Lotterien für Erwachsene Anspielungen auf Old Nick, etwa bei der Methode der Zuteilung der nicht verkauften Lose beim Common Field System. »Das Land geht an Old Nick« bedeutete nichts anderes, als daß das Land weiterhin brachliegen mußte, da niemand die Lotterie gewonnen hatte. Die Assoziation mit der Vorstellung von Verfall hat vielleicht dazu beigetragen, daß aus Old Nick später Satan wurde.

Das Grundthema aller Reihenspiele – eine bestimmte Anzahl von Spielsteinen in eine Reihe zu bekommen, während man den Gegner daran zu hindern sucht, das gleiche zu tun – scheint sich in den meisten Versionen rasch zu erschöpfen, aber dieser Schein trügt. Selbst das einfachste Reihenspiel: die Standardversion von Tic-Tac-Toe bietet jedem, der sich für die Analyse von Spielen interessiert, außerordentliche Möglichkeiten. Man

---

* Frei übersetzt:Tic-Tac-Toe, mein erster Zug,
  In einer Reih drei Fleischerjungen, das ist genug.
  Einen hinauf, einen hinab,
  Einen in des alten Mannes Grab.

braucht sich gar nicht der Hoffnung hinzugeben, beim Tic-Tac-Toe zu gewinnen, indem man sich heimlich in eine Dreierreihenkonstruktion hineinschmuggelt, während der Gegner anderswo beschäftigt ist. Statt dessen muß man einen »kritischen Weg« auf dem Brett anlegen. Ein kritischer Weg besteht aus mindestens drei sich schneidenden Linien auf dem Spielbrett, wobei jede Linie drei Kästchen schneidet und daher einen möglichen Gewinn darstellt. Jeder Schnittpunkt auf dem kritischen Weg liegt auf zwei Linien. Darin besteht sein Erfolgsgeheimnis, denn wenn man dem kritischen Weg folgt, konfrontiert man den Gegner mit zwei verschiedenen Gewinnzügen. Der Gegner kann natürlich nicht beide Züge gleichzeitig blockieren.

Von jedem Kästchen auf dem Spielbrett aus kann man kritische Wege anlegen, auf denen dieses Kästchen einen Schnittpunkt darstellt. Abbildung 34 zeigt den einen kritischen Weg von einem Nichteckkästchen aus, die drei Wege von einem Eckkästchen aus und den einen Weg für das Mittelkästchen. Andere kritische Wege sind Drehungen und Spiegelungen davon. Ein Blick auf diese Wege genügt, und schon erkennen Sie, warum das Nichteckkästchen die schwächste Eröffnung darstellt, das Eckkästchen viel stärker und das Mittelkästchen das stärkste ist.

Wenn Sie der erste Spieler sind, sollte Ihre Strategie darin bestehen, Ihren Stein auf irgendeinem Kästchen zu plazieren und in Gedanken einen der kritischen Wege anzulegen, die mit diesem Kästchen verbunden sind. Wenn

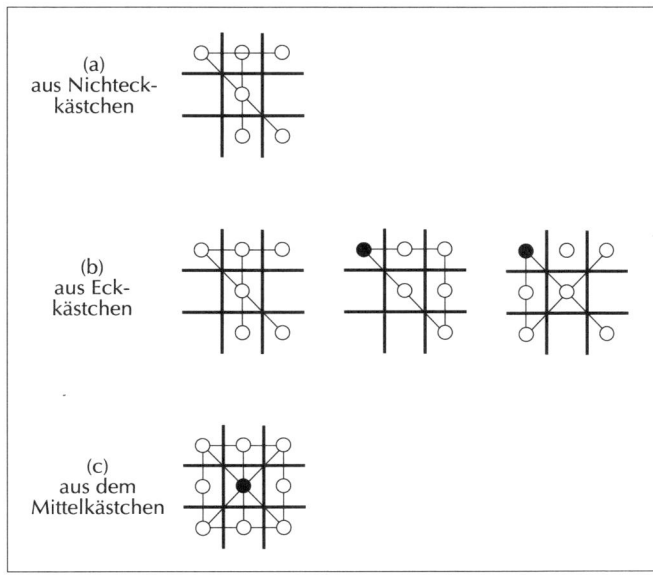

Abb. 34.
Kritische Wege

Ihr Gegner einen Stein abseits des kritischen Weges plaziert, haben Sie das Spiel so gut wie gewonnen. Spielt Ihr Gegner auf dem Weg, dann können Sie auf einen der anderen Wege umsteigen. Wenn Sie wieder an der Reihe sind, plazieren Sie Ihren Stein auf einen der anderen Schnittpunkte. Angenommen, Ihr Gegner spielt logisch, dann ist sein zweiter Zug erzwungen. Nun spielen Sie auf dem dritten Schnittpunkt weiter, und damit stehen Ihnen zwei Gewinnwege offen, so daß Ihr Gegner verloren hat.

Wenn Sie der zweite Spieler sind, sollten Sie eine Gegenstrategie entwickeln. Machen Sie sich alle kritischen Wege klar, die der Gegner nach seinem ersten Zug nehmen muß. Dann spielen Sie auf ein Kästchen, das an einem Schnittpunkt liegt. Wenn Sie von diesem Punkt an nichts weiter tun, als die möglichen Gewinnzüge Ihres Gegners zu blockieren, dann wird das Spiel unentschieden enden. Komplizierter wird es, wenn Ihr Gegner mit dem Mittelkästchen eröffnet, da es keinen Zug gibt, der alle von hier aus möglichen Wege abdeckt. Wenn Sie aber ein Eckkästchen nehmen, können Sie den Gegner zwingen, seine Strategie von der Mitte aus aufzugeben, wenn er nicht Gefahr laufen will, das Spiel zu verlieren. Auch hier kommt es zu einem Unentschieden.

Man erkennt leicht, daß der zweite Spieler bestenfalls ein Unentschieden anstreben, aber nie gewinnen kann. Das liegt daran, daß der erste Spieler sich stets die Strategie seines Gegners zu eigen machen kann. Nehmen wir an, der zweite Spieler hat eine Gewinnstrategie. Der erste Spieler kann den ersten Spielstein beliebig setzen und dann praktisch der zweite Spieler werden. So kann jede Strategie, die den zweiten Spieler begünstigt, vom ersten übernommen werden, aber nicht umgekehrt.

Die Analyse der kritischen Wege ist deshalb so fein, weil sie in einem einzigen Bild sowohl das Wesen des Spiels wie die Gewinnstrategie sichtbar macht. Was bislang nichts weiter als ein Spiel zu sein schien, bei dem man auch als Stümper ohne langes Nachdenken gewinnen kann, erweist sich nun als etwas ganz Konkretes und Gesetzmäßiges.

Das Spiel kann aber auch so variiert werden, daß der kritische Weg nutzlos wird. Eine Version, die zugleich simpel und bemerkenswert trickreich ist, wurde von Ronald Graham von den Bell Laboratories erfunden. Bei diesem Spiel heißen die beiden Spieler nicht X und O, sondern Ungerade und Gerade. Der erste nimmt die Zahlen 1, 3, 5, 7, 9, der zweite 2, 4, 6, 8. Ungerade zieht zuerst, indem er eine seiner Zahlen in das übliche Tic-Tac-Toe-Gitter plaziert. Dann zieht Gerade, und so weiter. Sobald eine Zahl gespielt ist, kann sie nicht ein zweites Mal gespielt werden. Ziel dieses Spiels ist es, eine Zahl so zu plazieren, daß sie mit zwei anderen Zahlen eine Reihe von drei Zahlen bildet, die zusammen 15 ergeben. Der Spieler, der die letzte Zahl plaziert, gewinnt, auch wenn die anderen beiden Zahlen vom Gegner plaziert wurden. Wenn beispielsweise 2 und 8 in zwei Eckkästchen plaziert sind und ich (Ungerade) plaziere dazwischen die 5, dann gewinne ich das Spiel, obwohl mein Gegner (Gerade) die ersten beiden Zahlen gespielt hat. Das Spiel ist in gewisser Weise unberechenbar, da die Zahlen, die ich spiele, später vielleicht genau die Zahlen sind, die mein Gegner benötigt. George Markowsky hat an der University of Maine einmal am Computer alle möglichen Züge untersucht und dabei herausgefunden, daß der erste Spieler immer gewinnen kann, obwohl es hier keine so leichte Strategie wie den kritischen Weg gibt. Der Leser sollte dieses Spiel ein paarmal spielen, um seinen Schwierigkeitsgrad zu testen.

Unabhängig von Graham erfand P.H. Nygaard ein ganz ähnliches Spiel. Auch hier heißen die beiden Spieler Ungerade und Gerade, und sie spielen auch mit demselben Zahlensatz, aber diesmal kann man nicht nur gewinnen, wenn man drei Zahlen in eine Reihe bekommt, die zusammen 15 ergeben, sondern auch wenn man drei Zahlen mit der gleichen Parität in eine Reihe bekommt. Mit anderen Worten: Ich kann gewinnen, wenn ich eine 5 zwischen 2 und 8 plaziere (da dies 15 in einer Reihe ergibt) oder indem ich eine 5 zwischen 3 und 9 plaziere (da dies drei ungerade Zahlen in einer Reihe ergibt) oder indem ich 4 oder 6 zwischen 2 und 8 plaziere. Nygaards Spiel ist somit Grahams Spiel und Tic-Tac-Toe in einem.

Nygaards Regeln schränken das Spiel so weit ein, daß sich einige allgemeine Prinzipien finden lassen. Wenn Ungerade beispielsweise die 5 im ersten Zug spielt, hat er das Spiel bereits verloren, wobei es keine Rolle spielt, wo die Zahl plaziert wird. (Siehe Abbildung 35.) Gerade sollte im Gegenzug stets die 2 neben die 5 plazieren. Ungerade erkennt, daß Gerade früher oder später die 8 spielen wird, um 5 + 2 + 8 = 15 zu bilden, und darum muß er dies sofort blockieren. Nehmen wir an, er spielt die 9. Gerade muß nun die 4 in ein Kästchen so plazieren, daß sowohl die 5 und die 4 als auch die 2 und die 4 auf einer Linie liegen. Damit hat Gerade praktisch eine Gabel gebildet, da er nun die 6 so spielen kann, daß sich entweder 5, 4, 6 ergibt (eine Reihe mit der Summe 15) oder 2, 4, 6 (eine Reihe von geraden Zahlen).

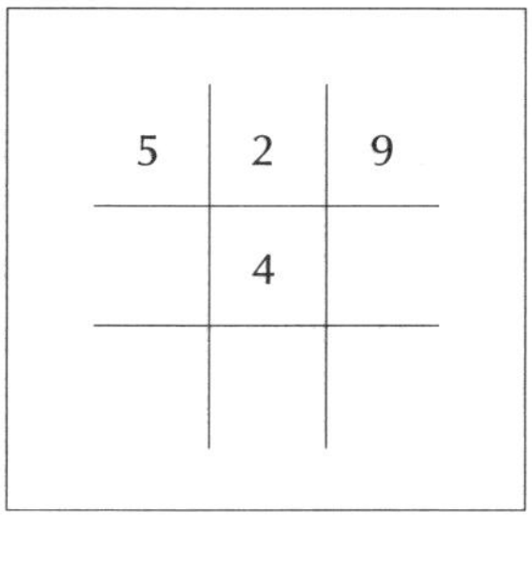

Abb. 35.
Wie man Nygaards Spiel verliert

Wir gingen davon aus, daß Ungerade mit der 9 blockiert, denn wenn – wie Abbildung 35 zeigt – Gerade die 4 spielt, könnte Ungerade die Reihe mit 4, 2, 9 schließen (sie ergibt 15) und sich damit praktisch die Strategie von Gerade zu eigen machen. Aber auch wenn Ungerade nicht mit der 9 blockiert, kann Gerade noch gewinnen. Sehen Sie, wie?

Eine andere Variante heißt Meta-Tic-Tac-Toe und wird auf dem in Abbildung 36 gezeigten Spielplan gespielt. Dieser ist einmal ein Standardquadrat mit 3 mal 3 Kästchen, aber diese neun Kästchen sind nicht leer, sondern jedes ist mit einem kleinen Tic-Tac-Toe-Plan gefüllt. Der Spieler, der drei Spiele gewinnt, die in einer Reihe liegen, ist der Meta-Gewinner. Der erste Spieler besetzt nur ein Kästchen, danach besetzen beide Spieler abwechselnd zwei Kästchen. Ein Stein kann in jedem der neun Spiele plaziert werden.

Ich fürchte, daß man diesmal keine Gewinnstrategie angeben kann. Dieses faszinierende Spiel wird Ihre Phantasie garantiert stundenlang fesseln. Doch wenn Sie glauben, daß es sich bei diesem Spiel nur um neun Tic-Tac-Toe-Spiele in einem handelt und das darum nur neunmal so schwierig zu spielen ist, dann werden Sie schockiert sein, wenn sich aus dem Nichts unversehens ganz neue Überlegungen einstellen. Meta-Tic-Tac-Toe wurde zum ersten Mal im *Journal of Mathematical Recreations* vorgestellt – es haben also die besten Amateur- und Profimathematiker aus der ganzen Welt daran gearbeitet. Die Zeit ist reif, daß einem Neuling wieder etwas völlig Neues einfällt.

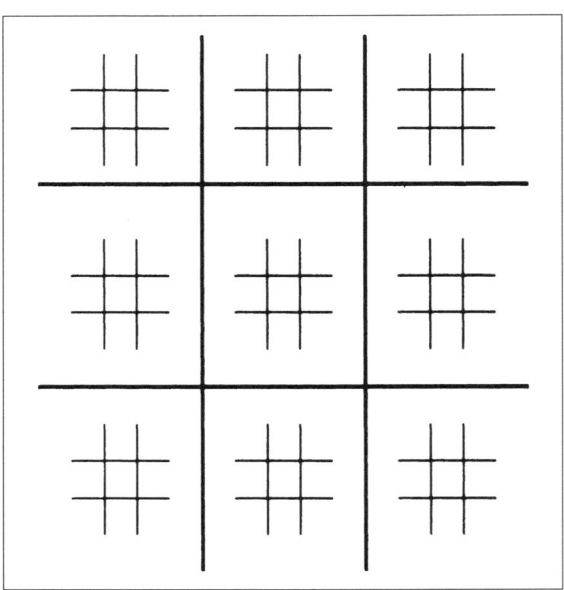

Abb. 36.
Ein Meta-Tic-Tac-Toe-Spielplan

# Höhere Ordnungen und höhere Dimensionen

Die naheliegendste Variation besteht darin, das Tic-Tac-Toe-Spiel auf höhere Ordnungen auszudehnen. Nehmen wir zum Beispiel das Sechs-in-einer-Reihe-Spiel auf einem Spielplan der 6. Ordnung. Dieses Spiel wurde von Hales und Jewitt in der Zeitschrift *Transactions of the American Mathematical Society* analysiert. Abbildung 37 stellt eine Analyse des Spiels dar, die in einer »Paarung« der Kästchen besteht, und zwar so, daß ein Spieler, der den Paaren folgt, stets in einem Kästchen landen wird, das einen kritischen Weg blockiert, auch wenn es vielleicht schwierig ist, diesen kritischen Weg an sich zu erkennen. Man beachte, daß die Figur symmetrisch um die beiden doppelten Linien angeordnet ist, die die Figur in 4 Quadranten einteilen. Im Grunde hätte ich nur einen Quadranten zeigen müssen – die anderen drei hätten dadurch gebildet werden können, indem man alles spiegelt, was sich jenseits der Linien befindet. Wenn Ihr Gegner ein Kästchen spielt, nehmen Sie das nächste Kästchen, das die gleiche Markierung aufweist und das in Richtung der Linie im ersten Kästchen liegt. Spielt Ihr Gegner beispielsweise das zweite Kästchen in der obersten Reihe, das in diesem Falle eine horizontale Markierung aufweist, dann gehen Sie einfach horizontal zum nächsten Kästchen mit der gleichen Markierung, also dem fünften Kästchen in der obersten Reihe. Wenn Ihr Gegner statt dessen das dritte Kästchen in der obersten Reihe genommen hat, das eine vertikale

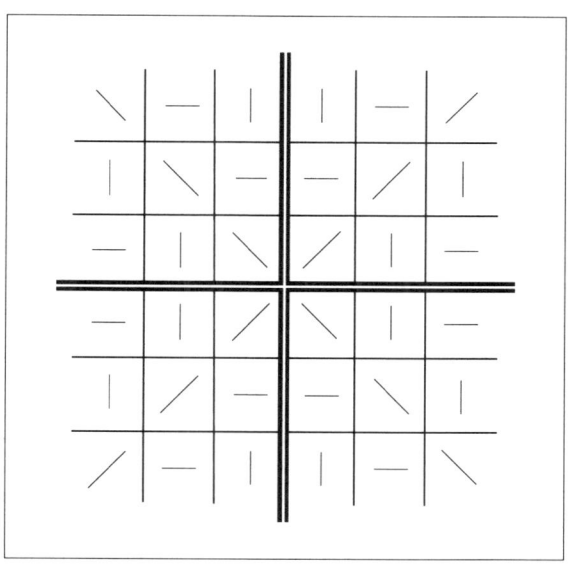

Abb. 37.
Wie man ein Tic-Tac-Toe
der 6. Ordnung gewinnt

Markierung besitzt, dann gehen Sie senkrecht zum dritten Kästchen in der untersten Reihe. Wenn zu irgendeinem Zeitpunkt das entsprechende Kästchen besetzt ist oder Ihr Gegner das Zentrum nimmt, dann nehmen Sie sich ein beliebiges Kästchen. Ihr Gegner kann dann nicht gewinnen.

Das Geheimnis hinter Abbildung 37 ist ganz einfach: In jeder Reihe gibt es zwei horizontale Linien und in jeder Spalte zwei vertikale Linien. Wenn Sie sich also an die Regeln halten, wird niemand jemals sechs in eine Reihe bekommen. Das mag als ein intuitiver, magerer Beweis dafür genügen, daß bei $n$ gleich oder größer als drei in einem $n$-in-einer-Reihe-Spiel, das auf einem Spielplan der Ordnung $n$ gespielt wird, stets vom zweiten Spieler ein Unentschieden erzwungen werden kann.

Dieser Typus der »Paarungs-Analyse« kann bis in unvorstellbare Dimensionen ausgeweitet werden. Abbildung 38 ist ein Hales-Jewitt-Diagramm eines unendlichen Spielplans. (Das heißt, die allgemeinen Muster auf dem Plan können in jeder Richtung verlängert werden.) Ist es möglich, das Spiel Neun-in-einer-Reihe auf diesem unendlichen Plan zu gewinnen? Nein. Welches Kästchen auch immer Ihr Gegner nimmt – nehmen Sie das Kästchen, das aufgrund der Linien ein Pärchen mit ihm bildet. Auch hier blockieren Sie dadurch alle möglichen kritischen Wege, und das Spiel wird unentschieden enden. Es ist möglich, einen unendlichen Plan anzulegen,

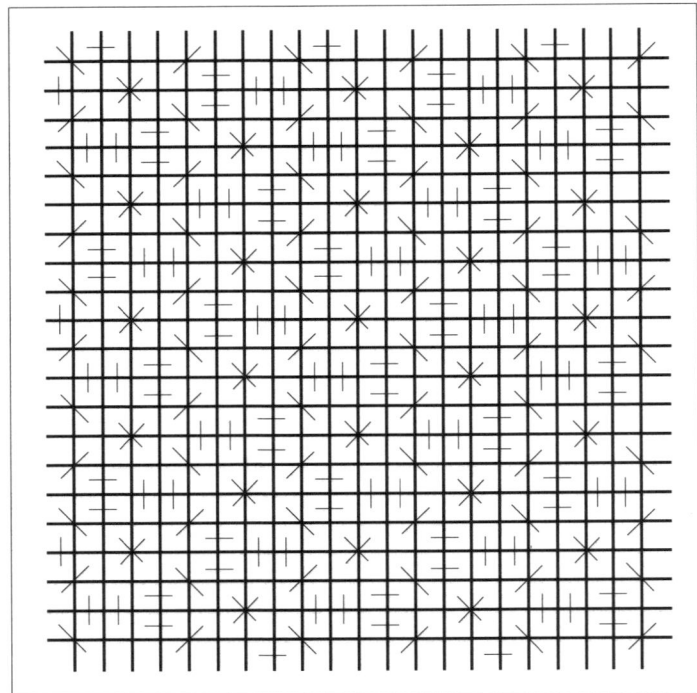

Abb. 38.
Wie man
Neun-in-einer-
Reihe auf einem
unendlichen Plan
gewinnt

96

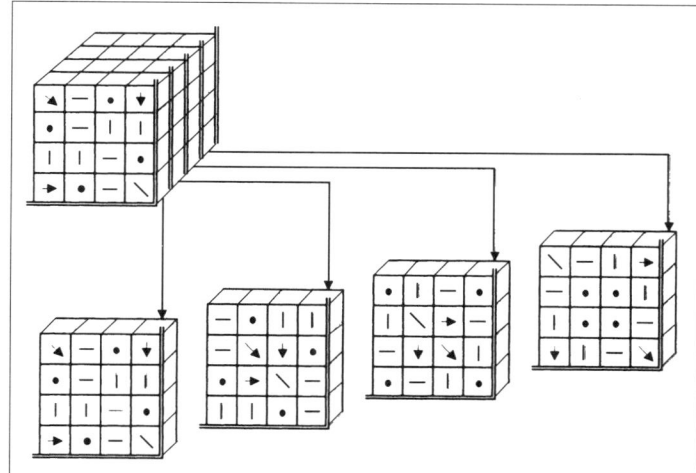

Abb. 39.
Dreidimensionales
Tic-Tac-Toe

der diesem hier ähnlich ist und es dem zweiten Spieler gestattet, ein Unentschieden in allen $n$-in-einer-Reihe-Spielen zu erzwingen, solange $n$ gleich oder größer als neun ist.

Um dem Ganzen noch einen letzten Dreh zu geben, sehen wir uns ein dreidimensionales Tic-Tac-Toe-Spiel an, das von Solomon W. Golomb analysiert und auf einem 8x8x8-Würfel gespielt wurde. Abbildung 39 stellt einen Oktanten des Würfels dar – er besteht aus vier Ebenen der 4. Ordnung, die hintereinander angeordnet sind. Sie müssen diesen Oktanten nach links spiegeln, um einen zweiten Oktanten zu erhalten, dann beide nach unten spiegeln, um die anderen beiden Oktanten zu bekommen, und schließlich alles nach hinten spiegeln, um den gesamten Würfel zu erhalten. In der Abbildung oben sind natürlich drei der vier Ebenen nicht sichtbar und darum unten wiederholt worden.

Die Markierungen mögen ungewöhnlich aussehen, aber das liegt nur daran, daß die dreidimensionale Figur auf der Buchseite nur flächig dargestellt werden kann. Die Markierungen (–), (\) und (I) sind die auf den Ebenen üblichen. Der Punkt (•) stellt eine horizontale Linie dar, die von hinten nach vorn durch das Würfelchen geht. Die Pfeile (→) sind diagonale Linien, die gleichfalls durch ein Würfelchen hindurchgehen. Sie können diesen Markierungen genauso folgen, wie Sie das bei den ursprünglichen Hales-Jewitt-Paarungen getan haben, und nie ein Spiel in einem dreidimensionalen Tic-Tac-Toe verlieren.

# DEN HIMMEL MESSEN

*Johannes Gutenberg hat die beweglichen Lettern* nicht
*erfunden – sie wurden in China erfunden.*
*William Harvey hat den Blutkreislauf des Körpers* nicht
*entdeckt – er wurde in China entdeckt, oder besser:*
*man hat ihn dort immer schon vorausgesetzt.*
*Isaac Newton war* nicht *der erste, der sein Erstes*
*Bewegungsgesetz entdeckt hat. Es wurde in China entdeckt.*
Robert Temple, *The Genius of China*

Man könnte durchaus sagen, daß praktisch alle geschichtlichen Darstellungen über alte Völker bis zum Jahre 1954 unvollständig waren – in diesem Jahr nämlich hat Joseph Needham den ersten Band seiner monumentalen Studie *Wissenschaft und Kultur in China* veröffentlicht. Von diesem Zeitpunkt an wurde der »Ursprung« der einen oder anderen Idee zeitlich weiter zurückverlegt und im allgemeinen in China lokalisiert.

Ein Beweis für die Genialität Chinas mag in einer schlichten Inschrift zu finden sein, die aus dem 13. Jahrhundert v. Chr. stammt – die griechische Kultur existierte damals noch gar nicht, und Moses sollte erst noch die Israeliten aus Ägypten hinausführen. Es handelt sich auch nur auf den ersten Blick um eine simple Inschrift, denn tatsächlich ist sie ganz außergewöhnlich. Darin ist von 547 Tagen in folgender Form die Rede: »Fünfhundert plus vier Zehner plus sieben Tage.« Warum ist dies so außergewöhnlich? Weil es das erste Beispiel eines Dezimalsystems ist, des Zahlensystems also, das inzwischen grundlegend für die gesamte moderne Wissenschaft und praktisch auf der ganzen Welt anzutreffen ist. In Europa taucht es zum ersten Mal in einer spanischen Handschrift von 976 auf, also rund 2300 Jahre nach der chinesischen Inschrift, aber so richtig in Gebrauch kam es in Europa erst nach der Veröffentlichung des *Liber Abaci* (Rechenbuch) von Leonardo Fibonacci (oder Pisano) im Jahre 1202. In einem späteren Kapitel werden wir uns mit vielen Rätseln und Problemen von Fibonacci befassen.

Es gibt eine interessante Theorie über die frühe Entwicklung des Dezimalsystems in China. Fast alle Menschen haben zunächst Buchstaben als Zahlensymbole verwendet. Ein so leicht verfügbares System hat vielleicht die Möglichkeiten einer Dezimalnotation verdeckt. Die alten Griechen beispielsweise waren auf allen Gebieten der Mathematik schon sehr weit fortgeschritten, aber sie verwendeten noch »alpha«, den ersten Buchstaben ihres Alphabets, als Symbol für »eins« und »beta«, den zweiten Buchstaben, als Symbol für »zwei«. Daher war es nicht notwendig, bei neun aufzuhören, wie es gewöhnlich bei einer Dezimalnotation geschieht. Statt dessen gingen die Griechen über »theta«, die Zahl 9, hinaus und verwendeten »iota« als Symbol für »zehn« und so weiter.

Die Chinesen hingegen besaßen kein geordnetes Alphabet, in dem ein Symbol eindeutig das erste, ein weiteres das zweite, ein weiteres das dritte war und so weiter – wie in unserem ABC. Sie schrieben statt dessen ganze Wörter mit einzelnen Schriftzeichen, und darum mußten sie sich von Anfang an eine eigene Zahlennotation ausdenken. Seit frühester Zeit »schrieben« die Chinesen ihre Zahlen, indem sie Stäbchen in die Schalen eines Zählbretts legten, dem mutmaßlichen Vorläufer eines Abakus. (Abbildung 40 ist ein Holzschnitt, der einen Meister zeigt, wie er geduldig einen Schüler im Gebrauch eines Zählbretts unterweist.) Die Zahl »zehn« wurde durch ein einziges Stäbchen dargestellt, das in die zweite Schale gelegt wurde, während die erste Schale leer blieb. Das chinesische Zahlensystem

Abb. 40.
Meister und
Schüler an einem
Rechenbrett
(aus Temple, 1987)

– ja eigentlich sogar unser Zahlensystem – ist schlicht nichts anderes, als das gleiche auf Papier zu tun.

Ähnliche Geräte existierten in Griechenland vermutlich schon im 7. Jahrhundert v. Chr. Bezeichnenderweise allerdings gab es im Westen eine Dezimal*maschine* wie diese unmittelbar neben einem eindeutig nichtdezimalen (ja nicht einmal positionellen) *Zahlensystem*. Das Problem bestand offenbar darin, daß man nicht geneigt war, zu akzeptieren, daß ein einzelnes Symbol etwas anderes bedeuten könnte, je nachdem, wie es verwendet wurde. Für manche Menschen war eine Maschine eher zu akzeptieren, und zwar wegen ihrer physischen Gegenwart. Gleichwohl griffen griechische und römische Autoren oft auf Zählbretter zurück, die von ihrer Funktion her der in Abbildung 40 gezeigten chinesischen Version ähnelten, um damit etwas körperlos Immaterielles zu veranschaulichen. So schreibt Polybios über Menschen, die politisch Einfluß nehmen wollen:

*Ein kurzer Augenblick ... kann einen Menschen hoch erheben und wiederum in die Tiefe stürzen, vor allem aber gilt es von denen, die dem Thron nahestehen. Wahrhaftig, sie sind vergleichbar den Steinchen auf der Rechentafel. Diese bedeuten nach dem Willen des Rechnenden bald eine Kupfermünze, bald wieder ein Talent.*

Und an anderer Stelle heißt es über einen Speichellecker: »Er ist so veränderlich wie eine Zahl!« Wir wissen nicht, worauf hier angespielt wird, aber einstmals hat man es in vielen Teilen der Welt ohne weiteres verstanden. Viele Jahrhunderte später machte Martin Luther eine ähnliche Anspielung:

*Für den Rechenmeister sind alle Zähler gleich, und ihr Wert hängt davon ab, wo er sie plaziert. Geradeso sind alle Menschen vor Gott gleich, aber sie sind ungleich nach der Stellung, die Gott ihnen zugewiesen hat.*

Es fällt auf, daß es derartige Anspielungen bei den Chinesen nicht gibt – und daran erkennt man genau, was sie geleistet haben.

# War Pascal Chinese?

Die ursprünglichen chinesischen Zahlen sahen fast genauso aus wie die Zählstäbchen, die sie auf ihren Rechenbrettern verwendeten. Abbildung 41 enthält eine ziemlich vollständige Liste. Ein horizontal liegendes Stäbchen war eine Einheit. Fünf Stäbchen können auf diese Weise aufeinandergestapelt werden, während die Zahl »6« mit einem vertikalen Stäbchen links und einem Einheits- (oder horizontalen) Stäbchen daneben symbolisch dargestellt wird. Die »10« war ein horizontales Stäbchen mit einer »0« darüber, was so ähnlich aussah, wie wenn man unsere Zahl 10 auf die Seite kippt. Damit wurde die »0« aus dem gleichen Grund wie bei uns verwendet,

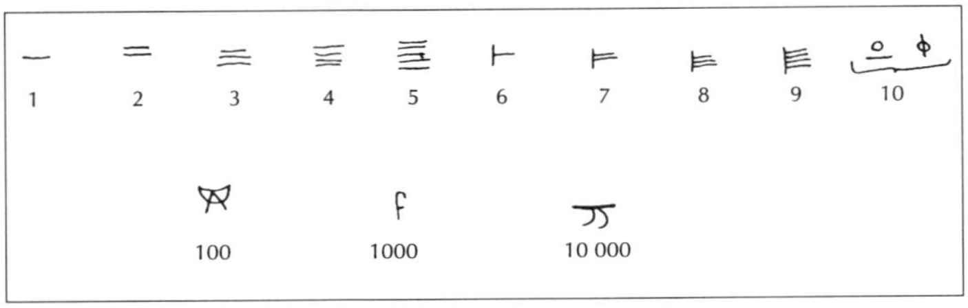

Abb. 41. Chinesische Zahlen

nämlich um eine »1« von einer »10« zu unterscheiden. Mit einer gewissen Praxis kann man durchaus ein recht gutes Gefühl für die Logik der chinesischen Schreibweise bekommen.

Eine Möglichkeit dazu bietet die Entzifferung des Zahlendreiecks in Abbildung 42, die dem 1303 von Chu Shih-chieh verfaßten Manuskript *Der kostbare Spiegel der vier Elemente* entnommen ist. Können Sie die Zahlen »übersetzen« und ein Muster im Dreieck erkennen? Die Kreise an der linken und an der rechten Seite enthalten alle die Zahl 1. Jeder Kreis innerhalb des Dreiecks enthält die Summe der beiden Kreise über ihm, mit denen er durch einen Strich verbunden ist. Somit ist die Zahl 35 in der achten Reihe die Summe aus der 15 und der 20 über ihr. Diese Methode läßt sich durchs ganze Dreieck verfolgen, bis hin zu den Symbolen für die Zahlen 56 und 70.

Dieses Dreieck ist übrigens besonders interessant, weil es eines von vielen Beispielen einer »europäischen« Idee ist, die tatsächlich aus China stammt. Einige Leser erkennen darin vielleicht das »Pascalsche Dreieck«, eine einfache Methode, die Koeffizienten zu ermitteln, wenn ein Binom (die Summe aus zwei Elementen) in eine höhere Potenz erhoben wird. Und

102

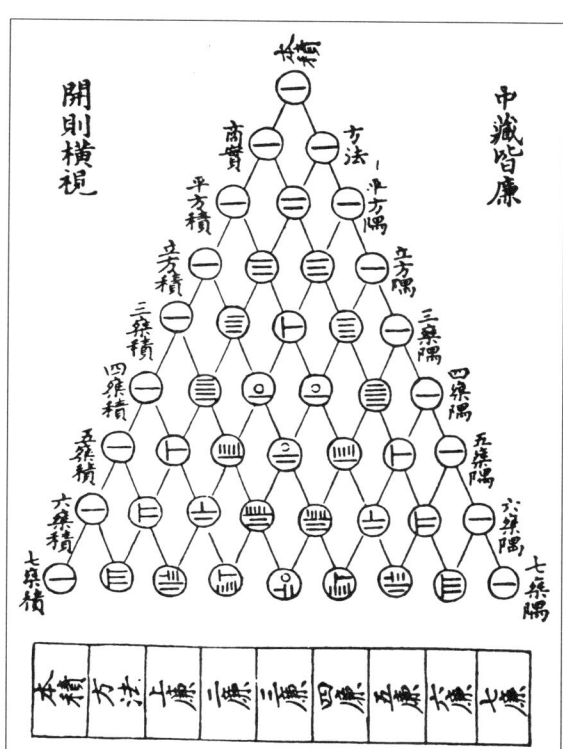

Abb. 42.
Das Zahlendreieck
aus *Der kostbare
Spiegel der vier
Elemente*
(aus Temple, 1987)

genau dies war Pascals Absicht, ebenso wie die von Chu Shih-chieh. Um dies zu veranschaulichen, nehmen wir einmal an, wir wollten ($a+b$) in die zweite Potenz erheben. Dabei ergibt sich:

$$(a+b)^2 = 1 \cdot a^2 + 2 \cdot ab + 1 \cdot b^2$$

Die Zahlen 1, 2, 1 sind die Koeffizienten; sie tauchen in der zweiten Zeile in Chu Shih-chiehs Dreieck auf – man beachte, daß wir das Binom in die zweite Potenz erhoben haben. Wenn man ($a+b$) in die dritte Potenz erhebt, dann stehen die Koeffizienten in der dritten Zeile des Dreiecks. Und so weiter. Das Dreieck hilft einem viel Zeit sparen, da man damit ohne große Mühe Lösungen zu Problemen finden kann.

Tatsächlich sind in dieses scheinbar so einfache Dreieck noch viel mehr Zahlenrelationen hineingepackt, als es den Chinesen (und eigentlich auch Pascal) jemals klar war. Seine simple additive Erzeugungsformel – in der jede Zahl die Summe der beiden Zahlen darüber ist – kann auch in der Umkehrung angewendet werden, um die »andere Hälfte« des darübersit-

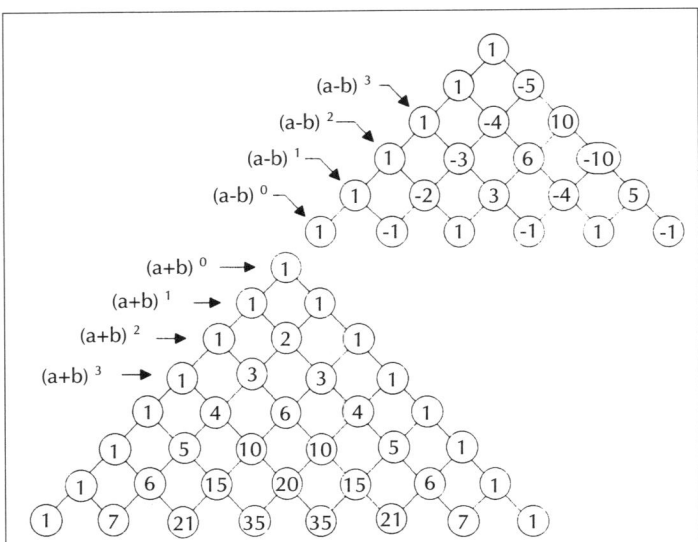

Abb. 43.
Chu Shih-chiehs
Dreieck und
seine negative
obere Hälfte

zenden Dreiecks zu erzeugen, wie dies in Abbildung 43 veranschaulicht ist. Jede Zeile in dieser verborgenen Hälfte kann durch eine entsprechende Subtraktionsformel gefunden werden, oder einfach dadurch, daß man sich die Zahlen vorstellt, die man in der Zeile darunter finden muß. Somit muß die 1, die Chu Shih-chieh an die Spitze seines Dreiecks setzte, durch eine 1 und eine Null auf beiden Seiten darüber erzeugt worden sein.

Genauso wie die $n$-te Reihe des Originaldreiecks die Koeffizienten von $(a+b)$, erhoben in die $n$-te Potenz, angibt, so gibt auch die $n$-te Reihe des verborgenen Dreiecks die Koeffizienten von $(a-b)$, erhoben zur $n$-ten Potenz, an. Die Reihen der beiden Teile der Dreiecke treffen im Winkel von 45 Grad aufeinander. Suchen wir beispielsweise $(a-b)^3$:

$$(a-b)^3 = (1 \cdot a^3) + (-3a^2b) + (3 \cdot ab^2) - (-1 \cdot b^3)$$

Die Zahlen 1, -3, +3, -1 befinden sich in der dritten Reihe des Dreiecks. Wir werden noch sehen, daß dieses wunderschöne Dreieck der Chinesen auch einige der polygonalen Zahlen sowie die Fibonacci-Folge enthält. Es ist immer wieder faszinierend zu sehen, daß so viel in eine derart simple Anordnung hineingepackt werden kann.

Die Bildlegende unter dem Dreieck in Abbildung 42 lautet: »Methoden der Potenzrechnung«. Der Autor von *Der kostbare Spiegel* erklärt, daß er das Dreieck einem älteren Text aus dem Jahre 1100 entnommen habe, wo das

104

Dreieck *Potenzen aufhäufen und Koeffizienten erschließen* geheißen habe. Heute ist dieser Text nicht mehr erhalten, aber allein schon die Erwähnung dieser Bezeichnung erinnert uns daran, daß Pascal mit seiner »Erfindung« über 400 Jahre zu spät kam.

## ... -3, -2, -1, 0

So beeindruckend Chinas Erfolgsbilanz insgesamt auch ist, wir werden wohl leider nie erfahren, was hier tatsächlich alles geleistet worden ist. Irgendwann im 2. Jahrhundert v. Chr. ließ der Kaiser Shih Huang-ti die meisten Bücher chinesischer Gelehrter verbrennen. Im Laufe der folgenden vierhundert Jahre waren diese Gelehrten gezwungen, die ganze Enzyklopädie des traditionellen Wissens neu niederzuschreiben, und zwar weitgehend aus dem Gedächtnis heraus oder nach Überresten verbrannter Schriftrollen. Wir werden wohl nie erfahren, wieviel tatsächlich verlorengegangen war, aber wir wissen immerhin, daß beim Niederschreiben manche Werke oft einem alten Weisen zugeschrieben wurden, um ihr Prestige zu erhöhen. Somit können nicht einmal die Werke, die erhalten geblieben sind, korrekt datiert werden.

Eines dieser Werke ist das Mathematik-Lehrbuch *Chiu-chang suan-shu – Neun Kapitel über Mathematik*. Man geht im allgemeinen davon aus, daß es irgendwann zwischen dem 3. und dem 1. Jahrhundert v. Chr. entstanden ist, und wenn der Autor von *Der kostbare Spiegel* über »die alten Methoden« schreibt, dann meint er höchstwahrscheinlich Methoden aus den *Neun Kapiteln*. Dieses Werk ist eine wunderbare Zusammenfassung vielleicht des gesamten mathematischen Wissens aus dem alten China, und zumeist ist es in einer Reihe von oft drolligen, aber stets faszinierenden Rätseln dargelegt. Sein Autor ist vermutlich ein Mann namens Chang Tshang, aber spätere Generationen haben das Buch abgeschrieben und im allgemeinen ihre eigenen Kommentare hinzugefügt, und die früheste erhaltene Fassung stammt aus dem 3. Jahrhundert, nämlich von Liu Hui, dem wir bereits als Verfasser eines Werkes über die Berechnung von Pi begegnet sind. Das Buch ist nur auszugsweise ins Englische übersetzt worden, aber auch diese Teile sind durchaus bemerkenswert.

Nehmen wir beispielsweise dieses Rätsel aus dem achten Kapitel, das den Titel trägt »Fang ch'eng« – »Wie man mit Hilfe von Gleichungen rechnet«:

Man hat drei Arten von Körben. Weder zwei Körbe mit der ersten Art noch drei Körbe mit der zweiten Art, noch vier Körbe mit der dritten Art enthalten für sich genommen ein volles erforderliches Maß. Fügte man jedoch einen Korb mit der zweiten Art zu den beiden Körben mit der ersten Art von Getreide oder einen Korb mit der dritten Art von Getreide zu den drei Körben mit der zweiten Art von Getreide oder einen Korb mit der ersten Art zu den vier Körben der dritten Art, dann ergäbe sich in jedem Fall ein volles erforderliches Maß. Wie viele Maße enthält jeweils ein Korb jeder Art?

Nach heutigen Maßstäben ist das Rätsel einfach, aber in erster Linie sollte es zwei ganz beachtliche Entdeckungen darlegen. Beide sind in Abbildung 44 zu sehen, die nicht aus den *Neun Kapiteln* stammt, doch gleichwohl die »Berechnung mit Hilfe einer Tabelle« detailliert sichtbar macht.

Als erstes erkennt man ganz deutlich das Symbol für Null: 0. Höchstwahrscheinlich sollte seine Form eine leere Mulde auf dem Zählbrett darstellen. Dieses Symbol war in China schon lange in Gebrauch, ehe es in den Westen gelangte. Zum zweiten, und das ist noch verblüffender, gibt es hier bereits negative Werte. Auf dem Zählbrett wurde eine negative Zahl durch rote Stäbchen dargestellt, im Gegensatz zu den üblichen schwarzen Stäbchen,

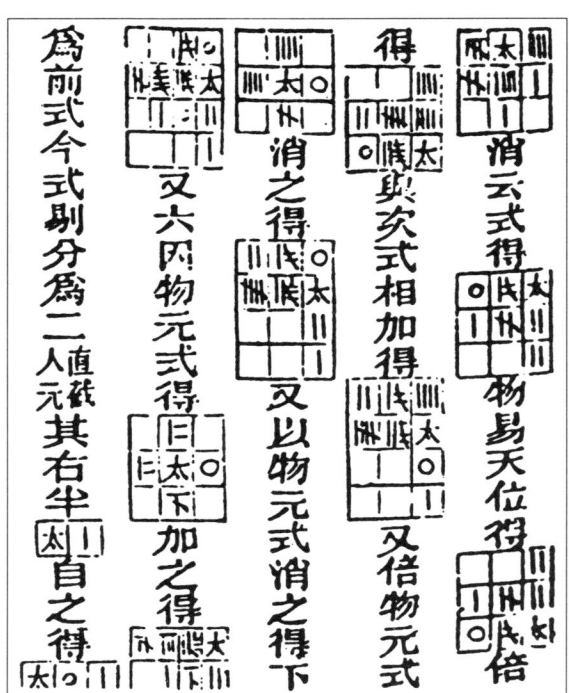

Abb. 44.
Rechnen mit
Tabellen
(aus Temple, 1987)

die für positive Mengen verwendet wurden. Im Druck wurde die negative Zahl durch einen schrägen Strich durch das übliche Symbol für die positive Zahl wiedergegeben. Einige dieser negativen Zahlen sind in Abbildung 44 zu erkennen. Die Null wie negative Mengen sind Menschen durchaus geläufig, die ein Zahlensystem haben – für andere Menschen hingegen sind derartige Begriffe etwas Schreckliches.

Die »Tabellen« in Abbildung 44 sind genau das, was wir heute Matrizen nennen würden, und wurden und werden damals wie heute von den Chinesen zur Darstellung eines Systems von Gleichungen verwendet. Jedem Kästchen der Tabelle oder Matrix ist eine Unbekannte zugeordnet; so könnte beispielsweise das erste Kästchen die erste Art von Körben sein und so weiter. Heute verwenden wir lieber Symbole dafür, aber der dahinterstehende Gedanke ist identisch mit dem, was der Autor der *Neun Kapitel* dabei im Sinn hatte. Das oben beschriebene Problem würde durch die folgende Tabelle dargestellt werden, in der x, y und z jeweils die Maße der ersten, zweiten und dritten Art von Körben sind:

$$2x + y \qquad = 1$$
$$3y + z = 1$$
$$x \qquad + 4z = 1$$

Wir können nun eine Reihe durch eine Konstante multiplizieren, eine Reihe zur anderen addieren oder von ihr subtrahieren und so weiter, bis wir eine der Unbekannten lösen können. Beim obigen Problem multiplizieren wir die letzte Reihe mit 2 und erhalten die neue Gleichung:

$$2x + 8z = 2$$

Nun subtrahieren wir diese neue Gleichung von der ersten und erhalten:

$$y - 8z = -1 \text{ oder}$$
$$y = -1 + 8z$$

Wenn wir diesen Wert von y in die zweite Gleichung einsetzen, erhalten wir:

$$-3 + 24z + z = 1$$

Damit ergibt sich die Lösung:

$$x = \frac{9}{25} \text{ des geforderten Maßes}$$

$$y = \frac{7}{25} \text{ des geforderten Maßes}$$

$$z = \frac{4}{25} \text{ des geforderten Maßes}$$

Bei dem gesamten Problem mußten wir die Null und negative Zahlen verwenden – ein schönes Beispiel dafür, wie Rätsel nur dazu ausgedacht werden, um uns zu zwingen, neue Mittel zu verwenden, in diesem Fall das Dezimalsystem.

# War Morris Wikenfield Chinese?

Es ist ganz interessant, einmal die *Neun Kapitel* mit anderen alten Werken zu vergleichen, etwa dem Papyrus von Ahmes (oder Rhind). Sehr oft entwickeln beide Werke den gleichen Denkansatz, obwohl es ja überhaupt keinen Austausch zwischen den beiden Kulturen gab. So begegnen wir beispielsweise wieder dem überaus nützlichen Prinzip der *regula falsi*, das in China allerdings die Methode von Überschuß und Fehlbetrag heißt, weil es dabei um zwei Annahmen ging, die gewöhnlich etwas Größeres und etwas Geringeres als die korrekte Anwort ergaben. Hier eines dieser Probleme, das dem Leser ganz einfach vorkommen wird:

*Eine bestimmte Anzahl von Menschen kauft einige Hühner. Wenn jede Person 9 Wen zahlt, gibt es einen Überschuß von 11 Wen, und wenn jede Person 6 Wen zahlt, gibt es einen Fehlbetrag von 16 Wen. Finde die Anzahl der Menschen und die Kosten der Hühner heraus.*

Bedenkt man, wie früh die Chinesen ein Dezimalsystem gehabt haben, dann überrascht es nicht weiter, wenn man in den *Neun Kapiteln* viele Rätsel findet, die Jahrhunderte später so viele Menschen weit weg von China fasziniert haben. Da ist zum Beispiel das berühmte »Hund-und-Hase-Problem« zu nennen:

*Ein Hase läuft 50 Pu vor einem Hund. Dieser fängt den Hasen, nachdem er 125 Pu gelaufen ist. Wenn die beiden noch 30 Pu voneinander entfernt sind: Nach wie vielen Pu wird der Hund den Hasen einholen?*

Ein ähnliches Problem schickte Alkuin von York an Kaiser Karl den Großen im frühen 9. Jahrhundert. (Weiteren Rätseln von Alkuin werden wir in einem späteren Kapitel noch begegnen.)

*Ein Hund und ein Hase sind 150 Fuß voneinander entfernt. Der Hund läuft hinter dem Hasen her. Der Hund macht dabei jeweils einen Satz von 9 Fuß, während* der Hase [in der gleichen Zeit] 7 Fuß zurücklegt. Wie viele Fuß werden der verfolgende Hund und der flüchtende Hase zurückgelegt haben, bis dieser geschnappt wird?

Beide Rätsel sind für den Leser einfach zu lösen, aber es ist doch ganz interessant festzustellen, daß die Chinesen, die über ein Stellenwertsystem verfügten, einen allgemeinen Beweis für solche »Verfolgungsprobleme« besaßen, während Alkuin, dem nur die römischen Ziffern zur Verfügung standen, bloß dieses eine spezielle Problem lösen konnte. Ein Teil seiner Antwort lautet folgendermaßen: »Die Entfernung zwischen dem Hund und dem Hasen beträgt 150 Fuß, die Hälfte davon ist 75. Der Hund läuft 9 Fuß auf einmal, und 75 mal 9 ist 675. Soviel Fuß läuft der jagende Hund.« Diese Antwort ist sinnlos, wenn ein paar Parameter des Problems verändert werden. Die Suche nach den allgemeinen Prinzipien hinter einem Rätsel ist ein typisches Merkmal, das generell mit dem Stellenwertsystem einhergeht.

Das vielleicht verblüffendste Beispiel dafür, wie die Rätsel aus den *Neun Büchern* in späterer Zeit immer wieder auftauchen, ist das folgende:

*Wenn in einem rechtwinkligen Dreieck ein Schenkel 5 Einheiten lang ist und der andere 12 – wie groß ist dann die Seitenlänge des größten Quadrats, das in das Dreieck einbeschrieben werden kann?*

Das gleiche Problem tauchte 1985 in der Zeitschrift *Mathematics Teacher* in der Rubrik Leserzuschriften wieder auf und war von Morris Wikenfield eingesandt worden:

*Wenn in einem rechtwinkligen Dreieck die Katheten eine Länge von a und b haben und die Hypotenuse eine Länge von c hat – wie groß ist dann die Länge x der Seite des größten einbeschriebenen Quadrats, dessen eine Ecke im rechten Winkel des Dreiecks liegt?*

Abbildung 45 zeigt die Originalillustration, wie sie in den *Neun Kapiteln* erschienen war. Sie unterscheidet sich nicht sehr von der, die vor ein paar Jahren in *Mathematics Teacher* veröffentlicht wurde; allerdings habe ich aus Respekt vor dem Urheber die chinesischen Begriffe *ku* und *kou* für die Schenkel des Dreiecks und *hsien* für seine Hypotenuse beibehalten. Daß die beiden Probleme identisch sind, wurde zum ersten Mal von Frank J. Swetz festgestellt, einem Autor, der immer wieder mit seinen Beiträgen aus der Geschichte der Mathematik zu unterhalten versteht.

Das Problem ist aus denselben Gründen heute so interessant wie vor über

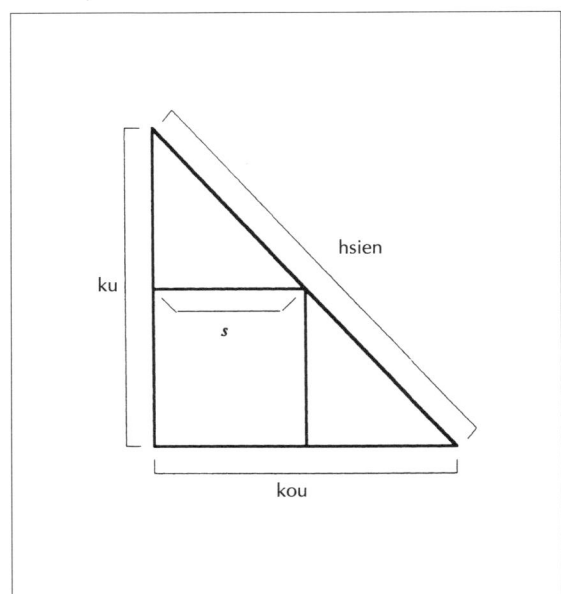

Abb. 45.
Wie groß
ist der Wert
von *s?*

zweitausend Jahren: Es formuliert ein schönes Verhältnis in einem bemerkenswert schlichten Gebilde. Die Abbildung zeigt, daß es eigentlich zwei
rechtwinklige Dreiecke gibt. Das größere hat Schenkel mit der Länge ku
bzw. kou, das kleinere hat Schenkel mit der Länge *s* und (ku-*s*). Offensichtlich sind beide Dreiecke einander ähnlich, da ihre jeweiligen Winkel gleich
sind. Daher gilt das folgende Verhältnis: $\frac{ku}{kou} = \frac{(ku - s)}{s}$ , so daß $s = \frac{ku \cdot kou}{(ku + kou)}$ .
Somit also sind die Seiten eines einbeschriebenen Quadrats gleich dem
Produkt der Schenkel des Dreiecks geteilt durch die Summe der Schenkel
– eine überraschend elegante Lösung. Man beachte, daß das Dreieck jede
beliebige Größe haben kann. Je nachdem, um wieviel es kleiner oder größer
wird, verändert sich auch die Größe des Quadrats darin, und die Seite dieses
Quadrats weist stets das gleiche Verhältnis zu den Schenkeln des Dreiecks
auf.
Der Autor der *Neun Bücher* bringt eine ganz moderne Einstellung zum
Ausdruck, wenn er eine Variante des Problems vorstellt. Diesmal schreibt
er statt eines Quadrats einen Kreis in das rechtwinklige Dreieck ein. Wie
groß ist dessen Radius?
Die Lösung ist typischerweise verschlüsselt, aber sie vermittelt uns zugleich
einen guten Eindruck vom Geist, der hinter Abbildung 46 steht. Man
beachte, daß der Autor das Dreieck in ein Rechteck gestellt hat, dessen
Seiten die beiden Schenkel des Dreiecks sind. Nun werden drei Radien

gezogen, die jeweils mit einer Seite des Dreiecks einen rechten Winkel bilden. Dann werden Gerade aus zwei Ecken zum Mittelpunkt des Kreises gezogen. Damit hat der Autor das Dreieck in vier kleinere Dreiecke und ein Quadrat zerlegt. In (b) haben wir diese kleineren Figuren im anderen Teil des großen Rechtecks gespiegelt. Natürlich sind eine Figur und ihr Spiegelbild genau gleich. In (c) zerlegen wir die Figuren in einer »Explosionszeichnung«.

Schließlich setzen wir alles wieder zu drei ganz praktischen Rechtecken zusammen, als ob wir es hier mit einem Puzzle zu tun hätten. Nichts ist beim

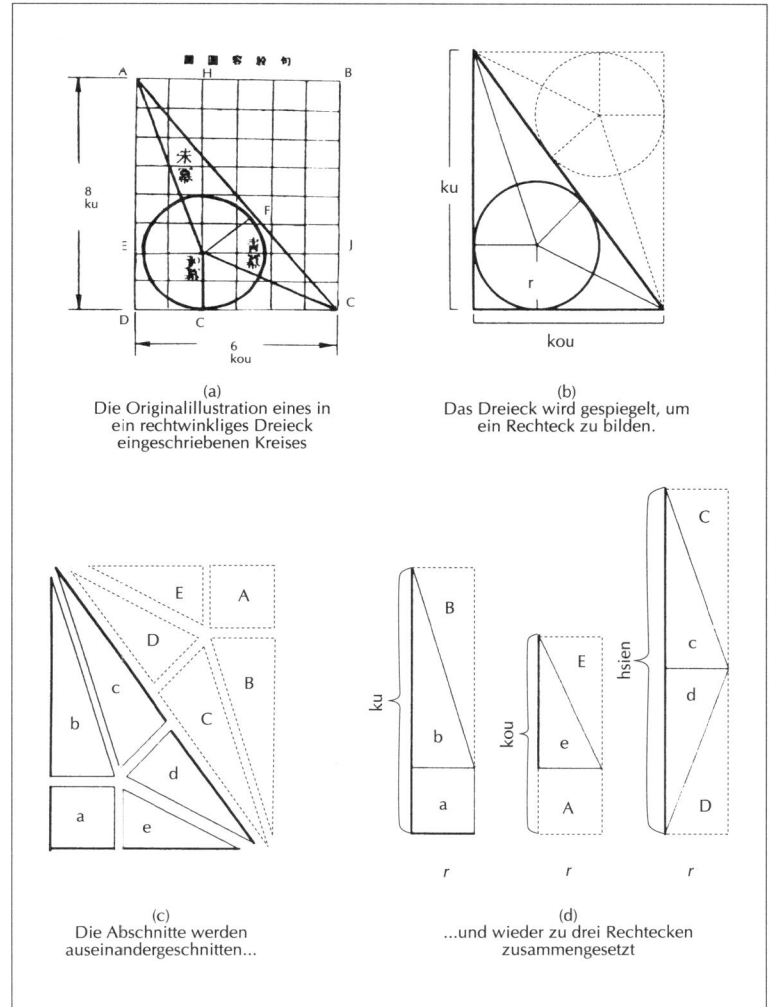

(a)
Die Originalillustration eines in ein rechtwinkliges Dreieck eingeschriebenen Kreises

(b)
Das Dreieck wird gespiegelt, um ein Rechteck zu bilden.

(c)
Die Abschnitte werden auseinandergeschnitten...

(d)
...und wieder zu drei Rechtecken zusammengesetzt

Abb. 46.
Wie groß ist der Wert von *r*?
(Figur aus Swetz und Kao, 1977)

Explodieren und Wiederzusammensetzen verlorengegangen, so daß die Fläche des Rechtecks in (b) – ku · kou – den Flächen der drei Rechtecke in (d) gleich sein muß – (ku · *r*) + (kou · *r*) + (hsien · *r*). Damit erhalten wir:

$$ku \cdot kou = (ku \cdot r) + (kou \cdot r) + (hsien \cdot r), \text{ und}$$

$$r = \frac{ku \cdot kou}{(ku + kou + hsien)}$$

und damit ist das Problem gelöst. Auch diesmal ist das Verhältnis ebenso verblüffend wie einfach.

Wir könnten die obige allgemeine Methode ja die »Puzzlemethode« nennen. Als Methode zur Lösung geometrischer Probleme hat sie zwar nur einen begrenzten Wert, aber wo sie angebracht ist, verleiht sie dem, was ansonsten zu abstrakt wirkt, eine beachtliche Konkretheit. Am faszinierendsten jedoch ist vielleicht der Umstand, daß diese Methode auf einem einfachen Kinderspiel basieren könnte, das einst unter den Prostituierten in China sehr beliebt war! Heute heißt dieses Spiel Tangram, und in einem späteren Abschnitt werden wir uns mit mehreren solcher Rätsel beschäftigen.

# War Pythagoras Chinese?*

Die beiden vorstehenden Rätsel sind dem letzten der *Neun Kapitel* entnommen, das sich ausschließlich mit dem rechtwinkligen Dreieck befaßt. Es trägt die Überschrift »Kou-Ku« oder »Bein-Schenkel«, offenbar wegen der rechtwinkligen Form, die Ober- und Unterschenkel bei gebeugtem Knie bilden. Kou und ku waren die Namen für die beiden Seiten eines rechtwinkligen Dreiecks, wobei kou auf den Abbildungen immer horizontal lag. Natürlich ist es in Wirklichkeit nicht erforderlich, diesen beiden Schenkeln verschiedene Namen zu geben. Die dritte Seite, die wir

---

* Die Frage stammt aus dem Titel eines Buches von Frank J. Swetz und T.I. Kao: *Was Pythagoras Chinese? An Examination of Right-Triangle Theory in Ancient China*. Das Buch enthält auch eine Teilübersetzung der *Neun Kapitel*. Natürlich habe ich diesen Titel auch in den Zwischenüberschriften zuvor paraphrasiert. Andere Bücher und Beiträge von Swetz, die stets faszinierende Einblicke in die Geschichte der Mathematik gewähren, sind in der Bibliographie am Ende dieses Buches aufgeführt.

Hypotenuse nennen, wurde hsien genannt, was soviel heißt wie gespannte Sehne.

Das Prinzip hinter den Rätseln des Kapitels ist bekannt: Bei jedem rechtwinkligen Dreieck ist die Fläche des auf der hsien errichteten Quadrats gleich der Summe der Flächen der auf kou und ku errichteten Quadrate. Es ist durchaus angemessen, für diesen Satz die chinesischen Begriffe zu verwenden, denn die *Neun Kapitel* zeigen zweifelsohne, daß der Satz, der gewöhnlich Pythagoras aus Griechenland zugeschrieben wird, eigentlich unabhängig davon aus China stammt.

Ehe sie mit dem Prinzip der rechtwinkligen Dreiecke völlig vertraut waren, hatten die Chinesen das 3-4-5-Dreieck untersucht gehabt, das heißt ein Dreieck, das Schenkel aus 3 und 4 Einheiten und eine Hypotenuse aus 5 Einheiten besaß. Das ist das kleinste oder primitivste rechtwinklige Dreieck mit ganzzahligen Seiten. Das 3-4-5-Dreieck war tatsächlich so bekannt, daß man ihm einen speziellen Namen gab: Hsuan-thu. Wir zeigen das Hsuan-thu in Abbildung 47. Damit wurde der folgende Dialog im *Chou Pei Suan Ching* veranschaulicht, auch *Die klassische Arithmetik des Gnomons und der kreisförmigen Wege des Himmels* genannt, ein Werk, das möglicherweise im 6. Jahrhundert v. Chr., zur Zeit von Konfuzius, entstanden war. Der Dialog enthüllt eine gewisse Ehrfurcht gegenüber dem Dreieck, als ob dessen unheimliche Notwendigkeit, einen rechten Winkel zu bilden, einen geheimen Plan der Gottheit enthüllte. Ungeachtet dieses mystischen Bezugs enthält er allerdings noch einen sehr hübschen Beweis dafür, daß das 3-4-5-Dreieck in der Tat ein rechtwinkliges Dreieck ist, auch wenn dies keineswegs allgemein genug ist, um als Beweis für den Satz des rechten Winkels gelten zu können:

*Einst wandte sich Chou Kung an Shang Kao und sagte: »Ich habe gehört, daß der Großpräfekt [das heißt, Shang Kao selbst] in der Kunst des Zählens bewandert ist. Darf ich es wagen, Euch zu fragen, wie Fu-Hsi in alter Zeit die Grade der Himmelskugel ermittelt hat? Es gibt ja keine Stufen, auf denen man den Himmel erklimmen kann, und die Erde kann man nicht mit einem Zollstock messen. Daher möchte ich Euch gern fragen, was wohl der Ursprung dieser Zahlen war?« Shang Kao erwiderte: »Die Kunst des Zählens geht auf den Kreis und das Quadrat zurück. Der Kreis ist vom Quadrat abgeleitet und das Quadrat vom Rechteck. Das Rechteck verdankt sich der Tatsache, daß $9 \cdot 9 = 81$. Also laß uns ein Rechteck [diagonal] zerschneiden, wobei die Breite 3 Einheiten und die Länge 4 Einheiten betragen soll. Die Diagonale zwischen den beiden Ecken wird dann 5 Einheiten lang sein. Nachdem du ein Quadrat auf diese Diagonale gezeichnet hast, umschreibe es mit solchen halben Rechtecken wie dem, das übriggeblieben ist, so daß sich eine quadratische Scheibe ergibt. Somit bilden die vier äußeren*

Halbrechtecke mit einer Breite von 3, einer Länge von 4 und einer Diagonalen von 5 Einheiten zusammen zwei Rechtecke mit einer Fläche von insgesamt 24 Einheiten; wenn man nun diese von der quadratischen Scheibe mit ihrer Fläche von 49 Einheiten abzieht, beträgt die restliche Fläche 25 Einheiten. Dieses Verfahren nennt man ›die Rechtecke aufstapeln‹. Die Methoden, die Yü der Große bei seiner Herrschaft über die Welt angewendet hat, waren von diesen Zahlen abgeleitet.«

Chou Kung rief: »Groß ist in der Tat die Kunst des Zählens. Ich würde Euch gern nach dem Tao der Verwendung des rechtwinkligen Dreiecks fragen.«

Shang Kao erwiderte: »Wenn man das ebene rechtwinklige Dreieck auf den Boden legt, kann man danach Gerade und Quadrat mit Hilfe von Schnüren anlegen. Mit dem auf der Längsseite stehenden rechtwinkligen Dreieck kann man Höhen erkennen. Mit dem auf der Schmalseite stehenden rechtwinkligen Dreieck kann man Entfernungen ermitteln. Durch die Umdrehung eines rechtwinkligen Dreiecks [das heißt, eines Zirkels] läßt sich ein Kreis bilden. Durch die Vereinigung von rechteckigen Dreiecken werden Quadrate und Rechtecke gebildet. Das Quadrat gehört zur Erde, der Kreis zum Himmel, da der Himmel rund und die Erde quadratisch ist. Die Zahlen des Quadrats sind der Maßstab, die Abmessungen des Kreises sind von denen des Quadrats abgeleitet. Der Himmel ist wie ein kegelförmiger Sonnenhut. Die Farben des Himmels sind Blau und Schwarz, die der Erde Gelb und Rot. Der Himmel wird mit Hilfe einer kreisförmigen Scheibe dargestellt, und zwar entsprechend den himmlischen Zahlen: Oben ist er, wie ein äußeres Gewand, blau und schwarz, darunter ist es, wie ein inneres Kleidungsstück, rot und gelb. So wird die Gestalt des Himmels und der Erde dargestellt. Wer die Erde versteht, ist klug, wer den Himmel versteht, ist ein Weiser. Wissen wird aus der geraden Linie abgeleitet. Die gerade Linie ist vom rechten Winkel abgeleitet. Und die Verbindung des rechten Winkels mit Zahlen lenkt und leitet die zehntausend Dinge.«

Chou Kung rief: »Wahrhaft großartig.«

(Ein Blick auf Abbildung 47 zeigt, daß wir es hier im Prinzip mit der zuvor behandelten Puzzlemethode zu tun haben.)

Zuweilen wird behauptet, daß dieses 3-4-5-Dreieck auch den ägyptischen *harpedonaptai* oder Seilspannern bekannt war, die die Ufergebiete am Nil nach einer Überschwemmung neu vermaßen. Nach dieser Theorie wurde das Seil an zwei Stellen verknotet, so daß drei Längen von 3, 4 und 5 Einheiten gebildet wurden. Als das Seil so straff gespannt wurde, daß die Längen die drei Seiten eines Dreiecks bildeten, wäre der Winkel zwischen der 3er-Seite und der 4er-Seite ein rechter Winkel gewesen, da $3^2 + 4^2 = 5^2$. Ein derartiges Hilfsmittel, heißt es, wurde vielleicht auch beim Bau der Pyramiden und anderer heiliger Stätten verwendet. Wir wissen jedenfalls,

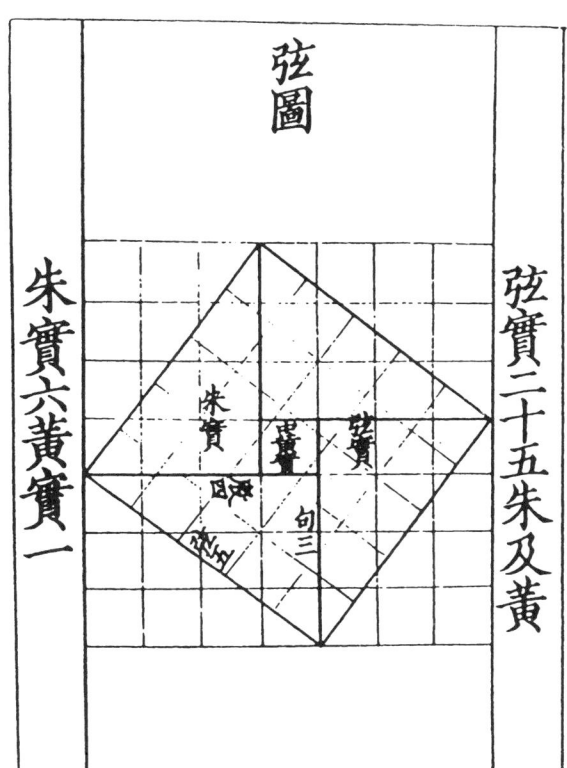

Abb. 47.
Das Hsuan-thu
aus den *Kreisförmigen*
*Wegen des Himmels*
(aus Swetz und Kao,
1977)

daß die Ägypter es aus religiösen Gründen mit der Ausrichtung dieser Bauwerke sehr genau nahmen. Vielleicht waren sie in der Lage, die Nord-Süd-Achse zu finden, indem sie einen Stern beim Aufgang und beim Untergang am Horizont anvisierten. Die Seilspanner hätten dann mit Hilfe ihrer Dreiecke die senkrecht dazu liegende Ost-West-Achse ermitteln können. Diese Theorie ist so hübsch, daß wir uns fast wünschen, sie wäre auch wahr. Leider gibt es dafür aber keinerlei Beleg. Wir müssen vielmehr annehmen, daß Ahmes nicht über ein allgemeines Verständnis vom rechten Winkel verfügte, da in seinem Papyrustext keine entsprechenden Probleme auftauchen, auch wenn diese Schriftrolle eine reichhaltige Quelle von Rätseln darstellt. Die früheste Erwähnung von rechten Winkeln in der ägyptischen Literatur ist um 300 v. Chr. in einem Papyrustext aus Kairo zu finden: »Eine Leiter von 10 Ellen Länge steht mit dem Fuß 6 Ellen von einer Wand entfernt; bis zu welcher Höhe reicht sie?« Sogar damals noch schrieben die Ägypter dem 3-4-5-Dreieck selbst – nicht dem rechten Winkel im allgemeinen – beinahe mystische Eigenschaften zu: Der Schenkel mit der

115

Länge 4 stellte Osiris dar, der Schenkel mit der Länge 3 Isis, und die Hypotenuse mit der Länge 5 Horus, den Sohn von Osiris und Isis. Diese Mystik unterscheidet sich nicht allzusehr von der, der man in China in *Die klassische Arithmetik* begegnet, aber in Ägypten beruhte die Mystik zweifellos auf der Verwendung des Dreiecks durch die Priesterschaft – in China hingegen handelt es sich eher um eine menschliche Geste der Demut angesichts der Darlegung der Naturgesetze. In Ägypten blieb das Dreieck nichts weiter als ein heiliges Dreieck – in China aber wurde daraus ein Gesetz der Geometrie.

Wir wissen zwar in Wirklichkeit nicht, wie der erste Beweis für den allgemeinen Satz des rechten Winkels aussah, aber wenn er in China seinen Ursprung hat, dann müßte er eigentlich nach der Puzzlemethode entwickelt worden sein. Ein derartiger Beweis taucht in Indien auf, das einen Großteil der ursprünglich in China gemachten Entdeckungen übernommen hat. Zum ersten Mal erschien er im *Lilavati*, einem Werk des Mathematikers Bhaskara. Um dieses Buch ranken sich viele Geschichten, aber die meisten behaupten, während der Arbeit an einem astrologischen Diagramm – in jenen Zeiten beschäftigten sich angesehene Mathematiker mit solchen Dingen – habe Bhaskara herausgefunden, daß seine Tochter Lilavati dazu bestimmt sei, einen Mann zu heiraten, der später ihm, Bhaskara, das Leben nehmen werde. Aus diesem Grund verbat Bhaskara seiner Tochter, sich ohne Begleitung aus seiner Nähe zu entfernen, und um sie über ihre vermutlich beträchtliche Langeweile hinwegzutrösten, schenkte er ihr den mathematischen Text, der nun ihren Namen trägt. Ich bezweifle allerdings, daß das Buch eine ausreichende Entschädigung für eine so grausame Einsamkeit gewesen war, auch wenn der Vater versucht hat, die Lektionen der »reizenden und lieben Lilavati, deren Augen wie die eines Rehs sind«, beizubringen. So sollte das arme Kind beispielsweise ziemlich üble Probleme über den relativen Wert sechzehnjähriger Sklavinnen lösen. (Wenn es

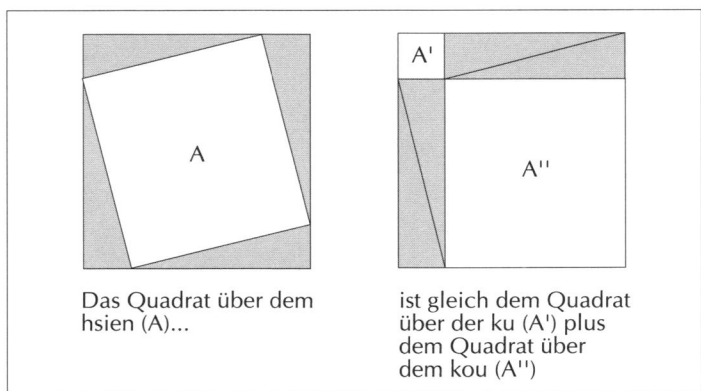

Abb. 48.
Siehe!

Das Quadrat über dem hsien (A)...

ist gleich dem Quadrat über der ku (A') plus dem Quadrat über dem kou (A'')

116

Sie interessiert: Sie waren nur etwa acht Ochsen wert, die zwei Jahre lang gearbeitet hatten, und ihr Wert nahm mit fortschreitendem Alter rapide ab.) Interessanter ist ein Rätsel. Es besteht nur aus der Zeichnung in Abbildung 48, und darunter steht ein einziges Wort: »Siehe!«

Das ist tatsächlich sehenswert. Die vier identischen rechtwinkligen Dreiecke im ersten Bild sind im zweiten neu angeordnet worden. Das Quadrat $A$ im ersten Bild, ist das Quadrat über der Hypotenuse und muß gleich sein der Fläche von $A'$ und $A''$ im zweiten Bild, und dies ist die Summe der Quadrate über den anderen beiden Seiten. Die Puzzlemethode der Umstellung der Figuren erfolgt ganz im Geist der Chinesen. Könnte dies also der fehlende Beweis sein?

## Siehe! ... Aber ich weiß nicht, warum!

Schauen wir uns noch einmal Abbildung 48 an. Wenn ich Ihnen eine Platte Gold gleich der Fläche von $A$ oder zwei Platten Gold gleich den Flächen von $A'$ und $A''$ gäbe – was würden Sie nehmen? Die Antwort liegt auf der Hand: »Es spielt keine Rolle – sie sind gleich.« Tatsächlich haben wir beim Satz des rechten Winkels nichts anderes getan, als ein Quadrat (das über dem *hsien*) zu nehmen und es in zwei kleinere Quadrate (die über dem *ku* und dem *kou*) aufzuteilen. Wie viele Quadrate können wir auf diese Weise aufteilen? Um dies zu beantworten, ist es sinnvoll, wenn wir uns auf Quadrate mit ganzzahligen Seitenlängen beschränken, weil es sonst überflüssig kompliziert wird. Jedem rechtwinkligen Dreieck entspricht nun ein Quadrat, das geteilt werden kann. Tatsächlich sagt uns das Dreieck selbst, wie wir bei der Teilung vorzugehen haben. Nehmen wir beispielsweise an, wir haben ein rechtwinkliges Dreieck mit Seitenlängen von 3, 4 und 5 Einheiten. Das heißt schlicht, daß $5^2 = 3^2 + 4^2$. Wir wissen, daß es unendlich viele rechtwinklige Dreiecke mit ganzzahligen Seiten gibt, so daß es also auch unendlich viele Quadrate gibt, die auf diese Weise geteilt werden können. Aber nun wollen wir uns in höhere Dimensionen begeben. Gibt es auch Würfel mit ganzzahligen Seiten, die man in kleinere Würfel teilen kann, die wiederum ganzzahlige Seiten besitzen, wobei die beiden kleineren Würfel zusammen das gleiche Volumen wie der erste haben müssen? Können wir einen Hyperkubus auf diese Weise teilen? Und wie steht es mit noch höheren Dimensionen?

Das Problem wurde zum ersten Mal vor über 300 Jahren von Pierre de

Fermat gestellt, einem französischen Rechtsanwalt und Amateurmathematiker – obwohl man sich durch den Zusatz »Amateur« nicht irreführen lassen sollte: Er war immerhin einer der bedeutendsten Mathematiker des 17. Jahrhunderts. Fermat interessierte sich für reine und einfache Zahlen, so daß er das Problem tatsächlich auf folgende Weise formulierte:

*Gibt es für die Gleichung $x^n + y^n = z^n$ eine Lösung, wenn x, y, z und n lauter positive ganze Zahlen sind?*

Seine Antwort bestand aus zwei Teilen: Wenn $n$ gleich 2 ist, gibt es unendlich viele Lösungen; aber wenn $n$ größer als 2 ist, gibt es keine Lösung. Im ersten Fall, also wenn $n$ gleich 2 ist, sind wir auf Quadrate beschränkt, im zweiten Fall, also wenn $n$ größer als 2 ist, haben wir es mit höheren Dimensionen zu tun, Würfeln, Hyperkuben und so weiter. Es ist eine sehr hübsche Antwort, die eine Menge über ganze Zahlen aussagt. Aber wie es nun einmal seine entzückende Art war, machte sich Fermat gar nicht die Mühe, einen Beweis zu liefern, ja, diesmal setzte er dem Ganzen noch die Krone auf, indem er an den Rand eines Buches schrieb, als sei es ihm nachträglich eingefallen: »Ich habe einen wahrhaft wunderbaren Beweis für diese Behauptung entdeckt, für den der Rand aber unglücklicherweise zu schmal ist.«
In den folgenden 300 Jahren haben zahllose Mathematiker versucht, den »wahrhaft wunderbaren Beweis« für das zu finden, was man heute Fermats Letzten Satz nennt, aber alle sind daran gescheitert. Es ist schon großartig, daß ein derart einfaches Rätsel, das so leicht zu formulieren ist, die genialsten Mathematiker der Welt zum Verzweifeln brachte. Ein Amateur hat es vorgeschlagen und damit alle Profis mattgesetzt. Auch nach 300 Jahren war es noch quicklebendig und erinnerte ständig daran, daß es doch noch einige dunkle Geheimnisse gibt, zu denen der menschliche Verstand vielleicht keinen Zugang hat. Viele Leute wollten das Rätsel so schnell wie möglich aus der Welt schaffen. Die deutsche Akademie der Wissenschaften hat sogar einen Preis für jeden ausgeschrieben, der es lösen könnte. Bis jetzt hat ihn niemand für sich beansprucht.
Während ich dies schreibe, hat Dr. Andrew Wiles von der Princeton University allerdings nach Meinung vieler Kollegen den endgültigen Beweis vorgelegt, der keine Fehler aufweist, auch wenn natürlich noch eine ganze Reihe von Jahren vergehen werden, bis ein abschließendes Urteil dazu abgegeben werden kann. Wenn Dr. Wiles recht haben sollte, dann erleben wir vielleicht die Lösung eines der größten und langlebigsten Rätsel aller Zeiten. Aber Dr. Wiles hat uns ein zweischneidiges Schwert gegeben. Nach Meinung vieler Kollegen, die seinen Beweis zu Gesicht bekommen haben,

118

ist er so geheimnisvoll und technisch so kompliziert, daß nur weniger als ein Prozent selbst der seriösesten Mathematiker ihn verstehen können. Wiles selbst benötigte drei ganztägige Vorlesungen, nur um seinen Beweis zu erklären. Gibt es nun also für die Gleichung $x^n + y^n = z^n$ eine Lösung in positiven ganzen Zahlen, wenn $n$ größer als 2 ist? Gestern hätte ich noch selbstgefällig erwidert: »Wir wissen es nicht.« Morgen werde ich vielleicht etwas bescheidener sagen: »Definitiv nicht, aber ich weiß nicht, warum.«

## Das Rätsel der Prostituierten

Wäre dieses Buch vor 1965 geschrieben worden, hätte ich mit einer wirklich bemerkenswerten Theorie über die Ursprünge des *Hsuan-thu* aufwarten können – allgemeiner gesprochen: über die Herkunft der sogenannten »Puzzlemethode« zur Lösung einiger geometrischer Probleme. Nach dieser Theorie geht sie auf ein altes chinesisches Spiel zurück, das Kluge Rätsel aus Sieben Teilen oder Tangram, wie man es im Westen nennt. Der Name Tangram ist dem Rätsel vielleicht von amerikanischen Seeleuten gegeben worden, die normalerweise alle chinesischen Dinge Tang nannten, nach dem kantonesischen Wort für China. Nach einer eher schillernden Etymologie wurde das Spiel von chinesischen Prostituierten oder Tan gespielt, während sie auf ihre Freier warteten; das vertraute Suffix »gram« sei dann später hinzugefügt worden.

Die sieben Tans sind in ihrer »Ruheposition« in Abbildung 49 zu sehen. Das große Quadrat ist in ein kleineres Quadrat, zwei große Dreiecke, zwei kleine Dreiecke, ein mittelgroßes Dreieck und ein Rhomboid zerlegt worden. Ziel des Spiels ist es, diese sieben Teile wieder so zusammenzusetzen, daß andere Figuren entstehen. Zunächst scheinen die Tans nur begrenzte

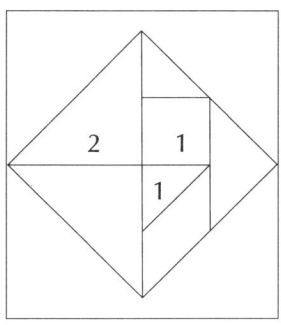

Abb. 49.
Die Tans im
Ruhezustand

Möglichkeiten zu bieten, weil es nur so wenige Teile sind, aber es ist doch absolut erstaunlich, wenn man sieht, was ein bißchen Phantasie hier bewirkt. Möglicherweise beruht gerade darauf die Faszination, die schon seit langem von dem Spiel ausgeht: Eine ganze Menge entsteht aus sehr wenig. Sie können sich ja die sieben Tan-Teile ausschneiden, um es mit den folgenden Gebilden zu versuchen.

Abbildung 50 stellt fünf typische Figuren dar: einen Schwan, einen Storch, einen Hund und eine Katze in zwei Posen. Bei allen sind die Linien der einzelnen Teile angegeben, so daß der Leser sehen kann, wie die jeweilige Figur zusammengesetzt ist. Man beachte solche scheinbar unmöglichen Effekte wie die bleistiftdünnen Beine des Storches, oder wie eine schlichte Drehung eines Tan ausreicht, um die angespannten Muskeln des Rückens bei der zweiten Katze oder den stählern unverwandten Blick der ersten zu veranschaulichen. Darin wird ein Element sichtbar, dem man immer wieder in der chinesischen Kunst begegnet, nämlich wie zuweilen mit einer einfachen gebogenen Linie eine ganze Bedeutungsvielfalt vermittelt wird, aber auch so etwas wie höchste Anmut. Der Betrachter muß seine Einbildungskraft dazu verwenden, diese Andeutung zu ergänzen.

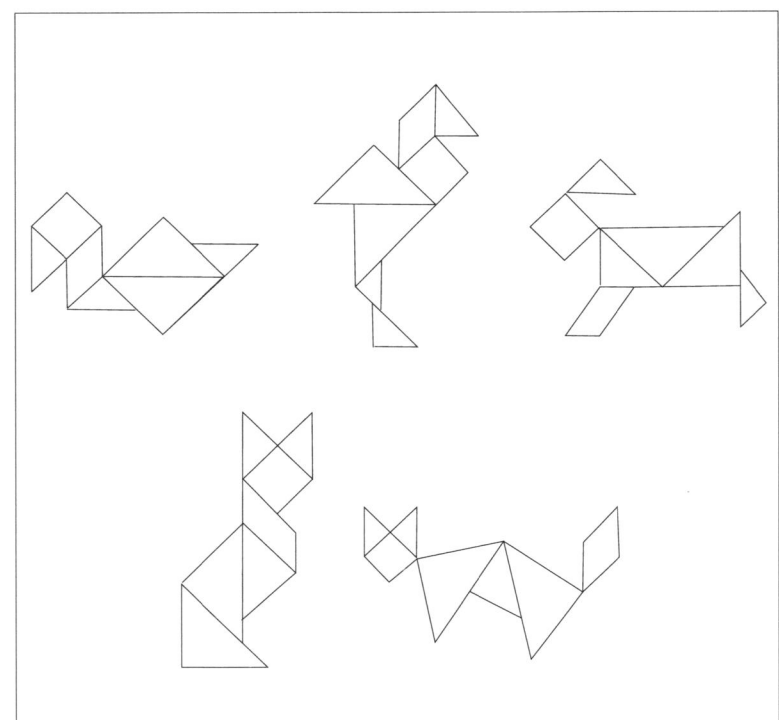

Abb. 50.
Fünf
Tangram-
Tiere

120

Abb. 51.
Eine Tan-
Illusion

Wenn man ganz rasch die Abbildungen 46 und 50 betrachtet, wird einem klar, daß hinter beiden die gleichen kreativen Energien stecken. Ja, wenn Sie einmal den Beweis in Abbildung 46 nachvollziehen und dann versuchen, den Storch in Abbildung 50 zu konstruieren, dann werden Sie bemerken, daß Sie hier in gewisser Hinsicht von den gleichen mentalen Ressourcen profitieren. Kann es sein, daß die Ursprünge der chinesischen Geometrie in einem Spiel liegen, das von Prostituierten gespielt wurde? Schließlich zeigt Abbildung 46 ein Rechteck, das in zehn Teile »explodiert« ist und drei einzelne Rechtecke erzeugt hat, und Abbildung 50 zeigt ein in sieben Stücke »gesprengtes« Quadrat, aus dem ein anmutiger Storch erschaffen wurde. Chinesische Prostituierte erfanden die Geometrie – oder chinesische Mathematiker erfanden ein Puzzle. Auf einer gewissen Ebene werden Spiel und Wissenschaft eins.

Ist dies nicht eine wunderbare Theorie? Leider ist sie höchstwahrscheinlich falsch. 1965 wies Ronald C. Read von der University of Waterloo nach, daß das Kluge Rätsel aus Sieben Teilen vermutlich in China um 1800 entstanden ist, also lange nach *Die klassische Arithmetik*. Die Idee, daß es viel älter ist, scheint nichts weiter als ein Scherz zu sein, den der amerikanische Puzzle-Erfinder Sam Loyd verbreitet hat. Dieser Scherz war so glaubwürdig, daß

121

auch viele Koryphäen darauf hereingefallen sind, sogar Martin Gardner, der allerdings später für klare Verhältnisse gesorgt hat, indem er Reads Funde einer breiteren Leserschaft zugänglich machte.

Von Loyds Scherz abgesehen, gibt es allerdings Leute, die der Meinung sind, das Puzzle gebe es bereits seit der Chou-Dynastie, und in diesem Falle hätte es bereits vor den *Neun Büchern* existiert, wenn nicht sogar vor dem *Hsuan-thu* selbst. Offenbar haben wir es hier wieder einmal mit der alten Frage zu tun: Was war eher da – die Henne oder das Ei? Dabei hat doch sicher die visuelle und räumliche Begabung beim Herumschieben geometrischer Figuren sowohl zum Tangram wie zum ersten Beweis des Satzes vom rechten Winkel geführt – wir wissen bloß nicht, was diese Begabung zuerst erschaffen hat.

Das Wesen dieser Begabung erkennen wir um so klarer, je tiefer wir uns auf die Tangram-Gebilde einlassen. Dabei entwickeln wir ganz rasch ein Gefühl für die Geometrie der Dinge, das oft nicht zu unserer üblichen Art, die Welt zu betrachten, passen will. Read hat sich dafür ein verblüffendes Beispiel ausgedacht. Sehen Sie sich doch einmal die Tangram-Gebilde in Abbildung 51 genau an. Das erste ist ein Schraubenschlüssel, neben dem eine kürzere Schraubzwinge abgebildet ist. Darunter befindet sich eine Japanerin in ihrem zeremoniellen Gewand, und daneben beugt sich diese Frau aus der Hüfte vor, während sich ihre Turnüre hinter ihr aufbauscht. Ich habe bewußt nicht die Linien der Teile dieser vier Gebilde angegeben, denn um den wahren Effekt zu erleben, sollte der Leser sie für sich zusammensetzen.

Nachdem Sie sich die Mühe gemacht haben: Ist Ihnen aufgefallen, daß die kurze Schraubzwinge und die sich vorbeugende Frau tatsächlich fast die gleiche Figur sind? Vermutlich nicht, und ich gestehe, daß ich für die sich vorbeugende Frau viel länger gebraucht habe als für die kurze Schraubzwinge, und selbst als ich beide fertig hatte, sah ich keine Ähnlichkeiten zwischen ihnen. Das Problem besteht natürlich darin, daß wir geometrische Figuren falsch betrachten. Mit Hilfe von Tangram-Gebilden kann man ein Gefühl für solche Figuren bekommen, das sie als Zusammensetzung von Linien und Winkeln wahrnimmt, und dies ist das gleiche Gefühl, das das Hsuan-thu vermittelt.

Ein noch erstaunlicheres Beispiel ist das Tangram-Paradox, das Sam Loyd als erster entdeckt hat. In Abbildung 52 sind zwei Muster dafür dargestellt. Die beiden oberen Figuren scheinen in allen Details identisch zu sein, aber die zweite Figur besitzt noch einen Fuß, der der ersten fehlt. Die Proportionen der Figuren sind nicht verändert worden, also muß doch bei der ersten ein Tan fehlen. Aber nein – bei beiden Figuren sind alle sieben Teile verwendet worden. Dieses Paradox wird bei den inneren Linien sichtbar.

122

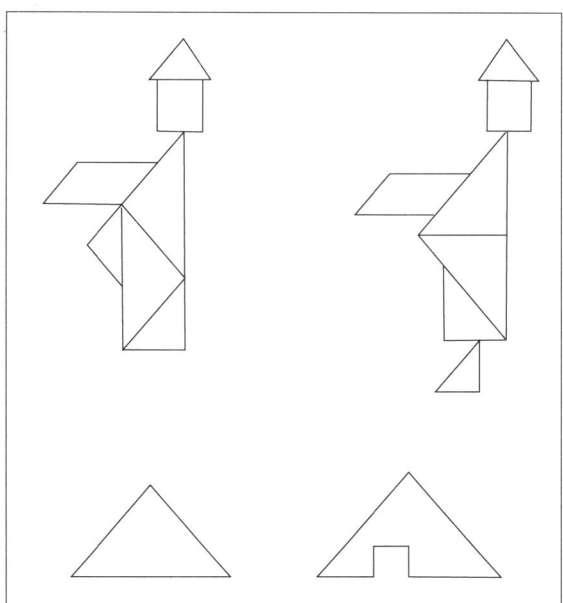

Abb. 52.
Ein Tan-
Paradox

Ein ähnliches Paradox taucht auch bei den beiden unteren Figuren in Abbildung 52 auf, und diesmal sind die inneren Linien weggelassen worden. Auch hier sind die Proportionen des zweiten Dreiecks die des ersten – aber es weist ein Loch auf. Können Sie zeigen, wie es entsteht?

Schauen Sie sich die beiden Dreiecke noch einmal an. Das erste, ohne das Loch, ist eine konvexe Figur*, das zweite nicht. Eine Möglichkeit festzustellen, ob eine Figur konvex ist, besteht darin, daß man zwei beliebige Punkte innerhalb der Figur mit einer Linie verbindet. Liegt die Linie vollständig innerhalb der Figur, und kann sie tatsächlich zwischen zwei beliebigen Punkten gezogen werden, dann ist die Figur konvex. Daher läßt sich im Hinblick auf Tangrams eine moderne Frage stellen: Wie viele konvexe Figuren sind möglich, wenn man alle sieben Tans verwendet?

Diese Frage wurde bereits in den vierziger Jahren dieses Jahrhunderts gestellt und beantwortet. Merkwürdigerweise gibt es nur dreizehn konvexe Figuren, von Drehungen und Spiegelungen natürlich abgesehen. Eine davon ist das Quadrat in Abbildung 49, eine andere das Dreieck in Abbildung 52. Neun weitere zeigt Abbildung 53, und davon sind nur sechs mit

---

* Ein konvexes Vieleck besitzt keine »Einbuchtungen«, das heißt, alle innenliegenden Winkel sind kleiner als 180 Grad. (Anm. d. Übers.)

den inneren Linien dargestellt. Die anderen drei möge der Leser zusammensetzen. Letztes, ziemlich schwieriges Rätsel: Wie sehen die beiden noch fehlenden konvexen Figuren aus, die wir kennen?

# Die erste Schildkröte?

Kennen Sie die Geschichte von dem Wissenschaftler, der eine Vorlesung über die Umlaufbahnen der Planeten um die Sonne hielt? Am Ende der Vorlesung erklärte eine alte Dame: »Was Sie uns da erzählt haben, ist alles Blödsinn. In Wirklichkeit ist die Erde eine Platte, die auf dem Rücken einer riesigen Schildkröte steht.« Aber worauf, wollte der Wissenschaftler wissen, stehe dann die Schildkröte? »Sie sind ein sehr schlauer junger Mann«, erwiderte die alte Dame, »aber da gibt es nichts weiter als lauter Schildkröten.«

In gewisser Hinsicht möchten Historiker nichts weiter als lauter Schildkrö-

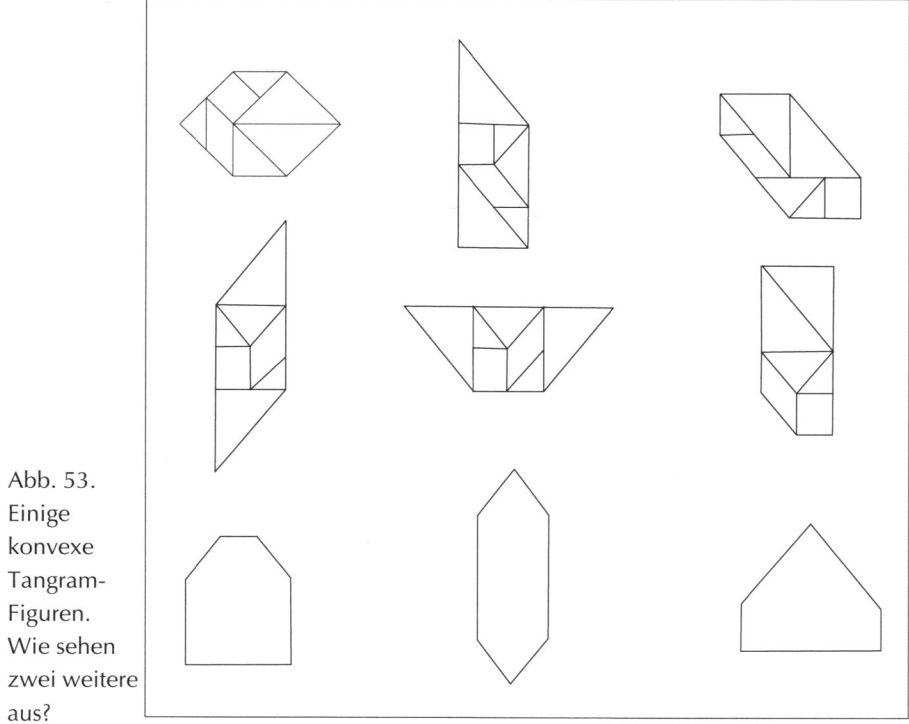

Abb. 53.
Einige
konvexe
Tangram-
Figuren.
Wie sehen
zwei weitere
aus?

124

ten sehen. Wenn wir unsere Zahlen verstehen wollen, müssen wir bis zu den Ägyptern zurückgehen, die uns die Dezimalzahlen gaben, und dann zu den Ishango, die uns die Einer gaben. Und woher kamen die? Worauf steht *diese* Schildkröte wiederum? Wir wissen es nicht, aber in diesem Fall sind wir nicht enttäuscht, wenn wir es dabei bewenden lassen, denn schließlich sind das doch nur Kerben, die in einen Knochen geritzt sind.

Was uns an China so überrascht, ist die Tatsache, daß wir auch hier auf der ersten Schildkröte stehen, aber diesmal haben wir weitaus mehr als bloß ein paar Kerben in einem Knochen vor uns. Hier haben wir es mit einer vollentwickelten Mathematik zu tun, samt allem, was damit zusammenhängt, einschließlich einem hochmütigen Verständnis der Logik der Natur. Woher kam dies bloß alles? Es kam aus China. Und darüber hinaus gibt es keine Schildkröte, auf der wir stehen könnten.

»Um den Himmel zu messen«, heißt es in *Die klassische Arithmetik des Gnomons*, »ist ein Zoll wie eintausend Meilen.« Auch wenn es vielleicht unglaublich unverschämt ist, so bin ich doch sicher, daß sich dies für die meisten Leser wie irgendein alberner Hokuspokus anhört. Doch Sie müssen diesem Gedanken tiefer nachspüren. Aberwitzigerweise nämlich *wollten* die Chinesen den Himmel messen, und zwar zu einer Zeit, als die meisten Menschen kaum Messungen auf der Erde zustande brachten.

Wenn Asien hungert, schickt der Westen Getreide.
Wir gehen davon aus, daß die westliche Landwirtschaft
einsame Spitze in der produktiven Nutzung des Bodens
zum Anbau von Nahrung ist. Aber wir sollten uns doch
einmal die ebenso erstaunliche wie beunruhigende
Tatsache zu Herzen nehmen, daß die landwirtschaftliche
Revolution in Europa, die den Grundstein für die
industrielle Revolution legte, nur dank der Einfuhr
chinesischer Ideen und Erfindungen zustande kam.
*Robert Temple,* The Genius of China

# AUF DEM RÜCKEN EINER SCHILDKRÖTE

*Manche harmonisieren Yin und Yang, das Werden und das Vergehen der Jahreszeiten, die fünf Noten der Tonleiter, die Stimmpfeifen, die bei der Weissagung verwendet werden… Aber diese esoterische Mathematik (wie sie genannt wird) läßt sich nicht von der geringeren Kunst der irdischen Berechnung trennen.*

Chin Chiu-Shao über magische Quadrate,
in *Neun Bücher über Mathematik*

Unter den vielen chinesischen Errungenschaften befindet sich eine, die merkwürdig unwichtig zu sein scheint, der es aber tatsächlich gelungen ist, die Aufmerksamkeit der meisten Rätselfans der Welt auf sich zu ziehen. Ich meine das magische Quadrat, eine Reihe von Zahlen von 1 bis $n^2$, die in einem Quadrat der Ordnung $n$ so angeordnet sind, daß ihre Summe in den Reihen, Spalten und Diagonalen stets die gleiche magische Konstante ergibt. Zum leichteren Verständnis dieses magischen Quadrats sehe man sich das Original aus China an, wie es die Abbildung 54 zeigt. Oben sieht man die übliche bildliche Darstellung der Figur mit Hilfe von Knotenschnüren, unten das gleiche Quadrat mit modernen Zahlen. Der Leser kann sich davon überzeugen, daß die Summe der Zahlen auf den drei horizontalen, den drei vertikalen und den beiden diagonalen Linien stets die magische Konstante 15 ergibt.

Dieses Quadrat nennt man ein Quadrat der 3. Ordnung, da es 3 Kästchen auf einer Seite hat. Allgemein gesprochen, ergibt die magische Konstante in einem Quadrat der Ordnung $n$ stets $\frac{1}{2}n(n^2+1)$ – wenn $n = 3$, ergibt dies 15. Außerdem gibt es stets $2n + 2$ gerade Linien, und die Summe der Zahlen auf jeder Linie stellt die Konstante dar.

Der Legende nach wurde das Quadrat von Kaiser Yü dem Großen gefunden, dessen Name ja auch mit dem Satz vom rechten Winkel verknüpft ist, wie

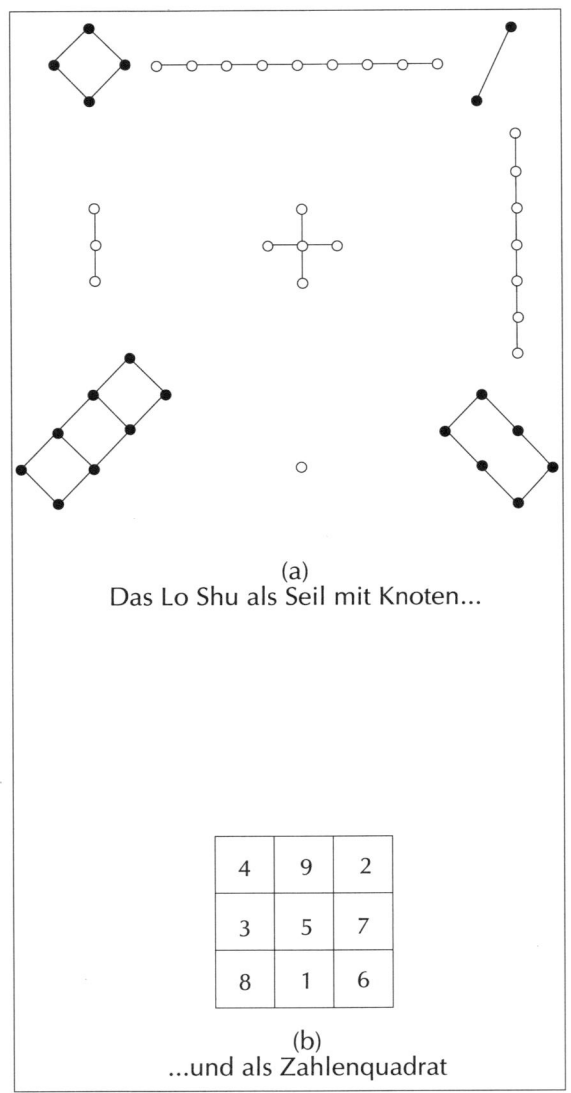

(a)
Das Lo Shu als Seil mit Knoten...

| 4 | 9 | 2 |
|---|---|---|
| 3 | 5 | 7 |
| 8 | 1 | 6 |

Abb. 54.
Das Lo-Shu-
Quadrat

(b)
...und als Zahlenquadrat

wir zuvor gesehen haben. Es wird also behauptet, Yü habe das Quadrat auf dem Rücken einer Schildkröte entdeckt, als sie aus dem Fluß Lo auftauchte, und aus diesem Grund heißt es zuweilen auch das *Lo-Shu*-Quadrat. Später wurde es auch mit dem *I-ching* in Verbindung gebracht, einem alten chinesischen Buch über Zahlenmagie. Der Legende nach stammt das *Lo Shu* aus dem 23. Jahrhundert v. Chr., aber wie bei vielen »Volkssagen« in China übertreibt auch diese das Alter der Erfindung, um ihr eine höhere Würde zu verleihen. Immerhin verweist diese Übertreibung auf die Bedeutung, die dem Quadrat beigemessen wurde. Moderne chinesische Gelehrte behaupten hingegen, das *Lo Shu* stamme erst aus dem 4. Jahrhundert v. Chr., und damit ist es gewiß schon alt genug. Und von Anfang an hat es praktisch jeden gefesselt, der jemals etwas mit Mathematik zu tun gehabt hat.

Man beachte, daß die Eckkästchen des *Lo Shu* gerade Zahlen enthalten und daß die anderen Kästchen ein **T** aus ungeraden Zahlen bilden. Das **T** wurde in China das *Ho-T'u* genannt und galt zuweilen als eigenständiger Talisman. In der Mitte des Quadrats ist die 5, das Zentrum der Zahlenfolge. Die einander gegenüberliegenden Kästchen, wie 4 + 6 oder 3 + 7, ergeben stets die Summe 10, also zweimal soviel wie das Mittelkästchen. Da das *Lo Shu* das einzig mögliche magische Quadrat der 3. Ordnung ist und triviale Variationen wie Drehungen und Spiegelungen die grundlegende Anordnung nicht stören, sind dies alles zwangsläufige Eigenschaften des Quadrats. Seit frühester Zeit stellte diese ebenso schöne wie unheimliche Symmetrie für viele Menschen das Yin-Yang-Motiv dar, dem man in der ganzen asiatischen Philosophie begegnet und das hier wie überall sonst eine Harmonisierung der Gegensätze im Universum symbolisiert. Aus diesem Grund gab man das Quadrat manchmal den Kranken, als eine Art mystischer Medizin, die ihre Körperelemente wieder ins Gleichgewicht zurückbringen sollte.

Eine aufregende Möglichkeit, die Ordnung des magischen Quadrats sichtbar zu machen, besteht darin, daß man eine gerade Linie in der normalen Reihenfolge der Zahlen, beginnend bei »1«, durch die Kästchen zieht. Eine derartige Linie heißt Sequenzmuster. Der amerikanische Architekt Claude Brogden war von diesen Sequenzmustern so fasziniert, daß er jedes Kapitel seiner Autobiographie mit einem anderen begann. Er baute das Sequenzmuster des *Lo Shu* sogar in das Lüftungsgitter seines bekanntesten Bauwerks ein, der Handelskammer von Rochester im Staate New York.

## Die Bedeutung der Magie

Magische Quadrate tauchen oft erst lange nach der Einführung des Stellenwertsystems auf, wie verlorenes Gepäck. Vielleicht sollen sie die ursprüngliche Mystik in sich aufnehmen, die das Zahlensystem an sich umgibt, nämlich das Gefühl, daß es da draußen irgend etwas Unbekanntes gibt, das nur Zahlen enthüllen können. (Es ist tatsächlich etwas da – man nennt das Logik.) Magische Quadrate sind ebenfalls »da draußen«, nur erklärbar durch die Zahlen, aus denen sie bestehen, wenngleich es nie ganz sicher ist, was da eigentlich genau erklärt wird. Magische Quadrate sind vollkommen, aber ihre Vollkommenheit ruht völlig in sich selbst – sie haben keinen Bezug zu irgend etwas außerhalb von ihnen. Jedes Land und jede Zeit hat dem magischen Quadrat eine neue Bedeutung gegeben.

Die üblichste Interpretation war geistiger Natur. Tatsächlich kann man mit jedem Objekt, das einen Sinn von Ordnung vermittelt, etwas Mystisches verbinden. In diesen Zusammenhang gehört auch die interessante Geschichte einer anderen Ordnungsmatrix, des sogenannten Sator-Steins, der so etwas wie ein magisches Quadrat aus Buchstaben ist (siehe Abbildung 55a). Der Stein wurde im Jahre 1868 in Cirencester in England gefunden, aber man nimmt an, daß er viel älter ist, weil man einen gleichartigen Stein aus den Ruinen von Pompeji ausgegraben hat. Beginnen Sie in der linken oberen Ecke und lesen Sie von links nach rechts oder von oben nach unten. Dann beginnen Sie in der rechten unteren Ecke und lesen von rechts nach links oder von unten nach oben. Die Botschaft ist stets die gleiche: »Sator Arepo tenet opera rotas«, was man übersetzen könnte mit: »Sämann Arepo hält mit Mühe die Räder«. Natürlich sind das nichts weiter als fünf unzusammenhängende Wörter, und das zweite, »Arepo«, ist überhaupt kein Wort, sondern nur fünf Buchstaben, die so angeordnet sind, damit das Quadrat auch funktioniert. Aber das Ganze hat auch einen gewissen religiösen Beiklang, als ob da stünde »Gott beobachtet das Universum«. Wenn man sich entsprechend bemüht, kann man darin durchaus eine theologische Bedeutung erkennen. So lassen sich die Buchstaben auch in Form eines Kreuzes wie in Abbildung 55 (b) anordnen. Dann liest man das lateinische Vaterunser, »Pater noster«, und die übriggebliebenen »A« und »O« an den Kreuzenden scheinen auf das Alpha und Omega zu verweisen. Und in einer anderen Anordnung der Buchstaben lesen wir: »Oro te, pater; oro te, pater; sanas«, und das bedeutet nichts anderes als: »Ich bete zu dir, Vater; ich bete zu dir, Vater; du heilst.«

Jedes magische Quadrat gibt einem das Gefühl, daß diesen Quadraten eine Bedeutung innewohnen müsse. Und wenn man nur genau genug hinsieht, dann findet man auch leicht eine. In alter Zeit haben die Juden, besonders im Osten, das *Lo Shu* oft dazu verwendet, die Gottheit darzustellen, deren Bild und Name sie nicht auf direktere Weise wiedergeben konnten. Die Konstante des *Lo Shu*, die 15, wird im hebräischen Zahlensystem mit den ersten beiden Konsonanten von Jahwe geschrieben. So schien die Einzigartigkeit des *Lo Shu* zu signalisieren, wenn alle Dinge in einem logischen Ganzen zusammenkämen, dann würde darin stets der Name von Jahwe sichtbar werden.

Auch im Islam erhielt das *Lo Shu*, das zweifellos von China übernommen

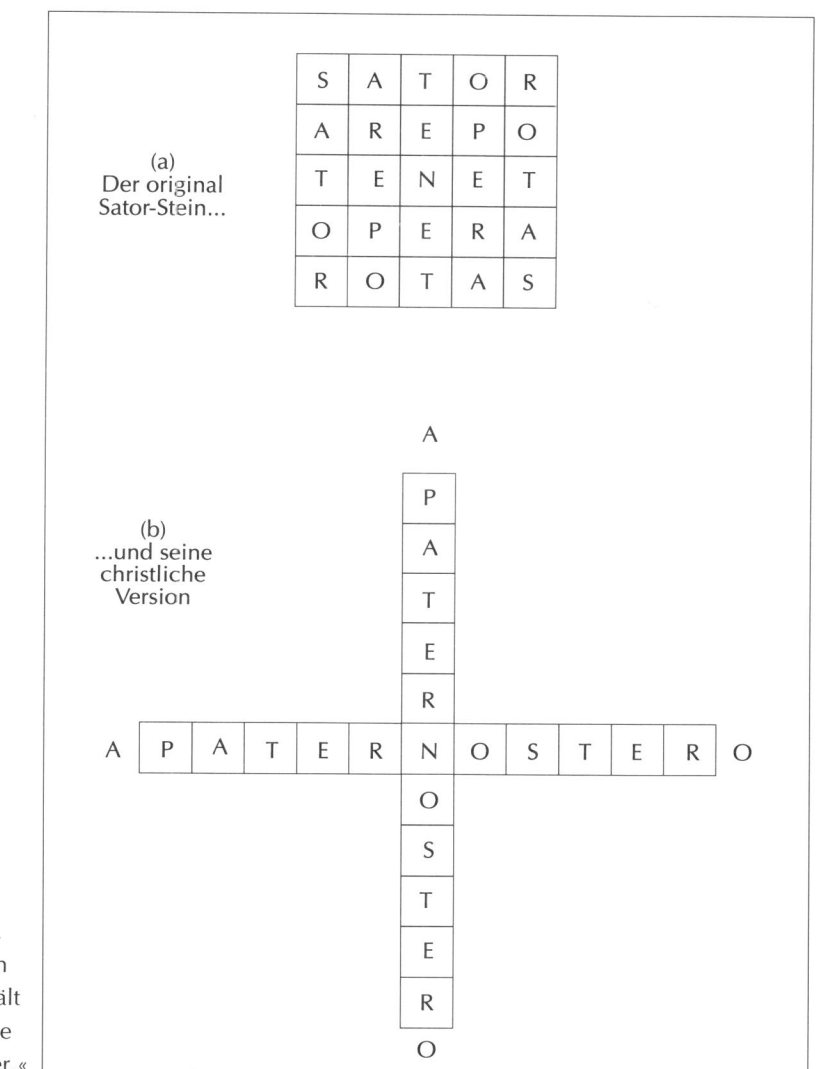

(a)
Der original
Sator-Stein...

(b)
...und seine
christliche
Version

Abb. 55.
»Sämann
Arepo hält
mit Mühe
die Räder.«

wurde, eine geistige Bedeutung. Das verknotete Seil des ursprünglichen chinesischen Quadrats war zufällig auch ein alter Fluch bei den semitischen Völkern im Nahen Osten. Im Koran lautet er folgendermaßen:

Ich nehme Zuflucht beim Herrn des Tagesanbruchs
Vor dem Bösen, das in allem ist, was Er gemacht hat,
Vor dem Bösen der Dunkelheit, wenn sie zunimmt,

Vor dem Bösen der Frauen, die auf Knoten blasen,
Und vor dem Bösen des Neiders, wenn er beneidet.

Wenn man die verknoteten Seile in ein Quadrat mit den richtig geordneten Reihen und Spalten tat, dann schien das *Lo Shu* einen Fluch abzuwehren, als ob es auf diese Weise verflixte Vorgänge darstellte, die zwangsläufig schmerzlich wären. Al-Ghasali, ein arabischer Philosoph und Theologe, der im Mittelalter enormen Einfluß auf Europa hatte, empfahl in seiner Autobiographie *Der Erretter aus dem Irrtum* den Gebrauch des *Lo Shu* als Geburtshilfe: »[Das Quadrat] wird auf zwei Stücke Tuch geschrieben, die niemals mit Wasser in Berührung kommen dürfen. Die Schwangere hält ihre Augen auf sie gerichtet und gibt sie unter ihre Füße, und unverzüglich wird das Kind herauskommen.« Diese Kraft des magischen Quadrats gilt als ein Beispiel für das Wissen, das durch das vernünftige Denken allein nie erlangt werden könne – eine beliebte Vorstellung im Mittelalter, die großenteils auf Al-Ghasali zurückgeht. Dieser Gedanke ist für das Verständnis von Dantes *Göttlicher Komödie* ebenso von grundlegender Bedeutung wie für Al-Ghasalis Schilderung von Mohammeds Himmelfahrt.

Das bedeutendste Quadrat aus dem Nahen Osten ist zweifellos das in Abbildung 56 gezeigte Quadrat der 5. Ordnung. Ebenso wie das *Lo Shu* wurde es oft zur Darstellung der Gottheit verwendet. Damit die Magie wirkt,

| 15 | 16 | 22 | 3 | 9 |
|----|----|----|----|----|
| 2 | 8 | 14 | 20 | 21 |
| 19 | 25 | | 7 | 13 |
| 6 | 12 | 18 | 24 | 5 |
| 23 | 4 | 10 | 11 | 17 |

Abb. 56.
Ein islamisches magisches Quadrat

muß der Leser die fehlende Zahl in der Mitte ersetzen, die natürlich »1« lautet. Somit wurde also weder die Gottheit an sich noch die Einheit der Gottheit direkt dargestellt – sie stiftet im Zentrum aller Dinge Ordnung und Bedeutung für alles um sie herum.

Auf den islamischen Gebrauch des *Lo Shu* ging auch ein merkwürdiges Symbol zurück, das von den frühen Freimaurern in Europa verwendet wurde. Man findet dieses Symbol eingeritzt in den Mauern der meisten Gebäude, die aus dem 12. Jahrhundert stammen – es sieht so aus wie die stilisierte 41 in Abbildung 57. Wenn sie so über das *Lo Shu* geschrieben wird, dann bedeckt die 41 acht der neun Kästchen, so daß nur die 8 unberührt bleibt. Wir wissen nicht mehr, welche genaue Bedeutung die »8« in der Zahlenmystik der Freimaurer hatte, aber sie stellte ein wichtiges Symbol im Freimaurertum dar.

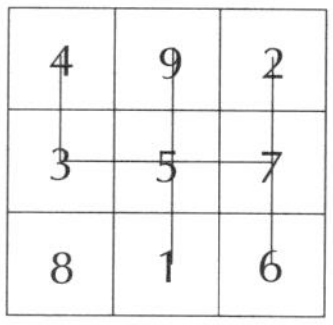

Abb. 57.
Das Freimaurersymbol

Eine völlig neue Bedeutung gab der deutsche Künstler Albrecht Dürer dem magischen Quadrat mehrere Jahrhunderte später. Zu jener Zeit hätte man die ihm einst zugeschriebenen magischen Kräfte offiziell nicht mehr so ernst genommen, aber Dürer konnte doch noch aus der verführerischen Wirkung der bedeutungslosen Vollkommenheit des Quadrats Kapital schlagen. Abbildung 59 (Seite 134) zeigt Dürers berühmten Kupferstich *Melencolia I*. Für Dürer bedeutete die Melancholie im Titel noch nicht die sanfte Traurigkeit, die wir heute damit verbinden, sondern eine Art emotionale Teilnahmslosigkeit, die jemanden überkommt, der von Gedanken besessen ist, die nicht unmittelbar zu einer Handlung führen. Zu Dürers Zeit hielt man dies im allgemeinen für ein typisches Leiden von Mathematikern, die ständig mit Begriffen von Logik und Notwendigkeit um sich werfen, aber niemals wirklich die Welt verändern.

Die große, dumpf vor sich hinbrütende Engelsgestalt im Vordergrund symbolisiert diese Form des stumpfsinnigen, sterilen Denkens. Sie betrachtet grüblerisch den seltsamen Polyeder zu ihrer Rechten, der unseren Blick auf die Leiter dahinter versperrt. In seinem Skizzenbuch hat Dürer von einem stumpfen Kegel auf einem Podest gesprochen. Um den Engel verstreut liegen die Instrumente der Mathematik, aber inzwischen bekommt der arme, bis auf die Knochen abgemagerte Hund zu seinen Füßen nichts zu fressen. An der Wand im Hintergrund befindet sich ein magisches Quadrat, das in Abbildung 58 zu sehen ist.

Viele Kunsthistoriker haben bemerkt, daß das Entstehungsjahr dieses Sti-

Abb. 58.
Das Dürer-Quadrat

133

Abb. 59.
Albrecht
Dürers
*Melencolia I*

ches – 1514 – in den mittleren Kästchen der unteren Reihe zu erkennen ist. Aber da gibt es noch viele weitere Überraschungen. Wenn man die Zahlen durch ihre Quadratzahlen ersetzt, dann ist die Summe der ersten beiden Reihen (oder Spalten) gleich der Summe der letzten beiden Reihen (oder Spalten). Ebenfalls ist die Summe der ungeraden Reihen (oder Spalten) gleich der der geraden Reihen (oder Spalten). Am überraschendsten aber ist die Tatsache, daß die Summe der Zahlen in den Diagonalen gleich ist der Summe der Zahlen in den Geraden. Und das gilt nicht nur für die Quadrate dieser Zahlen, sondern auch für die dritte Potenz.
Dieses Quadrat hängt auch über Adrian Leverkühns Pianino in Thomas Manns Roman *Doktor Faustus.* »Auf welchem Anordnungsprinzip dies zau-

berisch gleichmäßige Ergebnis beruhte«, kommentiert Manns Erzähler Serenus Zeitblom, »habe ich nie herausbringen können, aber schon vermöge des prominenten Platzes über dem Instrument, den Adrian dem Blatte gegeben, zog es immer wieder die Augen auf sich, und ich glaube, es verging mir wohl kein Besuch in seinem Logis, ohne daß ich mit einem raschen Blick querhin, schräg hinauf oder gerade hinunter die fatale Stimmigkeit nachgeprüft hätte.« Auch Thomas Mann verwendete das magische Quadrat als passendes Symbol für den Geist der Melancholie, für jene Art des in sich bleibenden versponnenen Denkens, das am Ende zu einem Pakt mit dem Teufel führt.

## Pandiagonale Quadrate

Man nennt das islamische Quadrat in Abbildung 56 auch pandiagonal, da nicht nur die beiden Hauptdiagonalen, sondern auch alle gebrochenen Diagonalen wie (2+16+10+24+13) oder (22+20+13+6+4) die magisch konstante Summe von $\frac{1}{2} \cdot 5(5^2+1) = 65$ ergeben. Diese pandiagonalen Quadrate waren im ganzen Nahen Osten und anderswo beliebt, weil sie einem ohnehin angenehmen Zeitvertreib auch noch eine höhere Bedeutung verliehen. Am einfachsten sind die gebrochenen Diagonalen zu erkennen, wenn man das magische Quadrat zu einem Zylinder zusammenrollt, bei dem sich der rechte und der linke Rand des Quadrats berühren (siehe Abbildung 60 a). Nun beginnt man bei irgendeinem Kästchen an der Basis des Zylinders und zieht eine spiralförmige Linie nach oben, und zwar entweder im oder gegen den Uhrzeigersinn. Die Zahlen auf dieser Linie bilden die gebrochenen Diagonalen. Aber wir können noch einen Schritt weitergehen. Wir verbinden (wie in Abbildung 60 b) die obere und die untere Basis des Zylinders und erhalten dadurch einen Torus, wie die Mathematiker das nennen, also eine reifenförmige Fläche. Nun bilden alle Reihen, Spalten, Haupt- und gebrochenen Diagonalen (im oder gegen den Uhrzeigersinn) einen geschlossenen Ring. All diese Ringe ergeben die Summe 65. Eine Eigenschaft des pandiagonalen Quadrats besteht darin, daß jedes neue Quadrat, das entsteht, wenn man den »Reifen« irgendwo – nicht unbedingt an seinen ursprünglichen Nähten – auffaltet, noch immer magisch und pandiagonal ist. In Abbildung 60 (c) haben wir das gleiche Quadrat an beliebigen Nähten entfaltet, um dieses magische, pandiagonale Ergebnis vorzuführen. Wenn man dieses Quadrat mit der ursprünglichen

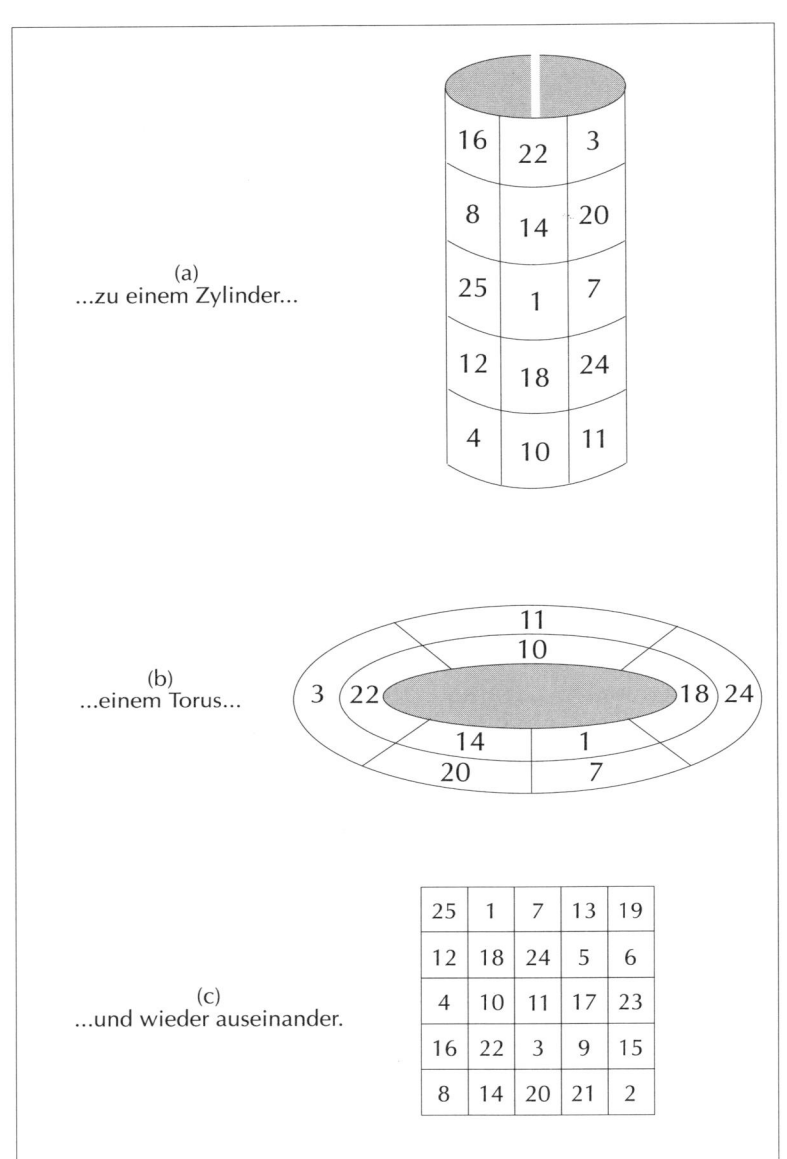

(a)
...zu einem Zylinder...

(b)
...einem Torus...

(c)
...und wieder auseinander.

Abb. 60. Man faltet das islamische Quadrat...

| 25 | 1 | 7 | 13 | 19 |
|----|----|----|----|----|
| 12 | 18 | 24 | 5 | 6 |
| 4 | 10 | 11 | 17 | 23 |
| 16 | 22 | 3 | 9 | 15 |
| 8 | 14 | 20 | 21 | 2 |

Version vergleicht, dann stellt sich heraus, daß wir im Grunde nichts weiter getan haben, als einige der Reihen und Spalten zu drehen.

Ein alter Trick, mit dem man im Prinzip das gleiche demonstrieren kann, besteht darin, daß man vier Kopien eines pandiagonalen Quadrats zusammenlegt. In Abbildung 61 haben wir das mit dem gleichen islamischen Quadrat getan. Nun wird jedes Unterquadrat der 5. Ordnung in diesem

136

| 15 | 16 | 22 | 3 | 9 | 15 | 16 | 22 | 3 | 9 |
|----|----|----|----|----|----|----|----|----|----|
| 2 | 8 | 14 | 20 | 21 | 2 | 8 | 14 | 20 | 21 |
| 19 | 25 | 1 | 7 | 13 | 19 | 25 | 1 | 7 | 13 |
| 6 | 12 | 18 | 24 | 5 | 6 | 12 | 18 | 24 | 5 |
| 23 | 4 | 10 | 11 | 17 | 23 | 4 | 10 | 11 | 17 |
| 15 | 16 | 22 | 3 | 9 | 15 | 16 | 22 | 3 | 9 |
| 2 | 8 | 14 | 20 | 21 | 2 | 8 | 14 | 20 | 21 |
| 19 | 25 | 1 | 7 | 13 | 19 | 25 | 1 | 7 | 13 |
| 6 | 12 | 18 | 24 | 5 | 6 | 12 | 18 | 24 | 5 |
| 23 | 4 | 10 | 11 | 17 | 23 | 4 | 10 | 11 | 17 |

Abb. 61.
... wie man die Fläche mit einem pandiagonalen Quadrat tesseliert

großen Quadrat – es sind insgesamt $5^2$ – magisch und pandiagonal sein. Und dies sind alles unterschiedliche Quadrate, das heißt, sie wurden nicht durch Drehung und Spiegelung erzeugt. In der Abbildung haben wir ein Unterquadrat stark umrandet, das interessanter als die anderen ist: Es ist nicht nur pandiagonal, sondern auch assoziativ, das heißt, einander gegenüberliegende Kästchen wie 24 und 2 oder 14 und 12 ergeben stets eine Summe, die doppelt so groß ist wie die Zahl im mittleren Kästchen.

Es gibt eine bemerkenswerte graphische Möglichkeit, pandiagonale Quadrate der 4. Ordnung darzustellen, nämlich mit einem Tesserakt oder vierdimensionalen Würfel. Vielleicht bereitet es Ihnen Schwierigkeiten, sich einen vierdimensionalen Würfel vorzustellen, aber wenn Sie lange genug die Abbildung 62 ansehen, werden Sie mehrere gewöhnliche Würfel (mit drei Dimensionen) erkennen, die an einer Fläche miteinander verbunden sind, um einen Tesserakt zu bilden, genauso wie Quadrate, die an ihren Rändern miteinander verbunden sind, einen Würfel bilden. Jedem Schnittpunkt im Tesserakt ist eine Zahl zwischen 1 und 16 zugeordnet. Die Summe der vier Zahlen an den Eckpunkten jedes Vierecks beträgt 34, also die magische Konstante.

Aber der Tesserakt besteht auch aus mehreren pandiagonalen magischen Quadraten. Um sie zu finden, beginnt man bei irgendeinem Viereck und notiert die vier Zahlen im oder gegen den Uhrzeigersinn als eine Reihe im magischen Quadrat. Dann sucht man im Tesserakt die anderen gleich geformten Schnittflächen – das sind parallele Schnittflächen im

Tesserakt –, um die anderen Reihen zu finden. In Abbildung 62 sind nur zwei dieser Schnittflächen aufgeführt. Die erste gilt als das älteste pandiagonale Quadrat, das sich im indischen Dorf Khajuraho in einer Jaina-Inschrift aus dem 11. Jahrhundert befindet. Ich überlasse es Ihnen, die anderen herauszufinden.

# Wie man ein magisches Quadrat konstruiert

Magische Quadrate mögen zwar wie ganz einfache Dinge aussehen – aber versuchen Sie doch einmal, ein ziemlich kleines Quadrat der 6. Ordnung in ein paar Minuten zusammenzusetzen. Sie werden sehen: Aus ein paar Minuten werden schnell ein paar Stunden. Die Konstruktion eines magischen Quadrates von beliebiger Ordnung war früher ein mathematischer Zeitvertreib. Die beliebteste Methode gelangte durch Simon de la Loubère nach Europa, den Gesandten von Ludwig XIV. in Siam, der sie im 17. Jahrhundert auf seinen Reisen in Asien kennengelernt hatte.

Die Loubère-Methode, wie sie heute (fälschlicherweise) heißt, ist eine von mehreren Methoden, die in einer seltenen Handschrift erwähnt werden, die den Titel »Eine Abhandlung über den magischen Gebrauch der Lettern« (gemeint sind Zahlen) trägt und von dem nigerianischen Gelehrten Mohammed ibn Mohammed stammt. Diese Handschrift schildert anschaulich die Schwierigkeiten bei der Konstruktion eines Quadrats: »Gib nicht auf, denn das ist Dummheit und entspricht nicht den Regeln dieser Kunst. Wer die Kunst des Krieges und des Tötens kennt, kann sich nicht vorstellen, welche Qualen derjenige leidet, der diese ehrenwerte Wissenschaft praktiziert. Wie der Liebhaber kann man sich nur mit unermüdlicher Ausdauer einen Erfolg erhoffen.« Und auch hier begegnen wir der Vorstellung, daß dem Ganzen ein tieferer Sinn zugrunde liegt: »Arbeite im geheimen und für dich allein. Die [Zahlen] sind bei Gott in sicherer Verwahrung. Gottes Macht liegt in seinen Namen und in seinen Geheimnissen, und wenn du seine Schatzkammer betrittst, bist du in Gottes Allerheiligstem, und Gottes Geheimnisse sollst du nicht wahllos verbreiten.«

Die Methode, die wir uns nun ansehen und die der von Loubère ähnlich ist, könnte man auch den Springerzug oder Rösselsprung nennen. Wir wollen dies an einem Quadrat der 5. Ordnung demonstrieren (siehe Abbildung 63). Zunächst setzen wir eine 1 in die rechte obere Ecke. Dann machen wir einen Rösselsprung wie beim Schach, um die 2 einzusetzen.

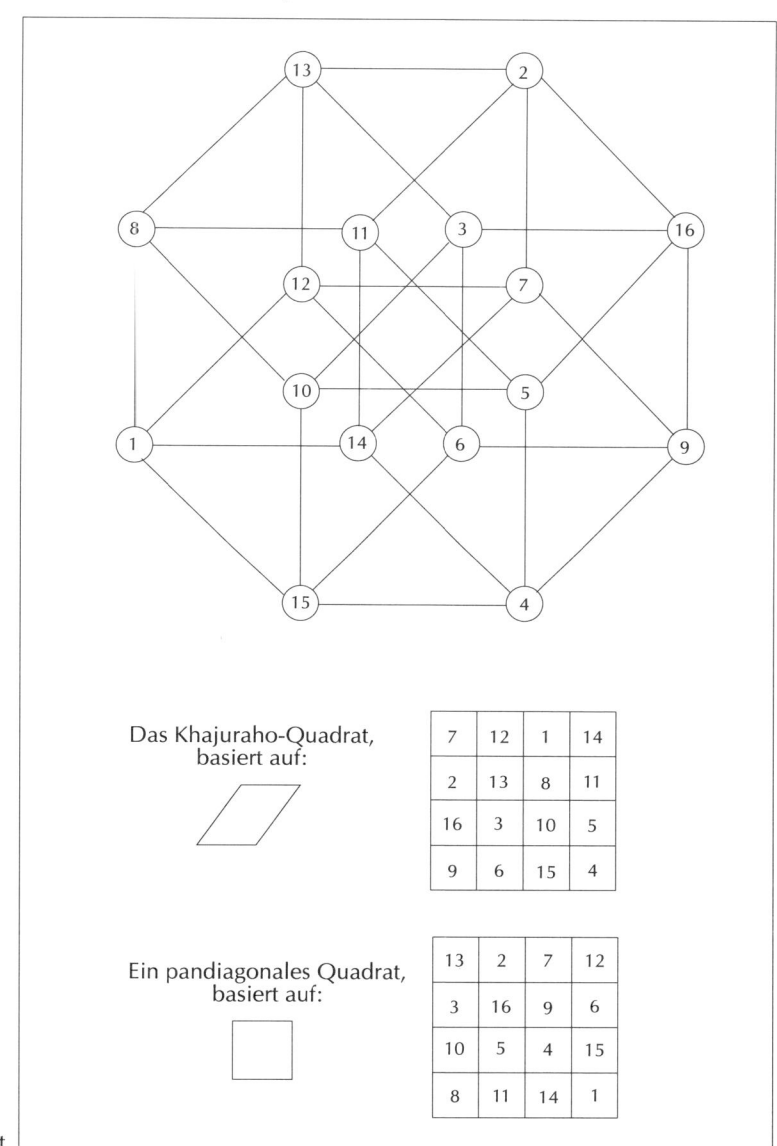

Das Khajuraho-Quadrat, basiert auf:

| 7 | 12 | 1 | 14 |
|---|----|----|----|
| 2 | 13 | 8 | 11 |
| 16 | 3 | 10 | 5 |
| 9 | 6 | 15 | 4 |

Ein pandiagonales Quadrat, basiert auf:

| 13 | 2 | 7 | 12 |
|----|----|----|----|
| 3 | 16 | 9 | 6 |
| 10 | 5 | 4 | 15 |
| 8 | 11 | 14 | 1 |

Abb. 62.
Ein Tesserakt

Dieser Rösselsprung sollte immer über ein Kästchen nach links und zwei Kästchen nach unten geführt werden. Wir fahren so lange fort, bis wir alle Zahlen eingesetzt haben.

Diese Methode kann auf zweierlei Weise versagen:

Zum einen werden Sie außerhalb des Gitterrasters in einem der »Geister-kästchen« landen. In diesem Fall ziehen Sie stets 5 Kästchen (oder $n$

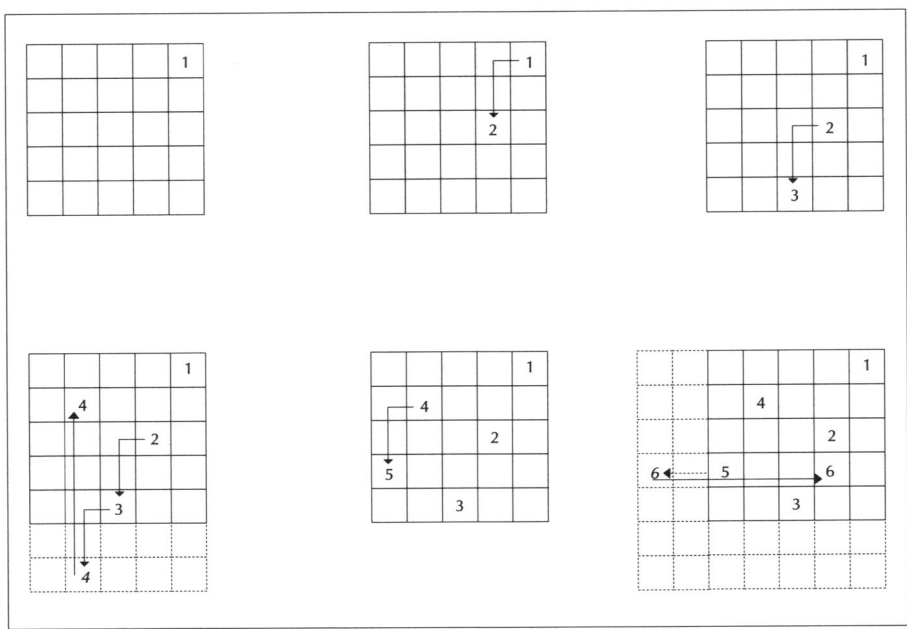

Abb. 63. Wie man ein magisches Quadrat von ungerader Ordnung anlegt

Kästchen im allgemeinen Fall eines Quadrats der Ordnung $n$) entweder nach oben oder nach rechts oder eventuell beides, damit Sie wieder in das Quadrat zurückgelangen – genauso wie in Abbildung 63 bei der 4.

Zum andern können Sie in einem Kästchen landen, das bereits belegt ist, einschließlich des punktierten Bereichs der Geisterkästchen. In diesem Fall machen Sie nicht den Rösselsprung, sondern ziehen einfach zwei Kästchen nach links. Gehen Sie wie oben vor, falls Sie dabei in ein Geisterkästchen geraten – genauso wie in Abbildung 63 bei der 6. Wenn das Quadrat komplett belegt ist, haben Sie ein Quadrat der 5. Ordnung vor sich, und wie bei allen Rösselsprungquadraten wird es auch pandiagonal sein.

Die Rösselsprungmethode funktioniert nur bei Quadraten einer ungeraden Ordnung. Leider gibt es keine entsprechende Methode für Quadrate einer geraden Ordnung. Bei Quadraten der Ordnung $n$, bei denen $n$ doppelt gerade ist – das heißt teilbar durch vier –, gibt es eine ganz einfache Methode, die in Abbildung 64 an einem Quadrat der 8. Ordnung demonstriert wird.

Wir unterteilen das Quadrat in kleinere Unterquadrate der 4. Ordnung und ziehen dann durch jedes von ihnen die beiden Hauptdiagonalen. Nun beginnen wir im oberen linken Kästchen und setzen nacheinander die Zahlen ab »1« ein, indem wir von links nach rechts ziehen, aber nur dann eine Zahl einsetzen, wenn das Kästchen nicht von einer Diagonale durchgestrichen ist. Wenn wir damit fertig sind, beginnen wir im unteren rechten Kästchen und wiederholen das Verfahren, indem wir – beginnend mit der 1 – die fehlenden Kästchen einsetzen, aber diesmal von rechts nach links ziehen. Natürlich setzen wir die Zahlen nur in die Kästchen ein, die von einer Diagonale durchgestrichen sind. Am Ende haben wir ein magisches Quadrat vor uns.

Interessant an diesen beiden Methoden ist, daß sie offenbar ausschließlich durch Ausprobieren zustande kamen. Moderner hingegen kommt einem die Methode vor, zwei Quadrate miteinander zu multiplizieren, um ein drittes, größeres Quadrat zu erhalten. Zur Veranschaulichung multiplizieren wir das *Lo-Shu*-Quadrat der 3. Ordnung mit dem *Khajuraho*-Quadrat der 4. Ordnung und bekommen ein neues Quadrat der Ordnung 3 · 4 = 12. Dabei gehen wir vom *Lo Shu* als Muster aus und verwandeln es in ein sehr großes Quadrat der 3. Ordnung, in dem jedes »Kästchen« tatsächlich ein vollständiges *Khajuraho*-Quadrat der 4. Ordnung ist. Insgesamt haben wir damit $(3 \cdot 4)^2 = 144$ Kästchen. Den ersten Satz Zahlen, von 1 bis 16, plazieren wir so, wie er im *Khajuraho*-Quadrat steht, in das Unterquadrat, das der Position der »1« im *Lo-Shu*-Quadrat entspricht. Den nächsten Zahlensatz, von 17 bis 32, plazieren wir in das Unterquadrat, das dem Kästchen mit der »2« im *Lo-Shu*-Quadrat entspricht. Dabei ordnen wir diese Zahlen so an, wie sie im *Khajuraho*-Quadrat auftreten, das heißt, wir setzen die »17« dort ein, wo sonst die »1« ist, die »18«, wo die »2« ist, und so weiter – als ob wir einfach 16 Zahlen jedem *Khajuraho*-Kästchen zuordnen. Der Leser möge nun Abbildung 65 vervollständigen, bis er ein komplettes magisches Quadrat vor sich hat.

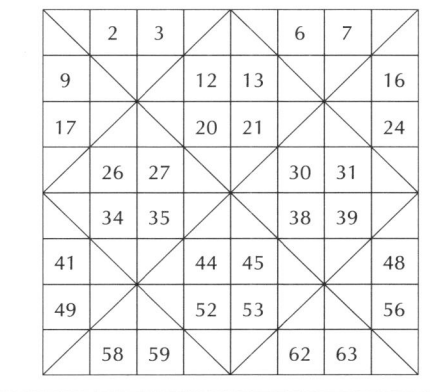

Abb. 64. Wie man ein magisches Quadrat von doppelt gerader Ordnung anlegt

# Die Magie des Benjamin Franklin

Sobald die Methode zur Konstruktion eines magischen Quadrats formalisiert war, begann man sich mit der Erzeugung von einigen faszinierenden Varianten zu beschäftigen. Die interessanteste wurde zweifellos von keinem Geringeren als dem berühmten Benjamin Franklin erfunden, einem der amerikanischen Gründungsväter und zugleich einem Renaissancemenschen, dessen Vielseitigkeit leider in Vergessenheit geraten ist. Eines seiner magischen Quadrate taucht in einem Brief auf, den er 1750 an einen Bekannten, Peter Collins, schrieb. Er verdient es, hier ausführlich zitiert zu werden, weil darin der faszinierende und witzige Geist seines Verfassers zum Ausdruck kommt:

*Sehr geehrter Herr Collins,*
*in Beantwortung Ihrer Anfrage schicke ich Ihnen nun die arithmetische Kuriosität, die auf die folgende Weise zustande kam.*
*Als ich einmal auf dem Land war, im Hause unseres gemeinsamen Freundes, des*

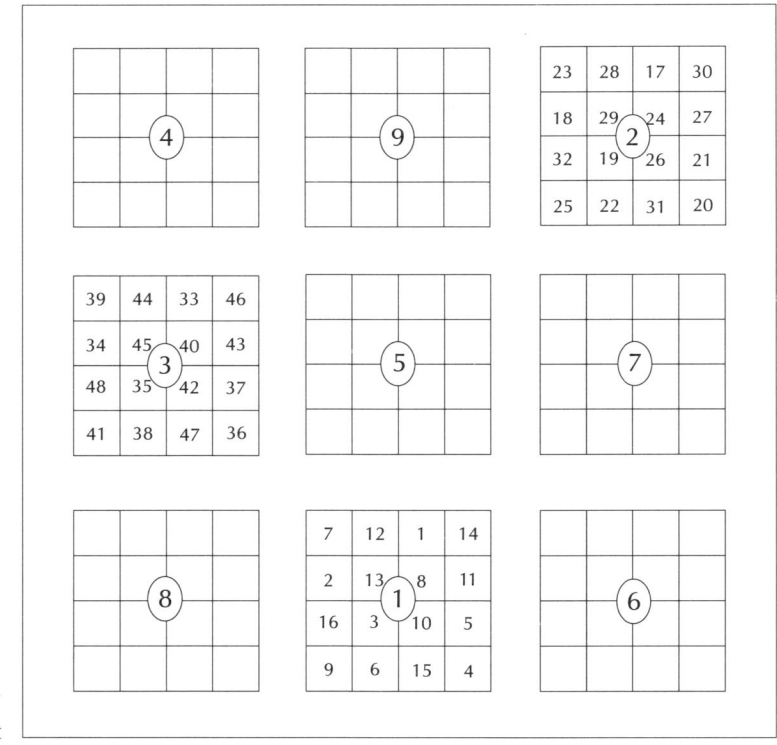

Abb. 65. Wie man zwei magische Quadrate miteinander multipliziert

142

*jüngst verstorbenen gelehrten Mr. Logan, da zeigte er mir einen französischen Folianten, der angefüllt war mit magischen Quadraten…, in denen, wie er sagte, der Autor bei der Behandlung von Zahlen eine großartige Findigkeit und Geschicklichkeit bewiesen habe; und obgleich sich mehrere andere Ausländer auf diese Weise hervorgetan hätten, könne er sich doch nicht erinnern, daß je ein Engländer etwas derart Bemerkenswertes zustande gebracht habe.*

*… Ich gestand ihm sodann, daß ich in meiner Jugend, als ich über eine gewisse Mußezeit verfügte (die ich, wie ich noch heute meine, für nützlichere Dinge hätte verwenden sollen), mich damit vergnügt hätte, diese Art von magischen Quadraten zu verfertigen, und schließlich darin ein derartiges Geschick erlangte, daß ich die Kästchen in jedem magischen Quadrat von einer gewissen Größe mit einer Reihe von Zahlen füllte, so schnell ich eben schreiben konnte, wobei sie so verteilt gewesen waren, daß die Summen in jeder horizontalen, senkrechten oder diagonalen Reihe gleich sein sollten; da ich mich aber nicht mit diesen meiner Ansicht nach gewöhnlichen und leichten Dingen zufriedengab, nahm ich mir schwierigere Aufgaben vor, und es gelang mir, andere magische Quadrate zu verfertigen, die eine Vielfalt von Eigenschaften aufwiesen und noch viel merkwürdiger waren. Daraufhin zeigte er mir mehrere Quadrate in jenem Buch, die von ungewöhnlicher und seltsamer Art waren; da ich aber meinte, keines von diesen gliche denen, die ich einst verfertigt hätte, bat er mich, sie ihm doch einmal zu zeigen; und folglich brachte ich ihm bei meinem nächsten Besuch ein Quadrat von 8 Reihen mit, das ich unter meinen alten Papieren gefunden hatte und das ich nun Ihnen geben will, zusammen mit einer Aufstellung seiner Eigenschaften.*

Das Quadrat, das Franklin meinte, ist in Abbildung 66 dargestellt. Obwohl alle seine Reihen und Spalten die magische Konstante 260 ergeben, ist dies bei den Diagonalen nicht der Fall.

Aber wie Franklin schon sagte, weist es viele andere ungewöhnliche Eigenschaften auf. Eine besteht darin, daß jede Halbreihe und Halbspalte sowie jedes Unterquadrat die halbe magische Konstante 130 ergeben. Um die anderen merkwürdigen Eigenschaften zu erkennen, betrachte man die Figuren in Abbildung 67. Wenn Sie sie ausschneiden und Löcher in die Kästchen bohren, dann werden die dadurch sichtbaren Zahlen stets 260 ergeben, ganz gleich, wo Sie die Figur im Quadrat hinlegen.

Wir werden wohl nie erfahren, wie Franklin dieses Quadrat zustande brachte; immerhin war er stolz darauf, daß er Zahlen magisch anordnen konnte, »so schnell ich eben schreiben konnte«. Daß dies keine eitle Prahlerei war, erkennt man an dem nächsten Quadrat, das er an Collins schickte. Dazu erklärte er in seinem Brief:

| 52 | 61 | 4 | 13 | 20 | 29 | 36 | 45 |
|----|----|----|----|----|----|----|----|
| 14 | 3 | 62 | 51 | 46 | 35 | 30 | 19 |
| 53 | 60 | 5 | 12 | 21 | 28 | 37 | 44 |
| 11 | 6 | 59 | 54 | 43 | 38 | 27 | 22 |
| 55 | 58 | 7 | 10 | 23 | 26 | 39 | 42 |
| 9 | 8 | 57 | 56 | 41 | 40 | 25 | 24 |
| 50 | 63 | 2 | 15 | 18 | 31 | 34 | 47 |
| 16 | 1 | 64 | 49 | 48 | 33 | 32 | 17 |

Abb. 66.
Benjamin Franklins
Quadrat der 8. Ordnung

*Ich begab mich nach Hause und verfertigte am selben Abend das folgende magische Quadrat aus 16 Reihen, das nicht nur die Eigenschaften des vorigen Quadrats aus acht aufwies, will sagen, es ergab sich die Summe 2056 in allen Reihen und Spalten, sondern auch noch folgende, nämlich daß in einem Loch aus vier mal vier Kästchen – das aus einem Stück Papier von derartiger Größe ausgeschnitten war, daß es gerade 16 kleinere Kästchen umfaßte und zeigte, wenn man es auf das größere Quadrat legte – die Summe dieser 16 Zahlen gleichermaßen 2056 ergab. Dies schickte ich unserem Freund am nächsten Morgen, und nach ein paar Tagen sandte er es mir in einem Brief mit folgenden Worten zurück: »Ich schicke Dir Dein erstaunliches, ja höchst wunderbares magisches Quadrat zurück, in dem« – aber dieses Kompliment ist zu übertrieben, und daher sollte ich es, um seinet- wie um meinetwillen, hier nicht wiederholen. Dessen bedarf es auch nicht; denn es steht für mich außer Frage, daß Sie nicht zögern werden zuzugeben, daß dieses Quadrat aus 16 das magischstmagische aller magischen Quadrate ist, die je ein Magier verfertigt hat.*

Schiere Angeberei? Keineswegs. Das Quadrat ist in Abbildung 68 zu sehen. Ein Unterquadrat aus 16 Kästchen ist stark umrandet hervorgehoben, um zu zeigen, daß die Zahlen darin tatsächlich die Summe 2056 ergeben. Beachten Sie, daß Sie in jedem quadratischen Fenster mit 16 Kästchen die gleiche Summe erhalten. Auch das Geheimnis dieser Schöpfung hat Franklin mit ins Grab genommen. Er machte sich als Fachmann auf diesem Gebiet einen solchen Namen – wobei er sich während langatmiger Debat-

Abb. 67.
Die konstanten Muster
in Franklins Quadrat

ten im Kongreß damit die Zeit vertrieb –, daß die Akademie in Rouen in Frankreich ihm ein Quadrat schenkte, das seinen Namen darstellen sollte. »Ich habe es mir seither immer wieder angesehen, aber ich verstehe es einfach nicht«, hat er einmal bekannt. Leider ist es mir bislang nicht gelungen, dieses Quadrat aufzutreiben.

## Magische Graphen

Im Hinblick auf magische Quadrate stellen sich natürlich einige Fragen. Können beispielsweise Zahlen in einem Quadrat jeder Größe auf magische Weise angeordnet werden? Ja, wenn $n>2$, ist ein Quadrat der $n$-ten Ordnung möglich. Tatsächlich stellt die Rösselsprungmethode einen konstruktiven Beweis dafür dar, und zwar für alle ungeraden $n$. Eine andere Frage lautet: Wie viele unterschiedliche Quadrate sind für jede Größe möglich? Das ist eigentlich eine Frage für Computer, denn die Zahl der Quadrate multipliziert sich rapide. Man hat vor kurzem herausgefunden, daß es bei der 5. Ordnung insgesamt 68 826 306 verschiedene Quadrate gibt, und bei höheren Ordnungen sind es natürlich noch mehr. Die wichtigste Frage lautet allerdings: Kann es eine magische Anordnung von Zahlen auch in höheren Dimensionen geben? Gibt es magische Würfel? Wenn dies der Fall wäre,

145

dann müßte sich die Konstante sowohl in allen Reihen, Spalten und Diagonalen jeder Ebene ergeben, die parallel zu einer der drei Dimensionen ist, als auch in den »Triagonalen«, also den beiden geraden Linien, die gleichzeitig drei Dimensionen durchschneiden. Richard Lewis Myers war erst 16 und ging noch zur High-School, als er als einer der ersten eine allgemeine Methode zur Entwicklung eines magischen Würfels der 8. Ordnung entdeckte. Bis heute hat noch niemand einen magischen Tesserakt gefunden. Doch das sind alles alte Fragen. Man kann sich mit dem Problem auch auf andere Weise befassen. Die obere Zeichnung in Abbildung 69 ist ein sogenannter magischer Graph. Wie alle Graphen besteht auch dieser aus Knoten und Kanten, aber hier hat jede der neun Kanten einen bestimmten Wert von 1 bis 9. Bildet man die Summe aus den Werten der Kanten, die sich in einem Knoten treffen, so erhält man bei allen Knoten die Konstante 15 – daher können wir von »magischen« Graphen sprechen.

| 200 | 217 | 232 | 249 | 8 | 25 | 40 | 57 | 72 | 89 | 104 | 121 | 136 | 153 | 168 | 185 |
|---|---|---|---|---|---|---|---|---|---|---|---|---|---|---|---|
| 58 | 39 | 26 | 7 | 250 | 231 | 218 | 199 | 186 | 167 | 154 | 135 | 122 | 103 | 90 | 71 |
| 198 | 219 | 230 | 251 | 6 | 27 | 38 | 59 | 70 | 91 | 102 | 123 | 134 | 155 | 166 | 187 |
| 60 | 37 | 28 | 5 | 252 | 229 | 220 | 197 | 188 | 165 | 156 | 133 | 124 | 101 | 92 | 69 |
| 201 | 216 | 233 | 248 | 9 | 24 | 41 | 56 | 73 | 88 | 105 | 120 | 137 | 152 | 169 | 184 |
| 55 | 42 | 23 | 10 | 247 | 234 | 215 | 202 | 183 | 170 | 151 | 138 | 119 | 106 | 87 | 74 |
| 203 | 214 | 235 | 246 | 11 | 22 | 43 | 54 | 75 | 86 | 107 | 118 | 139 | 150 | 171 | 182 |
| 53 | 44 | 21 | 12 | 245 | 236 | 213 | 204 | 181 | 172 | 149 | 140 | 117 | 108 | 85 | 76 |
| 205 | 212 | 237 | 244 | 13 | 20 | 45 | 52 | 77 | 84 | 109 | 116 | 141 | 148 | 173 | 180 |
| 51 | 46 | 19 | 14 | 243 | 238 | 211 | 206 | 179 | 174 | 147 | 142 | 115 | 110 | 83 | 78 |
| 207 | 210 | 239 | 242 | 15 | 18 | 47 | 50 | 79 | 82 | 111 | 114 | 143 | 146 | 175 | 178 |
| 49 | 48 | 17 | 16 | 241 | 240 | 209 | 208 | 177 | 176 | 145 | 144 | 113 | 112 | 81 | 80 |
| 196 | 221 | 228 | 253 | 4 | 29 | 36 | 61 | 68 | 93 | 100 | 125 | 132 | 157 | 164 | 189 |
| 62 | 35 | 30 | 3 | 254 | 227 | 222 | 195 | 190 | 163 | 158 | 131 | 126 | 99 | 94 | 67 |
| 194 | 223 | 226 | 255 | 2 | 31 | 34 | 63 | 66 | 95 | 98 | 127 | 130 | 159 | 162 | 191 |
| 64 | 33 | 32 | 1 | 256 | 225 | 224 | 193 | 192 | 161 | 160 | 129 | 128 | 97 | 96 | 65 |

Abb. 68. »Das magischstmagische aller magischen Quadrate«

Die Idee eines magischen Graphen stellt einen ausgesprochen modernen Beitrag zu diesem alten Zeitvertreib dar, aber es wäre falsch zu glauben, daß der Unterschied zwischen einem magischen Graphen und einem magischen Quadrat rein formal ist. Wenn man die magische Anordnung von Zahlen mit der Idee eines Graphen verbindet, tun sich ganz neue Interessensgebiete auf. Und das Faszinierendste daran ist, daß viele der damit verbundenen Fragen noch nicht beantwortet sind. Die naheliegendste Frage lautet natürlich: Aufgrund welcher Eigenschaften eignet sich ein Graph für eine magische Numerierung seiner Kanten?

Der obere Graph in Abbildung 69 wird zuweilen auch vollständig zweiteilig genannt. Seine Knoten lassen sich in zwei Gruppen einteilen: In unserer Figur sind dies die *r*-Knoten und die *c*-Knoten. Vollständig zweigeteilt heißt dieser Graph deshalb, weil alle Knoten der einen Gruppe mit allen Knoten der anderen Gruppe, aber Knoten einer Gruppe nie untereinander verbunden sind. Solche Graphen erhalten üblicherweise die Abkürzung $K_{r,c}$, wobei *r* und *c* die Zahlen der Knoten in den beiden Gruppen sind. Unser Beispiel heißt also $K_{3,3}$.

$K_{n,n}$ besitzt deshalb eine magische Qualität, weil er im Grunde nichts anderes ist als die graphische Darstellung eines magischen Quadrats der *n*-ten Ordnung. Der obere Graph in Abbildung 69 ist tatsächlich der *Lo-Shu*-Graph. Sehen Sie sich noch einmal Abbildung 54 an. Das Kästchen in Reihe 1/Spalte 2 ist auf die Kante plaziert worden, die die Knoten r1 und c2 verbindet. Eine ähnliche Zuordnung erfolgte bei der Übertragung der anderen Kästchen auf entsprechende Kanten. Wenn wir daher die Summen der Kanten bilden, die in den sechs Knoten zusammenkommen, dann haben wir eigentlich die sechs Reihen und Spalten des *Lo Shu* vor uns. Es ist schon ein wenig merkwürdig festzustellen, daß Mohammed ibn Mohammed vielleicht als erster bewiesen hat, daß alle $K_{n,n}$ für ungerade *n>2* magisch sind – auch wenn er es nie gewußt hat.

Der zweite Graph in Abbildung 69, der wie ein Drachen aussieht, ist zwar nicht vollständig zweigeteilt, aber noch magisch. Er ist der kleinste magische Graph, wenn wir einmal die trivialen Fälle eines einzelnen Knotens oder einer einzelnen Kante, die zwei Knoten verbindet, außer acht lassen. Dieser Graph entstand eigentlich aus dem *Lo-Shu*-Graph durch Weglassen der Kante 1 und durch Vermindern der Zahlen der verbleibenden Kanten um 1. Er sieht vielleicht nicht so wie der ursprüngliche Graph aus, aber nur weil die Knoten versetzt sind, um Überschneidungen zu vermeiden. Wenn die Knoten eines magischen Graphen alle die gleiche Anzahl von Kanten aufweisen – das heißt, wenn der Graph regelmäßig ist, was bei $K_{n,n}$ stets der Fall ist –, dann können wir auf diese Weise immer einen magischen Ableger herstellen.

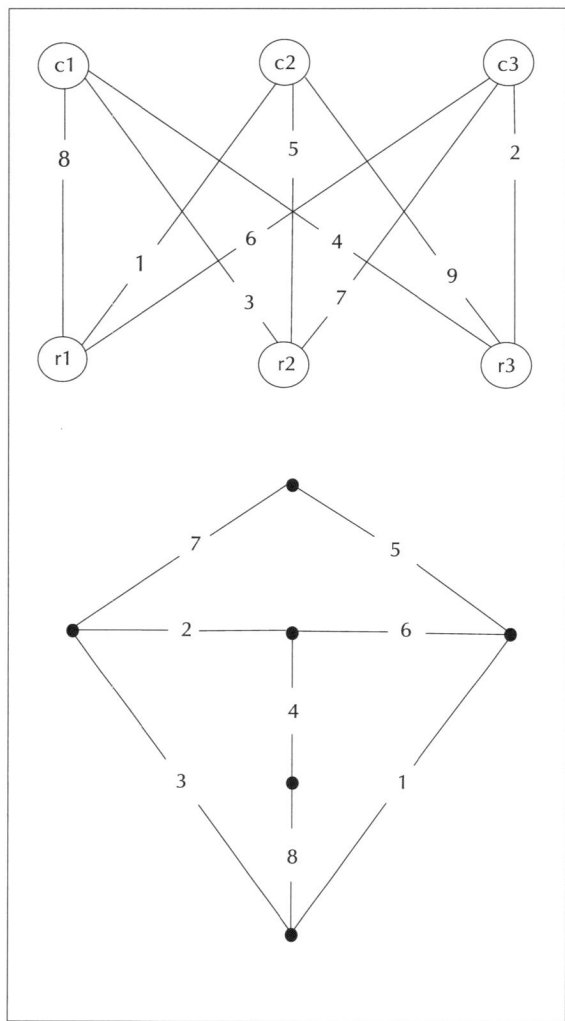

Abb. 69.
Zwei magische Graphen

Ein weiteres Beispiel dafür, wie man mit Hilfe ganz spezieller Eigenschaften eines Graphen bestimmen kann, ob er magisch ist oder nicht, zeigt Abbildung 70. Dieser Graph besitzt zwei unterschiedliche Eigenschaften. Erstens ist er regelmäßig, zweitens kann er in zwei getrennte Zyklen zerlegt werden, von denen jeder alle Knoten des Graphen sowie die hellen und dunklen Kanten in der Figur abdeckt. Dies sind die sogenannten Hamiltonschen Linien, von denen in einem späteren Kapitel noch die Rede sein wird. Graphen, die beide Eigenschaften besitzen, sind stets magisch, wie etwa der in Abbildung 70. Es ist einfach, solche Graphen als magisch auszuweisen. Nehmen wir an, es gibt q Kanten, dann teilen wir die Zahlen 1 bis q in zwei Gruppen, gerade und ungerade Zahlen, ein. Nun sehen wir uns den Zyklus mit den hellen Kanten an. Jeweils die zweite Kante hat die erste ungerade Zahl, die Kanten, die wir übersprungen haben, haben die letzte ungerade Zahl. Der Zyklus mit den dunklen Kanten ist in gleicher Weise angeordnet, natürlich mit den geraden Zahlen.

Eine wichtige Klasse von Graphen ist der vollständige Graph der $n$-ten Ordnung oder einfach $K_n$. Er besteht aus $n$ Knoten, von denen jeder mit allen anderen Knoten verbunden ist. $K_n$ hat insgesamt $\frac{1}{2} n(n\text{-}1)$ Kanten. Somit hat $K_3$ 3 Kanten, $K_4$ 6 Kanten und so weiter. Wir können nachweisen, daß für alle $n$, die um 2 größer sind als ein Vielfaches von 4 – also 6, 10, 14, 2 743 770 350, etc. –, $K_n$ magisch ist. Die Methode, mit der man diese Graphen findet – dargestellt in Abbildung 71 –, wurde zuerst von Nora Hartsfield und Gerhard Ringel erarbeitet.

Um die folgenden Ausführungen konkret zu halten, wollen wir den magischen Graphen $K_6$ konstruieren, aber natürlich könnten wir das auch anhand von höheren $n$ demonstrieren. Zunächst plazieren wir einen Knoten in die Mitte und ordnen die anderen Knoten in Form eines regelmäßigen Polygons darum an. Nun ziehen wir eine Kante vom mittleren Knoten zu irgendeinem äußeren Knoten, und dann ziehen wir alle anderen Kanten, die senkrecht dazu stehen. Damit erhalten wir einen Satz Kanten, den wir mit 1 bezeichnen.

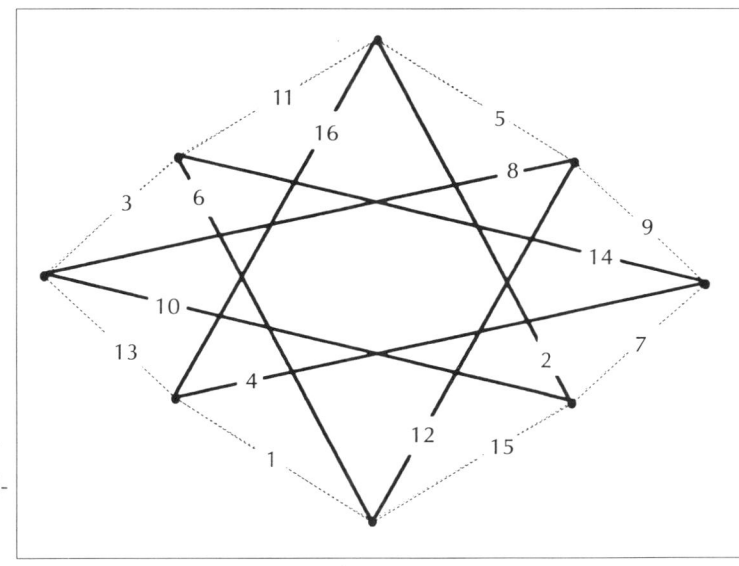

Abb. 70. Zwei Hamiltonsche Linien auf auf einem regelmäßigen Graphen

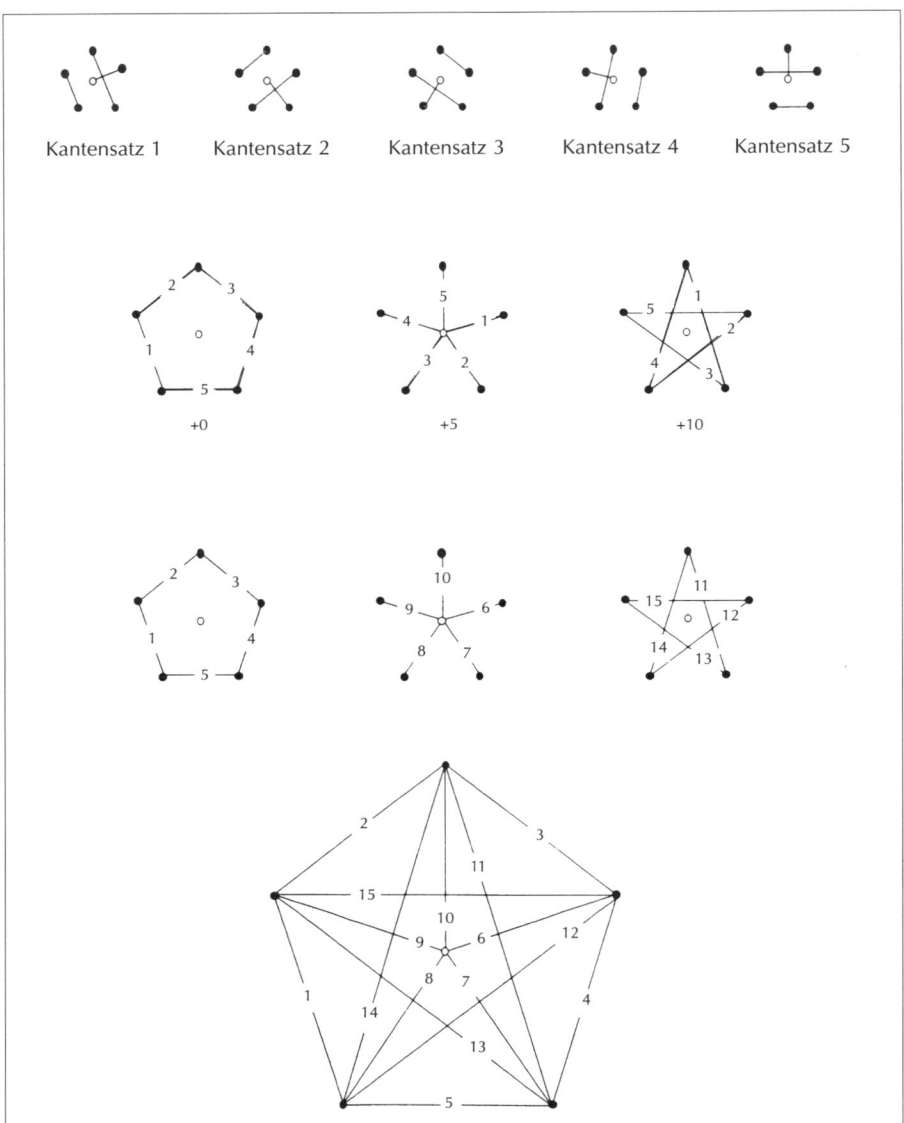

Abb. 71. Wie man einen vollständigen magischen Graphen konstruiert

Um den Kantensatz 2 zu erhalten, drehen wir das Ganze. Am einfachsten funktioniert das, wenn wir uns die vom Zentrum ausgehende Kante als Uhrzeiger vorstellen und ihn um »eine Stunde« weiterdrehen. Dann ermitteln wir wieder alle senkrecht dazu stehenden Kanten. Wir drehen das Ganze erneut weiter und erhalten damit den Kantensatz 3, und so weiter, bis zum Kantensatz $n$-1 (in unserem Beispiel Kantensatz 5). Dieses Verfahren veranschaulicht die erste Reihe der Abbildung 71.

Wir können uns nun vorstellen, daß diese Sätze aus Kanten von unterschiedlicher Art bestehen. Demnach hat jeder Satz eine Kante vom Typus »Stundenzeiger«, der sich vom Zentrum zu einem äußeren Knoten erstreckt, sowie eine kurze Kante, die zwei benachbarte Knoten verbindet, und eine lange Kante, die zwei nichtbenachbarte Knoten verbindet. Im zweiten Schritt stellen wir alle Kanten eines gegebenen Typus zu einem Untersatz von $K_n$ neu zusammen. Dies geschieht in der zweiten Reihe von Abbildung 71. So stellen wir beispielsweise in der ersten Figur, die wie ein Fünfeck aussieht, alle kurzen Kanten zusammen, in der zweiten alle »Stundenzeigerkanten« und in der dritten alle langen Kanten. In jedem dieser Fälle behalten wir die ursprüngliche Bezeichnung der Kanten bei. Damit ergeben sich drei separate Untergraphen, in denen alle Kanten von 1 bis 5 benannt sind.

Es ist sehr wichtig, dem Graph mit den »Stundenzeigern« eine spezielle Position in der Mitte zuzuweisen, denn nun werden wir jedem Untergraphen eine entsprechende Konstante hinzufügen. Diese Konstante ist ein Vielfaches von $n$-1 (in unserem Beispiel 5). Die Kanten des ersten Untergraphen werden um $0 \cdot (n$-$1)$, die Kanten des zweiten um $1 \cdot (n$-$1)$ inkrementiert, und so weiter. Das Ergebnis ist ein neuer Satz von Untergraphen, in dem die Kantennumerierungen nicht miteinander kollidieren. Dies geschieht in der dritten Reihe von Abbildung 71.

Nun können alle $K_n$ zusammengefügt werden. Wir legen einfach die einzelnen Untergraphen übereinander, ohne die Kantenzahlen zu verändern. Das Ergebnis – in Abbildung 71 ganz unten – ist der vollständige magische Graph $K_6$.

Natürlich war bei dieser Demonstration der exakte Wert von $n$ nicht von Belang – er mußte nur um 2 größer sein als ein Vielfaches von 4. Wiederholen Sie dieses Verfahren ein paarmal mit größeren Werten, um zu verstehen, wie es funktioniert. Auch die Methode selbst hat schon fast etwas Magisches an sich. Was wohl die alten Chinesen dazu gesagt hätten?

# SAG, WAS MAG DAS SEIN?

Wenn man die alten Schätze Chinas kennengelernt hat, ist das, was man um die erste Jahrtausendwende in Europa vorfindet, ein wenig enttäuschend. In dieser Gegend herrschte um diese Zeit, die man gewöhnlich das finstere Mittelalter nennt, eine ungewöhnliche geistige Stagnation. Die Zentren des Wissens, wenn es sie überhaupt gab, waren die Klöster, wo sich die Gelehrsamkeit oft mit der Theologie verband, was ersterer meist zum Nachteil gereichte. Eine Vorstellung von den damaligen Zuständen vermittelt vielleicht ein Gedicht, das den Versuchen von König Aethelston gewidmet ist, Euklid und das Studium der Geometrie in seiner englischen Heimat im frühen 10. Jahrhundert einzuführen:

> *Der Name des Gelehrten war Euklid,*
> *Und Wundersames ward von ihm berichtet...*
> *Euklid auf diese Weise einstmals fand*
> *Die Geometrie in der Ägypter Land;*
> *Und von Ägypten trug er sie sodann*
> *In andre Länder weit und breit...*
> *Die Kunst kam auch nach England, sag ich Euch,*
> *Zur Zeit des guten Königs Adelstonus.*

Dieses Gedicht wurde übrigens erst rund vierhundert Jahre nach dem Tod von Aethelston geschrieben. Man vergleiche einmal die rührend unbeholfene Einstellung, die hier zum Ausdruck kommt, mit den Errungenschaften, die China mehrere Jahrhunderte zuvor entwickelt hatte.

Das damals übliche Zahlensystem waren die römischen Ziffern, ein Überbleibsel aus der Zeit, da Rom über einen Großteil der Welt geherrscht hatte. Wie wir gesehen haben, verwendeten die Chinesen bereits eine Stellenwertnotation, die sich inzwischen in Indien und im Nahen Osten zu verbreiten begann, aber Europa erst im 13. Jahrhundert erreichen sollte.

Wie primitiv das römische Ziffernsystem war, sieht man schon daran, daß es eigentlich gar nicht so weit entfernt ist von den Kerben, die die Ishango in ihren Knochen ritzten. Das Bild eines Stöckchens wird für jede Menge verwendet – I, II, III, IIII und so weiter für 1, 2, 3, 4…* Zur Vereinfachung gibt es auch noch ein paar verkürzte Symbole: V für 5, X für 10, L für 50, C für 100, D für 500 und M für 1000, wobei jedes dieser Symbole abwechselnd für den doppelten oder fünffachen Zahlenwert steht wie das vorhergehende Symbol. (Das liegt vielleicht daran, daß wir zwei Hände haben und jede Hand fünf Finger hat.) Die Summe der ersten 6 römischen Ziffern beträgt 666, für die Römer eine Glückszahl – später allerdings die »Zahl des wilden Tieres«, nämlich für die Christen, die sie verfolgten.

Um eine Zahl aus römischen Ziffern zu bilden, muß man nur so viele »Stöckchen« zusammentragen, wie für die betreffende Menge erforderlich sind, wobei man eine abgekürzte Ziffer verwendet, wo dies möglich ist. Um das Zählen der gesamten Menge zu erleichtern, sind die »Stöckchen« gewöhnlich von der größten zur kleinsten Ziffer angeordnet – so wie wir unsere Währung zusammenstellen, indem wir die höheren Einheiten über die niedrigeren stellen. Wenn diese Reihenfolge nicht angewendet wird, dann muß die kleinere Zahl von der größeren abgezogen werden, zum Beispiel ist XL 40, nicht 60. Ungeachtet ihrer Rückständigkeit ermöglichen die römischen Ziffern tatsächlich eine ganz direkte Form des Rechnens, zumindest solange es sich um einfache Rechnungen handelt. Bei der Addition von zwei Zahlen muß man nur die Symbole in den beiden Zahlen miteinander kombinieren. Zum Beispiel:

|       |     |     |       |      |        |
|-------|-----|-----|-------|------|--------|
|       | M   | CC  | XXX   | III  | 1233   |
| plus  | M   | C   | XX    | I    | + 1121 |
|       | MM  | CCC | XXXXX | IIII | 2354   |

Manchmal ist es notwendig, daß man das Ergebnis ein wenig »aufräumt«. So läßt sich beispielsweise die Folge XXXXX zu L vereinfachen. Auch das Subtrahieren von zwei Zahlen ahmt ganz direkt den Vorgang nach, eine Menge von einer anderen wegzunehmen:

|       |   |    |   |      |     |        |
|-------|---|----|---|------|-----|--------|
|       | M | CC | L | XX   | III | 1273   |
| minus |   | C  |   | XXX  | II  | – 132  |
|       | M | C  |   | XXXX | I   | 1141   |

---

* Übrigens ist die römische Ziffer für 4 nicht IV, wie viele Menschen meinen, sondern IIII. Die IV wurde von den Römern nämlich dem Symbol für Jupiter vorbehalten. Die Verfassung der Kirchenuhrmachergilde besteht auf der Verwendung der IIII, wie man an jeder Kirchenuhr erkennt. Die einzige Ausnahme ist meines Wissens Big Ben in London.

154

Bei diesem Beispiel besteht die einzige echte Komplikation darin, daß wir uns 5 X von L »borgen« mußten, um die Subtraktion ausführen zu können. Für die Multiplikation und die Division gibt es keine echte Anwendung in römischen Ziffern, und meist wurden diese Operationen überhaupt nicht zur Arithmetik gerechnet.

Am überraschendsten aber ist die Tatsache, daß jede komplizierte Arbeit mit Zahlen stets auf einem Abakus ausgeführt wurde, einem Gerät, das fast gänzlich auf einem Stellenwertsystem basiert. Es gibt eigentlich keinen klar erkennbaren Grund, warum der Übergang zu einem derartigen Zahlensystem in ganz Europa nicht leichter vollzogen wurde. Möglicherweise entstand der Abakus in anderen Teilen der Welt aus dem Zahlensystem heraus, während in Europa beides aus unterschiedlichen Quellen stammte. Normalerweise lernten die Menschen zuerst die römischen Ziffern und erst später den Gebrauch des Abakus, als ob das eine nur wenig mit dem andern zu tun hätte. Man könnte das mit einem Volk vergleichen, das eine hochdifferenzierte Sprache besitzt, diese aber nur zum Schreiben verwendet – beim Sprechen (und Denken) grunzen diese Menschen weiterhin wie die Urmenschen.

# Die Rätsel des Kaisers

Sogar in der geistigen Wüste des frühmittelalterlichen England gab es ein Buch mit Rätseln und Problemen, das viele Jahre später noch die Phantasie von sehr vielen Menschen beschäftigte. Dies waren die *Propositiones ad acuendos iuvenes* oder *Aufgaben zur Schärfung des Geistes der Jünglinge.** Der Autor dieser Rätsel ist unbekannt, obwohl man allgemein annimmt, daß sie von Alkuin von York, dem Abt von St. Martin in Tours, geschrieben oder zumindest zusammengetragen wurden.

Höchstwahrscheinlich sollten die Rätsel eine Art von Zerstreuung für Kaiser

---

* Das meiste, was in diesem Kapitel steht, verdanke ich einem einzigen Autor: Dr. David Singmaster vom South Bank Polytechnic in England. Dr. Singmaster hat mir freundlicherweise die einzige englische Übersetzung der *Propositiones* zur Verfügung gestellt, die er von Dr. John Hadley erarbeiten ließ. Zwei Zeitschriftenbeiträge von Dr. Singmaster sind in diesem Zusammenhang besonders nützlich, die sich mit Problemen aus den *Propositiones* befassen: »Triangles with Integer Sides and Sharing Barrels«, in: *The College Mathematics Journal*, September 1990, und »The Jealous Husbands«, in: *The Mathematical Gazette*, Juni 1989.

Karl den Großen darstellen. Dies geht aus einem Brief hervor, den Alkuin an seinen Schüler Karl im Jahre 799 sandte. Darin heißt es unter anderem: »Ich habe Euer Hoheit … einige Zahlen von arithmetischer Subtilität zu Eurer Unterhaltung geschickt, auf der leeren Seite des Pergaments, das Ihr uns geschickt habt – damit das, was sich unseren Augen nackt darbot, zu Euch bekleidet zurückkehrt.« Leider enthält diese Abschrift des Briefes nicht die Probleme. Aber es gibt noch eine weitere Handschrift, die etwa aus der gleichen Zeit stammt und mit der Grußformel beginnt: »Von Alkuin an seinen überaus geliebten Bruder, Vater Sigulf«, einem vertrauten Ge-fährten von Alkuin. Diese Handschrift ist eine Sammlung von Rätseln, an die Alkuin offenbar bei seinem ersten Brief gedacht hat. Wir nehmen daher an, daß er diese Sammlung auch an Karl den Großen geschickt hat. Wie der Kaiser auf diese Rätsel reagiert hat, wissen wir zwar nicht, aber wahrschein-lich hielt er sie für schwierig, wenn er sich überhaupt damit beschäftigt hat. Viele dieser Rätsel waren einst eng mit den mittelalterlichen Fassungen der Fabeln des Aesop verbunden, insbesondere mit den Bearbeitungen von Babrios aus dem 3. Jahrhundert. Das mag erklären, warum einige Rätsel Titel haben, die vage an eine typische Fabel erinnern. Aus unerfindlichen Gründen tauchen die Titel zuweilen in einer verschlüsselten Form auf, wobei ein Buchstabe gelegentlich durch den im Alphabet folgenden ersetzt wird. So lautet der verschlüsselte lateinische Titel »Der Hase und der Hund« beispielsweise:

»De cursu cbnks bc fugb lepprks«,
was nichts anderes heißt als
»De cursu canis ac fuga leporis«.

Wir schließen uns der üblichen Zuschreibung dieses Buches an und gehen davon aus, daß Alkuin sein Verfasser war. Heute verbindet man mit dem Abt zu Recht seine eindringlich schöne lateinische Lyrik – berühmt ist vor allem sein Epitaph:

Halt inne hier, ich bitte dich, verweile,
O Wanderer, und lies, was ich geschrieben,
Und lerne durch mein Schicksal dein Los kennen.
Was du, Wand'rer, heut bist, so weltberühmt
War ich einst – was ich heut bin, wirst du sein.
Weltlichen Freuden folgt ich, unbefriedigt
Blieb mein Herz – nun bin ich Asche, Staub.

156

*Darum besinn dich eher deiner Seele*
*Als deines Fleisches – dieses stirbt, sie dauert.*
*Was hilft dir dein Besitz? In diesem kleinen Haus*
*Hält Frieden jetzt mich: Größer wird auch deins nicht.*
*Willst deinen Leib in königliches Rot einhüllen?*
*Der Wurm ist hungrig nach dem Fleische dieses Leibes.*
*Wie Blüten auch im rauhen Winde sterben,*
*O Fleisch, vergeht auch einst dein ganzer Stolz.*

*Beherz'ge nun, o Wand'rer dieses Lied,*
*das ich für dich gemacht, ich bitt dich, sprich:*
*»O Herr, erbarm dich deines Dieners hier!«*
*Und keine Hand mög dieses Grabmal stören,*
*Bis aus dem Himmel die Trompete schallt:*
*»O du, der hier im Staube liegt, erheb dich,*
*Der Herr der ungezählten Heerschar'n naht!«*

*Alkuin war mein Name: Wissen lieb' ich.*
*O du, der dieses liest, bete für meine Seele.*

Weniger bekannt sind Alkuins Rätsel, obwohl er selbst ein wenig stolz darauf war. Ein typisches Beispiel ist das folgende, das er dem Erzbischof von Mainz schickte, den er mit dem fiktiven Namen Damoetas ansprach:

*Ein wildes Tier hat plötzlich mich besucht,*
*Ein wundersames Tier: Es hat zwei Köpfe -*
*Und doch hat es nur einen Kieferknochen*
*Mit zweimal dreimal zehn furchtbaren Zähnen.*

*Es nähret sich von dem, was auf mir wächst,*
*Nicht Fleisch, nicht Frucht. Es frißt nicht*
  *mit den Zähnen,*
*Es trinkt nicht. Doch ist kein Verfall an ihm.*
*Sagt, Damoetas, was ist dies für ein Tier?*

Die Antwort ist ein wenig enttäuschend – es ist »ein Kamm«. Der fragliche Kamm war vermutlich der schön geschnitzte Elfenbeinkamm mit sechzig Zinken und einem Löwenkopf an beiden Enden, den Alkuin zu seinen kostbarsten Besitztümern zählte. Viele seiner Anhänger, die sich vermutlich bewußt waren, welchen Unsinn sie da zum besten gaben, versuchten ihm nach Alkuins Tod groteske wundersame Eigenschaften zuzuschreiben. Die wahrhaft haarsträubendste Geschichte wurde über jenen Vater Sigulf erzählt, der die *Propositiones* erhielt:

*Vater Sigulf wusch zusammen mit einigen anderen den Leichnam von [Alkuin] in aller Ehrerbietung und legte ihn auf eine Bahre. Zu dieser Zeit hatte Sigulf einen großen Schmerz im Kopf, aber kraft seines Glaubens bei klarem Verstande, fand er ein Mittel, das diesen Schmerz sogleich heilte. Als er nämlich die Augen über das Lager des Meisters hob, erblickte er den Kamm, mit dem dieser sein Haupt zu kämmen pflegte. Er nahm ihn in die Hände und sagte: »Ich glaube, Herr Jesus, wenn ich meine Haare mit diesem Kamm meines Meisters kämmte, würde mein Kopf sogleich kraft seiner Verdienste geheilt werden.« In dem Augenblick, da er den Kamm über seinen Kopf zog, wurde der Teil, den er berührte, sogleich geheilt, und indem er seinen Kopf ringsum kämmte, verschwand der Schmerz völlig.*

Ja, das finstere Mittelalter…

## Rätsel von einem fernen Planeten

In vielen Fällen sind Alkuins Probleme ganz offensichtlich zu schwierig für den Autor selbst. Einige Rätsel sind sogar falsch beantwortet, beispielsweise Rätsel 52:

*Ein Edelmann befahl, neunzig Maß Korn von einem seiner Häuser zu einem anderen, das dreißig Halbmeilen davon entfernt war, zu schaffen. Ein Kamel sollte das Korn in drei Tagesreisen dorthin transportieren, wobei es auf jeder Tagesreise dreißig Maß tragen würde. Ein Kamel frißt ein Maß auf jeder Halbmeile. Wie viele Maß bleiben übrig, wenn alles Korn transportiert worden ist?*

Dies ist ein frühes Beispiel der noch heute sehr beliebten Transporträtsel. Alkuins Antwort lautet folgendermaßen (wobei ich noch ein paar Anmerkungen eingefügt habe):

*Auf der ersten Tagesreise befördert das Kamel 30 Maß auf 10 Halbmeilen und frißt 20 Maß, läßt also 10 übrig. [Das Kamel frißt 10 Maß auf dem Hinweg und 10 Maß auf dem Rückweg, um die nächste Ladung zu holen.] Auf der zweiten Tagesreise trägt es ebenfalls 30 Maß und frißt 20 davon, läßt also wieder 10 übrig; und auch auf der dritten Tagesreise tut es das gleiche, es trägt also 30 Maß, frißt 20 und läßt 10 übrig. [Tatsächlich aber sollte das Kamel auf der dritten Reise nur 10 Maß fressen, weil es ja nicht mehr zurückkehren muß.] Es bleiben dann 30 Maß [tatsächlich 40] übrig, und noch 10 Halbmeilen sind zurückzulegen [nein, 20]. Auf der vierten Reise [aber das Rätsel läßt nur drei Tagesreisen zu!] erreicht es das Haus und hat 10 [20] Maß von den 30 auf der Reise gefressen, so daß von der gesamten Summe nur 20 Maß übrigbleiben. [Aber nur 10 Maß erreichen das Ziel – die anderen 10 wurden zurückgelassen.]*

Die korrekte Lösung ist eigentlich gar nicht sehr kompliziert. Sie ist in Abbildung 72 dargestellt, wobei wir nur drei Tagesreisen angesetzt haben, wie es das Problem verlangt. Insgesamt muß das Kamel $52\frac{1}{2}$ Halbmeilen zurücklegen, um das Ziel anzusteuern, und $22\frac{1}{2}$ Halbmeilen, um zum Ausgangspunkt zurückzukehren – also alles in allem 75 Halbmeilen. Von den 90 Maß bleiben am Ende somit nur noch 15 übrig.

In diesen Rätseln tauchen so oft Kamele auf, daß man sich eines gewissen Verdachts nicht erwehren kann. Zum Beispiel:

Ein Kaufmann aus dem Osten wollte hundert Tiere für hundert Shilling kaufen. Er wies seinen Diener an, fünf Shilling für ein Kamel, einen Shilling

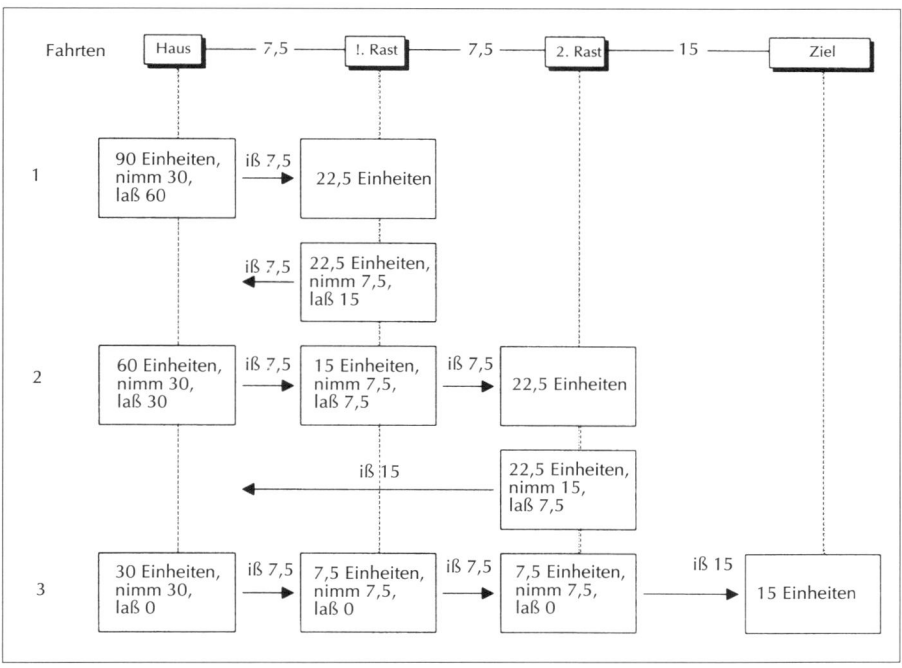

Abb. 72. Ein Edelmann ließ 90 Maß Korn transportieren …

für einen Esel zu bezahlen und zwanzig Schafe für einen Shilling zu kaufen. Wie viele Kamele, Esel und Schafe wechselten den Besitzer?

Dies ist ein Beispiel für ein linear unbestimmtes Problem, das wir in einem späteren Kapitel lösen werden. Einstweilen überlasse ich die Lösung Ihnen. Im Augenblick interessiert uns nur die erneute Erwähnung eines Kamels. Warum sollte ein englischer Mönch in seinen Rätseln mit einem Tier operieren, das er vermutlich nie gesehen hat? Die Antwort lautet, daß das Rätsel, wie so viele in den *Propositiones*, aus dem Nahen Osten stammte. Die Araber hatten das Stellenwertsystem bereits von den Indern gelernt, die es vielleicht ihrerseits von den Chinesen übernommen hatten. Die Rätsel stammen von einem sehr gescheiten Volk – die Lösungen freilich nicht. Für die Europäer müssen diese Rätsel wie von einem fernen Planeten gefallen sein, ausgedacht von Wesen, die die Welt mit anderen Augen betrachteten und offenbar eine andere Luft atmeten. Nur selten ist Alkuin der Aufgabe gewachsen. Er gibt die falschen Antworten, er mißversteht die Probleme oder kann einfach das allgemeine Prinzip, das dahintersteht, nicht herausfinden. Diese Probleme, die doch eigentlich den Verstand anregen sollten, fielen also nur auf unfruchtbaren Boden.

## Noch zwei Transportprobleme

Beim obigen Problem legte Alkuin die Zahl der Tagesreisen auf drei fest. Eine Variante besteht darin, daß die Zahl der Reisen variieren darf, aber die Menge des Proviants begrenzt ist. Als Beispiel geben wir hier eine Version zum besten, die offenbar mit Alkuins Problem zusammenhängt, die aber vermutlich zum ersten Mal im 20. Jahrhundert aufgetaucht ist:

*Ein Mann, der in der Wüste lebt, schickt seinen Diener aus, vier Meilen von seinem Haus entfernt eine Fahne aufzupflanzen. Um zu überleben, muß der Diener auf jeder Meile einen Liter Wasser trinken, aber er kann nur fünf Liter auf einmal mitnehmen. Da sie in der Wüste leben, müssen sie mit Wasser sparsam umgehen. Wie kann der Diener vier Meilen zurücklegen, die Fahne aufpflanzen, wieder heimkehren und dabei so wenig Wasser wie möglich trinken?*

Abbildung 73 stellt eine Lösung dar, bei der nur $11\frac{1}{2}$ Liter Wasser als Minimum benötigt werden. Wir teilen die gesamte Strecke in drei Abschnitte ein. Die 1. Rast ist ein Depot, das sich $\frac{1}{4}$ Meile vom Ausgangspunkt entfernt

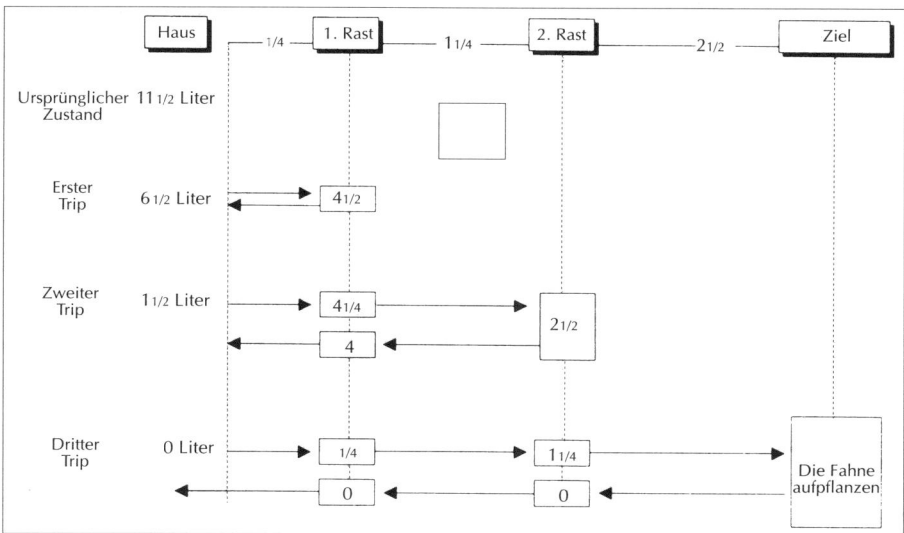

Abb. 73. Wie man eine Fahne vier Meilen von zu Hause aufpflanzt

befindet, die 2. Rast ist $1\frac{1}{4}$ Meilen von der 1. Rast entfernt, und das Ziel ist insgesamt 4 Meilen vom Haus entfernt.

Auf der ersten Etappe nimmt der Diener 5 Liter Wasser mit, also soviel, wie er tragen kann, und läßt $6\frac{1}{2}$ Liter zu Hause zurück. Er geht bis zur ersten Rast, deponiert hier $4\frac{1}{2}$ Liter und kehrt nach Hause zurück. Den verbleibenden $\frac{1}{2}$ Liter hat er auf dem Hin- und Rückweg getrunken.

Auf der zweiten Etappe nimmt der Diener weitere 5 Liter mit und läßt noch $1\frac{1}{2}$ Liter zu Hause zurück. Er begibt sich bis zur ersten Rast, wo er seinen Vorrat auffüllt, indem er aus dem Depot $\frac{1}{4}$ Liter entnimmt, und geht dann bis zur zweiten Rast. Hier deponiert er $2\frac{1}{2}$ Liter, kehrt zur ersten Rast zurück, entnimmt einen weiteren $\frac{1}{4}$ Liter und geht wieder nach Hause.

Auf der dritten und letzten Etappe nimmt der Diener die restlichen $1\frac{1}{2}$ Liter mit und geht bis zur ersten Rast, wo er $3\frac{3}{4}$ Liter mitnimmt, so daß er nun die 5 Liter bei sich hat, die er tragen kann. Er geht bis zur zweiten Rast weiter, füllt die $1\frac{1}{4}$ Liter auf, die er gerade bis dorthin verbraucht hat, und begibt sich zum Ziel, wo er die Fahne aufpflanzt. Er hat noch $2\frac{1}{2}$ Liter übrig, die er benötigt, um zur zweiten Rast zurückkehren zu können. Dort nimmt er die deponierten $1\frac{1}{4}$ Liter mit, um zur ersten Rast zu gelangen, nimmt dort den restlichen $\frac{1}{4}$ Liter mit und kehrt nach Hause zurück.

Die allgemeine Version des Problems besteht darin, daß man nach der minimalen Menge Wasser fragt, die benötigt wird, um eine Fahne $n$ Meilen vom Haus entfernt aufzupflanzen, aber ich kenne keine Formel, mit der man diese Frage beantworten könnte.

Bei einem anderen Typus des Transportproblems legen wir die Menge Proviant oder Treibstoff fest und fragen nach der längsten Reise, die damit möglich ist:

*Ein Streifenwagen hat einen Tank, der bis zu 10 Gallonen Benzin fassen kann. Der Tank wird aus einem von zwei 50-Gallonen-Fässern gefüllt, die auf der Station lagern. Das Fahrzeug kann nur 1 Faß auf einmal befördern und verbraucht eine Gallone für 10 Meilen, ganz gleich, ob es ein Faß befördert oder nicht. Wie weit kommt das Fahrzeug, bis ihm das Benzin ausgeht?*

Das Fahrzeug tankt zuerst aus dem ersten Faß auf, nimmt das zweite Faß mit, legt 50 Meilen zurück, lädt das zweite Faß ab und fährt wieder zur Station zurück. Hier tankt es wieder aus dem ersten Faß auf, nimmt dieses mit, fährt 100 Meilen weit, lädt das erste Faß dort ab, tankt daraus voll (es hat bis jetzt daraus 30 Gallonen verbraucht) und fährt 50 Meilen zurück zum zweiten Faß. Das Fahrzeug lädt dieses Faß auf und fährt 50 Meilen bis zum ersten Faß.

Beide Fässer sind nun 100 Meilen von der Station entfernt: Das erste enthält noch 20 Gallonen Benzin, das zweite noch alle 50 Gallonen, und der Tank des Fahrzeugs ist leer. Das Fahrzeug tankt aus dem ersten Faß voll, nimmt das zweite Faß mit, fährt $33\frac{1}{3}$ Meilen weiter, lädt das zweite Faß ab und kehrt zum ersten Faß zurück. Es lädt das Faß auf und fährt wieder die $33\frac{1}{3}$ Meilen bis zum zweiten Faß. Es tankt die restlichen 10 Gallonen Benzin aus dem ersten Faß, lädt das zweite Faß auf (das noch immer voll ist) und fährt nun 600 Meilen mit dem Benzin im Tank und im zweiten Faß. Insgesamt hat der Streifenwagen also maximal $733\frac{1}{3}$ Meilen zurücklegen können.

Die allgemeine Frage lautet natürlich: »Wie weit kann der Streifenwagen mit $n$ Fässern Benzin fahren?« Diese Frage wurde bereits 1990 von D.R. Westbrook von der University of Calgary sehr fein behandelt. Wenn $n$ zwischen 2 und 6 liegt, dann lautet die Antwort:

$$\frac{600}{1} + \frac{600}{3} + \frac{600}{5} + \ldots + \frac{600}{2n-3} + \frac{600-100n}{2n-1}$$

Wenn $n$ gleich 7 oder größer ist, lautet die Antwort:

$$\frac{600}{1} + \frac{600}{3} + \frac{600}{5} + \frac{600}{7} + \frac{600}{9} + \frac{600}{11} + \ldots + \frac{500}{2n-3}$$

Man beachte: Wenn $n$ gleich 2, dann ergibt die erste Formel $733\frac{1}{3}$, wie wir gesehen haben. Und wenn $n$ gleich 3, dann ergibt es nach dieser Formel 860. Können Sie die einzelnen Etappen dieser Fahrt mit 3 Fässern Benzin herausfinden?

## Brüder, Schwestern, Kannibalen …

In den *Propositiones* gibt es ein logisches Problem, das ein ausgesprochener Klassiker geworden ist. Es handelt sich um Problem 17:

*Drei Männer, von denen jeder eine Schwester bei sich hatte, mußten einen Fluß überqueren. Jeder begehrte die Schwestern der anderen. Am Fluß fanden sie nur ein kleines Boot vor, mit dem nur zwei Personen auf einmal übersetzen konnten. Wie gelangten sie alle über den Fluß, ohne daß eine der Frauen von den Männern geschändet wurde?*

Die übliche Interpretation des Problems geht davon aus, daß eine Frau nicht mit einem anderen Mann zusammen auf irgendeinem Ufer oder im Boot sein kann, wenn ihr Bruder nicht dabei ist. (Dazu eine in kultureller Hinsicht interessante Anmerkung: Italienische Mathematiker gingen immer davon aus, daß man eine Frau bei einem anderen Mann lassen könnte, wenn dessen Schwester gleichfalls zugegen wäre, als eine Art Anstandsdame – offenbar glaubten sie, kein Mann würde eine Frau in Gegenwart seiner eigenen Familie schänden!) Eine notwendige, aber nicht ausreichende Bedingung lautet, daß die Frauen auf einem Ufer nie in der Mehrzahl gegenüber den Männern sein können. Die Bedingung wird in einer späteren Version des Problems abgeschwächt: Hier wollen 3 Missionare und 3 Kannibalen den Fluß in einem Zweimannboot überqueren – aber zu keiner Zeit dürfen auf irgendeinem Ufer mehr Kannibalen als Missionare sein. Diese Version ist zwar »schwächer«, aber keineswegs einfacher – der Leser kann sie ja zu lösen versuchen.

Im folgenden gebe ich Alkuins Lösung wörtlich wieder:
Zuerst steige ich mit meiner Schwester ins Boot und fahre hinüber; dann lasse ich meine Schwester aus dem Boot und fahre wieder über den Fluß zurück. Dann steigen die Schwestern, die auf dem Ufer zurückgeblieben waren, ins Boot. Sobald sie das andere Ufer erreicht haben und ausgestiegen sind, steigt meine Schwester ins Boot und bringt es zu uns zurück. Dann

steigt sie aus, die beiden anderen Männer steigen ein und überqueren den Fluß. Dann fährt einer von ihnen mit seiner Schwester zu uns zurück. Dann setze ich mit dem Mann, der gerade wieder zurückgekommen war, über, wobei wir unsere Schwestern zurücklassen. Sobald wir die andere Seite erreicht haben, nimmt die dort wartende Frau das Boot, fährt damit zurück und kommt dann mit meiner Schwester wieder. Dann fährt der Mann, dessen Schwester auf der anderen Seite geblieben ist, mit dem Boot hinüber und holt sie über. Und damit wäre die Flußüberquerung vollendet, ohne daß etwas Ungehöriges geschehen ist.

Für das gesamte Manöver wurden insgesamt elf einzelne Überquerungen benötigt, und das gilt als Minimum. Später gab es einmal einen lateinischen Merkvers, dessen Lösung sich nur ganz wenig von der Alkuins unterschied:

> *Binae, sola, duae, mulier, duo, vir mulierque.*
> *Bini, sola, duae, solus, vir cum mulier.*
> *(Frauen, Frau, Frauen, Frau, Männer, Mann und Frau.*
> *Männer, Frau, Frauen, Mann, Mann mit Frau.)*

Eine Lösung, die praktischer ist als die von Alkuin, ist in Abbildung 74 dargestellt. Gäbe es keine Eifersuchtsprobleme, und wir wollten nur die sechs Personen in einem Zweimannboot über den Fluß bringen, dann wären nur neun einfache Fahrten erforderlich: Ein Mann würde vier Personen in 4 Rundfahrten (gleich acht Überquerungen) und dann sich selbst und die letzte Person mit der letzten Überquerung übersetzen. Aufgrund der Bedingungen des Rätsels ist in jeder Richtung eine zusätzliche Überquerung erforderlich, wie man aus Abbildung 74 ersieht. Damit ist auch leicht bewiesen, daß dies die Minimallösung ist. Sehen Sie sich einmal die 6. Fahrt in der Mitte an. An dieser Stelle herrscht Symmetrie: Auf jedem Ufer befindet sich ein Paar, ein weiteres Paar sitzt im Boot. Um die Überquerung abzuschließen, muß man die ersten fünf Schritte nur umkehren. Um zu beweisen, daß dies die Minimallösung ist, müssen wir daher nur die ersten 5 Schritte betrachten, und ohne weiteres lassen sich alle möglichen Fahrten finden, um zu zeigen, daß diese fünf tatsächlich das absolute Minimum darstellen.

Alkuin führt auch zwei Probleme auf, die offenbar frühere Versionen von diesem sind. Beide sind gewissermaßen Probleme zum Aufwärmen, aber überraschenderweise gibt Alkuin sie erst nach dem Brüder-Schwestern-Problem zum besten, als ob er wieder einmal nicht den offenkundigen Zusammenhang erkannt hätte. Das erste dieser Probleme trägt die Nummer 18:

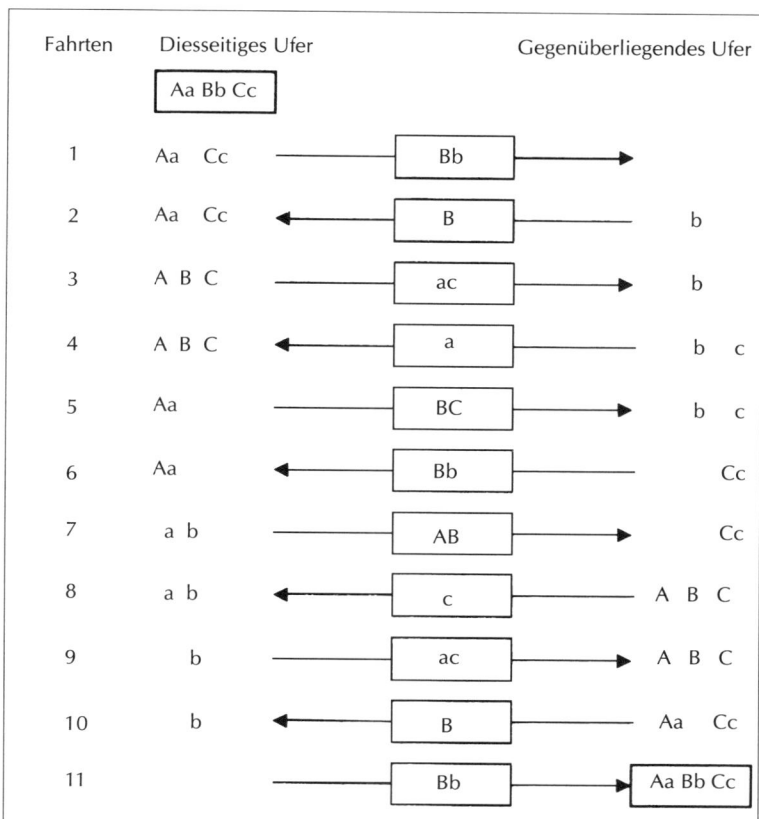

| Fahrten | Diesseitiges Ufer | | Gegenüberliegendes Ufer |
|---|---|---|---|
| | Aa Bb Cc | | |
| 1 | Aa   Cc | Bb → | |
| 2 | Aa   Cc | ← B | b |
| 3 | A B C | ac → | b |
| 4 | A B C | ← a | b   c |
| 5 | Aa | BC → | b   c |
| 6 | Aa | ← Bb | Cc |
| 7 | a b | AB → | Cc |
| 8 | a b | ← c | A B C |
| 9 | b | ac → | A B C |
| 10 | b | ← B | Aa   Cc |
| 11 | | Bb → | Aa Bb Cc |

Abb. 74.
Drei Paare
überqueren
einen Fluß

*Ein Mann mußte einen Wolf, eine Ziege und einen Kohlkopf über den Fluß bringen. Doch er konnte nur ein Boot finden, in dem nur zwei auf einmal Platz hatten. Aber der Mann hatte nun einmal den Befehl erhalten, alle drei wohlbehalten zur anderen Seite zu bringen. Wie konnte dies geschehen?*

Vermutlich würde der Wolf die Ziege und die Ziege den Kohlkopf fressen, wenn beide allein gelassen würden. Der Leser möge sich damit vergnügen, Alkuins Verfahren nachzuvollziehen, das »eine gesunde Ruderpartie ohne eine mörderische Katastrophe« ermöglichen würde. Das gleiche Rätsel tauchte auch in einer französischen Volkssage über den einfältigen Bauern Jean L'Hébété auf.

Das zweite Problem trägt die Nummer 19:

*Ein Mann und eine Frau, von denen jeder soviel wiegt wie ein beladener Karren, sowie ihre beiden Kinder, die zusammen soviel wiegen wie ein beladener Karren, müssen einen Fluß überqueren. Sie finden ein Boot, das nur eine Karrenladung tragen kann. Vollziehe die Überquerung, wenn du kannst, ohne daß das Boot sinkt.*

Versuchen Sie auch hier Alkuins »geschicktes Rudern« herauszufinden, mit dessen Hilfe »die Überfahrt ohne Schiffbruch vollendet werden kann«.

Diese einfacheren Varianten tauchen auch in mehreren afrikanischen Volksmärchen auf, wo sie nicht als schwierige Probleme, sondern nur als vergnügliche Geschichten gelten. Nach der Suaheli-Tradition besucht ein Mann aus einer anderen Region einen Sultan, weigert sich aber, den gebührenden Tribut zu entrichten. Daher wird ihm eine Aufgabe gestellt: Er muß einen Leoparden, eine Ziege und einige Baumblätter zum Sohn des Sultans bringen, der auf der anderen Seite des Flusses lebt, und dafür muß er ein Boot verwenden, das nur den Besucher und zwei andere Dinge befördern kann. Das Problem lautet natürlich: Zwei Dinge dürfen nicht allein zusammen auf einem Ufer zurückbleiben. (Das unterscheidet sich von der bei Alkuin erwähnten Version, nach der die Möglichkeit bestand, zumindest den Wolf und den Kohlkopf auf einem Ufer allein zu lassen.) Nachdem der Besucher über das Problem nachgedacht hat, beschließt er, zuerst die Blätter und die Ziege hinüberzubringen, dann mit der Ziege zurückzukehren und schließlich die Ziege zusammen mit dem Leoparden zum Sohn des Sultans zu bringen.

Eine ähnliche Idee stammt aus Sambia. Diesmal gilt es, vier Dinge zu transportieren: einen Leoparden, eine Ziege, eine Ratte und einen Korb Mais, wobei wahrscheinlich jedes das Folgende frißt. Das Boot kann nur den Mann und ein Ding befördern. Nach dieser Geschichte überlegt der Mann zunächst, ob er nicht die Ratte oder den Leoparden zurücklassen und damit das Problem auf die Suaheli-Version reduzieren soll, aber dann heißt es weiter, schließlich habe der Mann erkannt, daß alle Tiere seine Brüder sind – und darum beschloß er, die Fahrt überhaupt nicht zu unternehmen!

Diese Sagen und Märchen waren das ursprüngliche Material, aus dem Alkuins Brüder-und-Schwestern-Rätsel letzten Endes gestaltet wurde. Und dieser Gestaltungsprozeß ging noch lange nach Alkuin weiter. Eine naheliegende Variante besteht darin, daß man die Zahl der Paare erhöht, aber es stellt sich rasch heraus, daß das Rätsel mit einer Zahl von Paaren, die größer als drei ist, nicht gelöst werden kann. Nehmen wir also einmal an, es gibt vier Paare. An irgendeinem Punkt des Übersetzens müssen genau fünf Personen am gegenüberliegenden Ufer sein. Die einzigen Kombina-

166

tionen aus fünf Personen sind im folgenden aufgelistet, zusammen mit den notwendigen Kombinationen auf dem diesseitigen Ufer:

| Diesseitiges Ufer | | Gegenüberliegendes Ufer | |
|---|---|---|---|
| Männer | Frauen | Männer | Frauen |
| 3 | 0 | 1 | 4 |
| 2 | 1 | 2 | 3 |
| 1 | 2 | 3 | 2 |
| 0 | 3 | 4 | 1 |

Die einzige akzeptable Kombination ist die letzte, da bei den anderen auf dem einen oder anderen Ufer mehr Frauen als Männer sind, so daß einer von den Männern eifersüchtig wäre.

So weit, so gut. Aber nun lautet die entscheidende Frage: Wie sah die Situation unmittelbar vor dieser Stufe aus? Als das Boot das gegenüberliegende Ufer erreichte, hatte es entweder eine Frau und einen Mann oder zwei Männer an Bord. (Aber nicht zwei Frauen, da sich ja nun nur eine Frau auf dem gegenüberliegenden Ufer befindet.) Im ersten Fall wären auf dem diesseitigen Ufer ein Mann und vier Frauen gewesen, was nicht zulässig ist, und im zweiten Fall wären es zwei Männer und drei Frauen gewesen, was gleichfalls nicht zulässig ist.

Um das ursprüngliche Problem auszubauen, setzen wir eine Insel in die Mitte des Flusses, die als Zwischenstation für die Frauen dienen kann, wo diese damit vor den Männern auf beiden Ufern sicher sind. Wenn wir eine Überquerung von Ufer zu Ufer nicht zulassen, sondern es zur Bedingung machen, daß bei jeder Fahrt ein Zwischenstopp auf der Insel eingelegt wird, dann ist die in Abbildung 75 dargestellte Lösung die beste, wobei *Xx* jeweils ein Paar darstellt und *X* der Mann, *x* die Frau ist.

Dies ist eine von vielen Versionen, die David Singmaster vom South Bank Polytechnic in England genauer untersucht hat. Seiner Methode folgend, haben wir die Überfahrten in drei Stufen eingeteilt, weil man damit eine eher allgemeine Lösung aufzeigen kann. In der 1. Stufe bringen wir ein Paar hinüber, in der 3. Stufe die letzten beiden Paare. Bei den 8 Überfahrten in der 2. Stufe wird genau ein Paar hinübergebracht, und diese Überfahrten können so oft wie nötig wiederholt werden, falls wir die Zahl der Paare erhöhen. Falls wir beispielsweise 5 Paare haben, benötigen wir daher: 9 Überfahrten in der 1. Stufe für das erste Paar, plus zweimal 8 Überfahrten in der 2. Stufe für die nächsten beiden Paare, plus 9 Überfahrten in der 3.

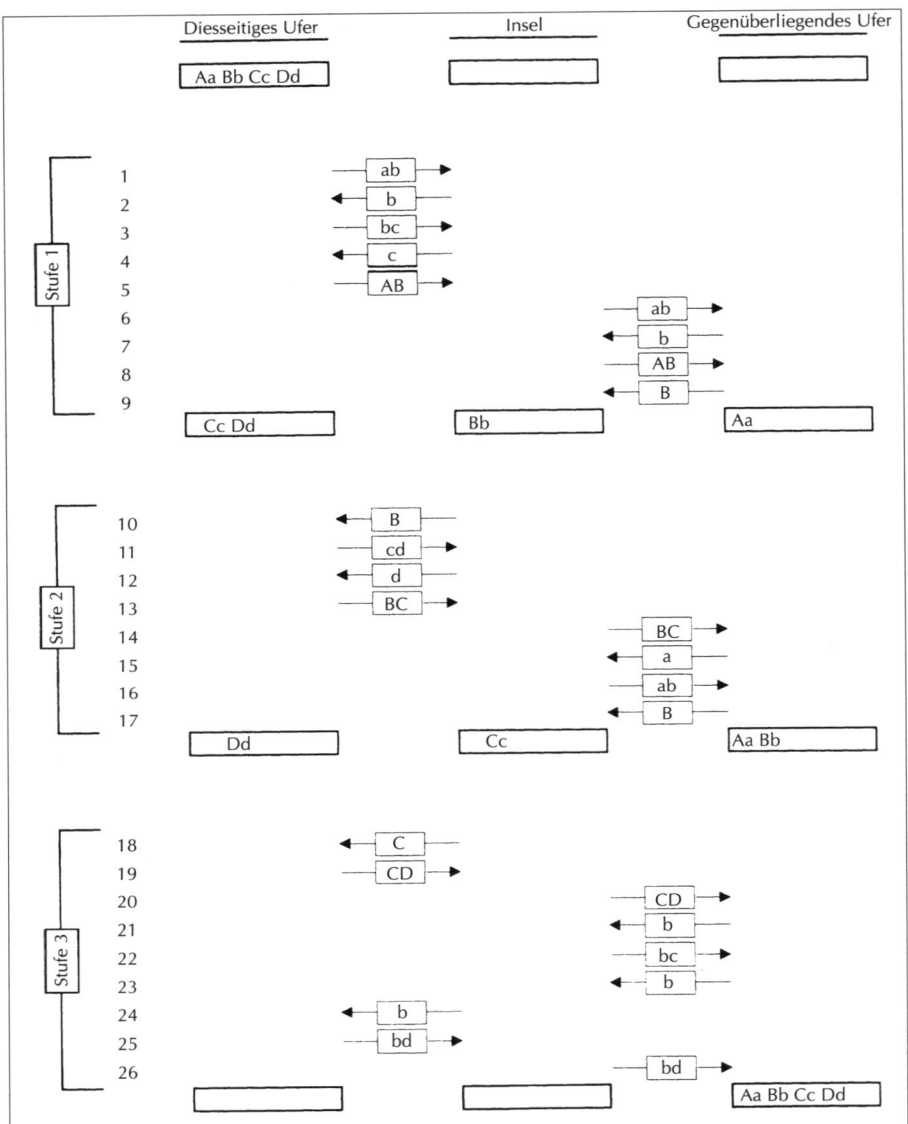

Abb. 75. Vier Paare überqueren einen Fluß

Stufe für die letzten beiden Paare. Allgemein formuliert benötigen wir für
$n$ Paare:

$$9 + 8(n\text{-}3) + 9 = 8n - 6 \text{ Überfahrten.}$$

Es läßt sich ganz einfach zeigen, daß diese Lösung tatsächlich die Mindestzahl an Überfahrten darstellt. Jedesmal wenn das Boot das linke Ufer verläßt, müssen zwei Personen darin sein. Außerdem muß das Boot mit einer Person zurückkehren. Damit reduziert eine Rundfahrt die Zahl der Personen auf dem linken Ufer nur um eine, außer natürlich bei der letzten Überfahrt, bei der zwei Personen befördert werden und das Boot nicht mehr zurückfährt. Wenn es also $n$ Paare (oder $2n$ Personen) sind, dann muß es mindestens $2(2n-2) + 1 = 4n - 3$ Fahrten vom linken Ufer zur Insel geben. Genauso muß es auch $4n - 3$ Fahrten von der Insel zum rechten Ufer geben, so daß es mindestens $8n - 6$ Überfahrten sind – exakt die Zahl, die wir in Abbildung 75 dargestellt haben.

Das Verbot von Überfahrten von Ufer zu Ufer ist natürlich willkürlich. Jahrzehntelang glaubte man, daß man bei einer Zulassung von Überfahrten von Ufer zu Ufer $6n - 7$ solcher Überfahrten benötigen würde, bis Ian Pressman, in Zusammenarbeit mit David Singmaster, dahinterkam, wie man dies mit nur $4n + 1$ Überfahrten lösen könnte. Ihre Methode erweist sich als zunehmend überlegen, wenn die Zahl der Paare wächst. Sie wird in Abbildung 76 vorgestellt.

Auch bei dieser Lösung gibt es einzelne Stufen. Die vier Überfahrten in der 2. Stufe, bei der am Ende ein Paar hinübergebracht wird, müssen $n - 2$ mal wiederholt werden. (In unserem Fall werden sie zweimal wiederholt, was wir mit Stufe 2′ und Stufe 2″ veranschaulichen.) Daher benötigen wir, allgemein formuliert, $4 + 4(n-2) + 5 = 4n + 1$ Überfahrten für $n$ Paare. Als sie feststellten, daß dieses Rätsel bereits mindestens hundert Jahre existiert hatte, ehe sie diese Lösung entdeckten, schrieben Pressman und Singmaster: »Die Einfachheit dieser Methode verblüffte uns, und daher waren wir ziemlich überrascht, daß noch niemand früher dahintergekommen war. Man parkt einfach zwei [Frauen] auf der Insel und läßt die Paare von den beiden einzelnen Männern übersetzen.«

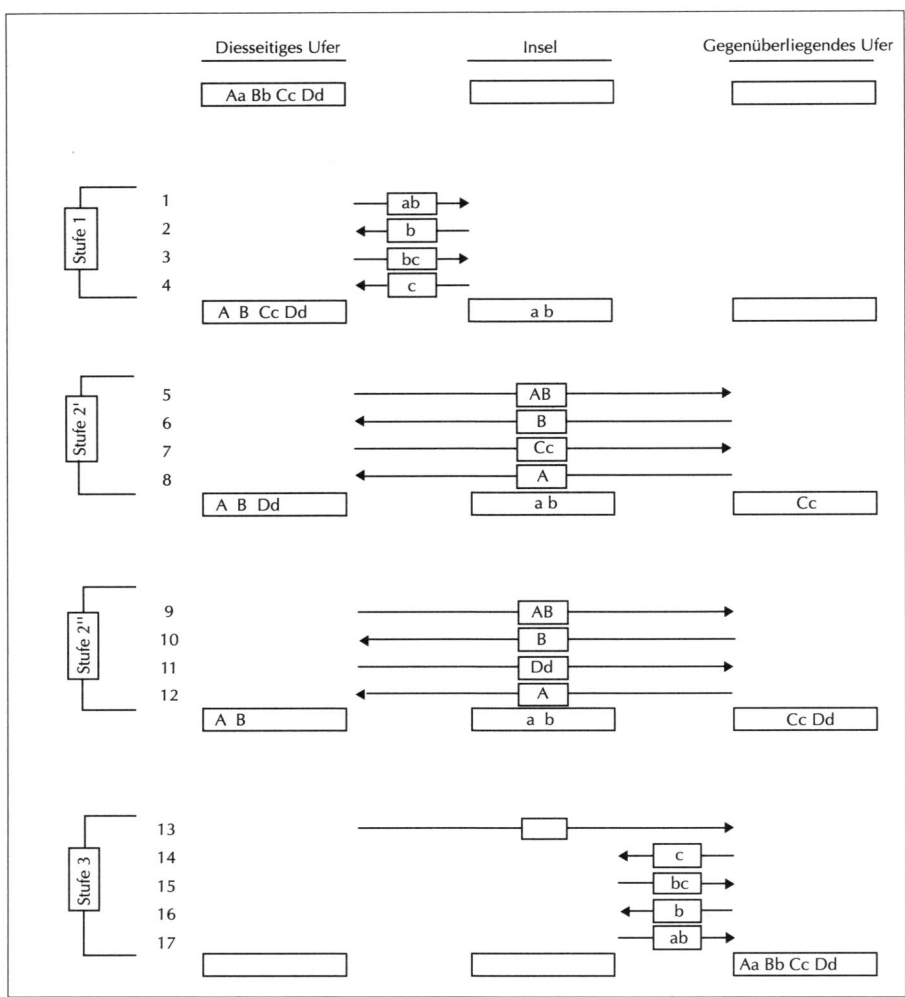

Abb. 76. Eine bessere Möglichkeit, vier Paare über einen Fluß zu bringen

170

# Ein Treppenhaus mit 100 Stufen

Problem 42 der *Propositiones* lautet:

Ein Treppenhaus besteht aus 100 Stufen. Auf der ersten Stufe sitzt 1 Taube, auf der zweiten Stufe sitzen 2 Tauben, auf der 3. Stufe 3 und so weiter bis zur 100. Stufe. Wie viele Tauben sind es insgesamt?

Als man dieses Problem dem siebenjährigen Gauß aufgab, löste der Knabe es offenbar in ein paar Minuten. Was das Wunderkind so rasch entdeckte, ist vermutlich die beste Lösungsmethode, und sie sieht genauso aus wie die von Alkuin. Wir führen sie hier für eine beliebig lange Reihe vor, und zwar so, daß wir zunächst die Reihe in der einen Richtung und dann darunter in der entgegengesetzten Richtung aufschreiben. Offenbar betragen die senkrechten Summen jeweils $(n + 1)$, und da es $n$ solcher Summen gibt, muß die Gesamtsumme der Reihe $\frac{1}{2}n(n+1)$ betragen.

$$
\begin{array}{llllllll}
S = & 1 & + & 2 & + & 3 & + & 4 & + \ldots + & n \\
S = & n & + & (n\text{-}1) & + & (n\text{-}2) & + & (n\text{-}3) & + \ldots + & 1 \\
\hline
2S = & (n{+}1) & + & (n{+}1) & + & (n{+}1) & + & (n{+}1) & + \ldots + & (n{+}1) \\
2S = & n(n{+}1) \\
S = & \frac{1}{2}n(n{+}1)
\end{array}
$$

Die Summe der Zahlen 1 bis 100 muß somit $\frac{1}{2}$ (100) (101) = 5050 betragen.

Martin D. Stern vom Manchester Polytechnic hat herausgefunden, daß ein ähnliches Rätsel – wenn man das überhaupt ein Rätsel nennen kann – ausgerechnet im Talmud auftaucht, und zwar an einer Stelle, wo die Geschichte eines Mannes erzählt wird, der ein ungewöhnliches Problem hat: »Ich habe mich dazu verpflichtet, ein Speiseopfer darzubringen, und es sollte soviel sein, wie in eine bestimmte Zahl von Gefäßen geht, aber ich kann mich nicht mehr erinnern, auf welche Zahl ich mich festgelegt habe.« Die maximale Zahl der Opfergaben an diesem Fest betrug 61 Gefäße, aber da der Mann freiwillig eine Opfergabe leisten wollte, nahm man an, daß es irgendeine Zahl zwischen 1 und 60 sei. Daher mußte der arme Mann ein Gefäß am ersten Tag opfern, zwei am zweiten Tag und so weiter, sechzig Tage lang – dahinter stand der Gedanke, daß er an einem der Tage mit Sicherheit sein Versprechen erfüllen würde. Wie viele Gefäße waren dies insgesamt? Der Talmud erklärt dies so:

*Nimm die Zahlen von eins bis sechzig und verbinde die erste mit der letzten, bis du zur Mitte gelangst, also 1 und 60 ergeben 61, 2 und 59 ergeben 61, 3 und 58 ergeben 61, bis du zu 30 und 31 gelangst, was ebenfalls 61 ergibt. Damit hast du dreißigmal 61 errechnet, und das ergibt insgesamt 1830.*

Man kann die Formel noch allgemeiner darstellen, auch wenn das natürlich weder Alkuin noch der Talmud versucht haben. Wenn man die Summe aus allen Zahlen zwischen $a$ und $b$ (einschließlich) bildet, erhält man $\frac{1}{2}(b+a)(b-a+1)$. So ist beispielsweise die Summe der Zahlen zwischen 7 und 31 gleich $\frac{1}{2}(38)(25) = 475$. Bildet man die Summe nicht aus allen Zahlen, sondern nur aus allen $n$-ten Zahlen zwischen $a$ und $b$, dann erhält man $\frac{1}{2}(b+a)[(b-a)/n+1]$. Beispielsweise ist die Summe aller dritten Zahlen zwischen 2 und 26 $(2 + 5 + 8 + \ldots)$ gleich $\frac{1}{2}(28)(9) = 126$.

Die Summe der Reihe von 1 bis $n$ nennt man gewöhnlich die $n$-te Trigonalzahl, abgekürzt $T_n$. Zum Beispiel: $T_1 = 1$, $T_2 = 1 + 2 = 3$, $T_3 = 1 + 2 + 3 = 6$, $T_4 = 1 + 2 + 3 + 4 = 10$ und $T_{100} = 5050$, also die Lösung von Alkuins Rätsel. Die Menge der Fische, die der Apostel Petrus aus dem Meer holte, war $T_{17} = 156$, eine von vielen polygonalen Zahlen, die sich in der Bibel finden. Man nennt sie Trigonal- oder Dreieckszahlen, weil sie die Zahl der Objekte darstellen, die man in fortschreitend größer werdenden Dreiecken unter-

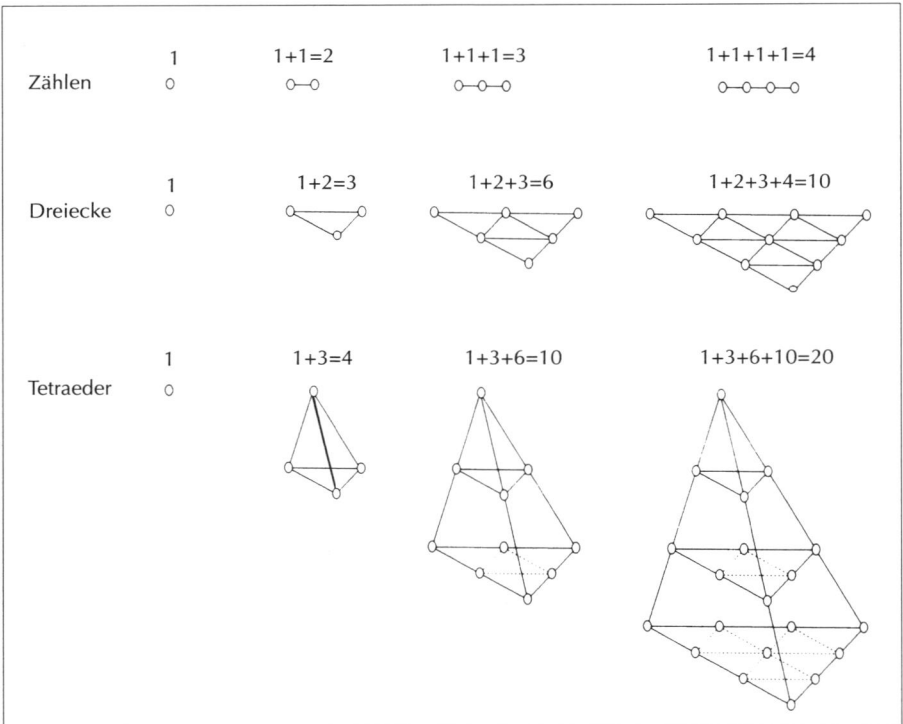

Abb. 77. Figurierte Zahlen der 1. Ordnung

bringen kann. Der Mittelteil von Abbildung 77 veranschaulicht die ersten 4.

Trigonalzahlen gehören zu einer großen Klasse von Zahlen, die man als polygonal oder figuriert bezeichnet. Dieser ganz körperliche Umgang mit Mengen ist typisch für alte Völker, vermutlich wegen der hübschen Muster, die dadurch bei Zahlen auftreten. Dieses Muster wird sichtbar, wenn wir die Idee der polygonalen Zahlen einmal ganz allgemein betrachten. Zunächst haben wir die eindimensionalen oder linear figurierten Zahlen aufgelistet. Die erste Ordnung stellen einfach alle fortlaufenden Zahlen dar. Die zweite Ordnung setzt sich aus allen zweiten Zahlen zusammen, beginnend mit der 1 (wir nennen dies die ungeraden Zahlen), und die dritte Ordnung besteht aus allen dritten Zahlen, beginnend mit der 1, und so weiter.

### Linear figurierte Zahlen

| Ordnung | Folge | | | | | | | |
|---|---|---|---|---|---|---|---|---|
| 1 | 1, | 2, | 3, | 4, | 5, | 6, | 7, | ... (Fortlaufende Zahlen) |
| 2 | 1, | 3, | 5, | 7, | 9, | 11, | 13, | ... (Ungerade Zahlen) |
| 3 | 1, | 4, | 7, | 10, | 13, | 16, | 19, | ... |
| 4 | 1, | 5, | 9, | 13, | 17, | 21, | 23, | ... |

Als nächstes haben wir es mit den zweidimensionalen oder planar figurierten Zahlen zu tun. Die erste Folge sind die Trigonalzahlen, die strenggenommen als Teilsummen der linearen Zahlen erster Ordnung zu definieren sind, auch wenn sich das ein wenig umständlich anhört. Die zweite Folge sind die Quadratzahlen, also die Teilsummen der linearen Zahlen zweiter Ordnung, also der ungeraden Zahlen. Dann kommen die Pentagonalzahlen (Teilsummen der linearen Zahlen dritter Ordnung), die Hexagonalzahlen und so weiter.

### Planar figurierte Zahlen

| Ordnung | Folge | | | | | | | |
|---|---|---|---|---|---|---|---|---|
| 1 | 1, | 3, | 6, 10, | 15, | 21, | 28, | ... (Trigonal) |
| 2 | 1, | 4, | 9, 16, | 25, | 36, | 49, | ... (Quadratisch) |
| 3 | 1, | 5, | 12, 22, | 35, | 49, | 68, | ... (Pentagonal) |
| 4 | 1, | 6, | 15, 28, | 45, | 66, | 91, | ... (Hexagonal) |

Als nächsthöhere Klasse erhalten wir die dreidimensionalen oder räumlich figurierten Zahlen. Es versteht sich von selbst, daß jede Ordnung dieser Zahlen aus den Teilsummen der entsprechenden planar figurierten Zahlen gebildet wird. Damit erhalten wir die Tetraeder-, Pentaeder- und andere räumlich figurierte Zahlen.

Räumlich figurierte Zahlen

| Ordnung | Folge | | | | | | | |
|---|---|---|---|---|---|---|---|---|
| 1 | 1, | 4, | 10, | 20, | 35, | 56, | 84, ... | (Tetraeder) |
| 2 | 1, | 5, | 14, | 30, | 55, | 91, | 140, ... | (Pentaeder) |
| 3 | 1, | 6, | 18, | 40, | 75, | 126, | 196, ... | (Hexaeder) |
| 4 | 1, | 7, | 22, | 50, | 95, | 161, | 252, ... | (Heptaeder) |

Von hier aus ist es ein leichtes, höhere Dimensionen zu erschließen, auch wenn wir Probleme hätten, Bilder von solchen »Figuren« zu drucken. All diese Zahlen lassen sich mit einer einzigen Formel zusammenfassen, die auf den ersten Blick abschreckend wirkt, aber eigentlich ganz einfach ist. $N_{d,i,n}$ sei die $n$-te Zahl der Ordnung i der Dimension d. Dann ist

$$N_{d,i,n} = \frac{1}{d!} \frac{(n+d-2)!}{(n-1)!} \left( ni - (i-d) \right)$$

Die additive Weise, auf die jede Art von figurierten Zahlen erzeugt wird, erinnert ein wenig an Chuh Shih-chiehs Dreieck, das in Abbildung 78 zu sehen ist. Wenn man das Dreieck entsprechend dreht, findet man die erste Ordnung der figurierten Zahlen in jeder Dimension.

Mit Hilfe der figurierten Zahlen der ersten Ordnung – die fortlaufenden Zahlen, die Trigonalzahlen, die Tetraederzahlen und so weiter – kann man

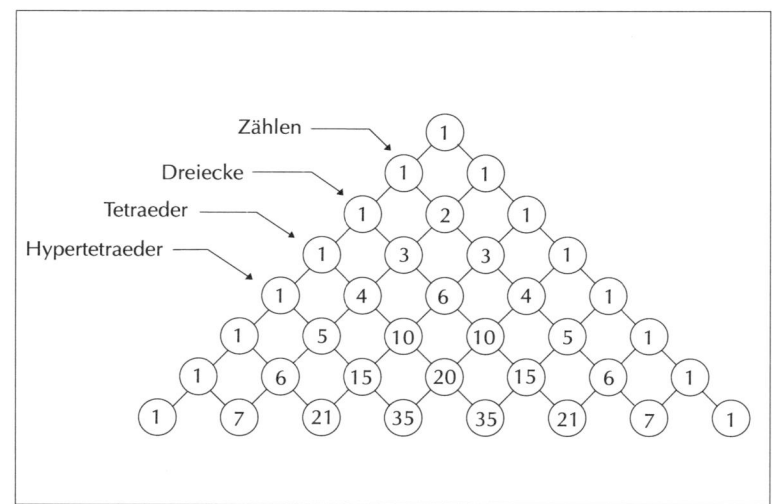

Abb. 78.
Die figurierten Zahlen in Chu Shih-chiehs Dreieck

Kombinationen von Dingen zählen. Bei den fortlaufenden Zahlen liegt diese Anwendungsmöglichkeit auf der Hand. Bei den Trigonalzahlen gibt $T_n$ die Zahl der Kombinationen k-ter Ordnung von zwei aus ($n$+1) Elementen an. In der dritten Dimension gibt die $n$-te Tetraederzahl die Kombinationsmöglichkeiten k-ter Ordnung von drei aus ($n$+2) Objekten an. In der vierten Dimension gibt die $n$-te Hypertetraederzahl die Kombinationen k-ter Ordnung von vier aus ($n$+3) Elementen an. Und so weiter.

Um dies alles zusammenzubringen, sehen wir uns die fünf Elemente {a,b,c,d,e} an. Wie viele Sätze gibt es von zwei Elementen auf einmal? Die Antwort lautet: $T_4 = 10$:

| | | | |
|---|---|---|---|
| 1: {a,b} | 4: {a,e} | 7: {b,e} | 10: {d,e} |
| 2: {a,c} | 5: {b,c} | 8: {c,d} | |
| 3: {a,d} | 6: {b,d} | 9: {c,e} | |

Wie viele Sätze gibt es, wenn man drei Elemente miteinander kombiniert? Die Antwort ist die dritte Tetraederzahl, 10, was Sie einmal verifizieren können. Wie viele Sätze gibt es, wenn man vier Elemente miteinander kombiniert? Die Antwort ist die zweite »Hypertetraederzahl«, also 5. Die Methode, mit Hilfe dieser Reihen verschiedene Kombinationen von Dingen zu zählen, erklärt vielleicht auch eine ziemlich verschlüsselte alte griechische Textstelle, in der Pythagoras einen Kaufmann fragt: »Wie zählst du eigentlich?« Der Kaufmann erwidert natürlich: »Eins, zwei, drei, vier…« Da unterbricht ihn Pythagoras: »Halt! Was du für vier hältst, ist zehn.« Damit meinte er nur, daß $T_4 = 10$.

In der Zahlentheorie haben die figurierten Zahlen eine merkwürdige Bedeutung. Pierre de Fermat, der berühmte französische Mathematiker, hat einmal folgendes festgestellt: Alle natürlichen Zahlen (das heißt sämtliche Zahlen, beginnend bei 1) können als Summe von höchstens drei Trigonalzahlen, von höchstens vier Quadratzahlen, von höchstens fünf Pentagonalzahlen und so weiter für sämtliche planar figurierten Zahlen ausgedrückt werden. Nehmen wir beispielsweise die Zahl 26. Wir können sie als 15 + 10 + 1 (also mit höchstens drei Trigonalzahlen), als 25 + 1 (höchstens vier Quadratzahlen) und als 22 + 1 + 1 + 1 (höchstens fünf Pentagonalzahlen) ausdrücken. Und so weiter.

# Wie viele Schnittpunkte?

Hier ein angenehmes kleines Forschungsgebiet für Leser, die gern Muster ausfindig machen. Ich werde in diesem Fall keine Lösung angeben, wenngleich ich nicht behaupten möchte, daß Trigonalzahlen dabei keine Rolle spielen.

Wir haben $p$ Punkte in einer oberen Reihe und $q$ Punkte in einer unteren Reihe. Wir verbinden jeden Punkt oben mit jedem Punkt unten durch gerade Linien. Unsere einzige Einschränkung lautet, daß die Punkte so angeordnet sein müssen, daß drei Linien sich nicht in einem einzigen Punkt schneiden dürfen, außer natürlich in den Extremfällen. Offensichtlich muß es insgesamt $p \cdot q$ Linien geben – aber wie viele Schnittpunkte gibt es?

In Abbildung 79 (a) zeigen wir, daß es für zwei und drei Punkte drei Schnittpunkte geben muß, kurz gesagt: P(2,3) = 3. Genauso läßt sich mit Abbildung 79 (b) zeigen, daß P(3,3) = 9.

Ist es möglich, P$(x,y)$ zu finden, wenn nur $x$ und $y$ gegeben sind? Wieviel ist beispielsweise P(26,54), wenn wir nicht eine Figur aus 1404 Linien zeichnen wollen? Wenn man etwas Derartiges herausfinden will, besteht der erste

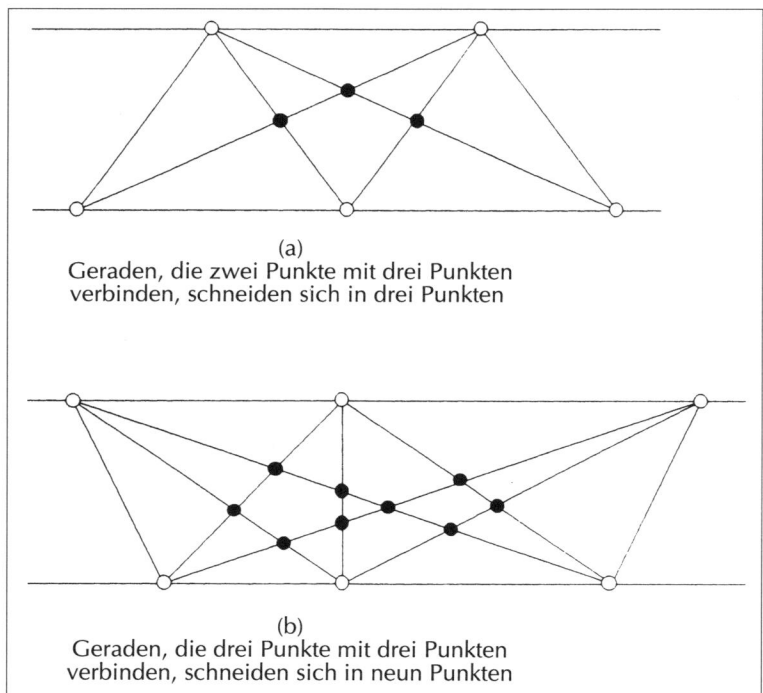

(a)
Geraden, die zwei Punkte mit drei Punkten
verbinden, schneiden sich in drei Punkten

Abb. 79.
Wie oft
können sich
Geraden
schneiden?

(b)
Geraden, die drei Punkte mit drei Punkten
verbinden, schneiden sich in neun Punkten

Schritt stets darin, daß man mehr Angaben einholt. Aber das muß nicht blindlings geschehen. Man beachte, daß $P(x,y) = P(y,x)$, da dabei einfach nur eine Figur umgedreht werden muß. Also finden wir zunächst $P(2,y)$ für mehrere Werte von $y$ heraus, dann $P(3,y)$ und so weiter. Ich habe diese Tabelle in Abbildung 80 begonnen.

| $x$ | 2 | | | | | 3 | | | | |
|---|---|---|---|---|---|---|---|---|---|---|
| $y$ | 2 | 3 | 4 | 5 | ... | 3 | 4 | 5 | 6 | ... |
| P $(x, y)$ | 1 | 3 | 6 | 10 | | 9 | 18 | 30 | 45 | |

Abb. 80. Sich schneidende Geraden in allgemeinen Fällen

Wenn Sie sich diese Tabelle ansehen, sollten Sie zu der Vermutung gelangen, daß $P(2,y) = T_{y-1}$ oder die *y-1*. Trigonalzahl. Das ist gut geraten, auch wenn damit keineswegs bewiesen ist, daß das Muster unendlich so weitergeht. Wie steht es mit $P(3,y)$? Das ist nicht die Folge der Trigonalzahlen, aber fällt Ihnen darin nicht etwas Merkwürdiges auf? Teilen Sie jede Zahl durch 3. Gehen Sie nun von folgendem aus: Wenn man jedes Paar von Punkten in der oberen Reihe mit jedem Punktepaar in der unteren Reihe verbindet, entsteht ein einziger Schnittpunkt.
Setzen Sie nun die Tabelle für andere Werte fort, und denken Sie daran, daß ein gutes Muster sich dadurch auszeichnet, daß man es elegant konstruieren kann.
Übrigens: $P(26,54) = 465\,075$.

## Alte Fässer ...

Die Trigonalzahlen erweisen sich auch in einem anderen Rätsel der *Propositiones* als nützlich, auch wenn dies vielleicht nicht gleich auf der Hand zu liegen scheint. Es handelt sich um Problem 12:

*Als ein Vater im Sterben lag, gab er seinen Söhnen 30 Fässer, von denen 10 mit Wein gefüllt, 10 halbvoll und 10 leer waren. Teile den Wein und die Fässer so auf, daß jeder der drei Söhne gleich viele Fässer und gleich viel Wein bekommt.*

Alkuins Lösung ist sehr einfach:

*Jeder Sohn erhält 10 Fässer als seinen Anteil. Aber teile sie folgendermaßen auf: Gib dem ersten Sohn die 10 halbvollen Fässer, dann dem zweiten 5 volle und 5 leere Fässer, desgleichen dem dritten, und damit sind Wein und Fässer gleichmäßig unter die drei Söhne aufgeteilt.*

Das ist eine völlig korrekte Lösung, aber leider ist sie eigentlich nicht nach allgemeinen Prinzipien zustande gekommen, sondern nur durch Probieren, bis eine Lösung gefunden wurde. Es liegt auf der Hand, daß noch andere Lösungen möglich sind, aber Alkuin zieht sie nicht in Betracht. In der folgenden Tabelle beispielsweise sind zwei weitere Möglichkeiten der Aufteilung der Fässer dargestellt, die beide die Bedingungen des Problems erfüllen:

|  | Erste Lösung | | | | Zweite Lösung | | |
|---|---|---|---|---|---|---|---|
|  | Voll | Halb | Leer | | Voll | Halb | Leer |
| Erster Sohn | 1 | 8 | 1 | | 2 | 6 | 2 |
| Zweiter Sohn | 4 | 2 | 4 | | 3 | 4 | 3 |
| Dritter Sohn | 5 | 0 | 5 | | 5 | 0 | 5 |
| Summe der Fässer | 10 | 10 | 10 | | 10 | 10 | 10 |

Man beachte, daß bei beiden Lösungen jeder Sohn exakt 10 Fässer und exakt 5 Faß Wein bekommt. Es sind auch noch andere Lösungen möglich. Tatsächlich besteht die interessantere Frage nicht darin, irgendeine Möglichkeit der Aufteilung der Fässer zu finden, sondern die absolute *Anzahl* dieser Möglichkeiten.

Und indem wir diese ermitteln, stellen wir das Problem ganz allgemein dar. Wir fragen nicht nach 30 Fässern, sondern nach $N$ vollen Fässern, $N$ halbvollen Fässern und $N$ leeren Fässern. Diese wiederum sind unter drei Personen aufzuteilen, wobei alle drei die gleiche Anzahl von Fässern und die gleiche Menge Wein bekommen. $v_i$, $h_i$ und $l_i$ sei jeweils die Anzahl der vollen, halbvollen und leeren Fässer, die die Person $i$ bekommt, wobei $i$ natürlich 1, 2 oder 3 sein kann. Das Problem lautet demnach:

$$\text{Der erste Sohn bekommt } v_1 + h_1 + l_1 = N \text{ Fässer}$$
$$\text{Der zweite Sohn bekommt } v_2 + h_2 + l_2 = N \text{ Fässer}$$
$$\text{Der dritte Sohn bekommt } v_3 + h_3 + l_3 = N \text{ Fässer}$$

Da außerdem der Gesamtinhalt $(N+\frac{1}{2}N)$ Faß Wein beträgt und die drei Personen exakt je ein Drittel davon bekommen müssen, dann muß jede

Person exakt $\frac{1}{2}N$ Faß Wein bekommen. Da die leeren Fässer nichts zum Inhalt beitragen, lautet die Formel:

$$v_i + \frac{1}{2}h_i = 1/2N$$

Diese beiden Formeln kann man miteinander kombinieren, um zu zeigen, daß bei jeder Person $v_i = l_i$. Dies schränkt das Problem ein, was vielleicht nicht unmittelbar einleuchtet und mit Sicherheit von Alkuin übersehen wurde, doch diese Einschränkung hängt mit dem Problem als solchem zusammen: Bei jeder gültigen Lösung muß die Zahl der Fässer, die eine Person bekommt, gleich sein der Zahl der leeren Fässer. Man beachte, daß dies sowohl für Alkuins Lösung gilt wie für die anderen beiden Lösungen, die wir oben angegeben haben.

All dies erlaubt es uns, das Problem noch fester in den Griff zu bekommen. Eine Lösung wird demnach die Form eines Zahlentripels $(v_1, v_2, v_3)$ haben, das ist die Zahl der vollen Fässer, die jede Person bekommt. Wir brauchen uns um die anderen Fässer nicht zu kümmern, da sie stets von der Zahl der vollen Fässer abhängig sind. Die Zahl der leeren Fässer ist ja gleich dem Tripel, und die Zahl der halbvollen Fässer kann aus beiden leicht errechnet werden, da $h_i = N - v_i - l_i$. So kann man beispielsweise Alkuins Lösung einfach mit (0,5,5) angeben. Das bedeutet, daß der erste Sohn 0 volle Fässer (und daher 0 leere und 10 halbvolle), der zweite Sohn 5 volle Fässer (und 5 leere und 0 halbvolle) und der dritte Sohn genausoviel bekommt.

Nach kurzem Nachdenken fällt einem etwas am Tripel $(v_1, v_2, v_3)$ auf, was zwar auf den ersten Blick nicht klar zu sein scheint, aber gleichwohl von äußerster Wichtigkeit ist: Jede dieser Zahlen muß geringer als oder gleich $\frac{1}{2}N$ sein. Mit anderen Worten: Die Anzahl der vollen Fässer, die jede Person bekommt, darf höchstens die Hälfte der vollen Fässer betragen. Wäre dies nicht der Fall, dann würde eine Person mehr als N Fässer allein von den vollen plus den leeren Fässern erhalten, was nicht zulässig ist.

Damit reduziert sich das Ganze auf folgendes Problem: Wie viele Möglichkeiten gibt es, Zahlentripel zu finden, die zwei Bedingungen erfüllen müssen – erstens müssen die Tripel die Summe N ergeben (weil sie die Gesamtzahl der vollen Fässer darstellen) , zweitens muß jede Zahl im Tripel kleiner als oder gleich $\frac{1}{2}N$ sein. Auch wenn wir dieses festgestellt haben, ist das Problem noch immer nicht ganz einfach. Nehmen wir ein konkretes Beispiel: $N = 10$, also wie in Alkuins ursprünglichem Rätsel. Wir können zunächst eine Liste von allen möglichen Tripeln mit den Zahlen von 0 bis 10 aufstellen. Dann können wir diese Liste durchgehen und all jene Tripel ausstreichen, bei denen die drei Zahlen die Summe 10 ergeben. Von diesen können wir wiederum alle ausstreichen, bei denen alle drei Zahlen gleich oder kleiner als 5 sind. Und so wird die Liste systematisch angelegt:

| | | | | |
|---|---|---|---|---|
| (0,0,0) | (0,0,1) | (0,0,2) | ... | (0,0,10) |
| (0,1,0) | (0,1,1) | (0,1,2) | ... | (0,1,10) |
| (0,2,0) | (0,2,1) | (0,2,2) | ... | (0,2,10) |
| . | . | . | | . |
| . | . | . | | . |
| . | . | . | | . |
| (10,10,0) | (10,10,1) | (10,10,2) | ... | (10,10,10) |

Die Liste umfaßt natürlich $11^3 = 1331$ Einträge, und nachdem sie erstellt ist, müssen wir uns mit der langweiligen Aufgabe befassen, die ungültigen Tripel auszustreichen. Aber selbst dann hätten wir noch keine allgemeine Lösung. Wenn wir die Zahl der Möglichkeiten herausfinden wollen, 12 von jeder Art von Fässern aufzuteilen, müssen wir eine neue Liste anlegen.
Glücklicherweise gibt es eine einfachere Möglichkeit. Wir können eine dreieckige Liste erstellen wie in der Abbildung 81 (ignorieren Sie zunächst den dreieckigen Umriß innerhalb des großen Zahlendreiecks):
Die Regeln zur Erstellung dieser Liste sind eigentlich ganz einfach. In der ersten Reihe befindet sich ein Zahlentripel, in der zweiten sind zwei Tripel,

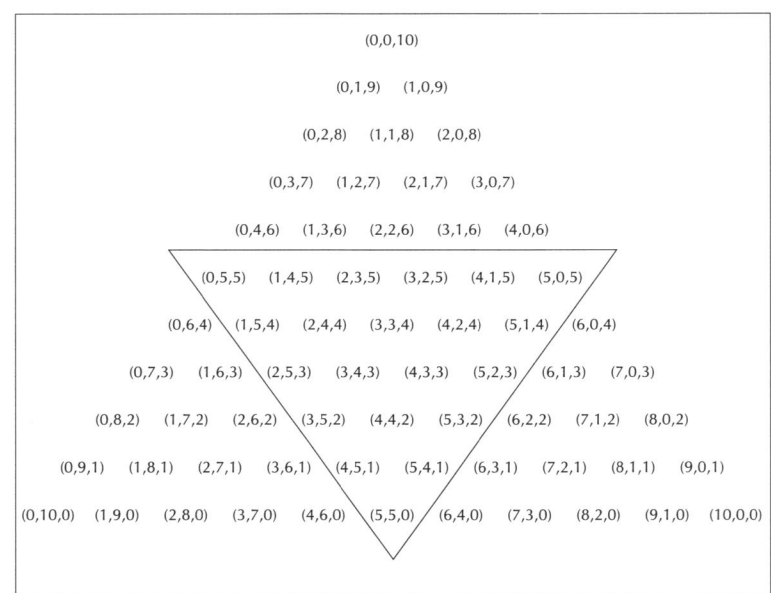

Abb. 81.
10 Fässer
aufteilen

180

in der dritten drei und so weiter. Es gibt stets $N + 1$ Reihen – in unserem Fall, da $N = 10$, sind es elf Reihen. Sehen wir uns die erste Zahl in jedem Tripel an. In jeder Reihe beginnen wir links mit 0 und fahren so lange in aufsteigender Reihenfolge fort, bis die Reihe komplett ist. Dann sehen wir uns die zweite Zahl in jedem Tripel an. In jeder Reihe beginnen wir rechts mit 0 und fahren so lange in aufsteigender Reihenfolge fort, bis die Reihe komplett ist. Schließlich sehen wir uns die dritte Zahl in jedem Tripel an. In der ersten Reihe lautet sie stets $N$, in der zweiten stets $N - 1$, und so weiter.

Wenn Sie sich die Liste ansehen, erkennen Sie, warum sie so wichtig für die Lösung von Alkuins Faß-Teilungs-Problem ist. Jeder Tripel darin ergibt die Summe 10, und damit ist eine der beiden Bedingungen zur Lösung des Problems erfüllt.

Wie viele Tripel befinden sich in dieser Liste? Offenbar müssen es $T_{11}$ sein, was ja, wie wir zuvor gesehen haben, gleich $\frac{1}{2} \cdot 11 \cdot 12 = 66$ ist. Das ist natürlich viel praktikabler als die 1331 Tripel, die wir zuvor gehabt hatten.

Nun können wir die Liste durchgehen und alle Tripel abhaken, die Alkuins zweite Bedingung erfüllen, nämlich daß jede der drei Zahlen kleiner als oder gleich $\frac{1}{2} \cdot 10$ ist, aber das ist nicht erforderlich. All diese Tripel sind nämlich sehr kooperativ in einem auf der Spitze stehenden Dreieck in der Mitte versammelt. Man erkennt sie im markierten Ausschnitt von Abbildung 81. Diese Tripel stellen alle Lösungen von Alkuins Faßproblem dar. Da ist ebenso Alkuins Lösung (0,5,5) dabei wie die beiden Alternativlösungen, die wir gefunden haben. Außerdem sind die eindeutigen Lösungen in den Knoten zu finden. Die anderen Tripel sind Permutationen davon. Nehmen wir beispielsweise Alkuins Antwort (0,5,5); das auf der Spitze stehende Dreieck enthält auch die Antworten, die unmittelbar darin impliziert sind, nämlich (5,0,5) und (5,5,0). Das ist praktisch ein und dieselbe Antwort – wir verändern nur die Reihenfolge der Söhne, denen wir die Fässer geben.

Man kann mit dem Problem auch verschiedene Einschränkungen verknüpfen und findet die Antwort noch immer in diesem auf der Spitze stehenden Dreieck. Legen wir beispielsweise fest, daß jeder Sohn von jeder Art Faß zumindest eins bekommen muß. Dann eliminieren wir einfach alle Tripel, die eine Null enthalten.

Stellen wir nun noch einmal die ursprüngliche Frage: Wie viele Lösungen gibt es insgesamt? Wenn wir Permutationen als unterschiedliche Lösungen akzeptieren, dann muß die Antwort lauten: die Anzahl der Tripel in dem auf der Spitze stehenden Dreieck. Diese ist $T_6 = 21$. Allgemein gesprochen: Wenn es $N$ Fässer von jeder Art gibt, dann drücken wir $N$ durch $2q$ aus, und

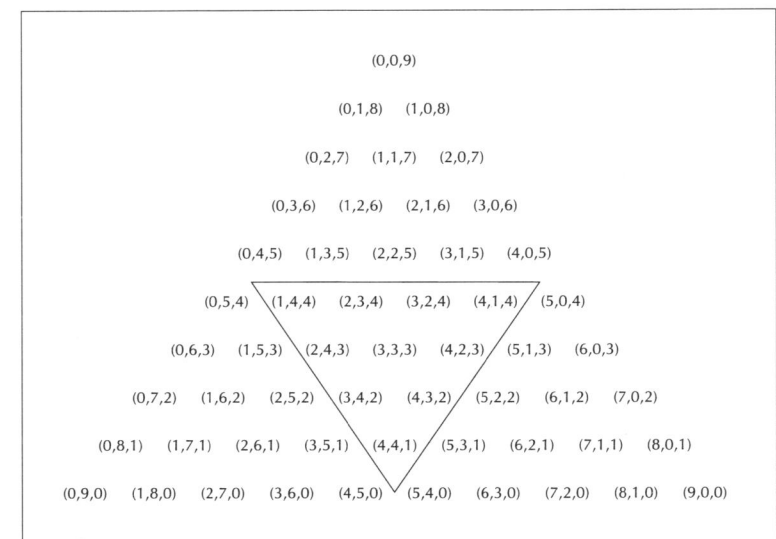

Abb. 82.
9 Fässer
aufteilen

die Anzahl der verschiedenen Lösungen beträgt $T_{q+1}$. Die Lösungen selbst können aus dem Dreieck abgelesen werden.

Dies funktioniert zumindest, wenn $N$ eine gerade Zahl ist. Ist es eine ungerade Zahl, dann drücken wir $N$ durch $2q + 1$ aus, und die Zahl der verschiedenen Lösungen beträgt $T_q$. In Abbildung 82 haben wir eine vollständige Lösung für den Fall erarbeitet, daß $N = 9$, und auch hier finden wir die Lösungen in einem auf der Spitze stehenden Dreieck, in dessen Knoten die eindeutigen Lösungen sind. Da $9 = (2 \cdot 4) + 1$, beträgt die Gesamtzahl der Lösungen, einschließlich der Permutationen, $T_4 = 10$.

## … und moderne Dreiecke

Alkuins Faß-Teilungs-Problem tritt im eher modernen Gewand der »kombinatorischen Geometrie« auf. Das klingt wie ein Bandwurmbegriff, meint aber nichts anderes als die Untersuchung der Anzahl unterschiedlicher Typen von geometrischen Figuren. Es ist eine ziemlich moderne Form von Problemen, die erst etwa im letzten halben Jahrhundert beliebt geworden sind, so daß es um so überraschender ist, daß Alkuin ihren Prototyp

182

veröffentlichen konnte. Die Übereinstimmung zwischen diesen beiden Problemformen wurde erstmals von David Singmaster festgestellt.

Das folgende Problem tauchte zum ersten Mal in den siebziger Jahren auf: Wie viele Dreiecke gibt es, deren Seitenlängen und Umfang $N$ ganzzahlig sind? Wenn Sie ein paar Dreiecke zu bauen versuchen, werden Sie feststellen, daß bestimmte Kombinationen von Seiten nicht möglich sind. Nehmen wir beispielsweise an, daß $N = 10$ und $(a,b,c)$ ein Dreieck ist, dessen Seiten die Längen $a$, $b$ und $c$ haben. Offensichtlich ist $(3,3,4)$ ein korrektes Dreieck – das heißt, wir können Stöcke mit den Längen 3, 3 und 4 zu einem Dreieck zusammenlegen, das einen Umfang von $3 + 3 + 4 = 10$ hat. Aber $(6,3,1)$ ist kein korrektes Dreieck. Die drei Stöcke haben in diesem Fall zwar durchaus einen Gesamtumfang von 10, aber ihre Enden können nicht zusammengefügt werden. Die erste Seite, die eine Länge von 6 hat, ist zu lang, so daß die anderen Seiten einander nicht erreichen, wenn sie jeweils mit einem Ende an ein Ende der ersten Seite angelegt werden. Wir können beliebige Dreiecke ab $(2,3,5)$ nehmen, dem sogenannten degenerierten Dreieck, einem Dreieck, das zu einer geraden Linie »zusammengebrochen« ist. Für unsere Zwecke wollen wir sie die echten Dreiecke nennen.

Aus alldem folgt: Wenn die drei Seiten eines Dreiecks $x$, $y$ und $z$ heißen, dann gilt:

$x$ muß kleiner als oder gleich $y + z$ sein

$y$ muß kleiner als oder gleich $x + z$ sein

$z$ muß kleiner als oder gleich $x + y$ sein

Das heißt, jede Seite muß kleiner sein als die Summe der anderen beiden Seiten. Aber wenn $x \leq y + z$, dann $2x \leq x + y + z$. Und da $(x+y+z)$ der Umfang des Dreiecks ist, muß $x$ kleiner als oder so groß wie die Hälfte des Umfangs sein. Das gleiche gilt von den anderen beiden Seiten.

Kommt Ihnen das nicht irgendwie bekannt vor? Wenn Sie einen Augenblick darüber nachdenken, werden Sie feststellen, daß bei diesem Problem nach allen möglichen Zahlentripeln gefragt wird, deren Summe 10 ergibt und bei denen jede Zahl gleich oder kleiner als die Hälfte von 10 ist. Richtig – dieses Problem ist identisch mit Alkuins Faß-Teilungs-Problem! Die Abbildung 81 stellt also auch eine komplette Auflistung unserer Dreiecke mit $N = 10$ dar, und auch hier befinden sich die einzigartigen Lösungen in den Knoten. Außerdem gibt es einen interessanten Zusammenhang zwischen den Tripeln in diesen beiden Fällen. Bei Alkuins Faß-Teilungs-Problem stellten einige Tripel Permutationen der eindeutigen Lösungen oder verschiedene Möglichkeiten dar, die Fässer unter den drei Söhnen aufzuteilen – in diesem Fall stellen sie Dreiecke dar, die durch Drehung und Spiegelung der eindeutigen Lösungen gebildet werden.

Im Bereich um das hervorgehobene Dreieck befinden sich jene Lösungen, bei denen die Dreiecke »degeneriert« sind. Sie tauchen nur auf, falls $N$ gerade ist, und wenn man sie als Lösungen ausschließen will, dann kommen wir zu folgenden zwei Regeln:

*Wenn $N$ gerade ist, dann sei $N = 2q$. Die Zahl der Dreiecke mit dem Umfang $N$ beträgt $T_{q-1}$. Wenn beispielsweise $N = 10$, dann gibt es $T_4 = 10$ solcher Dreiecke.*
*Wenn $N$ ungerade ist, dann sei $N = 2q + 1$. Die Zahl der Dreiecke mit dem Umfang $N$ beträgt $T_q$. Wenn beispielsweise $N = 7$, dann gibt es $T_3 = 6$ solcher Dreiecke.*

In jedem Fall werden nach unseren Regeln alle Dreiecke einschließlich der Drehungen und Spiegelungen gezählt.

## Ein modernes Problem der Kombinatorik

Als wir uns zum ersten Mal mit Alkuins Faß-Teilungs-Problem beschäftigten, stießen wir auf eine merkwürdige Aussage. Die interessantere Frage, erklärten wir, besteht nicht darin, irgendeine Möglichkeit zur Aufteilung der Fässer herauszufinden, sondern die *Gesamtzahl* dieser Möglichkeiten. Damit haben wir zum ersten Mal ein ganzes Gebiet von verwirrenden Rätseln betreten – die sogenannten kombinatorischen Rätsel.

Ein ziemlich schwieriges Beispiel ist das folgende: Auf wie viele Möglichkeiten können $q$ Objekte in höchstens drei Teile aufgeteilt werden? Wenn $q = 6$, ergeben sich die folgenden Aufteilungen:

| | | | | | | | |
|---|---|---|---|---|---|---|---|
| (1) | 6 | | | | | | |
| (2) | 1 + 5 | (3) | 2 + 4 | (4) | 3 + 3 | | |
| (5) | 1 + 1 + 4 | (6) | 1 + 2 + 3 | (7) | 2 + 2 + 2 | | |

Mit anderen Worten: Es gibt insgesamt sieben Möglichkeiten, sechs Objekte in höchstens drei Teile aufzuteilen. Diese Aufteilungen herauszufinden stellt an sich schon einen kleinen Trick dar, der einen recht klaren Kopf erfordert. Man beachte, daß wir Aufteilungen wie 2 + 3 + 1 nicht aufgenommen haben, da diese das gleiche ist wie 1 + 2 + 3, und daß wir dafür 1 + 5 als Aufteilung aufnehmen, da wir ja *höchstens* drei Teile haben wollen.

Hier eine kurze Tabelle für Leser, die ihre Antworten überprüfen wollen, wenn sie andere Zusammenstellungen von $q$ Objekten in höchstens drei Teile aufteilen. Die vergnügliche Aufgabe, diese Aufteilungen tatsächlich herauszufinden, überlasse ich Ihnen:

| q | Anzahl der Aufteilungen |
|---|---|
| 0 | 1 |
| 1 | 1 |
| 2 | 2 |
| 3 | 3 |
| 4 | 4 |
| 5 | 5 |
| 6 | 7 |
| 7 | 8 |
| 8 | 10 |
| 9 | 12 |
| 10 | 14 |
| 11 | 16 |
| 12 | 19 |
| 13 | 21 |

Die Reihe in der linken Spalte der Tabelle nennen wir $N_q$. Zum Beispiel: $N_0 = 1$, $N_1 = 1$, $N_2 = 2$, $N_3 = 3$, und so weiter. Für diese Reihe eine allgemeine Formel abzuleiten ist enorm schwierig. Die Formel ist rekursiv, das heißt, daß jede neue Zahl vom Wert einer vorhergehenden Zahl abhängt. Genauer: $N_{q+6} = N_q + q + 6$. Sie können das an ein paar Beispielen verifizieren. Am Ende der Tabelle ist $N_{13} = 21$, so daß ein Satz aus 13 Objekten auf 21 verschiedene Arten aufgeteilt werden sollte.

Es stellt sich heraus, daß diese Reihe auch noch bei der Beantwortung eines anderen Aspekts von Alkuins Faß-Teilungs-Rätsel und seinem Vetter, dem Dreiecks-Rätsel, von Bedeutung ist. Sie erinnern sich: Wir gaben zuvor nur die Gesamtzahl der Lösungen des Rätsels an, einschließlich der Permutationen und der »degenerierten« Lösungen. Ferner: Die eindeutigen, nicht-degenerierten Lösungen standen alle in einem Knoten des auf der Spitze stehenden Dreiecks. Es liegt daher nahe, nach der Anzahl dieser Lösungen zu fragen. Dies geschieht in der Tabelle auf Seite 186, und zwar für jeden Wert der Anzahl der Fässer.

Diese Reihe wollen wir $A_q$ nennen, Alkuin zu Ehren. Beispielsweise ist $A_5 = 1$, $A_6 = 2$, $A_7 = 1$, und so weiter.

| Anzahl der Fässer | Anzahl der eindeutigen nichtdegenerierten Lösungen |
|---|---|
| 5 | 1 |
| 6 | 2 |
| 7 | 1 |
| 8 | 3 |
| 9 | 2 |
| 10 | 4 |
| 11 | 3 |
| 12 | 5 |
| 13 | 4 |
| 14 | 7 |
| 15 | 5 |
| 16 | 8 |
| 17 | 7 |

Gibt es bei dieser Reihe $A_q$ überhaupt eine erkennbare Ordnung? Ja, und diese Ordnung läßt sich in der vorhergehenden Reihe $N_q$ finden. Sehen Sie sich die ungeraden Stellen in der Reihe an, also $A_5, A_7, A_9, \ldots$. Da steht 1,1,2,3,4,5,7.... Das ist nichts anderes als die Reihe $N_q$, und zwar beginnend bei $q = 0$.

Sehen wir uns nun die geraden Stellen in der Reihe an, also $A_6, A_8, A_{10} \ldots$. Da steht 2,3,4,5,7.... Auch dies entspricht der Reihe $N_q$, diesmal beginnend bei $q = 2$.

Somit ist die Reihe $A_q$ eigentlich nichts anderes als ein Ausschnitt aus der Reihe $N_q$. Und Alkuins Faß-Teilungs-Rätsel ist ein Ausschnitt aus einem ernsthafteren kombinatorischen Problem. Es ist schon fast zum Verrücktwerden, wenn man sieht, wie da so viele scheinbar unzusammenhängende Probleme zusammenkommen. Auch diese Einsicht verdanke ich David Singmaster.

186

# Wein auf einen rhombenförmigen Billardtisch gießen

Wie wir gesehen haben, hatte Alkuins Problem der Aufteilung von Fässern auf einer gewissen Ebene etwas mit zwei anderen Problemen zu tun, auch wenn diese Beziehung zuweilen nicht leicht zu erkennen war. Es bereitet stets großes Vergnügen, dies herauszufinden, da daraus hervorgeht, daß vielleicht ganz tief verborgen auf einer sublimen Ebene der Abstraktion alle Rätsel im Prinzip ein und dasselbe sind. Dabei fällt mir ein anderes Rätsel ein, wenngleich diesmal die Verwandtschaft nicht im Geist des Rätsels liegt, sondern in der Methode, es zu lösen. Ausgedacht hat es sich ein italienischer Mathematiker aus dem 16. Jahrhundert: Niccolò Fontana, bekannt geworden unter seinem Spitznamen Tartaglia, »der Stotterer«. (Tartaglia hat einmal behauptet, er habe sich seine schwere Sprachstörung in seiner Jugend zugezogen, als ihm ein französischer Soldat während der Plünderung Italiens durch die Eroberer das Gesicht zerschnitt. Alle Autoren nehmen diese Geschichte für bare Münze, aber natürlich ist es Unsinn zu glauben, daß ein einzelnes Unglück, und sei es noch so entsetzlich, ein lebenslanges Stottern bewirken könnte.) Hier nun Tartaglias Problem:

*Drei Behälter fassen 3,5 beziehungsweise 8 Liter. Die ersten beiden sind leer, aber der letzte ist mit Wein gefüllt. Ist es nun möglich, wenn man den Wein von einem Behälter in einen anderen gießt, ohne etwas zu verschütten und ohne andere Maße zu verwenden – ist es also möglich, am Ende in zwei Behältern je 4 Liter Wein zu haben?*

(Wir werden gleich eine ganz einfache graphische Lösung dieses Problems zeigen, so daß Sie vielleicht zunächst einmal selbst danach suchen sollten.) Der Ausgangspunkt des Problems läßt sich in folgender Form darstellen: (0,0,8) wobei die drei Zahlen die jeweilige Menge in den drei Behältern, vom kleinsten bis zum größten, darstellen. Wenn wir soviel Wein aus dem 8-Liter-Behälter in den 5-Liter-Behälter gießen, bis dieser voll ist, dann hat das Problem folgende Form: (0,5,3). Wenn wir dann aus dem 5-Liter-Behälter Wein in den 3-Liter-Behälter gießen, erhalten wir (3,2,3). Man beachte, daß die Summe der drei Zahlen in allen drei Fällen stets 8 beträgt, da wir die Gesamtmenge des Weins weder erhöhen noch verringern.

Wenn wir dieses Problem in Form von Tripeln formulieren, hört es sich dann nicht wie eine merkwürdige Variante von Alkuins Faß-Teilungs-Problem an? Um die Ähnlichkeit der Lösung aufzuzeigen, verwenden wir eine graphische Darstellung wie Abbildung 81, aber diesmal machen wir uns nicht die Mühe, alle Knoten einzeln zu benennen. Die Anzahl der Knoten auf jeder Seite des Dreiecks beträgt 8, was der Gesamtmenge des Weins entspricht. Jeder Knoten in diesem Graphen stellt einen möglichen Zustand der drei Behälter dar, und die drei Zahlen des Tripels, die mit dem Knoten verbunden sind, können von den Seiten des Dreiecks abgelesen werden. Die rechte Seite des Dreiecks stellt das Umgießen des Weins zwischen dem 3-Liter- und dem 8-Liter-Behälter dar, die linke Seite das Umgießen zwischen dem 5-Liter- und dem 8-Liter-Behälter und die untere Seite das Umgießen zwischen dem 3-Liter- und dem 5-Liter-Behälter. Ein anderes Umgießen ist nicht möglich. Wenn man also Wein von einem Behälter in einen anderen gießt, bewegt man sich tatsächlich von Knoten zu Knoten in diesem Graphen. Aufgrund der Bedingungen des Problems liegen die richtigen Knoten diesmal nicht in einem auf dem Kopf stehenden Dreieck, sondern vielmehr in einem Rhombus. Knoten außerhalb dieses Rhombus setzen voraus, daß ein Behälter mehr Wein enthält, als dies physikalisch möglich ist. All das ist in Abbildung 83 veranschaulicht.

Da in diesen Graphen so viel hineingepackt ist, mag es hilfreich sein, wenn man sich Abbildung 84 einmal genauer ansieht, in der wir zwei Schritte in unserem Rätsel demonstrieren. Wir beginnen zunächst damit, daß der 3-Liter-Behälter leer ist, der 5-Liter-Behälter voll und der 8-Liter-Behälter die restlichen 3 Liter enthält. Nun gießen wir aus dem zweiten Behälter soviel Wein in den ersten, bis dieser voll ist. Dann gießen wir den Inhalt des

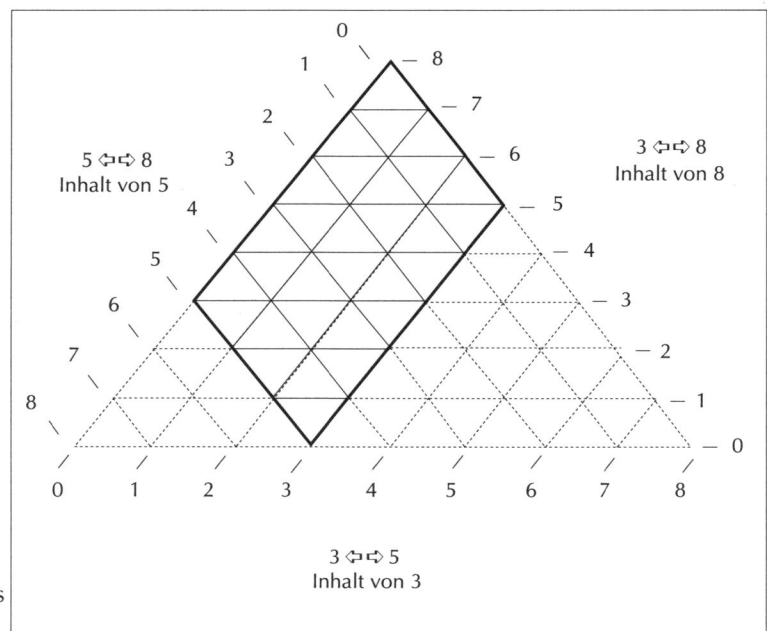

Abb. 83. Graphische Darstellung von Tartaglias Problem

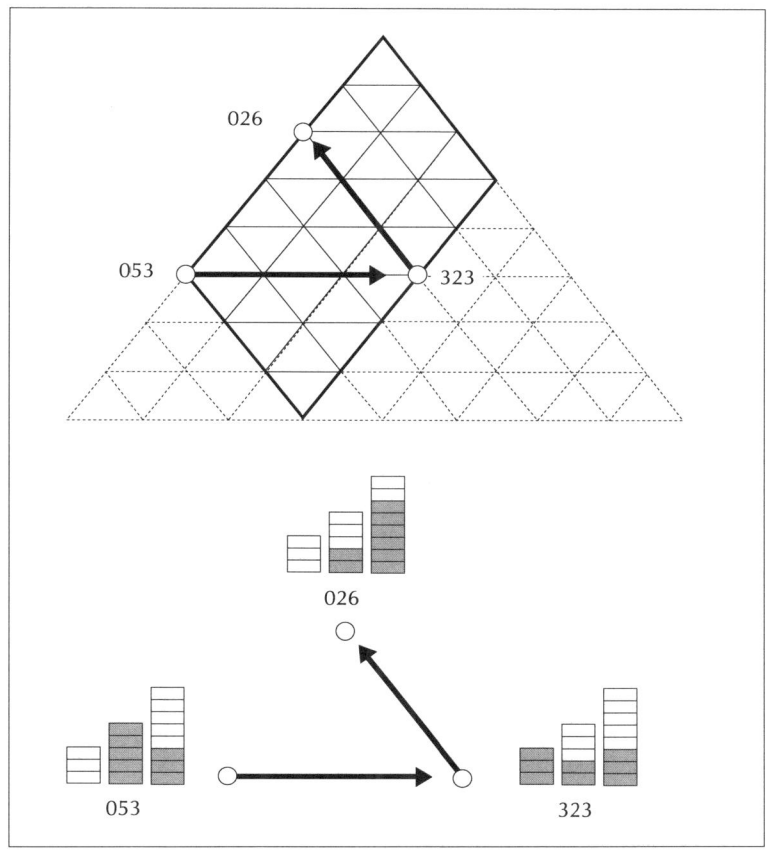

ersten Behälters in den dritten, bis der erste leer ist. Abbildung 84 oben stellt graphisch dar, wie dies geschieht.

Bestimmte klare Bedingungen des Problems können in seine graphische Darstellung übertragen werden. Da man nur den Zustand von zwei Behältern auf einmal verändern kann, bewegt man sich stets entlang der Linien, die parallel zu einer Seite des Dreiecks liegen. Und wenn man von einem Behälter in einen anderen umgießt, macht es keinen Sinn aufzuhören, ehe der erste Behälter leer oder der zweite voll ist, weil man sonst den Überblick darüber verliert, wieviel Wein in jedem Behälter ist. In der graphischen Darstellung bedeutet dies: Wenn man sich von einem Knoten zu einem anderen bewegt, muß man so weit gehen, bis man an eine Kante des Rhombus gelangt. Im Prinzip läuft Tartaglias Problem darauf hinaus, daß man bei Knoten (0,0,8) beginnt, entlang den Kanten nach den oben formulierten Regeln zieht und bei Knoten (0,4,4) aufhört.

Wie schaffen wir das? Am leichtesten ist es, wenn man am Ende bei Knoten (0,4,4) beginnt und diese mit 0 bezeichnet. Dann nehme man alle möglichen Routen (es gibt nur zwei) und folge ihnen bis ans Ende (wobei man immer daran denken sollte, daß man den Rhombus nicht verlassen darf). Der Knoten, bei dem man ankommt, sollte mit 1 bezeichnet werden, da dies ein »Schritt« vom letzten Knoten weg ist.

Nun nehme man von der mit 1 bezeichneten Ecke wieder alle Routen bis zum Ende und bezeichne diesen Knoten mit 2, da er 2 Schritte vom letzten entfernt ist. Hat ein Knoten bereits eine Bezeichnung, wird sie nicht verändert.

Wir setzen dies so lange fort, bis wir beim Beginn des Problems ankommen, nämlich (0,0,8). Die Bezeichnung, die dieser Knoten erhält, ist die geringste Zahl an Schritten, die in Tartaglias Umgießproblem erforderlich ist. Die Lösung selbst kann man nun rückwärts ablesen, indem man bei (0,0,8) beginnt und sich in der absteigenden Reihenfolge der Bezeichnungen von Knoten zu Knoten bewegt. Die Lösung für dieses Problem ist in Abbildung 85 graphisch dargestellt. Wenn wir rückwärts ablesen, erhalten wir folgende Tabelle:

| Schritt | 0 | 1 | 2 | 3 | 4 | 5 | 6 | 7 | 8 |
|---------|---|---|---|---|---|---|---|---|---|
| 3-Liter | 0 | 3 | 0 | 3 | 1 | 1 | 0 | 3 | 0 |
| 5-Liter | 0 | 0 | 3 | 3 | 5 | 0 | 1 | 1 | 4 |
| 8-Liter | 8 | 5 | 5 | 2 | 2 | 7 | 7 | 4 | 4 |

[Billardspielern wird die Abbildung 85 vielleicht bekannt vorkommen. Sehen Sie sich einmal die Abbildung an, bis Sie nur noch die dicken Linien des Rhombus und den Weg sehen, den die Lösung verfolgt: Diesen Weg würde auch eine Kugel nehmen, wenn sie auf einem rhombusförmigen Tisch gespielt würde.]

Es ist noch eine andere Lösung möglich, und auch diese läßt sich in Abbildung 85 finden und erfordert ebenfalls sieben Schritte.

Irritierend an diesem Problem ist die Tatsache, daß keine allgemeine Lösung gefunden werden kann. Wenn wir die Größen der Behälter verändern, müssen wir ganz von vorn beginnen, um zu einer Lösung zu gelangen. Nehmen wir beispielsweise an, wir haben 2-, 4- und 6-Liter-Behälter, wobei die ersten beiden leer sind und der letzte voll ist. Wie viele Schritte sind erforderlich, um zwei gleich volle Behälter mit je 3 Litern zu erhalten? Oder nehmen wir an, wir haben 5-, 7- und 9-Liter-Behälter, und wiederum ist nur der letzte voll. Wie schnell können wir den Inhalt umfüllen, so daß wir 3 Liter in einem und 6 Liter in einem anderen Behälter haben? Es ist

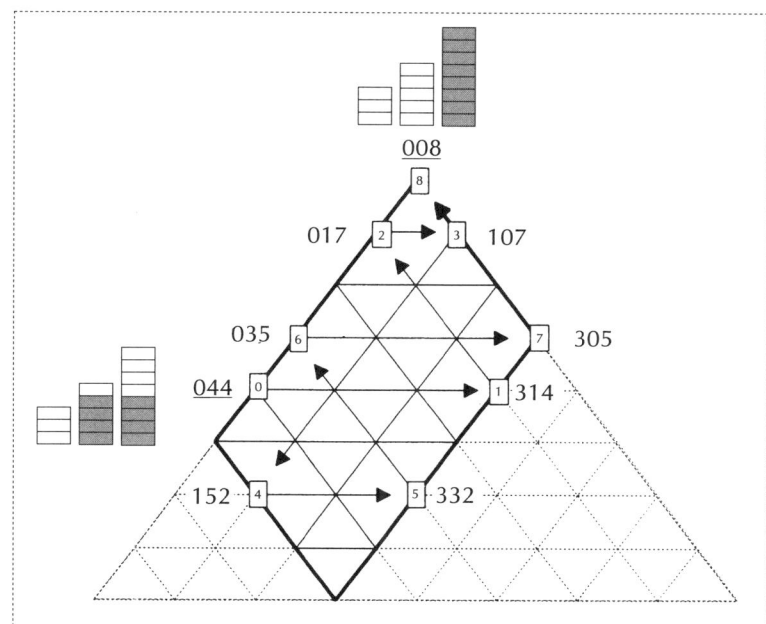

Abb. 85.
Eine
Lösung von
Tartaglias
Problem

unmöglich, dies im voraus zu wissen. Wir wissen nicht einmal im voraus, ob eine Lösung möglich ist – und das sollte für Sie eine Warnung sein.

Der wirklich bemerkenswerte Aspekt dieser Art von graphischer Lösung besteht darin, daß hier eine umfassende Logik sichtbar wird und nicht nur eine spezielle Lösung. Betrachten wir einmal eine Variante des Problems, bei der wir einen 4-, einen 5-, und zwei 10-Liter-Behälter haben, wobei die ersten beiden leer und die letzten beiden voll sind. Wir wollen am Ende je 3 Liter in den ersten beiden Behältern haben, der Rest kann auf die letzten beiden beliebig verteilt sein. Der Unterschied besteht natürlich darin, daß wir nunmehr statt drei vier Behälter haben. Ob unsere Methoden noch immer funktionieren?

Ja, aber diesmal müssen wir alles auf eine höhere Dimension ausdehnen. Bislang haben wir mit einem Dreieck gearbeitet, wobei jeweils eine Seite für einen Behälter stand – nun benötigen wir einen Tetraeder, wobei jeweils eine *Fläche* für einen Behälter steht. (Ein Tetraeder ist ein Dreieckskörper – Sie erinnern sich: In unserem Schema für figurierte Zahlen war ein Tetraeder eine Dimension höher als ein Dreieck.) Während wir zuvor von Knoten zu Knoten auf der Fläche des Dreiecks zogen, ziehen wir nun von Knoten zu Knoten innerhalb des Tetraeders. Und zuvor zogen wir auch auf Linien, die parallel zu den Seiten des Dreiecks waren – nun ziehen wir

191

entlang von Ebenen, die parallel zu den Flächen des Tetraeders sind. Jeder Knoten ist nun mit vier Zahlen verbunden, die stets die gleiche Summe ergeben.

Diese Figur läßt sich nur schwer darstellen, und das Rätsel läßt sich leichter durch geschicktes Nachdenken lösen. In der folgenden Tabelle sind die jeweiligen Zustände der vier Behälter in den einzelnen Schritten dargestellt:

| Schritt | 4-Liter | 5-Liter | 10-Liter | 10-Liter |
|---------|---------|---------|----------|----------|
| 0 | 0 | 0 | 10 | 10 |
| 1 | 0 | 5 | 10 | 5 |
| 2 | 4 | 1 | 10 | 5 |
| 3 | 0 | 1 | 10 | 9 |
| 4 | 4 | 1 | 6 | 9 |
| 5 | 4 | 0 | 7 | 9 |
| 6 | 0 | 4 | 7 | 9 |
| 7 | 4 | 4 | 3 | 9 |
| 8 | 3 | 5 | 3 | 9 |
| 9 | 3 | 0 | 8 | 9 |
| 10 | 3 | 5 | 8 | 4 |
| 11 | 3 | 3 | 10 | 4 |

Die hübsche Symmetrie in den Problemen für drei und vier Behälter – wir verändern ein Dreieck zu einem Tetraeder – verweist auf ein höheres Prinzip in der Lösung. Die graphische Darstellung beantwortet eigentlich nicht das spezielle Problem – sie veranschaulicht die Logik, die dahintersteht. Die Schönheit der Konstruktion besteht darin, daß wir die Logik ausweiten können und mit ihrer Hilfe zu Vorstellungen gelangen, die wir uns normalerweise nicht machen könnten. Was würde beispielsweise passieren, wenn wir fünf Behälter hätten? Offensichtlich benötigen wir dazu ein vierdimensionales »Dreieck« aus einzelnen Knoten, einen Hypertetraeder. Wir können uns so ein Ding zwar nicht vorstellen, aber wir wissen, wie es funktioniert. Wir wissen nur, daß es fünf »Seiten« hat, jede ein fester Tetraeder, und jeder Knoten darin ist mit fünf Zahlen verbunden, deren Summe stets gleich ist. Das ist eigentlich alles, was wir wissen müssen, denn ohne allzu große weitere Anstrengung können wir tatsächlich mit dem Hypertetraeder arbeiten, als ob wir ihn in Händen hielten.

# Das Harmlose und das Obszöne

Zur Zeit von Alkuin übergab der Bischof von Exeter, ein Mann namens Leofric, seiner Gemeinde ein Buch mit englischen Gedichten. Gegen Ende des Buches befinden sich mehrere Rätsel, ein Zeitvertreib, der in Alkuins England sehr beliebt war. Eines davon könnte Sie interessieren:

*Ich bin ein wunderbares Ding, den Frauen eine Freude, den Nachbarn von Nutzen. Ich tue niemandem weh, der in einem Dorf wohnt, außer meinem Mörder. Ich rage hoch und steil über dem Bett\* auf; untenrum bin ich zottig. Manchmal wagt eine junge und hübsche Bauerntochter, eine stolze Maid, Hand an mich zu legen. Sie packt mich, rot wie ich bin, plündert meinen Kopf, hält mich fest, spürt sogleich, was es heißt, mir zu begegnen, wenn sie sich mir so naht, eine lockenköpfige Frau. Feucht ist jenes Auge.*

Ich bin sicher, daß der Leser längst die obszöne Antwort kennt, aber wie bei allen Rätseln gibt es auch eine harmlose »korrekte« Antwort, die ich aber gemeinerweise verschweige. Mir fällt immer wieder dieses Rätsel ein, wenn ich an Alkuin und seine Zeit denke – in der sich das Harmlose und das Obszöne auf merkwürdige Weise vermischen und in der jede Handlung mehrere Bedeutungsebenen aufweist, von denen wir einige noch immer nicht verstehen.

Was für ein passendes Ende unserer Beschäftigung mit Alkuins Welt: ein Rätsel, das wir mißverstehen – so wie er seine Rätsel nicht richtig verstand.

---

\* Die Zweideutigkeit dieses Rätsels läßt sich dem deutschen Leser nur bedingt vermitteln, zum Teil geht sie in der Übersetzung verloren: Das englische »bed« bedeutet sowohl »Bett« (»obszön«) als auch »Beet« (»harmlos«) [Anm. d. Übers.].

# ERSTAUNT
# SAH MAN MICH AN

Was ich von den arabischen Meistern durch
Vernunft gelernt habe, ist ganz anders als
das, was Ihr – verführt durch eine Autoritätsperson –
Euch wie ein Halfter habt überstülpen lassen. Denn
welches Wort paßt besser zur Autorität als Halfter?
Ihr laßt es zu, daß die Autorität Euch lenkt,
wie ein Tier, das nicht weiß, wohin und
warum es getrieben wird.
*Adelard von Bath, Quaestiones naturales*

Ein interessanter Aspekt von Alkuins Faß-Teilungs-Problem, von dem im letzten Kapitel die Rede war, bestand darin, daß dieses Problem viele mögliche Lösungen hatte. Alkuin gab nur eine davon an und schien sich damit zufriedenzugeben. Möglicherweise ist dieser überaus schlichte Umgang mit einem im Grunde enorm interessanten Problem auf eine grundlegende Einschränkung zurückzuführen: Alkuin und seine Leser besaßen noch kein Stellenwertsystem. Das heißt, ihnen fehlten die richtigen Werkzeuge, um an den Kern des Problems heranzukommen.
Das gleiche trifft auch auf Problem 32 in den *Propositiones* zu:

*Ein Edelmann, zu dessen Hauspersonal 20 Personen gehören, befiehlt, ihnen insgesamt 20 Maß Korn zu geben. Er erteilt die Anweisung, daß jeder Mann drei Maß erhalten solle, jede Frau zwei Maß und jedes Kind ein halbes Maß. Wie viele Männer, Frauen und Kinder müssen es sein?*

Alkuin gibt nur eine Antwort: 1 Mann, 5 Frauen und 14 Kinder. Diesmal gibt es keine andere Lösung, es sei denn, wir lassen den Fall gelten, daß überhaupt keine Frauen da sind, und dann sind es 4 Männer, 0 Frauen und 16 Kinder.
Problem 34 ist beinahe identisch damit, außer daß diesmal 100 Maß Korn unter 100 Menschen aufzuteilen sind, und zwar soll auch diesmal ein Mann

drei Maß, eine Frau zwei und ein Kind ein halbes Maß erhalten. Nun jedoch gibt es sechs eindeutige und gültige Lösungen, und zwar aufgrund der Gleichungen $(2+3n)$ Männer, $(30-5n)$ Frauen und $(68+2n)$ Kinder, wobei $n$ von 0 bis 5 betragen kann. (Lassen wir 0 Frauen gelten, dann gibt es noch eine Lösung, wenn wir $n = 6$ ansetzen.)

Worauf es bei den beiden Problemen ankommt, sind natürlich nicht ihre Lösungen, sondern das ist die Tatsache, daß es für jedes dieser Probleme eine unterschiedliche Anzahl von Lösungen gibt. Das war vermutlich auch die Absicht dessen, der sich diese Rätsel ausgedacht hat. Aber genau diesen Punkt hat Alkuin nicht erkannt.

# Kostbare Dinge

Ganz anders die Araber zur Zeit Alkuins. Vermutlich verdankte er ihnen auch viele seiner Probleme. Es ist ganz interessant, sich einmal die arabische Version einer anderen Art von Faß-Teilungs-Problem anzusehen. Die genaue Herkunft des folgenden Rätsels ist unbekannt; es taucht in verschiedenen Sammlungen arabischer Rätsel auf, existierte aber wohl schon lange vor der Entstehung dieser Sammlungen in der mündlichen Überlieferung: Ein Mann hinterläßt 45 Fässer Wein, von denen 9 voll, 9 dreiviertelvoll, 9 halbvoll, 9 viertelvoll und 9 leer sind. Seine fünf Söhne wollen die Fässer so unter sich aufteilen, daß jeder die gleiche Menge Wein und die gleiche Anzahl von Fässern erhält. Außerdem möchte jeder Sohn mindestens ein Faß von jeder Sorte haben, und keine zwei Söhne wollen die gleiche Anzahl von jeder Sorte Faß bekommen.

Machen wir uns das Problem einmal genau klar: Jeder Sohn muß insgesamt 9 Fässer erhalten, und unter diesen 9 Fässern muß mindestens eins von jeder Sorte sein – das heißt, mindestens 1 muß voll sein, 1 dreiviertelvoll und so weiter. Die Menge Wein, die sich in den 9 Fässern für jeden Sohn insgesamt befindet, muß exakt ein Fünftel der Gesamtmenge Wein betragen. Und kein Sohn möchte das gleiche Sortiment von Fässern haben, das einer seiner Brüder bekommt.

Dies ist mit Sicherheit viel schwieriger als das Faß-Teilungs-Problem in Alkuins *Propositiones*. Durch die vielen Bedingungen unterscheidet sich die Lösung qualitativ von der vorherigen, so daß wir das Rätsel nicht auf die gewohnte Weise werden lösen können.

Die jeweilige Anzahl von jeder Sorte Faß, die irgendein Sohn erhält, wollen

196

wir *a*, *b*, *c*, *d*, *e* nennen, von voll bis leer. Jede Sorte Faß enthält ein gewisses Volumen an Wein, das man am besten in Viertelfässern mißt. So enthält beispielsweise ein volles Faß (davon gibt es *a*) 4 Viertelfässer Wein; ein halbvolles Faß (davon gibt es *c*) enthält 2 Viertelfässer Wein; und so weiter. Somit wissen wir, daß

$$a + b + c + d + e = 9 \text{ Fässer}$$
$$4a + 3b + 2c + 1d + 0e = 18 \text{ Viertelfässer Wein}$$

Diese beiden Gleichungen müssen für jeden Sohn gelten. Es gibt viele Zahlen, mit denen sich diese Gleichungen lösen lassen, aber wenn wir solche außer acht lassen, die eine 0 enthalten (da jeder Sohn ja mindestens ein Faß von jeder Sorte bekommen muß), und wenn wir uns auf ganze Zahlen beschränken (da ein einzelnes Faß ja nicht geteilt werden kann), dann erhalten wir nach ein bißchen Probieren schließlich nur die folgenden acht Lösungen:

| Lösung | *a* | *b* | *c* | *d* | *e* |
|--------|-----|-----|-----|-----|-----|
| 1 | 3 | 1 | 1 | 1 | 3 |
| 2 | 2 | 1 | 2 | 3 | 1 |
| 3 | 2 | 1 | 3 | 1 | 2 |
| 4 | 2 | 2 | 1 | 2 | 2 |
| 5 | 1 | 1 | 5 | 1 | 1 |
| 6 | 1 | 2 | 3 | 2 | 1 |
| 7 | 1 | 3 | 1 | 3 | 1 |
| 8 | 1 | 3 | 2 | 1 | 2 |

Bei jeder dieser Lösungen gibt es insgesamt 9 Fässer, und die Gesamtmenge Wein beträgt jeweils 18 Viertelfässer. Zum Beispiel die erste Lösung: $(3+1+1+1+3) = 9$ Fässer, und $3 \cdot 4 + 1 \cdot 3 + 1 \cdot 2 + 1 \cdot 1 + 3 \cdot 0 = 18$ Viertelfässer. Jede Lösung ist korrekt, aber nur für einen Sohn. Wir benötigen also die fünf Lösungen aus der obigen Tabelle, die für alle fünf Söhne gleichzeitig korrekt sind. Außerdem müssen wir diese fünf Lösungen in Übereinstimmung mit den anderen Bedingungen des Problems auswählen: Alle Fässer müssen verteilt werden, und keine zwei Söhne dürfen das gleiche Sortiment Fässer bekommen. Das bedeutet, daß wir die Lösungen 1 bis 5 für die fünf Söhne nicht verwenden können, da dazu zehn volle (Sorte *a*) Fässer (wir haben nur neun), nur sechs dreiviertelvolle Fässer (Sorte *b*) erforderlich wären und so weiter. Tatsächlich können wir Lösung 5 sofort eliminieren: Sie kann nicht in irgendeinem Fünfersatz von Lösungen auftauchen, da damit ein Sohn fünf halbvolle (Sorte *c*) Fässer erhält, womit wir gezwungen wären, den anderen vier Söhnen je 1 halbvolles Faß zu geben – und vier Gleichungen, in denen c = 1, gibt es nicht.

Nachdem wir also die fünfte Lösung eliminiert haben, ergeben die Summen in den Spalten der obigen Tabelle 12, 13, 13, 13, 12. Wir wollen, daß sich in jeder Spalte die Summe 9 ergibt, also müssen wir zwei Lösungen streichen, die die Summen 3, 4, 4, 4, 3 ergeben. Eine Möglichkeit besteht darin, die Lösungen 4 und 6 zu streichen. Somit würden die fünf Söhne jeweils so viele Fässer bekommen:

| Lösung | $a$ | $b$ | $c$ | $d$ | $e$ |
|---|---|---|---|---|---|
| 1(Sohn 1) | 3 | 1 | 1 | 1 | 3 |
| 2(Sohn 2) | 2 | 1 | 2 | 3 | 1 |
| 3(Sohn 3) | 2 | 1 | 3 | 1 | 2 |
| 7(Sohn 4) | 1 | 3 | 1 | 3 | 1 |
| 8(Sohn 5) | 1 | 3 | 2 | 1 | 2 |

Nun ergibt jede Reihe und jede Spalte die Summe 9, keine zwei Söhne erhalten exakt das gleiche Sortiment Fässer, und jeder Sohn bekommt 18 Viertelfässer Wein. Es sind auch noch zwei andere Kombinationen möglich, aber die überlasse ich Ihnen.

Probleme dieser Art haben zwei Merkmale miteinander gemeinsam. Erstens sind mehrere verschiedene Lösungen möglich. Zweitens werden bestimmte Bedingungen gestellt oder impliziert, die es uns ermöglichen, einige Lösungen zu streichen, die nur mathematisch möglich sind. Diese zweite Eigenschaft macht die Probleme so unterhaltsam. Sie bereiten uns immer noch ein wenig Kopfzerbrechen, nachdem wir sie bereits mathematisch gelöst haben.

Man nennt solche Rätsel im Hinblick auf die erste Eigenschaft auch unbestimmt. Sie waren auf der ganzen Welt sehr beliebt, wobei sie zuerst in China, Indien und den Ländern des Nahen Ostens entstanden waren. (Letztere haben sie vermutlich aus China übernommen.) Mitte des 10. Jahrhunderts stellte der Gelehrte Abu Kamil ein paar von den lehrreichsten Problemen in einer zwanzig Seiten umfassenden Handschrift zusammen, die den Titel trägt *Das Buch der Seltenheiten der Rechenkunst*. Die oft zitierte Einleitung stellt sehr hübsch die unheimliche Eigenschaft dieser Rätsel dar, das Gehirn zu zermartern, selbst nachdem sie gelöst wurden:

*Im Namen Gottes, des Mitleidvollen und Barmherzigen. Der dies schreibt, ist Schodja ibn Aslam, auch Abu Kamil genannt. Ich bin vertraut mit einer besonderen Art von Problem, das bei hohen und niederen, gelehrten und einfachen Menschen verbreitet ist, das ihnen Freude bereitet und das sie als neu und schön*

empfinden. Aber wenn man sich nach der Lösung erkundigt, erhält man unge-
naue und auf Mutmaßungen beruhende Antworten, und sie erkennen in ihnen
weder Prinzip noch Regel. Viele Männer, teils vornehm, teils einfach, haben
mich über Probleme in der Arithmetik befragt, und ich habe ihnen bei jedem
einzelnen Problem die einzige Antwort gegeben, wenn es keine anderen Antworten gab. Aber oft gab es auf ein Problem zwei, drei, vier und mehr Antworten,
oft überhaupt keine Lösung. Ja, ich habe einmal sogar erlebt, daß ich bei einem
Problem sehr viele Lösungen gefunden habe. Ich hatte meinen ganzen Scharfsinn
auf dieses Problem gewendet und gelangte zu 2676 korrekten Lösungen. Darüber wunderte ich mich sehr, und ich machte die Erfahrung, wenn ich von dieser
Entdeckung sprach, begegnete man mir mit Erstaunen oder hielt mich für unfähig,
oder wer mich nicht kannte, bekam einen falschen Eindruck von mir. Dann
beschloß ich, ein Buch über derartige Berechnungen zu schreiben, um ihr
Studium zu erleichtern und ihr Verständnis näherzubringen. Damit habe ich nun
begonnen, und ich werde die Lösungen für jene Probleme erklären, die mehrere
Lösungen haben, ebenso für jene, die nur eine haben, und für jene, die überhaupt
keine haben, und zwar stets mit Hilfe einer unfehlbaren Methode.

Der Gedanke, »Prinzip und Regel« oder gar eine »unfehlbare Methode« zu
finden, wäre Alkuin oder anderen Europäern in seiner Zeit nie gekommen.
Im 10. Jahrhundert war dies nur für die Araber typisch. Einen Grund für
diesen Wesenszug bietet der Satz von merkwürdigen Symbolen in Abbildung 86.

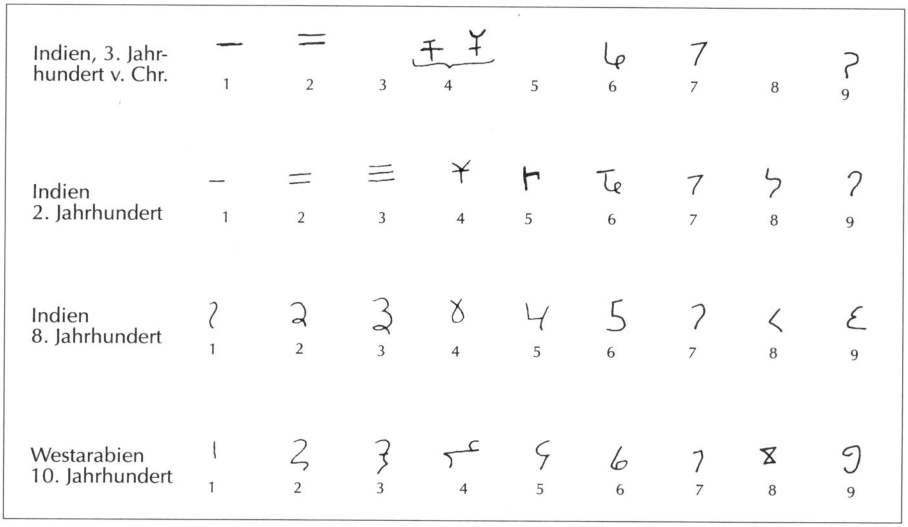

Abb. 86. Die Entwicklung der arabischen Zahlen

Dabei handelt es sich natürlich um die arabische Version der Zahlen von 1 bis 9 und um ihre indischen Ahnen. Es ist leicht zu erkennen, daß unsere eigenen Zahlensymbole hier ihren Ursprung haben. Die Symbole an sich haben nur eine geringe Bedeutung, aber dahinter steht das Dezimalsystem, das im Kern alle Mathematik enthält. Die Symbole und das Dezimalsystem erreichten Europa erst zu Beginn des 13. Jahrhunderts, als ein anderes Buch, das *Liber Abaci* von Leonardo (Fibonacci) von Pisa, das ganze mathematische Wissen der Chinesen und der Araber sammelte und nach Europa brachte, das gerade zu expandieren begann. Bei der Verbreitung der Symbole vom Fernen Osten bis nach Europa spielten Abu Kamils *Seltenheiten der Rechenkunst* eine wichtige Rolle.

# Sprechende Schakale und der Sinn der Geschichte

Wie aus Abbildung 86 hervorgeht, hat die arabische Welt ihre Zahlen wahrscheinlich durch den Kontakt mit Indien erhalten. Eine faszinierende Geschichte hat einmal Rabbi Abraham ibn Esra erzählt, ein spanischer Jude, der im 12. Jahrhundert als Historiker, Philosoph und Bibelkommentator berühmt war. In jüngeren Jahren hatte er offenbar geschäftlich Mißerfolg gehabt. »Ich bemühe mich, reich zu werden«, schrieb er, »aber die Sterne sind gegen mich. Wollte ich Leichentücher verkaufen, würde niemand sterben. Würde ich mit Kerzen handeln, dann würde die Sonne erst am Tage meines Todes untergehen.« Nachdem er wegen antisemitischer Pogrome Spanien hatte verlassen müssen, widmete er sich ausschließlich der Gelehrsamkeit und erwarb sich ein derartiges Ansehen, daß er nur von seinem Zeitgenossen Maimonides übertroffen wurde. Noch im 19. Jahrhundert war seine Philosophie ausreichend bekannt, so daß der englische Dichter Robert Browning ihn als eine Stimme von ungewöhnlicher Weisheit in einem seiner Monologe in *Dramatis Personae* zu Wort kommen ließ.

In seinen Bibelkommentaren besteht Abraham ibn Esra darauf, das Leben müsse in seiner Ganzheit verstanden werden – den Menschen unterscheide vom Tier, daß letzteres nur dem Augenblick leben könne. Browning läßt seinen Rabbi sagen:

*So werde alt mit mir!*
*Das Beste ist, wenn man*
*Als letzter lebt, wofür der erste ward geschaffen:*
*Die Zeit hat der in Händen,*
*Der sagt: »Ein Ganzes wollt ich,*
*Ein Halbes nur zeigt Jugend; auf Gott vertrau: Schau*
*alles, ängst'ge dich nicht!«*

Im Hinblick auf die Qualität der historischen Arbeiten des Rabbis sagt David Eugene Smith: »Er war einer der sorgfältigsten Schriftsteller seiner Zeit, ein hoch angesehener Wissenschaftler, ein gelehrter Kenner der Geschichte der Wissenschaften und ein Mann, der sich weniger auf die bloße Überlieferung stützte, als dies gewöhnlich der Fall war.«
Interessant für uns in diesem Zusammenhang ist die Einführung, die Rabbi ibn Esra für seine Übersetzung eines arabischen Buches über Astronomie ins Hebräische geschrieben hat. Diese Einführung ist eine der frühesten Schilderungen der Übernahme des Hindu-Zahlensystems in den arabischen Ländern des Nahen Ostens. Sollen wir dies für bare Münze nehmen? Gewiß, ibn Esra schreibt hier von Dingen, die er nicht aus erster Hand erfahren hat, aber angesichts seiner Achtung vor der Wahrheit geht sein Bericht, auch wenn er uns ein wenig zu bunt ausgeschmückt vorkommt, wahrscheinlich doch auf maßgebliche arabische Quellen zurück, die inzwischen verlorengegangen sind. Diese Einführung beginnt folgendermaßen:

*Im Namen des Allerheiligsten und Höchstverehrten, auf dessen Hilfe ich baue, spricht Abraham ibn Esra der Spanier. In alten Zeiten gab es keine Weisheit und keine [wahre] Religion unter den Söhnen von Ismael, den Zeltbewohnern, bis der [Autor des] Koran kam und ihnen aus seinem Herzen eine neue Religion gab.*
*Nach ihm erschienen viele Weise unter ihnen, die viele Bücher über ihre Gesetze schrieben; aber schließlich erschien ein großer König in Ismael, genannt e's Saffah, der hörte, daß es viele Wissenschaften in Indien gebe. Und er befahl, nach einem Gelehrten zu suchen, der die Sprachen von Indien und von Arabien beherrsche, damit er für ihn eines ihrer Weisheitsbücher übersetze, auch wenn er befürchte, daß ihm [dem Übersetzer] ein Unglück widerfahren werde, da weltliche Wissenschaften in Ismael im Koran allein [damals erlaubt waren], und welche Wissenschaften ihnen auch immer [durch die Überlieferung] vermittelt wurden, sie waren [so glaubte man] darin enthalten.*

»Ismael« bedeutet die arabischen Länder, und die »Söhne Isamels« sind die Araber selbst. Dies ist eine Anspielung auf die biblische Geschichte von

Abraham und seinem illegitimen Sohn, von dem alle semitischen Völker außer den Juden abstammen sollten. Rabbi ibn Esra berichtet uns, daß dieser arabische König neugierig auf die Hindu-Mathematik war, aber darüber aus religiösen Gründen nicht mehr erfahren konnte; denn diese Neugier verriet, daß er glaubte, es gebe einige Wahrheiten, die sich nicht im Koran finden ließen, und das konnte als Blasphemie ausgelegt werden.

*[Er hatte gehört,] in Indien gebe es ein Buch, das für die Ratgeber des Königreichs eine ganz wichtige Rolle spiele und das in Form von Geschichten gestaltet sei, die Tieren in den Mund gelegt seien, und das eine große Zahl von Bildern enthalte, die das Buch in den Augen des Lesers sehr wertvoll erscheinen ließen. Und der Name des Buches war Kalilah we-Dimnah, und das bedeutet der Löwe und der Stier, weil im ersten [Kapitel] des Buches von ihnen die Rede ist. Und der oben erwähnte König fastete vierzig Tage lang, weil er hoffte, den Engel der Träume zu sehen, der ihm erlauben würde, das Buch ins Arabische zu übersetzen. Und dann hatte er einen Traum, der seinen Gedanken entsprach. Daraufhin ließ er nach einem Juden suchen, der in seiner Zeit lebte und die beiden Sprachen beherrschte, und er trug ihm auf, das Buch zu übersetzen, da er befürchtete, falls ein Araber es übersetzen würde, könnte er sterben.*

Auch wenn Details in diesen Ausführungen phantastisch anmuten, so hört sich das Ganze doch sehr glaubwürdig an. Da ist zunächst einmal das Buch *Kalilah we-Dimnah*. Es gibt wirklich ein derartiges Hindu-Buch, in dem mathematische Ideen Tieren in den Mund gelegt werden. In der Tat haben viele Hindu-Bücher über Mathematik etwas Phantasmagorisches an sich. In diesem Fall stammt der Titel von zwei sprechenden Schakalen, die in den Geschichten eine wichtige Rolle spielen. Der Löwe und der Stier tauchen nur im ersten Kapitel auf. Dann heißt es, der König habe so lange gefastet, bis ihm ein Engel in seinen Träumen erschienen sei. Auch das ist vermutlich korrekt. Es ist tatsächlich ein wenig überraschend, wenn man erfährt, wie sehr das Goldene Zeitalter Arabiens mit Engeln und Träumen zusammenhing. So hatten beispielsweise arabische Philosophen lange Zeit den Wunsch gehabt, griechische Schriften zu übersetzen, aber sie taten es erst, als einer von ihnen behauptete, er habe in seinen Träumen gesehen, wie ein Engel zu Aristoteles sprach. Es ist ziemlich amüsant, daß ein Jude mit der eigentlichen Übersetzung beauftragt wurde: Dies hängt offenbar mit der Vorstellung zusammen, daß dem Juden als Ungläubigem anders als einem Araber kein Unglück widerfahren könne.

*Und als er sah, wie wunderbar das Buch war, was es ja auch tatsächlich ist, überkam ihn das Verlangen, mehr zu wissen. Dann verhalf er dem Juden zu großem Wohlstand, damit dieser zur Stadt Arin am Äquator reisen konnte, unter den Sternzeichen des Widders und der Waage, wo der Tag das ganze Jahr hindurch so lang ist wie die Nacht, und dachte bei sich: Vielleicht gelingt es ihm, einen ihrer weisen Männer zu mir, dem König, zu bringen. Und der Jude ging [dorthin] und wandte seine ganze Überredungskunst auf, woraufhin einer der weisen Männer von Arin für eine große Summe Geldes bereit war, sich zum König zu begeben, und der Jude versprach ihm, er würde dort nicht länger als ein Jahr bleiben müssen, und dann würde er ihn wieder in seine Heimat zurückbringen. Dann wurde dieser Gelehrte, dessen Name KNKH lautete, [zum König geschafft] und er brachte den Arabern die Grundlagen der Arithmetik bei, das heißt die neun Grundzahlen.*

Das Hebräisch, das Rabbi ibn Esra schrieb, besteht ausschließlich aus Konsonanten, aber er versah sie mit verschiedenen Zeichen, um die interpolierten Vokale zu kennzeichnen. Das ist so üblich bei Sprachen, in denen Vokale nicht als eigenständige Laute gelten, sondern nur als Töne, die die vorausgehenden Konsonanten entsprechend formen. Aus irgendeinem Grund wurde der Name KNKH nicht mit diesen Zeichen versehen. Es ist durchaus möglich, daß es sich bei diesem Gelehrten um Kanka handelte, jenen Hindu-Mathematiker, der als erster die sogenannten Freundschaftszahlen studiert haben soll. Dies sind Zahlenpaare, bei denen die Summe der echten Teiler der einen Zahl die andere ergibt. Die kleinsten Freundschaftszahlen sind 220 und 284. Die echten Teiler von 220 sind 1, 2, 4, 5, 10, 11, 20, 22, 44, 55 und 110, deren Summe 284 ergibt. Und die echten Teiler von 284 sind 1, 2, 4, 71 und 142, deren Summe wiederum 220 ergibt. Das Studium der Freundschaftszahlen geht zurück auf eine Zeit, in der alles, was mit Zahlen zusammenhing, als bedeutungsvoll galt. Heute stellen sie nichts weiter als ein Kuriosum dar. Man beachte, daß selbst ibn Esra von den »neun Grundzahlen« spricht und damit zu erkennen gibt, daß er außerstande ist, die Null als eigenständige Zahl anzuerkennen.

*[Nachdem das Buch übersetzt war,] erhob sich ein bedeutender Gelehrter in Ismael, der die Geheimnisse der Weisheit des Zählens kannte.… Dieser Gelehrte war Muhammed ibn Musa Al-Charismi, und alle späteren arabischen Gelehrten führen ihre Multiplikationen, Divisionen und Wurzeln so aus, wie es im Buch des [Hindu-]Gelehrten beschrieben ist, das sie in der Übersetzung besitzen.*

Dieser Gelehrte Al-Charismi ist einer der am häufigsten zitierten Autoren in der Geschichte der Mathematik, aber aus einem ganz eigenartigen Grund. Sein Name bedeutet Muhammad, Vater von Dschafar und Sohn des Musa aus Chwarismi. Sein Buch *Al-kitab al-muktasar fi hisab al-djabr wa al-mukabala* gelangte bis nach Europa, wo man das Wort *al-djabr*, was im Arabischen »Verminderung« bedeutet, zu dem Wort Algebra verballhornte *(Algebra et Almukabala)* und es in der gleichen Bedeutung verwendete wie wir heute. Der Name Al-Charismi selbst wurde zum Mittellateinischen Algorismi entstellt, womit einst jede Rechenmethode gemeint war. In diesem Sinne wurde es auch in *Das Lied des Algorismus* gebraucht, einem französischen Gedicht aus dem frühen 13. Jahrhundert:

> *Hier beginnt der Algorismus.*
> *Diese neue Kunst heißt Algorismus, in*
> *der aus diesen zweifach schönen Zahlen 0987654321*
> *der Indier wir soviel Nutzen ziehen.*

Bei der Übersetzung dieses Gedichts ins Englische wurde die Geschichte so übel entstellt, daß nicht einmal der arme Al-Charismi sie wiedererkannt hätte:

*Dieses Buch heißt das Buch des Algorismus, und dieses Buch behandelt die Kunst des Zählens, welche Kunst auch Algorismus genannt wird. Es gab einmal einen König von Indien, dessen Name war Algor, und er hat diese Kunst geschaffen und nach seinem Namen Algorismus genannt.*

Das ist nichts weiter als eine traurige, seltsame Geschichte, aber wenn man den Sinn der Geschichte zu enträtseln versucht, kommt folgendes dabei heraus: Ein Moslem bezahlte einen Juden dafür, von den Hindus ein Buch über sprechende Schakale zu holen, und seitdem hat sich die christliche Welt völlig verändert.

## Mit Hilfe einer unfehlbaren Methode …

Die unbestimmten Probleme aus Abu Kamils *Buch der Seltenheiten der Rechenkunst* waren und sind fast in allen Kulturen und zu allen Zeiten beliebt. Viele wurden aus verschiedenen Quellen von Oysten Ore gesammelt, einem bedeutenden Mathematikprofessor an der Yale University, der die Meinung vertritt, daß diese allgemeine Klasse von Problemen vielleicht ursprünglich aus Indien oder China stammt. Ore gelang es immerhin, das früheste Beispiel in einem Hindu-Werk aus dem Jahre 500 ausfindig zu machen. Der Gedanke liegt nahe, daß dieses Werk von Indien aus in die arabischen Länder gelangte. Hier drei Probleme, die Ore aufführt. Vielleicht sollten Sie sie zu lösen versuchen, ehe sie weiterlesen:

*Im ersten Rätsel – einem deutschen Rätsel aus dem 16. Jahrhundert – bezahlt eine Gesellschaft von 20 Personen eine Rechnung über 20 Groschen. Die Gesellschaft besteht aus Männern, Frauen und Mädchen, und jeder Mann bezahlt 3, jede Frau 2 und jedes Mädchen $\frac{1}{2}$ Groschen. Wie viele Männer, Frauen und Mädchen gehörten zu dieser Gesellschaft?*

Das Problem läßt sich auf zwei Gleichungen reduzieren, die gleichzeitig gelöst werden müssen. Wenn $m$ für die Anzahl der Männer, $f$ für die Anzahl der Frauen und $k$ für die Anzahl der Kinder steht, dann ergibt sich:

$$m + f + k = 20$$
$$3m + 2f + \frac{1}{2}k = 20$$

Im zweiten Rätsel – einem französischen Rätsel aus dem 17. Jahrhundert – nehmen 41 Personen, Männer, Frauen und Kinder, an einem Mahl in einem Gasthaus teil. Die Rechnung lautet auf 40 Sous, und jeder Mann bezahlt 4 Sous, jede Frau 3 Sous und jedes Kind $\frac{1}{3}$ Sou. Wie viele Männer, Frauen und Kinder waren hier dabei?
Diesmal lauten die beiden Gleichungen:

$$m + f + k = 41$$
$$4m + 3f + \frac{1}{3}k = 40$$

Das letzte Rätsel schließlich – ein amerikanisches Rätsel aus dem 20. Jahrhundert – war unter amerikanischen GIs auf Guadalcanal verbreitet: Ein Mann besitzt ein Theater mit 100 Sitzplätzen. Er möchte gern 100 Zuschauer haben, die so zusammengesetzt sind, daß er 1 Dollar einnimmt, und zwar bei folgenden Preisen: Männer 5 Cent, Frauen 2 Cent und 10 Kinder für 1 Cent. Wie viele Männer, Frauen und Kinder sind in der Vorstellung?
Hier heißen die beiden Gleichungen:

$$m + f + k = 100$$
$$5m + 2f + \frac{1}{10}k = 100$$

Man erkennt auf den ersten Blick, daß diese Probleme nahezu miteinander identisch sind – schließlich haben wir es bei allen mit zwei Gleichungen mit drei Unbekannten zu tun. Es sollte daher möglich sein, eine allgemeine

Lösung für alle drei zu finden. Abu Kamil fand tatsächlich eine derartige Methode, wie er erklärte, und sie ist fast identisch mit der modernen Methode. Was nun folgt, mag vielleicht ein wenig viel mit Gleichungen zu tun haben, aber man sollte unbedingt hinter die Gleichungen sehen und daran denken, daß sich in ihnen eigentlich nichts weiter als gesunder Menschenverstand widerspiegelt.

Als Beispiel betrachten wir einmal das zweite Problem, da es den anderen ein paar Komplikationen voraus hat. Hier noch einmal die beiden Gleichungen:

$$m + f + k = 41$$
$$4m + 3f + \frac{1}{3}k = 40$$

Charakteristischerweise ist die Zahl der Unbekannten stets größer als die Zahl der Gleichungen, wie dies auch in unserem Beispiel der Fall ist. Damit ist sicher, daß es stets eine unendliche Anzahl von Lösungen gibt oder überhaupt keine. Und wenn es eine unendliche Anzahl von Lösungen gibt, dann sind – ebenfalls charakteristischerweise – der Mathematik aufgrund einiger physikalischer Bedingungen des Problems gewisse Grenzen gezogen. Beispielsweise können wir bei diesem Problem keine Bruchzahlen oder negative Zahlen von Männern, Frauen und Kindern zulassen. Aus all diesen Gründen wissen wir, daß die Zahl der Kinder irgendein Mehrfaches von drei sein muß, damit wir den Term $\frac{1}{3}k$ in der zweiten Gleichung in eine ganze Zahl umwandeln können. Somit ist $k = 3x$. Wir können uns $x$ als Kinderdrilling vorstellen und bestimmen, daß Kinder stets zu dritt kommen müssen. Nun erhalten wir:

$$m + f + 3x = 41$$
$$4m + 3f + x = 40$$

Wenn wir die letzte Gleichung mit 3 multiplizieren und die erste davon abziehen, erhalten wir nur eine Gleichung mit zwei Unbekannten:

$$11m + 8f = 79$$

Diese letzte Gleichung ist so etwas wie eine Kombination aus den anderen beiden. Jeder Wert von $m$ und $f$, der diese letzte Gleichung erfüllt, muß auch gleichzeitig die ersten beiden Gleichungen erfüllen. Nun lösen wir sie für $f$ auf und erhalten:

$$f = 10 - m - \frac{1}{8}(3m+1)$$

Wir erinnern uns daran, daß unsere Hauptbedingung darin besteht, daß alle Variablen positive ganze Zahlen sein müssen. Jede ganze Zahl für $m$ macht aus $f$ zwangsläufig eine ganze Zahl, solange auch der letzte Term, $\frac{1}{8}(3m+1)$, eine ganze Zahl ist, was jedesmal der Fall ist, wenn $(3m+1)$ ein Vielfaches von 8 ist – also bei $m = 5$, 13 oder 21. Aber bei jedem Wert von $m$ größer als 5 bekommen wir eine negative Zahl von Frauen. Daher gibt es nur eine einzige Antwort: 5 Männer, 3 Frauen und 33 Kinder. Damit sind die Bedingungen des Problems erfüllt, weil es insgesamt (5+3+33) = 41 Personen sind, die $(4 \cdot 5) + (3 \cdot 3) + (\frac{1}{3} \cdot 33) = 40$ Sous ausgegeben haben.

Die anderen oben erwähnten Rätsel können alle in gleicher Weise gelöst werden. Und auch bei ihnen ist die gleiche Mischung aus Arithmetik und gesundem Menschenverstand erforderlich.

Es ist interessant, wenn man sich Rätsel dieser Art einmal graphisch veranschaulicht, um zu sehen, wie sie funktionieren. Dabei ignorieren wir, wofür die Zahlen stehen, und betrachten nur die Gleichungen an sich. Und wir verwenden einfachere Gleichungen – also nicht solche mit drei Unbekannten, sondern nur mit zweien:

$$y = 6x + 1$$
$$y = 3x + 4$$

Diese beiden Gleichungen lassen sich leicht graphisch darstellen, wie Abbildung 87 zeigt. Man beachte, daß kein Term in der Gleichung in eine Potenz erhoben ist, und daher nennt man diese unbestimmten Probleme korrekterweise linear unbestimmt.

Die Gerade A enthält alle Punkte, die die erste Gleichung erfüllen, die Gerade B enthält alle Punkte, die die zweite Gleichung erfüllen. Aber nur der einzige Schnittpunkt – das heißt der Punkt, der auf beiden Geraden liegt – erfüllt beide Gleichungen gleichzeitig. Dieser Punkt beantwortet das

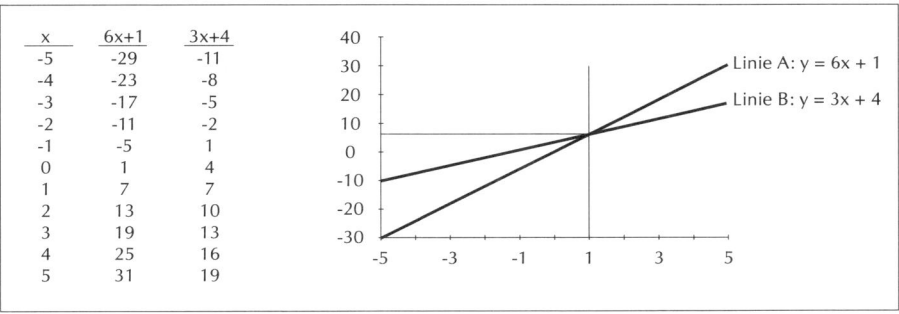

Abb. 87. Zwei Gleichungen, zwei Unbekannte

Problem, mit dem wir uns befassen, aber nur wenn er den physikalischen Bedingungen des Problems entspricht. Die typische Bedingung lautet, daß der Punkt ganzzahlige Koordinaten haben muß. Wären die beiden Geraden identisch gewesen, hätte es eine unendliche Zahl von Lösungen gegeben; hätten sie sich unterschieden, wären aber parallel verlaufen, dann hätte es keinen Schnittpunkt gegeben, und das Rätsel wäre unlösbar gewesen.

Nun haben aber alle Rätsel, die wir erwähnt haben, Gleichungen mit drei Unbekannten. Bei solchen Gleichungen ergeben sich graphisch Ebenen statt Geraden. Es gibt dann zwei solcher Ebenen, und diese können parallel sein – in diesem Fall hat das Rätsel keine Lösung – oder sich schneiden. Wenn sich aber Ebenen schneiden, dann tun sie das nicht in einem einzigen Punkt, sondern in einer Geraden. Diese Gerade fanden wir heraus, als wir die beiden obigen Gleichungen

$$m + f + 3x = 41$$
$$4m + 3f + x = 40$$

manipulierten und daraus die einzelne Gleichung

$$11m + 8f = 79$$

gewannen.

Die unendlich vielen Punkte dieser Linie müssen durch irgendein Element des Rätsels begrenzt werden – in unserem Beispiel durften es keine negativen oder Bruchzahlen sein.

# Von Ganita-sara-sangrata
## bis zur *Saturday Evening Post*

*Drei Matrosen und ein Affe sind als Schiffbrüchige auf einer Insel gestrandet. Die Männer verbringen den ganzen Tag damit, einen Haufen von Kokosnüssen zu sammeln, und entscheiden, sie am darauffolgenden Morgen aufzuteilen. Aber nachts erwacht ein Matrose und beschließt, sein Drittel zu nehmen. Er teilt den Haufen in drei gleiche Teile, aber eine Kokosnuß bleibt übrig, die er dem Affen gibt. Er nimmt sein Drittel, versteckt es und baut die restlichen Nüsse wieder zu einem Haufen auf. Dann erwacht ein anderer Matrose, tut genau das gleiche und genauso der dritte. Am Morgen teilen sie den restlichen Haufen in drei gleiche Teile, und wieder bleibt ihnen eine Kokosnuß übrig, die sie dem Affen geben. Wie viele Kokosnüsse waren es am Anfang?*

Dieses unbestimmte Problem tauchte zum ersten Mal im *Ganita-sara-sangrata* von Mahavira auf, der zwischen 477 und 467 v.Chr. starb. Erneut wurde es 1926 veröffentlicht, und zwar in einer Kurzgeschichte in der *Saturday Evening Post*, wobei allerdings aus den drei Matrosen fünf wurden und der Affe am Ende keine Kokosnuß mehr bekam. Die erste Änderung machte das Problem unhandlicher, weil die Zahlen so groß werden, während die zweite Änderung einige zusätzliche schwierige Überlegungen mit sich bringt. Martin Gardner hat in einem seiner Bücher eine Analyse des Problems aus der *Post* gebracht sowie die amüsante Geschichte erzählt, wie dieses Problem dem Autor der Kurzgeschichte, der die Lösung verschwieg, eine Flut von Leserbriefen eintrug.

Wenn das Rätsel von seinen Zutaten – den Matrosen, Kokosnüssen und Affen – befreit wird, geht es nur noch um reine, einfache Zahlen, und da haben wir eines der frühesten Beispiele solcher Probleme vor uns. Offensichtlich war es von einem Volk ausgedacht worden, das etwas ganz Neues und Ungewöhnliches entdeckt hatte: das Zahlensystem an sich. Hier sind somit die Anfänge einer spielerischen Art von Zahlentheorie zu erkennen. Man kann das Problem so umformulieren, daß darin nur noch Zahlen eine Rolle spielen:

*Die Zahlentheorie-Version: Eine Zahl, um 1 vermindert, ist ein Vielfaches von 3. Man nehme $\frac{2}{3}$ davon und erhält erneut eine Zahl, die um 1 größer ist als ein Vielfaches von 3. Man wiederhole diese Operation noch zweimal und erhält stets eine Zahl, die um 1 größer ist als ein Vielfaches von 3. Wie heißt die Zahl?*

Das ganze Drum und Dran mit den Matrosen, Kokosnüssen und dem Affen dient nur dazu, das Problem ein bißchen weniger abstrakt erscheinen zu lassen, als ob die Menschen, die es sich ausgedacht haben, nicht gewußt hätten, daß sie eigentlich ein Zahlenrätsel stellten. Man beachte aber bei der folgenden Lösung, wie oft wir gezwungen sind, uns nur auf Eigenschaften von Zahlen zu stützen, zum Beispiel daß zwei Zahlen keine Faktoren gemeinsam haben oder daß eine andere Zahl zwangsläufig eine ganze Zahl ist.

Wie schwierig dieses Problem ist, wird jedem sofort klar, der sich darauf einläßt. Wir wollen es einmal von hinten aufzäumen. Am Ende, heißt das, steht irgendeine Zahl, die genau durch 3 teilbar ist. Also gut: Wir nehmen an, es sind 3 Kokosnüsse. Die haben wir bekommen, indem wir 1 wegwarfen, so daß es unmittelbar davor noch 4 gewesen sein müssen. Diese Zahl wiederum ist entstanden, als der letzte Matrose $\frac{1}{3}$ von dem Haufen nahm, den er vorfand, so daß die 4 genau $\frac{2}{3}$ dieses Haufens darstellt. Darum hatte der letzte Matrose noch exakt 6 Kokosnüsse vor sich – oder 7, ehe er 1 dem Affen gab. Diese 7 wiederum müssen $\frac{2}{3}$ des Haufens gewesen sein, den der vorletzte Matrose vorfand, aber nun gibt es keine ganze Zahl $x$, so daß $\frac{2}{3}x =$ 7. Damit bricht das Ganze zusammen. Also fangen wir von vorn an und gehen davon aus, daß es am Ende eine andere Zahl gegeben hat, die genau durch 3 teilbar war, etwa 6, und dann rechnen wir von hier aus zurück, bis wir hoffentlich die einzelnen Transaktionen vollständig rekonstruieren können. Diese Prozedur wird allerdings viel Zeit erfordern, und am Ende haben wir keineswegs »Prinzip und Regel« vor uns, wie Abu Kamil erklärte.

$A$ sei die Anzahl der Kokosnüsse zu Beginn. Wenn der erste Matrose 1 Kokosnuß beiseite tut und seinen Anteil nimmt, dann bleiben $B$ Kokosnüsse zurück. Das heißt: $\frac{2}{3}(A-1) = B$ oder $2(A-1) = 3B$. Genauso sind $C$, $D$ und $E$ jeweils die Anzahl der Kokosnüsse, die nach den anschließenden Teilungen übrigbleiben. Damit können wir die folgenden Gleichungen aufstellen:

$$2(A\text{-}1) = 3B$$
$$2(B\text{-}1) = 3C$$
$$2(C\text{-}1) = 3D$$
$$2(D\text{-}1) = 3E$$

Mit Hilfe von Methoden, die wir bereits kennengelernt haben, können wir drei Unbekannte eliminieren und erhalten eine einzige Gleichung:

$$16A = 81E + 130$$

Das ist zwar durch Probieren leicht zu lösen, aber damit haben wir noch nicht die allgemeine Lösung vor uns.

Erinnern Sie sich noch an die Geschichte von dem Mann mit den 17 Kamelen? Da er mit seinen eigenen Rechenkünsten nicht weiterkam, wollte er von dem Advokaten wissen, wie er die Kamele an seine drei Söhne verteilen sollte, und zwar ein Neuntel an seinen ersten Sohn, eine Hälfte an den zweiten und den Rest an den dritten. Der Advokat tat eines seiner Kamele dazu, so daß es 18 waren. Dann gab er dem ersten Sohn 2, dem zweiten 9, nahm sein eigenes Kamel wieder weg und gab den Rest, 6, dem dritten Sohn.

Genauso fügen wir bei diesem Problem 2 Kokosnüsse hinzu, damit die Rechnung aufgeht. (Wir werden bald sehen, warum es 2 sein müssen.) Nun läßt sich die obige Gleichung so umformulieren:

$$16(A+2) = 81(E+2)$$

Im Unterschied zu der Geschichte vom Mann mit den Kamelen allerdings ist das Hinzufügen von zwei Kokosnüssen tatsächlich gute Arithmetik. Man kann sich leicht davon überzeugen, daß die beiden Gleichungen exakt gleich sind.

Der Term rechts muß eine durch 81 teilbare ganze Zahl sein. Daher muß der Term links, $16(A+2)$, ebenfalls durch 81 teilbar sein. Aber 16 hat keine Faktoren mit 81 gemeinsam, so daß der Term $(A+2)$ an sich durch 81 teilbar sein muß. Nun haben wir:

$$\frac{(A+2)}{81} = K$$

Dabei ist $K$ eine ganze Zahl. Somit ist $A = 81K - 2$ oder 79 (wenn $K = 1$), 160 (wenn $K = 2$), 241 (wenn $K = 3$) und so weiter, wobei jeder Term um 81 größer als der vorhergehende Term ist. Die einfachste Antwort lautet: 79, und nun können wir von hier aus die ganze Operation rekonstruieren: Der erste Matrose fand 79 Kokosnüsse vor, gab eine dem Affen, teilte den Rest in drei Haufen von je 26, behielt einen dieser Haufen für sich und ordnete die restlichen 52 wieder zu einem Haufen. Der zweite Matrose gab eine Nuß dem Affen, teilte die restlichen 51 Nüsse in drei Haufen von je 17, behielt einen Haufen für sich und ordnete die übrigen 34 Nüsse wieder zu einem einzigen Haufen. Der dritte Matrose gab eine Nuß dem Affen, teilte den Rest in drei Haufen von je 11, behielt einen Haufen für sich und ordnete die übrigen 22 Nüsse wieder zu einem Haufen.

Am nächsten Morgen gaben die Matrosen gemeinsam dem Affen eine Nuß und teilten den Rest in drei Haufen von 7 Nüssen. Jeder behielt einen dieser Haufen für sich und glaubte, dies sei eine gerechte Lösung.

Der Leser kann sich selbst davon überzeugen, daß dies bei 160 oder 241 Nüssen ebenso funktioniert. Das ganze Geheimnis besteht darin, daß jede Anzahl um 81 oder $3^4$ größer ist als die vorhergehende Anzahl. Daher kann diese zusätzliche 81 stets in den vier Teilungen auftauchen. Warum aber fügten wir 2 Kokosnüsse sozusagen als Katalysator hinzu? Das ist auf das Verhalten des ersten Matrosen zurückzuführen. Er mußte nämlich dem Affen eine Kokosnuß geben, damit die verbleibende Anzahl durch 3 teilbar war. Er hätte das gleiche erreichen können, wenn er 2 Kokosnüsse von dem Affen *genommen* hätte.

Damit können wir eine einfache Lösung für das allgemeine Problem mit dem Affen und den Kokosnüssen formulieren. Nehmen wir an, da sind $m$ Matrosen und $a$ Affen. Damit alles schön allgemein bleibt, nehmen wir auch an, daß es $o$ Operationen gibt. Der Wert für $o$ ist üblicherweise $m + 1$, da alle Matrosen den anderen nicht trauen und am Ende die Kokosnüsse ein letztes Mal aufteilen. (Der Wert für $o$ kann natürlich davon abweichen, wenn wir beispielsweise annehmen, daß der eine oder andere Matrose nicht mißtrauisch ist.) Dann wird die Anzahl der Kokosnüsse soviel betragen:

$$m^o - (m\text{-}1)a$$

Diese Lösung wird immer funktionieren, aber wenn der Wert von $a$ größer als oder gleich $(m\text{-}1)^{o-1}$ ist, dann ergibt sich vor der letzten Teilung eine negative Zahl von Kokosnüssen. Im Sinne der reinen Zahlentheorie-Version des Rätsels stellt dies überhaupt kein Problem dar. Aber wem die Vorstellung von negativen Kokosnüssen albern vorkommt, der kann ja so lange $m^o$ hinzufügen, bis die negative Zahl verschwindet. Teilen Sie $a$ durch $(m\text{-}1)^{o-1}$ und finden Sie die größte ganze Zahl, die diesen Wert nicht übersteigt. So viele Male nämlich müssen Sie $m^o$ hinzufügen.

Da dies vielleicht unnötig verwirrend erscheint, wollen wir alles anhand eines ziemlich komplizierten Beispiels zusammenbringen. Fünf Matrosen finden einen Haufen Kokosnüsse, und 2 von ihnen trauen den anderen nicht. Einer steht nachts auf, um sich seinen Anteil zu sichern, entdeckt aber, daß 17 Kokosnüsse an Affen weggegeben werden müssen. Der zweite mißtrauische Matrose tut das gleiche. Am Ende nehmen sich alle Matrosen ein Fünftel von den übriggebliebenen Kokosnüssen und entdecken erneut, daß 17 übriggebliebene Kokosnüsse weggegeben werden müssen. Wie viele Kokosnüsse hatten sie ganz am Anfang gefunden?

Keiner dieser Matrosen ist besonders intelligent, da es ja niemals notwendig gewesen wäre, 17 Kokosnüsse wegzugeben. Aber wir sind ja nur an den reinen Zahlen interessiert. In diesem Falle ist $m = 5$, $o = 3$ (zwei Teilungen durch die mißtrauischen Matrosen und eine Teilung am Schluß) und $a = 17$. Nach unserer Lösung muß die Anzahl der Kokosnüsse betragen:

$$m^o - (m\text{-}1)a \text{ oder}$$
$$5^3 - (5\text{-}1)17 = 57$$

*Der erste mißtrauische Matrose findet 57 Kokosnüsse vor, wirft 17 weg und teilt die restlichen 40 in Haufen zu je 8 auf, nimmt sich einen Haufen und läßt 32 zurück.*

*Der zweite mißtrauische Matrose findet 32 Kokosnüsse vor, wirft 17 weg, teilt die restlichen 15 in fünf Haufen zu je 3 auf, nimmt sich einen Haufen und hinterläßt 12.*

*Am nächsten Morgen finden alle Matrosen diese 12 Kokosnüsse, werfen 17 weg und teilen die verbleibenden -5 untereinander auf.*

Bei reinen Zahlen ist dies absolut sinnvoll, aber wenn Sie die negativen Kokosnüsse am Ende nicht mögen, fügen Sie $m^o$ hinzu, und nun erhalten Sie $57 + 125 = 182$. Überzeugen Sie sich davon, daß auch dies funktioniert.

# Die Rache des Archimedes

Es gibt ein noch schwierigeres und noch älteres Problem, das längst ein Klassiker ist. Das ist das berühmte Viehproblem, das zu allen Zeiten das Interesse fast aller bedeutenden Mathematiker gefunden hat. Der Sage nach hat Archimedes, der legendenumwobene Mathematiker aus dem alten Griechenland, sich dieses Problem ausgedacht, um auf seine Weise Rache an seinen Feinden zu nehmen. Tatsächlich weiß man, daß Archimedes sich mit dem Problem befaßt und es möglicherweise so verändert hat, daß es teuflisch schwer wurde, aber wahrscheinlich hat er das Rätsel nicht erfunden. Archimedes gilt heute als einer der drei bedeutendsten Mathematiker aller Zeiten (die anderen beiden sind Isaac Newton und Carl Friedrich Gauß). Bereits zu seinen Lebzeiten war er verehrt worden. Und noch lange nach seinem Tod wurde sein Name in Kulturen, denen er nur als Berühmtheit bekannt war, als Synonym für etwas unvorstellbar Hochgeistiges verstanden, so wie wir etwa heute den Namen Einstein gebrauchen. So hat beispielsweise Cicero oft erklärt: »Das ist ein Buch für Archimedes«, womit er nichts anderes sagen wollte als: »Das ist wirklich ein ganz schwieriges Buch.«

Ganz gleich, woher das Viehproblem letztlich stammt – jedenfalls ist es das ultimative unbestimmte Rätsel. Wenn man es heute in seiner ursprünglichen Form liest, vermittelt es fast ein an Ehrfurcht grenzendes Gefühl für diejenige Art von Zerstreuung, die bei den Menschen zur Zeit von Archimedes so beliebt war:

*Wenn du, o Fremder, eifrig und weise bist, so errechne die Anzahl der Tiere von Helios, die einstmals auf den Weiden der thrinakischen Insel Sizilien weideten und aus vier Herden von unterschiedlicher Farbe bestanden: die eine milchweiß, die andere schwarzglänzend, die dritte braun und die letzte gefleckt. In jeder Herde waren Stiere, mächtig an Zahl nach den folgenden Verhältnissen: Wisse denn, Fremder, daß die weißen Stiere gleich viel waren wie eine Hälfte und ein Drittel der schwarzen zusammen mit allen braunen, während die schwarzen gleich viel waren wie der vierte Teil der gefleckten und ein Fünftel von diesen, zusammen wiederum mit allen braunen. Beachte fernerhin, daß die übrigen Stiere, die gefleckten, gleich viel waren wie ein sechster Teil der weißen und ein Siebtel von diesen, zusammen mit allen braunen.*

Das ist doch eigentlich ganz einfach. Wir nennen

$W$ die Anzahl der weißen Stiere;
$S$ die Anzahl der schwarzen Stiere;
$B$ die Anzahl der braunen Stiere;
$G$ die Anzahl der gefleckten Stiere.

Sodann erfahren wir noch folgendes:

$$W = (\frac{1}{2} + \frac{1}{3})S + B \quad \ldots\ldots\ldots(1)$$
$$S = (\frac{1}{4} + \frac{1}{5})G + B \quad \ldots\ldots\ldots(2)$$
$$G = (\frac{1}{6} + \frac{1}{7})S + B \quad \ldots\ldots\ldots(3)$$

Das ist alles, was wir bis jetzt allein über die Stiere erfahren haben. Aber die Geschichte geht noch weiter – jetzt sind die Kühe an der Reihe:

*Dies waren die Verhältnisse der Kühe: Die weißen waren genau gleich viel wie der dritte Teil und ein Viertel der ganzen schwarzen Herde; die schwarzen waren gleich viel wie der vierte Teil der gefleckten und ein fünfter Teil von diesen, wenn die ganze Herde, einschließlich der Stiere, auf die Weide gingen. Die gefleckten wiederum waren gleich an Zahl einem fünften Teil und einem Sechstel der* braunen Herde. Schließlich waren die braunen Kühe an Zahl gleich einem sechsten Teil und einem Siebtel der weißen Herde.

Auch das ist ganz einfach. Wir nennen

> $w$ die Anzahl der weißen Kühe;
> $s$ die Anzahl der schwarzen Kühe;
> $b$ die Anzahl der braunen Kühe;
> $g$ die Anzahl der gefleckten Kühe.

Dann erfahren wir:

$$w = (\frac{1}{3} + \frac{1}{4}) \quad (S+s) \quad \ldots\ldots\ldots\ldots(4)$$

$$s = (\frac{1}{4} + \frac{1}{5}) \quad (G+g) \quad \ldots\ldots\ldots\ldots(5)$$

$$g = (\frac{1}{5} + \frac{1}{6}) \quad (B+b) \quad \ldots\ldots\ldots\ldots(6)$$

$$b = (\frac{1}{6} + \frac{1}{7}) \quad (W+w) \quad \ldots\ldots\ldots\ldots(7)$$

Bis dahin waren bei dem Problem keine speziellen Fähigkeiten erforderlich, auch wenn die Zahlen grauenhaft groß werden. Doch hören wir weiter, was Archimedes uns zu sagen hat:

*Wenn du, o Fremder, die Zahl der Tiere von Helios genau angeben kannst, und zwar getrennt die Anzahl der wohlgenährten Stiere und wiederum die Anzahl der Kühe, entsprechend jeder Farbe, dann würdest du zwar nicht ungeschickt oder der Zahlen unkundig genannt werden, aber noch wirst du nicht zu den Weisen gezählt werden. So vernehme denn alle Bedingungen im Hinblick auf das Vieh von Helios.*

Nun erfahren wir gewisse Komplikationen, die einige Kenner auf Archimedes zurückführen. Mit Sicherheit ist dies der Teil des Rätsels, der die Lösung so mühsam macht:

*Als die weißen Stiere ihre Anzahl mit der der schwarzen mischten, standen sie fest und unerschütterlich da, gleich in Tiefe und Breite, und die Ebenen von Thrinakie, die sich weithin in alle Richtungen erstreckten, waren von ihrer Vielzahl erfüllt.*

Daß die Tiere »gleich in Tiefe und Breite« dastanden, bedeutet möglicherweise, daß die Anzahl der weißen und schwarzen Stiere zusammen eine exakte Quadratzahl sein muß. Damit ist das Problem fast nicht zu lösen.

Aber eine der seltsamsten Errungenschaften der Zahlentheorie besteht darin, daß sie zwar die Antwort nicht ganz genau formulieren kann, aber immerhin hat man im späten 19. Jahrhundert herausgefunden, daß die richtige Lösung 206 545 Stellen haben muß und daß die ersten drei 776 lauten. Um zu veranschaulichen, wie groß diese Zahl exakt ist, benutzen Zahlentheoretiker oft folgendes Bild: Man stelle sich eine Kugel mit einem Radius vor, der gleich ist der Entfernung zwischen der Erde und der Milchstraße, und dann stelle man sich vor, daß die Kühe und Stiere so groß wie Elektronen sind – und diese Herde könnte nicht in die Kugel hineinpassen. Drei Kanadier haben inzwischen die exakte Zahl herausgefunden, wobei sie Gott weiß wie viele Stunden dafür am Computer verbracht haben; sie wurde in *The Journal of Recreational Mathematics* abgedruckt (übrigens in einem sehr kleinen Schriftgrad).

An diesem Punkt fängt man normalerweise zu mogeln an. Kühe sind doch länger als breit. Wenn sie »gleich in Tiefe und Breite« sind, dann muß doch die Anzahl der weißen und schwarzen Stiere eine Rechteckzahl sein, nicht eine Quadratzahl. Dies ist nicht nur ein alberner Rückzieher, sondern macht das Problem lösbar. Aber es kommt ja noch mehr:

*Und wenn wiederum die braunen und die gefleckten Stiere zu einer Herde versammelt wurden, dann standen sie auf eine Weise da, daß ihre Zahl, beginnend bei eins, allmählich immer größer wurde, bis sie eine vollständige dreieckige Figur ergaben, in der sich keine Stiere von anderer Farbe befanden, noch einer von ihnen fehlte.*

Das bedeutet schlicht, daß $(B+G)$ eine Dreieckzahl sein muß, also eine Zahl von der Form $\frac{1}{2}n(n+1)$, wie wir in einem früheren Kapitel gesehen haben.

*Wenn du, o Fremder, imstande bist, all diese Dinge herauszufinden und sie in deinem Verstand zu behalten, mit allen Verhältnissen, dann sollst du mit Ruhm bedeckt von dannen ziehen und wissen, daß du auf diesem Gebiet des Wissens für vollkommen befunden worden bist.*

Das ist wirklich fair. Das Problem enthält im Prinzip nichts Besonderes, aber es gibt da so viele Unbekannte, und die Lösungen werden so groß, daß es fast unmöglich ist, das Problem ohne die Hilfe eines Computers zu lösen. Wenn Sie im folgenden für $n$ jeden beliebigen Wert einsetzen, erhalten sie eine mögliche Lösung für die obigen Gleichungen (1) bis (7).

$$
\begin{aligned}
W &= 10\,366\,482n & w &= 7\,206\,360n \\
S &= 7\,460\,514n & s &= 4\,893\,246n \\
B &= 4\,149\,387n & b &= 5\,439\,213n \\
G &= 7\,358\,060n & g &= 3\,515\,820n
\end{aligned}
$$

Nun müssen wir unter all diesen möglichen Antworten jene herausfinden, für die (*B+G*) eine Dreieckzahl ist. Daß (*W+S*) eine Rechteckzahl ist, wird daraus automatisch folgen. Es gibt hier nur eine mögliche Antwort:

| | | | |
|---|---|---|---|
| $W=$ | 1 217 263 415 886 | $w =$ | 846 192 410 280 |
| $S =$ | 876 035 935 422 | $s =$ | 574 579 625 058 |
| $B =$ | 487 233 469 701 | $b =$ | 638 688 708 099 |
| $G =$ | 864 005 479 380 | $g =$ | 412 838 131 860 |

Die Gesamtzahl der Tiere in diesen vier Herden beträgt 5 916 837 175 686.

## Ich habe sehr viele Lösungen gefunden ...

Mit der Methode, die wir uns zuvor angesehen haben, können wir jede Art von linear unbestimmten Problemen lösen, auch wenn uns der Teil der Lösung, der ein normales logisches Denken erfordert, stets vor neue Überlegungen stellt. Manchmal können sie das Problem überfrachten. Ein extremes Beispiel ist das letzte Problem, auf das Abu Kamil in seiner Einführung anspielte und für das es angeblich 2676 Lösungen gab. Diese Zahl 2676 wird von Abu Kamil selbst als Anzahl der Lösungen angegeben, die er tatsächlich gefunden hat. Jahrhundertelang galt dies als korrekt, bis der englische Mathematiker Thomas H. O'Beirne es in Frage stellte und bei dieser Gelegenheit herausfand, daß ein erstmals im Jahre 900 erwähntes Rätsel erst im 20. Jahrhundert korrekt gelöst worden war. Das Problem selbst ist einfach formuliert:

*Jemand hat 100 Drachmen und soll davon 100 Vögel kaufen. Für die Vögel werden folgende Preise verlangt: eine Ente kostet 2 Drachmen, ein Huhn 1 Drachme, 2 Tauben kosten 1 Drachme, 3 Ringeltauben 1 Drachme und 4 Lerchen 1 Drachme. Wie viele Vögel wurden von jeder Sorte gekauft?*

Wir gehen davon aus, daß zumindest ein Exemplar von jeder Sorte gekauft werden muß. Dieses Problem kann genauso wie das vorhergehende gelöst werden, aber diesmal ist die Zahl der Lösungen so groß, daß sie schnell unhandlich wird. Wir wollen darum hier die alternative Methode vorstellen, die von O'Beirne stammt. Diese Methode zeichnet sich durch die Art und Weise aus, wie sie sämtliche Überlegungen, von denen in diesem Problem die Rede ist, zusammenfaßt und alles zu etwas verblüffend Einfachem herunterkocht. Man sollte allerdings daran denken, daß diese Methode der eher mathematischen Methode ähnelt, die wir zuvor verwendet haben. Würde das Problem freilich auf mathematische Weise gelöst werden, sähe die Lösung esoterisch aus – O'Beirnes Methode hingegen ist ganz geradlinig. Aber beide laufen auf das gleiche hinaus. Wenn Sie der Lösung folgen und mit den Enten, Hühnern und so weiter herumzujonglieren beginnen, dann verhalten Sie sich eigentlich genauso wie ein Mathematiker, der mit den Unbekannten einer Gleichung herumjongliert.

Zuerst wollen wir aus der Tatsache Kapital schlagen, daß die Anzahl der Vögel, die gekauft werden sollen, gleich der Menge Geld ist, das ausgegeben werden soll. Das ermöglicht es uns, bestimmte Arten von Vögeln zusammenzufassen und damit Pakete zu erhalten, in denen die Anzahl der Vögel gleich dem Preis für das Paket ist. Wir wollen das Symbol $P_x$ für diese Pakete verwenden, wobei $x$ die Anzahl der Vögel ist oder der Preis des Pakets in Drachmen. Es ergibt sich folgendes:

| | | |
|---|---|---|
| $P_3$ = | 1 Ente und 2 Tauben | (3 Vögel für 3 Drachmen) |
| $P_5$ = | 2 Enten und 3 Ringeltauben | (5 Vögel für 5 Drachmen) |
| $P_7$ = | 3 Enten und 4 Lerchen | (7 Vögel für 7 Drachmen) |
| $P_{5'}$ = | 2 Enten, 1 Taube, 2 Lerchen | (5 Vögel für 5 Drachmen) |

Hühner brauchen nicht zusammengepackt zu werden, oder wenn Sie so wollen: Jedes Huhn ist sein eigenes Paket, da ein Huhn 1 Drachme kostet. Damit hat das Rätsel, bei dem es zunächst fünf verschiedene Arten gab, nur noch vier – die obigen Pakete. Alle Lösungen können in Form dieser Pakete formuliert werden; die Anzahl der Hühner muß nicht eigens erwähnt werden, da wir sie einfach mit dazupacken, um die Zahl der Vögel (und die Kosten für den ganzen Handel) auf 100 zu bringen. Ein einfacher Einkauf sieht folgendermaßen aus:

| | | |
|---|---|---|
| $P_3$ : 1 Ente, 2 Tauben | kosten | 3 Drachmen |
| $P_5$ : 2 Enten, 3 Ringeltauben | kosten | 5 Drachmen |
| $P_7$ : 3 Enten, 4 Lerchen | kosten | 7 Drachmen |
| 15 Vögel | kosten | 15 Drachmen |
| + 85 Hühner | kosten | 85 Drachmen |
| 100 Vögel | kosten | 100 Drachmen |

Man beachte, wie die Methode des Zusammenpackens sicherstellt, daß die beiden Spalten die gleiche Summe ergeben. Zuvor hatten wir bei den simultanen Gleichungen den gleichen Effekt erlebt. Unser Vorgehen mit dem gesunden Menschenverstand imitierte gleichsam das Denken des Mathematikers – oder ist es eher umgekehrt?

Wenn wir die Hühner außer acht lassen, die nur als »Füllung« dienen, dann muß jede richtige Lösung für dieses Problem eine der beiden folgenden Formen annehmen:

1) eines oder mehrere von jedem der Pakete $P_3$, $P_5$ und $P_7$ oder
2) exakt ein Paket $P_{5'}$, eines oder mehrere Pakete $P_5$ und vielleicht, aber nicht unbedingt eines oder mehrere von den Paketen $P_3$ und $P_7$.

Es ist niemals erforderlich, mehr als ein Paket $P_{5'}$ zu haben, da ein Blick auf die Zusammenstellung der Pakete zeigt, daß $P_{5'} + P_{5'} = P_3 + P_7$. Die oben genannten Kombinationen sorgen dafür, daß ein Exemplar von jeder Art dabei ist. Die Anzahl der Vögel insgesamt, in welcher Form auch immer, darf höchstens 99 betragen, weil wir noch Platz für die Hühner lassen müssen.

Wir können das Ganze noch weiter vereinfachen. Nachdem wir die Hühner außer acht gelassen haben, ist die Anzahl der Vögel, die in einer richtigen Lösung verbleiben, gleich einem Vielfachen von 3 plus einem Vielfachen von 7 plus eventuell 5 weiteren Vögeln. Ein Zahlentheoretiker würde sich ganz schön anstrengen, um dies zu beweisen, aber schauen Sie mal, wie leicht dies für uns ist. $P_3$ und $P_7$ können offenbar als Vielfache von 3 beziehungsweise 7 gelten. Wenn es Fünferpakete gibt, entweder als $P_5$ oder $P_{5'}$, dann können diese wiederum zu zweit in ein Paket von 10 Vögeln oder von $3 + 7$ Vögeln zusammengepackt werden. Die einzige andere Möglichkeit besteht darin, daß ein ungerades Paket von 5 übrigbleibt. Das erklärt unseren obigen Hinweis, daß es eventuell 5 weitere Vögel gibt. Somit kann jede Lösung (wenn man die Hühner außer acht läßt) in der Form $(3a+7b)$ $< 100$ oder $(3a+7b+5) < 100$ geschrieben werden.

Sehen Sie sich nun die Abbildungen 88(a) und 88(b) an. Jede enthält mehrere Kästen, die horizontal nach aufsteigenden Vielfachen von 3 und vertikal nach aufsteigenden Vielfachen von 7 angeordnet sind. (Einige Aspekte dieser Abbildungen mögen jetzt vielleicht noch ein wenig verwirrend sein, aber sie werden gleich erklärt.) In jeden Kasten geben wir eine oder mehrere Lösungen. Wir können uns vorstellen, wie ein Computer alle Kombinationen der fünf Vogelarten ausspuckt. Nachdem er eine Kombination gefunden hat, überprüft er, ob sie den Bedingungen des Problems entspricht. Wenn ja – also wenn es eine richtige Lösung ist –, verzichtet er auf die Hühner, stellt die verbleibenden Vögel zu Paketen zusammen und findet die entsprechenden Vielfachen von 3 und 7. Bleibt kein Fünferpaket übrig, setzt er die Lösung in den entsprechenden Kasten von Abbildung 88(a). Bleibt eins übrig, setzt er die Lösung in den entsprechenden Kasten von Abbildung 88(b).

Man beachte, daß der Wert der Kästen von Abbildung 88(a) nie höher sein kann als 99, so daß wir stets die Hühner hinzufügen können. Und der Wert der Kästen von Abbildung 88(b) kann nie höher sein als 94, so daß wir stets das Fünferpaket ebenso wie die Hühner hinzufügen können.

Alle Lösungen können in irgendeinen Kasten plaziert werden. So wird beispielsweise der Computer irgendwann auf die Lösung »11 Enten, 3 Ringeltauben, 3 Tauben, 10 Lerchen und 73 Hühner« stoßen. Er erkennt, daß dies korrekt ist, und darum wirft er die Hühner hinaus und verteilt den Rest auf die Pakete $P_5 + P_{5'} + P_3 + P_7 + P_7$. Die Lösung paßt in die Abbildung 88(a), da kein Fünferpaket übrigbleibt. Außerdem paßt es in den Kasten, der zwei Mehrfache von 3 und drei Mehrfache von 7 enthält. Dieser Kasten ist in der Abbildung fettgedruckt.

Jeder Kasten enthält mindestens eine Lösung. Abu Kamils Problem war es ja, die Gesamtzahl der Lösungen zu finden. Es ist überraschend einfach herauszufinden, wie viele Lösungen in einem Kasten enthalten sind. Der Trick besteht darin, daß man sich die Anzahl der verschiedenen Möglichkeiten ansieht, die Kombinationen des Kastens zu interpretieren. Schauen wir uns noch einmal den fettgedruckten Kasten in der Position zwei Vielfache von 3 und drei Vielfache von 7 in Abbildung 88(a) an. Damit ist

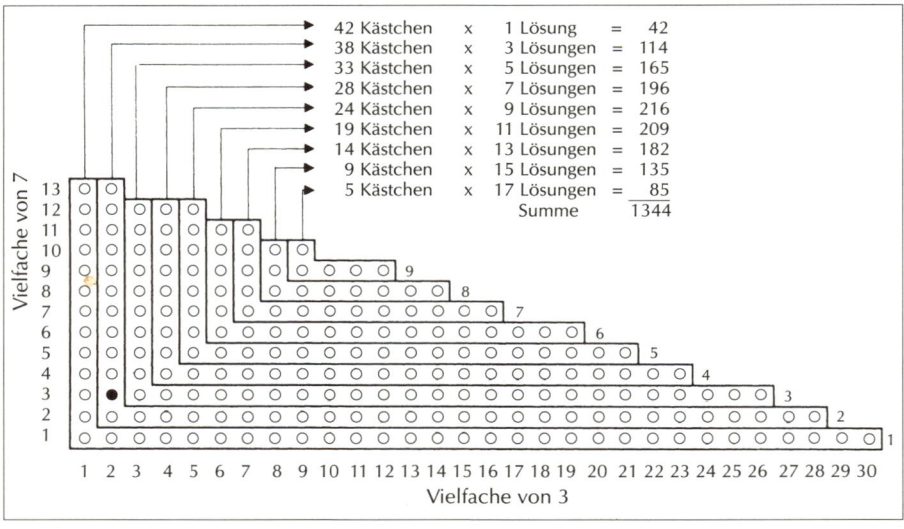

Abb. 88(a). Eine Maschine findet 1344 Lösungen...

220

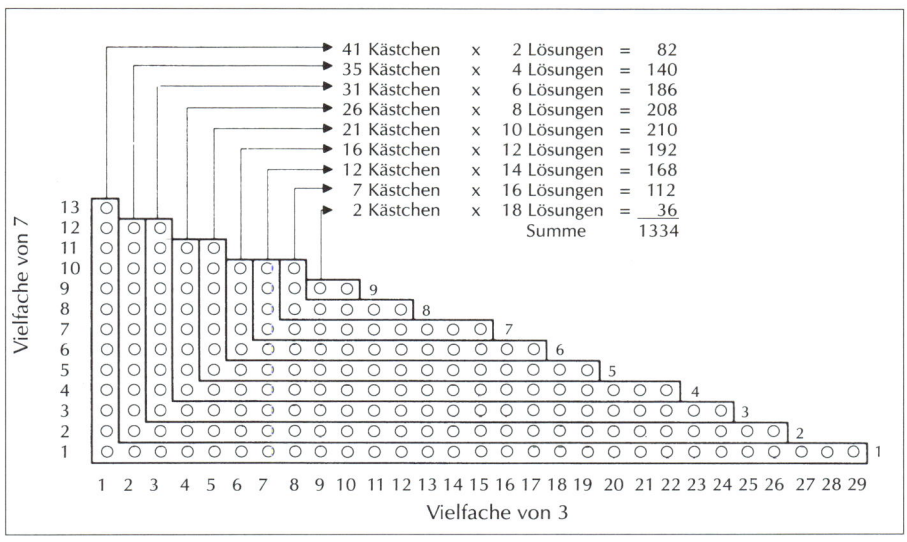

Abb. 88(b). … und weitere 1334 Lösungen

gemeint, daß es zwei Vielfache von 3 und 7 gibt und eine Gruppe von 7 übrigbleibt. Wir wissen, daß es bei den Lösungen hier $(2 \cdot 3) + (3 \cdot 7) = 27$ Vögel gibt (und damit 73 Hühner). Dieser Kasten enthält drei Lösungen, von denen wir die erste bereits kennen:

|  |  | Erste Lösung |  | Zweite Lösung |  | Dritte Lösung |
|---|---|---|---|---|---|---|
| 3 : 7 | $\rightarrow$ | $P_5 + P_{5'}$ | $\rightarrow$ | $P_5 + P_5$ | $\rightarrow$ | $P_5 + P_5$ |
| 3 : 7 | $\rightarrow$ | $P_3 + P_7$ | $\rightarrow$ | $P_3 + P_7$ | $\rightarrow$ | $P_5 + P_{5'}$ |
| 7 | $\rightarrow$ | $P_7$ | $\rightarrow$ | $P_7$ | $\rightarrow$ | $P_7$ |
| (73 Hühner) | $\rightarrow$ | (73 Hühner) | $\rightarrow$ | (73 Hühner) | $\rightarrow$ | (73 Hühner) |

Der Leser kann sich davon überzeugen, daß in jeder Lösung alle Vogelarten vertreten sind, die Anzahl der Vögel stets 100 ist und alles stets 100 Drachmen kostet.

Als allgemeine Regel gilt: Wenn es in Abbildung 88 (a) in einem Kasten n 3/7-Kombinationen gibt, dann befinden sich $2n - 1$-Lösungen im Kasten. Und wenn es in Abbildung 88 (b) in einem Kasten $n$ 3 : 7-Kombinationen gibt, dann befinden sich $2n$-Lösungen im Kasten.

Darum haben wir die Kästen zu L-förmigen Regionen zusammengestellt, wobei jeder Kasten in einer Region die gleiche Anzahl von 3 : 7-Kombinationen enthält. Die genaue Anzahl steht am Fuß des L. Über jedes L schreiben wir die Anzahl der Kästen in der Region sowie die Anzahl der

Lösungen in jedem Kasten, und wenn wir die zwei Zahlen miteinander multiplizieren, erhalten wir die Gesamtzahl der Lösungen in der jeweiligen Region.

Abbildung 88(a) enthält insgesamt 1344 Lösungen. Diese haben die Form $3a + 7b$ plus irgendeine Zahl von Hühnern. Abbildung 88(b) enthält insgesamt 1334 Lösungen. Diese haben die Form $3a + 7b + 5$ plus irgendeine Zahl von Hühnern. Beide Abbildungen enthalten insgesamt 2678 Lösungen. Abu Kamil hat sich also um 2 geirrt.

# Wasser und Wind

Das Goldene Zeitalter Arabiens, in dem Abu Kamil lebte, währte vom 7. bis zum 15. Jahrhundert, etwa genausolang also wie das Mittelalter in Europa, in dem Alkuin lebte. In den folgenden Jahrhunderten verblaßte das Gold, aber man sollte sich doch vergegenwärtigen, daß die Welt, insbesondere die westliche Welt, ohne dieses Goldene Zeitalter heute nur wenig von dem hätte, was sie für ihren ureigenen geistigen Besitz hält.

Eine ganze Zeit nachdem Abu Kamil gestorben war, lebte im Nahen Osten ein Mann namens Omar. Von seiner Ausbildung her war er wie sein Vater Zeltmacher, und so nahm er den Namen Chajjam an. Bereits in seiner Jugend allerdings hatte er eine große mathematische Begabung bewiesen, und einmal nannte er sich scherzhaft »Chajjam, der die Zelte der Wissenschaft nähte«. Heute ist er vor allem wegen seiner Gedichte bekannt, die er zur Entspannung zwischen wahren Anfällen von Forscherwut auf dem Gebiet der Mathematik schrieb, und besonders berühmt ist seine Sammlung von Vierzeilern mit dem Titel *Rubaijat*. Im Westen wurde Omar-e Chajjam durch die Übersetzung des Engländers Edward Fitzgerald zum bedeutendsten Dichter des Ostens, wobei der Nachdichter diese Verse gelegentlich zu einem Hymnus auf die Trunkenheit verfälscht hat. Gewiß spielt der Weingenuß im *Rubaijat* eine gewisse Rolle, aber zuweilen ist hier nichts weiter als ein doppelsinnig komisches Spiel mit dem arabischen Wort *maisara* gemeint, was soviel bedeutet wie »Wohlstand«, für persische Ohren sich jedoch auch wie »Wein ist gut« anhörte. (Als Perser hätte Omar-e Chajjam eine erzwungene Konversion zum islamischen Fundamentalismus abgelehnt.) Und dann wieder ist das nichts weiter als ein Hinweis auf eine der schlichten, harmlosen Freuden des Lebens, von der es bereits in Psalm 104 heißt: »daß der Wein erfreue des Menschen Herz«. Ein Jahrhundert später legte Robert Graves eine eher authentische Übersetzung vor, wobei die Trunkenheit großenteils verschwand. In unseren Zusammenhang paßt besonders gut die folgende Passage (der darin angesprochene »Saki« ist ein Weinträger):

> *Lange grübeln die einen über Lehre und Glauben,*
> *Andere schwanken zwischen Sicherheit und Zweifel.*
> *Doch plötzlich erhebt sich der Führer und kündet:*
> *»Ihr Narren, weder dies noch das ist der Weg.«*
>
> *Die meisten von denen, längst vor uns gegangen, mein Saki,*
> *Dösen in ihrem staubigen Bett des Stolzes, mein Saki.*
> *Doch trink noch einmal und vernimm am Ende die Wahrheit:*
> *»Welche Worte auch immer sie sprachen, waren Wind, mein Saki.«*
>
> *Als Kinder hockten wir einst vor dem Lehrer,*
> *Waren zufrieden bald mit dem, was er lehrte;*
> *Wie wird das enden? Was geschah mit uns?*
> *Wir kamen wie Wasser und gingen wie Wind.*

Was auch immer mit dieser letzten Zeile ursprünglich gemeint war und was auch immer wir heute darunter verstehen – auf das Goldene Zeitalter Arabiens jedenfalls kann sie nicht gemünzt gewesen sein. Denn praktisch alle großen Europäer späterer Zeiten verdankten dem »Wasser und Wind« der Araber eine ganze Menge.

# DIE KAUFLEUTE VON PISA UND DIE ZIFFERN DER HINDUS

Es gab einmal einen Teil der Welt, der beschämend hinter Afrika wie hinter China herhinkte. Die Menschen in dieser Region waren rückständig und primitiv, und selbst die bedeutendsten Bewohner wären nicht in der Lage gewesen, sich mit den Arabern auf gleicher Ebene zu verständigen. Diese Region heißt Europa oder der Westen, ein Begriff, der heute (sogar in China und Afrika) ein Synonym für Wissenschaft und Technik ist. Noch im 13. Jahrhundert hätte niemand im Westen diese Entwicklung vorhersehen können.

Dieser bedeutende Wandel kann zwar einer ganzen Reihe von Umständen zugeschrieben werden, aber ganz sicher gehörten dazu auch die Schriften eines jungen Italieners, der am Ende des 12. Jahrhunderts weite Teile der damals bekannten Welt bereiste und begierig alles aufnahm, was er da vorfand. Die »neun Ziffern der Hindus« faszinierten ihn. Dieses System wurde zuerst in China entwickelt und gelangte dann nach Indien sowie von da in die arabischen Länder. Um dessen Bedeutung seinen Landsleuten klarzumachen, beschloß er, im Jahre 1202 den *Liber Abaci* herauszubringen. Dieses Buch bedeutete das Ende der geistigen Flaute in Europa. Der Titel wird oft wörtlich als *Das Buch vom Abakus* übersetzt, aber in Italien bezeichnete das Wort »abacus« nicht nur die bekannte Rechenhilfe, sondern auch die Operationen, die darauf ausgeführt werden. Die richtige Übersetzung müßte also lauten: *Das Buch vom Rechnen*. Die wenigen Exemplare des Buches waren fast alle verlorengegangen, aber in den fünfziger Jahren des 19. Jahrhunderts durchstöberte ein wohlhabender Fürst namens Baldassare Buoncompagni erfolgreich die Bibliotheken Europas, sammelte, was er fand, ließ in seinem Palast eine Druckerei einrichten und konnte so große Teile des verschollenen Buches rekonstruieren.

Bedauerlicherweise ist über den Autor selbst nicht viel bekannt. Sein Name war Leonardo, und im 13. Jahrhundert waren auch in Italien Eigennamen nicht sehr gebräuchlich. Als sich sein Ruhm verbreitete und er mit Ehrungen überhäuft wurde, nahm er den Namen seiner Geburtsstadt an, und darum wird er zuweilen Leonardo Pisano oder Leonardo von Pisa genannt. Weil sein Vater, ein gewisser Bonacci, ein angesehener Staatsbeamter war, nannte er sich selbst gelegentlich Leonardo Fibonacci, also *filius* oder Sohn des Bonacci. Dieser Name prägte sich der Nachwelt ein, und heute wird Leonardo einfach Fibonacci genannt.

Was wissen wir über den Background dieses Mannes? Wahrscheinlich war er nach Alkuins *Propositiones* unterrichtet worden, aber viel mehr ist uns kaum bekannt. Der erste Absatz des *Liber Abaci* könnte durchaus so etwas wie eine Autobiographie sein:

*Nachdem mein Vater von seinem Vaterland als Staatsbeamter in die für die Kaufleute aus Pisa eingerichtete Zollbehörde von Bugia [in Westafrika] entsandt worden war, übernahm er alsbald deren Leitung; und als vorausschauender Mann ließ er mich schon als Knaben zu sich kommen und mich etliche Tage im Studium der Rechenkunst unterrichten. Hier, im Anschluß an meine wunderbare Unterweisung in dieser Kunst und die Einführung in die neun Ziffern der Hindus, lernte ich dieses Wissen vor allem anderen schätzen, und dabei erfuhr ich auch, daß es in all seinen Aspekten in Ägypten, Syrien, Griechenland, Sizilien und in der Provence gelehrt wurde; und als ich mich später geschäftlich in diesen Gegenden aufhielt, vertiefte ich mein Studium und erlernte das gelehrte Disputieren. Aber all dies ebenso wie der Algorithmus und die Kunst des Pythagoras erschienen mir beinahe als Irrwege im Hinblick auf die Methode der Hindus. Indem ich mich daher um so entschiedener mit dieser Methode befaßte und sie desto gründlicher studierte, während ich gewisse Dinge aus meiner eigenen Erkenntnis ebenso wie aus den Feinheiten von Euklids geometrischer Kunst hinzufügte, habe ich mich bemüht, dieses Buch als Ganzes so verständlich anzulegen, wie es mir möglich war.... Fast alles, was ich hier vorstelle, kann ich exakt beweisen, damit jene, die fürderhin dieses Wissen mit Hilfe seiner herausragenden Methode zu erlangen suchen, richtig unterwiesen werden mögen und damit des weiteren das lateinische [das heißt das italienische] Volk künftig nicht mehr ohne es, wie bisher, anzutreffen ist. Sollte ich zufällig irgend etwas mehr oder weniger hierher Gehörendes oder Notwendiges ausgelassen haben, so bitte ich um Nachsicht, da es niemanden gibt, der in allen Dingen frei von Tadel ist und an alles im voraus denken kann.*

Damit war Fibonaccis Buch tonangebend in Europa. Zunächst übernahm er alles, was er konnte, von der übrigen Welt. Selbst bei einem flüchtigen Blick in den *Liber Abaci* begegnet man mehreren vertrauten Rätseln, ja einige stammen sogar aus dem Papyrus von Ahmes, wenngleich Fibonacci sie natürlich aus anderen Quellen übernommen hat. Zum andern waren die neuen Zahlen von Anfang an mit der Welt des Handels verbunden. Dies war nie zuvor der Fall gewesen, und auf eine merkwürdige Weise verschaffte diese Verbindung dem Zahlensystem eine Freiheit, dank derer es zu Höhen gelangen konnte, von denen sich jene, auf die Fibonacci zurückgriff, nie etwas hatten träumen lassen. Schließlich und vor allem befindet sich nichts mehr über diesem System – auffällig ist das völlige Fehlen einer Verneigung vor dem Göttlichen. Im *Liber Abaci* klingen nie religiöse Töne an. Fibonacci versicherte, der »Zugang zu allen dunklen Geheimnissen« würde, endlich, nichts weiter sein als eine schlichte Frage der Logik.

## Die Zahlen der Hindus

Sofern man einen einzelnen Satz den wichtigsten Satz nennen kann, der je geschrieben worden ist, ist es der folgende aus dem *Liber Abaci*:

*Dies sind die neun Ziffern der Hindus: 9, 8, 7, 6, 5, 4, 3, 2, 1. Mit diesen neun Ziffern sowie mit diesem Zeichen »0« kann jede Zahl geschrieben werden, wie wir gleich zeigen.*

Die Rätsel des *Liber Abaci* stellen eine Verherrlichung dieser Zahlen und des dahinterstehenden Zahlensystems dar. Fibonaccis Gesellschaftsspiel, das wir in einem früheren Kapitel bereits erwähnt haben, spielt tatsächlich ganz direkt mit diesem Zahlensystem:

*Eine Gruppe von Menschen sitzt in einer Reihe, und einer von ihnen trägt einen Ring an einem bestimmten Glied eines bestimmten Fingers. Eine Person, die weiß, wo der Ring steckt, errechnet wie folgt eine Zahl: Sie ermittelt die Position des Trägers in der Reihe, multipliziert sie mit 2, fügt 5 hinzu, multipliziert dies mit 5 und fügt 10 hinzu. Dann fügt die Person eine Zahl hinzu, die auf den Finger verweist, und multipliziert das Ergebnis mit 10. Dann fügt sie eine Zahl hinzu, die auf das Glied verweist. Wenn die damit erhaltene Zahl genannt wird, ist es leicht, genau anzugeben, wo sich der Ring befindet.*

Nehmen wir beispielsweise an, die betreffende Person ist die fünfte in der Reihe und trägt den Ring am zweiten Glied des dritten Fingers. Nun ermitteln wir die Zahl:

$$(((((5 \cdot 2)+5) \cdot 5)+10+3) \cdot 10)+2) = 882$$

Wir müssen nichts weiter tun, als 350 von dieser Zahl abziehen, und erhalten 532. Die Zahl an der Hunderterstelle ist die Position des Ringträgers in der Reihe, die Zahl an der Zehnerstelle ist der Finger, und die Zahl an der Einerstelle ist das Glied. Wir setzen nun

$r$ = die Position in der Reihe
$f$ = der Finger
$g$ = das Glied

und können wie folgt rechnen:

$$(((((r \cdot 2)+5) \cdot 5)+10+f) \cdot 10)+g) = 350 - 100r + 10f + g$$

Wenn wir davon 350 abziehen, erhalten wir die Zahl *rfg*, geschrieben in den »Hindu-Ziffern«, die Fibonacci so beeindruckt hatten.
Aber das neue Zahlensystem hielt in Europa nur mühsam Einzug. Im Jahre 1299, also fast ein Jahrhundert nachdem Fibonacci sein Buch herausgebracht hatte, war in Florenz die Verwendung der Zahlen bei wirtschaftli-

Abb. 89. Der Geist der Arithmetik steht zwischen dem Algoristen (Boethius) und dem Abakisten (Pythagoras)

228

chen und juristischen Transaktionen streng verboten. Ein Grund dafür war, daß so viele dieser Zahlen in betrügerischer Absicht verändert werden konnten, und zwar mit unvorhersehbaren Folgen. Eine 1 läßt sich leicht zur 9 verändern, eine Zahl um 8, 80 oder 800 erhöhen, und so weiter. Ein anderer Grund war vermutlich die geheimnisvolle Zahl 0, ein Symbol für nichts. Selbst Fibonacci hatte ja darauf verwiesen, es gebe »neun Ziffern der Hindus«, und die 0 davon unterschieden, obwohl es doch insgesamt zehn Zahlen sind. Noch im Jahre 1508 wurde auf einem volkstümlichen Holz-schnitt die Auseinandersetzung zwischen den »Abakisten« (denjenigen, die sich an die alte Methode hielten) und den »Algoristen« (den Anhängern Fibonaccis) dargestellt – nach dem Gesichtsausdruck der beiden zu urtei-len, ist allerdings klar, wer gewinnt (siehe Abbildung 89). Ein Ritterroman in Versen, der kurz nach Fibonaccis Buch entstand, macht sich über die Rivalität zwischen dem »Algorismus« und dem »Abakus« lustig:

> *Und hier tritt auch auf*
> *Menge, Prinz von Norwegen,*
> *Mit, ich weiß nicht, wieviel hundert Gefolgsleuten –*
> *Wären der Algorismus noch am Leben*
> *Und Abakus, der so in Geometrie Bewanderte,*
> *Dann hätten sie viel zu tun,*
> *Wollten sie die Anzahl von allen herausfinden.*

Wenn man einmal von diesem romantischen Versepos absieht, gibt es kaum einen Unterschied zwischen Abakus und Algorismus. Der erste verrichtet das, was der zweite auf Papier tut, auf einem Apparat aus Draht und Perlen. Tatsächlich legte der Abakus den Grundstein für Fibonacci. Eine wichtige Rolle spielte dabei Gerbert, ein französischer Gelehrter, der am Ende des 10. Jahrhunderts die Kinder des Königs von Frankreich unterrichtete. Ihm ist die Einführung einer neuen Art von Abakus in Europa zu ver-danken.

William of Malmesbury, einer der ersten englischen Historiker, hat erzählt, wie Gerbert während seines Studiums bei einem arabischen Lehrer in Spanien dessen Tochter den Kopf verdrehte. Im Laufe der Romanze gelang es ihm, den Vater betrunken zu machen, und dann entwendete er ihm ein wichtiges Handbuch über Arithmetik. Höchstwahrscheinlich enthielt die-ses Handbuch die arabischen Zahlen, wie sie in Abbildung 86 zu sehen sind, sowie Anweisungen über den Gebrauch einer neuen Art von Abakus. Wir wissen jedenfalls, daß Gerbert diesen Abakus beim Unterricht mit seinen Schülern verwendete. Noch lange nach seinem Tod sagte man von geschick-ten Rechnern, sie würden »gerberisieren«.

Teilweise wohl auch wegen seiner Rechenkünste wurde Gerbert wenige Jahre vor seinem Tod von Kaiser Otto III. zum Papst ernannt und nahm den Namen Sylvester II. an. Zu dieser Zeit trug seine Gelehrsamkeit auf dem Gebiet der Mathematik dazu bei, daß man in ganz Europa glaubte, er habe seine Seele dem Teufel verschrieben, und unter seinem Papsttum erhielten die Ängste mancher Menschen neue Nahrung, denen zufolge die Welt zur Jahrtausendwende untergehen würde. Eine besonders schaurige Geschichte genügt, um den traurigen Zustand zu beschreiben, in dem sich das katholische Europa damals befand. Als Stephan VI. 896 den Papstthron bestieg, ließ er den Leichnam seines Rivalen und Vorgängers Formosus exhumieren. Die Leiche wurde in päpstliche Gewänder gekleidet und durch die Straßen von Rom hohnvoll zur Schau getragen. Sodann wurde Formosus der Prozeß gemacht, bei dem er natürlich aller möglichen Verbrechen für schuldig befunden wurde. Zur Strafe wurde sein Leichnam verstümmelt und in den Tiber geworfen. Die häßliche Affäre ging unter dem Namen »Leichensynode« in die Geschichte der Päpste ein. Vor diesem Hintergrund also wurde Gerbert zum Papst ernannt, wobei man ihm zugute halten muß, daß er mehrere Reformversuche unternahm; leider hat ihn keiner überlebt.

Was nun den neuen Abakus betrifft, so heißt es in alten Beschreibungen, er habe aus einem Brett mit 27 rechtwinklig angeordneten Fächern bestanden. Die senkrechten Reihen wurden zu je drei zusammengefaßt – der Prototyp also unserer Gewohnheit, Dreiergruppen von Zahlen durch Punkte oder Kommata (im englischsprechenden Raum) voneinander abzutrennen. In jedes dieser Fächer konnte Gerbert verschiedene Münzen geben, wobei jede eines der arabischen Zahlensymbole aufwies. In späteren Jahrhunderten wurden die Münzen mit aufwendigen Details hergestellt und zuweilen mit den Köpfen lebender Monarchen oder mit bedeutungsvollen Redensarten wie »Heute hier, morgen da« geschmückt.

Die Benutzung des Abakus wird in Abbildung 90 demonstriert, wobei wir freilich moderne Zahlzeichen genommen und sie in eine kleinere Auswahl der Fächer geschrieben haben. Um eine gewisse Vorstellung vom Funktionieren des Abakus zu haben, muß man sich einfach klarmachen, daß die Zahlen die Anzahl von Perlen darstellen, die in jedes Fach gegeben werden. Die Abbildung zeigt, wie man beispielsweise 25 mit 4700 multiplizieren kann.

Eine dieser beiden Zahlen, die 25, wird in die unterste Reihe plaziert, die andere Zahl, 4700, in die oberste Reihe. Die leeren Fächer stehen für Nullen, die Gerbert natürlich nicht symbolisch darstellen konnte. Zwischen beiden Zahlen befinden sich die Teilprodukte. Die 35 in der zweiten Reihe ist gleich 5 mal 7, und so weiter. Die Multiplikation $5 \cdot 7$ mußte man im Kopf

| | Tausender | | | Einer | | |
| --- | --- | --- | --- | --- | --- | --- |
| | Hunderter | Zehner | Einer | Hunderter | Zehner | Einer |
| Multiplikand | | | 4 | 7 | | |
| | | | 3 | 5 | | |
| | | 2 | | | | |
| | | 1 | 4 | | | |
| | | 8 | | | | |
| Ergebnis | 1 | 1 | 7 | 5 | | |
| Multiplikator | | | | | 2 | 5 |

Abb. 90.
Gerberts
Abakus

ausführen, denn auf dem Brett war dies nicht möglich. Man beachte, daß die Reihen richtig eingerückt sind.

Schließlich werden die Teilsummen miteinander addiert, so daß sich die Endsumme, 117 500, ergibt. Die ganze Maschine kam damit den heutigen Rechenmethoden so nahe, daß Gerbert im Grunde das Brett hätte beiseite legen und seine Rechnungen einfach auf Papier schreiben können.

# Ein Kind kann dies tun

Halten wir für einen Augenblick inne und sehen wir uns einmal an, wie langsam sich Europa die neue Multiplikationsmethode aneignete. Wir verdanken einen entsprechenden Hinweis Robert Recorde, einem Mathematiker und Leibarzt der englischen Königin Maria Tudor. 1542 brachte er sein Werk *The Grounde of Artes. Teachyng the Worke and Practice of Arithmetike* (*Die Grundlagen der Künste. Wie man das Funktionieren und die Praxis der Arithmetik lehrt*) heraus, ein Buch, das gewisse Regeln der Arithmetik aufzustellen versucht. Hier beispielsweise, wie Recorde 8 und 7 miteinander multiplizierte.

*Setze deine Zahlen zuerst übereinander. Dann ziehe von der obersten nach unten und von der untersten nach oben gerade Linien, so daß sie ein Andreaskreuz bilden. Dann sieh dir an, wieviel jeder davon bis 10 fehlt, und schreibe das ihr gegenüber ans Ende der Linie, und dies heißt die Differenz. Ich multipliziere die beiden Differenzen, indem ich sage: »Zweimal drei macht sechs«, und das muß ich immer unter die Differenzen setzen.*

*Zieh von der anderen Zahl (nicht von der eigenen) ab, worauf mich die Linien des Kreuzes hinweisen, und was davon übrig ist, muß ich unter die Zahlen schreiben. Wenn ich 2 von 7 oder 3 von 8 abziehe (was ich will, denn alles ist gleich), dann bleibt davon 5 übrig, und dann wird sichtbar, daß die Multiplikation von 8 mal 7 gleich 56 ist. Auch ein Kind kann dies tun.*

Abbildung 91 zeigt Recordes Arbeitsblatt. Das X darin, das Recorde »Andreaskreuz« nennt, kann durchaus der Ursprung des bekannten Symbols für die Multiplikation sein.

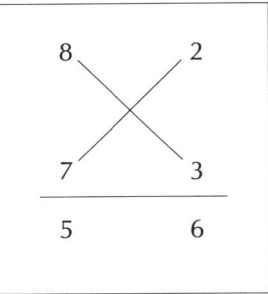

Abb. 91.
Robert Recordes Arbeitsblatt

Was meinen Sie: Ist diese Methode raffinierter als die von Gerbert verwendete Multiplikationsmethode oder nicht? Und ist sie nun raffinierter als die, deren sich Ahmes bediente?

# Die ternäre Waage

Welchen Eindruck das Zahlensystem auf Fibonacci machte, läßt sich bei einem anderen Problem erkennen, zu dessen Lösung wir die Basis oder Grundzahl des Systems ändern müssen. Dies ist das Problem mit Gewichten, das im Jahre 1624 von Claude Gaspar Bachet populär gemacht wurde:

*Wenn du eine Waage hast, welches ist dann die kleinste Anzahl von Gewichten, die erforderlich ist, um das Gewicht irgendeines unbekannten Objekts zu ermitteln, das ein ganzzahliges Gewicht zwischen 1 und 40 hat?*

Die Antwort auf diese Frage ist wie die Lösung in Fibonaccis Gesellschaftsspiel bereits im Zahlensystem selbst enthalten, aber diesmal müssen wir unser Denken von der Dezimalbasis auf die Ternärbasis umstellen. Die Waage ist insofern ein ternäres Instrument, da eine Schale drei unterschiedliche Zustände aufweisen kann: oben, unten oder im Gleichgewicht mit der anderen. Um das Gewicht irgendeines Objekts, das ganzzahlig zwischen 1 und 40 liegt, ermitteln zu können, benötigen wir nur vier Gewichte, und zwar mit den aufeinanderfolgenden Potenzen von 3: 1, 3, 9 und 27. In Abbildung 92 zeigen wir, wie man ein Objekt von 22 Pfund wiegt.
Im ternären System verwenden wir nur drei Zahlen der Hindus – nämlich 0, 1, 2 –, und alle Zahlen werden als Summen von Vielfachen der Potenzen von 3 ausgedrückt. Zum Beispiel ist die Zahl 22 im ternären System 211, da

$$22 = 2 \cdot 3^2 + 1 \cdot 3^1 + 1 \cdot 3^0$$

Aber wenn wir verschiedene Potenzen von 3 addieren oder subtrahieren, müssen wir nie eine dieser Potenzen multiplizieren. Somit ist

$$22 = 3^3 - 3^2 + 3^1 + 3^0$$

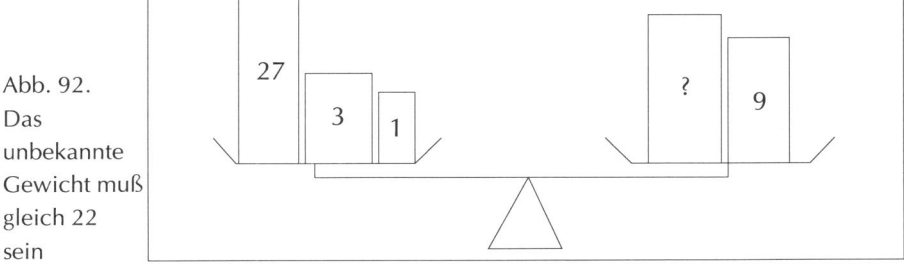

Abb. 92.
Das
unbekannte
Gewicht muß
gleich 22
sein

Mit Hilfe dieser Methode lösen wir Fibonaccis Problem. Das unbekannte Objekt und alle negativen Gewichte werden in eine Waagschale getan, die positiven in die andere. Und siehe da – beide Schalen sind im Gleichgewicht.

Sagen wir, unser unbekanntes Objekt wiegt statt dessen 25 Pfund. Wie sollen wir das wiegen? Probieren Sie mit den Potenzen ein wenig herum, und dann finden Sie, daß

$$25 = 3^3 - 3^1 + 3^0 \text{ oder}$$
$$25 = 27 - 3 + 1$$

Sie können also das Objekt so ausbalancieren, daß Sie 27 und 1 in die eine Schale geben und die 3 zusammen mit dem unbekannten Objekt in die andere.

# Weitere Waagen

Ein einfacheres Waagenrätsel zeigt vielleicht noch deutlicher, wie man mit dem ternären Zahlensystem arbeiten kann.

Nehmen Sie an, Sie haben 27 Münzen, und von einer ist bekannt, daß sie etwas schwerer ist als die anderen. Wie viele Wägungen in einer Waage sind erforderlich, bis Sie – ohne irgendwelche Gewichte zu verwenden – diese Münze herausfinden?

Da $27 = 3^3$ ist, kann man leicht zeigen, daß man exakt dreimal wiegen muß. Die einfachste Lösung besteht in einem Zufallswiegen, bei dem es vom Ergebnis des vorhergehenden Wiegens abhängt, welche Münzen noch zu wiegen sind. Man beginnt also damit, daß man die Münzen in drei Gruppen von je 9 Münzen aufteilt. Nun wiegt man zwei Gruppen miteinander. Die schwerere Münze muß in der nach unten gehenden Schale sein oder in der noch nicht gewogenen Gruppe, wenn sich die Schalen im Gleichgewicht befinden. In jedem Fall haben wir die Anzahl der Verdächtigen auf nur 9 Münzen verringert. Diese teilen wir wieder in drei Gruppen von je 3 Münzen ein und wiegen erneut eine Gruppe mit einer anderen. Wie zuvor reduziert das Ergebnis die Zahl der Verdächtigen, diesmal auf nur 3 Münzen. Und noch einmal teilen wir sie in drei Gruppen auf, wiegen eine Münze gegen eine andere und finden dadurch die schwerere Münze heraus.

Das Gegenteil einer Zufallslösung ist eine vorherbestimmte Lösung, bei der die zu wiegenden Münzen zu Beginn festgelegt werden. (Denken Sie noch einmal an Fibonaccis Gesellschaftsspiel – beide sind einander tatsächlich ganz ähnlich.) Am einfachsten ist dies, wenn man die Münzen von 0 bis 26 numeriert, wobei wir allerdings das ternäre Zahlensystem verwenden, wie es in Abbildung 93 gezeigt wird.

| Dezimal | Ternär | Dezimal | Ternär |
|---|---|---|---|
| 0 | 000 | 14 | 112 |
| 1 | 001 | 15 | 120 |
| 2 | 002 | 16 | 121 |
| 3 | 010 | 17 | 122 |
| 4 | 011 | 18 | 200 |
| 5 | 012 | 19 | 201 |
| 6 | 020 | 20 | 202 |
| 7 | 021 | 21 | 210 |
| 8 | 022 | 22 | 211 |
| 9 | 100 | 23 | 212 |
| 10 | 101 | 24 | 220 |
| 11 | 102 | 25 | 221 |
| 12 | 110 | 26 | 222 |
| 13 | 111 | | |

Abb. 93. Die ersten 27 ternären Zahlen

Nun spielen wir das Spiel der zwanzig Fragen (tatsächlich sind es nur drei) und fragen die Waage, uns jede der drei Zahlen der schwereren Münze zu sagen. Da unsere Waage ein ternäres Instrument ist, wird sie nicht auf binäre Art »ja/nein« sagen, sondern statt dessen auf die ternäre Art mit »oben/unten/gerade« antworten.

Wir beginnen mit der äußersten rechten Zahl. Alle Münzen, die hier eine 1 haben, legen wir in die rechte Schale, alle Münzen, die eine 2 ganz rechts haben, in die linke Schale. Wenn die rechte Schale nach unten geht, teilt uns die Waage dadurch mit, daß die schwerere Münze eine 1 als rechte Zahl haben muß; geht sie nach oben, muß es eine 2 sein, bei Gleichstand eine 0.

Nun gehen wir zur mittleren Stelle über. Wieder legen wir alle Münzen, die dort eine 1 haben, auf die rechte Schale, alle Münzen mit einer 2 auf die linke Schale. Wieder erfahren wir von der Waage die mittlere Zahl der schwereren Münze. Schließlich wiederholen wir das ganze Verfahren im Hinblick auf die linke äußere Stelle und erhalten so die Antwort. Abbildung 94 zeigt die Prozedur, wobei die schwerere Münze die Zahl 102 trägt.

Ein anderes Waagenrätsel, das viel moderner und raffinierter ist, ist das Problem mit der falschen Münze: Zwölf Münzen sind gleich schwer, bis auf eine, die entweder zu leicht oder zu schwer ist. (Was von beiden, wissen wir noch nicht.) Wie viele Wägungen benötigen wir, um auf einer Waage ohne Gewichte herauszufinden, welche die falsche Münze ist?

Dies ist das Musterbeispiel eines Rätsels, das nur dazu da ist, ein Phänomen zu erklären, das es in der wirklichen Welt normalerweise nicht gibt. Für dieses Problem haben sich ebenso Physiker wie Informatiker interessiert. Erstere sahen in der Lösung eine Veranschaulichung des Begriffs der Entropie, letztere ein Musterbeispiel der Informationstheorie. Es stellte sich heraus, daß die beiden Theorien viel miteinander gemeinsam haben,

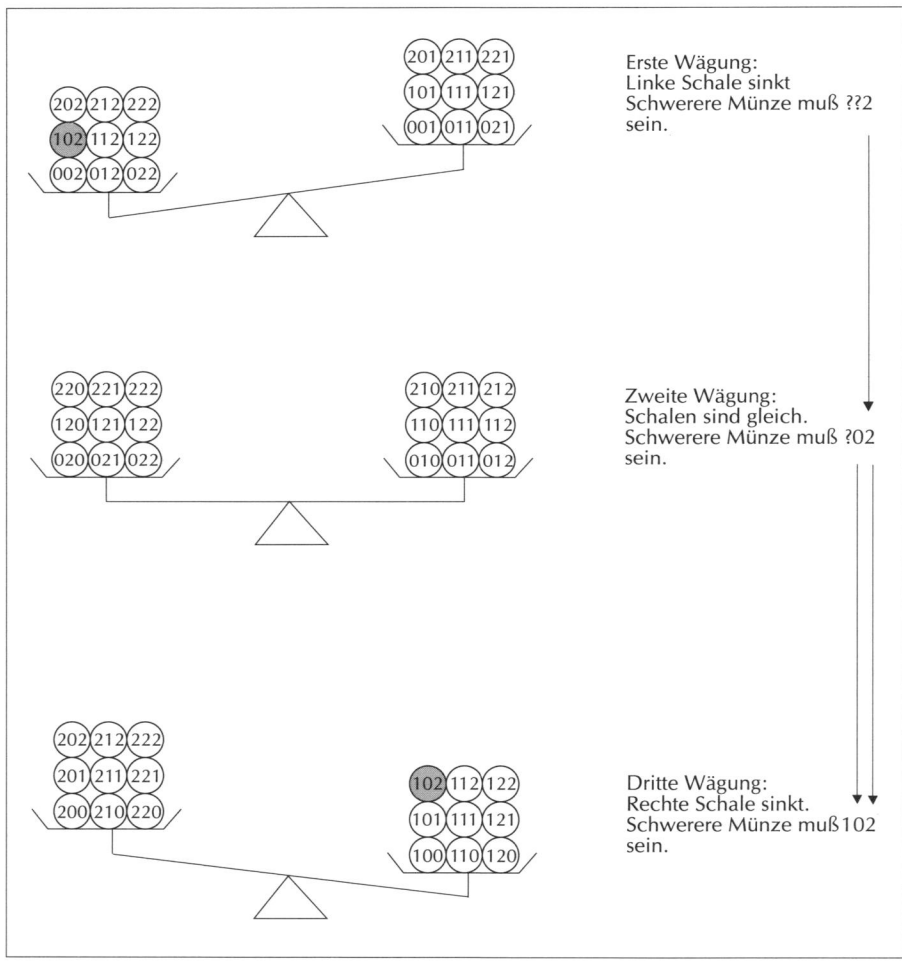

Abb. 94. Wie man die schwerere Münze findet

wenngleich es keinen Grund gibt, die Ähnlichkeiten allzusehr zu betonen. Es ist hier eine ganze Menge zu beachten, denn wir sollten stets daran denken, daß wir nicht wissen, ob die falsche Münze leichter oder schwerer ist. Wenn also eine Waagschale nach unten geht, dann kann das bedeuten, daß darin eine schwerere Münze liegt – oder in der anderen Schale eine leichtere. Allerdings können wir zeigen, daß auch hier nur drei Wägungen erforderlich sind.

Die Zufallsmethode ist in Abbildung 95 als »Falsche-Münze-Schiebe-Lineal« graphisch dargestellt, nach dem wir die Wägungen mit den von A bis L bezeichneten Münzen durchführen müssen. Das erste Wiegen ist auf der unteren Reihe des Lineals, das zweite in der mittleren und das letzte in der dritten Reihe von unten zu sehen. Wir bewegen uns in Abhängigkeit von jeder Wägung nach oben, wobei wir stets zur leichten Seite hin fortschreiten. Die untere Reihe sagt uns, wie wir anfangen müssen. Wir wiegen die Münzen (A,B,C,D) mit (E,F,G,H) und nehmen an, daß die linke Schale leichter ist. Nun gehen wir in die zweite Reihe links und wiegen (A,B,E) mit (C,F,L); wir nehmen an, die Schalen befinden sich im Gleichgewicht. Jetzt gehen wir nach oben in die dritte Reihe, links Mitte, und wiegen (G) mit (H); wir nehmen an, die rechte Schale ist leichter. Schließlich gehen wir nach rechts in die oberste Reihe und lesen die Antwort ab: G war die falsche Münze, und sie war zu schwer. (X+ bedeutet, daß Münze X schwer ist, X-, daß sie leicht ist.) Vielleicht meinen Sie, daß noch eine einfachere Zufallsmethode möglich wäre, aber jede grundlegend andere Methode führt zu noch mehr Wägungen.

| A- | F+ | B- | H+ | D- | G+ | ▓ | C- | E+ | I- | K+ | J- | L- | ▓ | L+ | J+ | K- | I+ | E- | C+ | ▓ | G- | D+ | H- | B+ | F- | A+ |
|---|---|---|---|---|---|---|---|---|---|---|---|---|---|---|---|---|---|---|---|---|---|---|---|---|---|---|
| A ↔ B | | G ↔ H | | E ↔ J | | | I ↔ J | | L ↔ A | | | I ↔ J | | | E ↔ J | | | G ↔ H | | | A ↔ B | | | | | |
| (A, B, E) ↔ (C, F, L) | | | | (A, I, J) ↔ (C, D, K) | | | | | | | | | | (A, B, E) ↔ (C, F, L) | | | | | | | | | | | | |
| (A, B, C, D) ↔ (E, F, G, H) | | | | | | | | | | | | | | | | | | | | | | | | | | |

Abb. 95. Das Schiebelineal für die falsche Münze

Die vorherbestimmte Methode ist hier viel schwieriger. Wir wissen, daß sie möglich ist und in drei Wägungen durchgeführt werden kann, und zwar aufgrund der Ergebnisse der oben dargestellten Zufallslösung. Das einfache 27-Münzen-Problem liefert uns den Ansatz. Diesmal numerieren wir allerdings nicht die Münzen, sondern die verschiedenen Ergebnisse der Wägungen. Bei jedem Wiegen kann eine Waage einen von drei Zuständen einnehmen, und da es drei Wägungen sind, ergeben sich insgesamt 27 Möglichkeiten. Hier eine Möglichkeit der Numerierung: 1 steht für das

Sinken der rechten Schale, 2 für das Sinken der linken Schale und 0 für das Gleichgewicht beider Schalen. Damit lassen sich die Ergebnisse der drei Wägungen in dreistelligen Ternärzahlen darstellen, und zwar von 000 bis 222. Wenn beispielsweise beim ersten Wiegen beide Schalen im Gleichgewicht sind, beim zweiten Wiegen die rechte sinkt und beim dritten die linke sinkt, dann bekommt das Ergebnis die Zahl 012. Unsere vorherbestimmte Lösung muß daher so beschaffen sein, daß nur eine Münze sowie die Tatsache, daß sie leichter oder schwerer ist, diese Zahl ergeben können.

Unsere Notation erlaubt es uns ohne weiteres, die entgegengesetzte Beschaffenheit einer Münze festzustellen. Denn falls 012, sagen wir, mit A+ verbunden ist, dann muß das Spiegelbild dieser Zahl, 021, mit A- verbunden sein. Mit »Spiegelbild« meinen wir, daß aus 1 eine 2 und aus 2 eine 1 wird. Damit wird angezeigt, wenn A+ die rechte Schale beim Wiegen sinken läßt, dann muß A- die linke Schale bei derselben Wägung sinken lassen.

Von 000 bis 222 gibt es insgesamt 27 Ternärzahlen. Die Zahl 000, die kein Spiegelbild besitzt, ist für den Fall reserviert, daß keine Münze falsch ist. Davon abgesehen, haben wir dreizehn Zahlenpaare, aber da wir nur zwölf Münzen haben, verzichten wir auf 111 und ihr Spiegelbild 222. Die restlichen Zahlen lassen sich in Paaren anordnen (Zahl und Spiegelbild), aber wir tun dies so, daß die Information – Entropie? – im System maximiert wird.

Wie dies geschieht, erklären wir später. Sehen Sie sich zunächst einmal die folgende Tabelle an:

| Ternärzahl | | Spiegelbild | |
|---|---|---|---|
| 000 | | | |
| 001 | (A+) | 002 | (A-) |
| 010 | (B+) | 020 | (B-) |
| 022 | (C+) | 011 | (C-) |
| 021 | (D+) | 012 | (D-) |
| 100 | (E+) | 200 | (E-) |
| 202 | (F+) | 101 | (F-) |
| 102 | (G+) | 201 | (G-) |
| 220 | (H+) | 110 | (H-) |
| 112 | (I+) | 221 | (I-) |
| 210 | (J+) | 120 | (J-) |
| 121 | (K+) | 212 | (K-) |
| 211 | (L+) | 122 | (L-) |

238

Warum haben wir 001 auf die linke Seite plaziert und nicht ihr Spiegelbild? Warum haben wir nicht die Reihenfolge für dieses Paar oder für irgendein anderes Paar umgekehrt? Weil dieses Arrangement uns die meiste Information vermittelt. Sehen Sie sich nur einmal die linke Spalte an. Beachten Sie, daß jeweils viermal die 0, die 1 und die 2 an erster Stelle stehen. Das ist auch bei der mittleren und der letzten Stelle der Fall. Es versteht sich von selbst, daß dies auch bei der rechten Spalte so ist, da sie ja nur Spiegelbilder enthält. Mit jeder Zahl ist eine Münze verbunden sowie ihr Zustand, leichter oder schwerer zu sein. Diese Verbindung an sich ist völlig unwichtig – ich habe die Liste einfach alphabetisch angeordnet. Wichtig hingegen ist die Tatsache, daß alle Münzen mit ein und demselben Zustand mit einer einzigen Spalte verbunden sind, ebenso die Münzen mit dem entgegengesetzten Zustand.

Nach dieser Tabelle können wir unsere vorbestimmte Lösung konfigurieren. Nehmen wir beispielsweise A+. Wir wissen, daß sie bei ihren drei Wägungen 001 ergeben muß. Daher kann es sein, daß sie bei der ersten oder bei der zweiten Wägung in keiner Schale auftaucht, während sie bei der dritten Wägung in der rechten Schale auftauchen muß. Und Entsprechendes gilt für die anderen Münzen. Unser System der Paarung der Ternärzahlen garantiert, daß sich bei jeder Wägung vier Münzen in jeder der beiden Schalen befinden. Hier die Konfiguration:

|                 | *Linke Schale* | *Rechte Schale* |
|-----------------|----------------|-----------------|
| Erste Wägung:   | FHJL           | EGIK            |
| Zweite Wägung:  | CDHK           | BIJL            |
| Dritte Wägung:  | CFGI           | ADKL            |

Beachten Sie: Ist A die falsche Münze und schwer, dann sind die Wägungen so angelegt, daß wir tatsächlich wie erwartet 001 erhalten. Und umgekehrt: Wenn die Wägungen 012 ergeben, dann wissen wir, daß D eine leichte Münze ist.

Sehen Sie sich die obige Lösung genau an. Ein Informatiker würde sagen, daß diese Wägungen die Information maximieren: Die Wägungen ergeben keine Redundanz. Ein Physiker wiederum würde sagen, sie maximieren die Entropie: Die Münzen sind so »desorganisiert« wie möglich (beachten Sie, daß keine Münze dreimal mit einer anderen zusammen auftaucht). Bei diesem Beispiel bedeuten Information und Entropie fast das gleiche. Auf diese Weise sorgen der Informatiker ebenso wie der Physiker dafür, daß die Wägungen am Ende unzweideutig auf eine einzelne Münze verweisen.

Wie viele Versuche sind bei einer bestimmten Zahl von Münzen erforderlich? Allgemein formuliert: Wenn es $(3^n-3)/2$ Münzen sind, dann müssen $n$ Wägungen vorgenommen werden.

# Der Trick
# mit den 27 Karten

Wenden wir uns nun einem einfachen, aber verblüffenden Zaubertrick zu, der Fibonacci vielleicht gefallen hätte. Wie bei seinem Gesellschaftsspiel um den verborgenen Ring beruht auch hier der ganze Zauber fast ausschließlich auf den Eigenschaften des Zahlensystems; und wie bei seinem Rätsel über Gewichte dient auch hier das ternäre Zahlensystem dem Zweck, diesen Zauber zu verschleiern.

Zu Beginn entnehme ich einem normalen Rommé-Kartensatz 27 Karten – der Einfachheit halber sind es jeweils die 13 Karten von Pik und Kreuz sowie das Karo-As. Dann fordere ich einen Mitspieler auf, verdeckt eine Karte aufzunehmen und mir eine Zahl von 1 bis 27 zu nennen – sagen wir, 12. Ich führe sodann eine einfache Rechenoperation durch, deren Prinzip Sie einmal erraten sollten; ich verrate Ihnen vorerst nur so viel, daß es etwas mit dem ternären Zahlensystem zu tun hat: Obgleich ich nicht weiß, welche Karte sich der Mitspieler genommen hat, stelle ich ihm nur drei Fragen, und schließlich lege ich die Karten so auf, daß diese unbekannte Karte – die ich, wie gesagt, nicht kenne – genau wie gefordert in der 12. Position auftaucht. (Beachten Sie, daß ich drei Fragen benötige, um die Karte unter 27 herauszufinden. Erinnern Sie sich noch, wie viele Wägungen ich benötigt habe, um eine schwerere Münze unter 27 herauszufinden?)

Nehmen wir an, die unbekannte Karte ist die Kreuz-4 (was ich aber, wie gesagt, nicht weiß). Ich decke die 27 Karten mit der Bildseite nach oben vor dem Mitspieler auf, wie es in Abbildung 96 geschieht. Beachten Sie, daß ich die Karten nicht in senkrechten, sondern waagrechten Reihen aufgedeckt habe; links neben jeder Karte steht die jeweilige Ordnungszahl. Man kann die Karten beliebig mischen, aber der Einfachheit halber habe ich sie in ihrer normalen Reihenfolge aufgedeckt.

Nun stelle ich dem Mitspieler die erste Frage: »In welcher senkrechten Reihe befindet sich Ihre Karte?« Antwort: »In der zweiten.« Ich nehme die erste senkrechte Reihe auf und lege sie mit der Bildseite nach oben auf meine Hand, dann die dritte Reihe darauf und schließlich die zweite Reihe. (Hinweis: Die Reihenfolge, in der ich die Reihen aufnehme, hängt mit meiner oben erwähnten Rechenoperation zusammen.) Dann drehe ich die

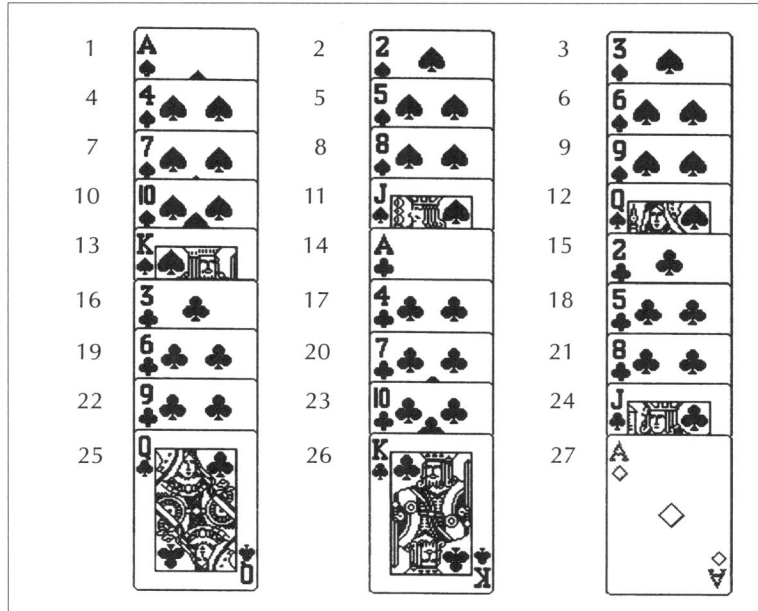

Abb. 96.
Der Trick
mit den
27 Karten,
erster Teil

Karten um und decke sie wieder in drei Reihen auf, wie in Abbildung 97. Beachten Sie, daß ich sie erneut in waagrechter Reihenfolge ausgeteilt habe.

Nun stelle ich dem Mitspieler die zweite Frage: »In welcher Reihe taucht Ihre Karte diesmal auf?« Antwort: »In der dritten.« Diesmal muß ich die Reihen aufgrund meiner Berechnung in folgender Reihenfolge aufnehmen (Bildseite nach oben!): Erst die dritte Reihe, dann die zweite und schließlich die erste. Wie zuvor drehe ich die Karten wieder um und teile sie erneut in drei Reihen aus, wie in Abbildung 98.

Nun stelle ich dem Mitspieler die dritte und letzte Frage: »In welcher Spalte taucht Ihre Karte jetzt auf?« Antwort: »In der zweiten.« Ich nehme sodann die Karten in der ersten Reihe auf (Bildseite nach oben!), dann die in der zweiten und zuletzt in der dritten, drehe sie um und decke sie nacheinander auf. Wie der Leser sehen kann, wird die 12. Karte, wie vorausgesagt, die Kreuz-4 sein.

Ich werde den Trick dahinter nicht verraten, sondern Ihnen die Lösung dieses Rätsels überlassen. Nur ein paar Hinweise noch: Ist es wirklich so überraschend, daß ich so viel mit nur drei Fragen erreichen konnte, da ich bloß 27 Karten verwendet habe? Jeder Karte kann man eine dreistellige Ternärzahl geben, genauso wie den Münzen. Ich habe nach den drei Stellen der unbekannten Karte gefragt.

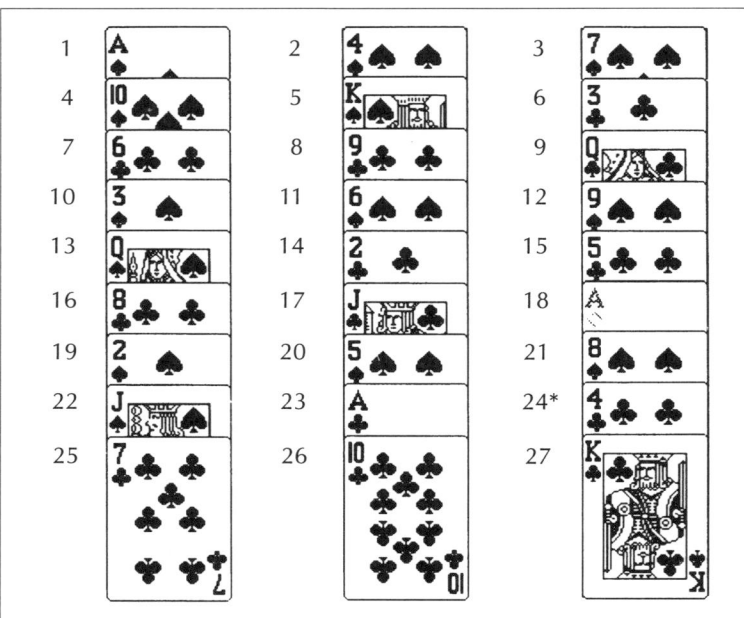

Abb. 97.
Der Trick
mit den
27 Karten,
zweiter Teil

Nun wollen wir einmal die Karte nicht in eine bestimmte Position bringen, sondern sie nur ausfindig machen. Wie können wir dies mit drei Fragen erreichen? Ich ordne die Karten wie oben an und frage nach der entsprechenden senkrechten Reihe. Wenn ich die Antwort erhalten habe, weiß ich, daß die unbekannte Karte eine von neun ist, und damit kann ich die anderen beiseite legen, die neun Karten wieder in drei Gruppen von je drei anordnen und erneut nach der betreffenden Reihe fragen. Jetzt weiß ich, daß die unbekannte Karte eine von dreien ist. Noch eine Frage, und dann weiß ich natürlich ganz genau, wo die Karte liegt. Gleicht dies nicht dem Rätsel mit den 27 Münzen?

Versuchen Sie einmal den gleichen Trick in einem anderen Zahlensystem. Das einfachste wäre natürlich das Dezimalsystem. Wenn ich 100 Karten in zehn Reihen zu je zehn Karten anordnen würde: Wie viele Fragen muß ich dann stellen, um die unbekannte Karte zu finden? Wie muß ich die Karten aufnehmen, damit sie an einer bestimmten Stelle auftaucht?

Der Trick funktioniert aufgrund der Art und Weise, wie ich die senkrechten Reihen nach jeder der drei Fragen aufnehme. Die einzig wichtige Reihe ist diejenige, in der, wie mir der Mitspieler verrät, die unbekannte Karte enthalten ist; die anderen Reihen können dann in beliebiger Reihenfolge aufgenommen werden. Als der Mitspieler erklärte, er wolle die Karte an der 12. Stelle haben, rechnete ich 12 − 1 = 11, und das ist im Ternärsystem 102.

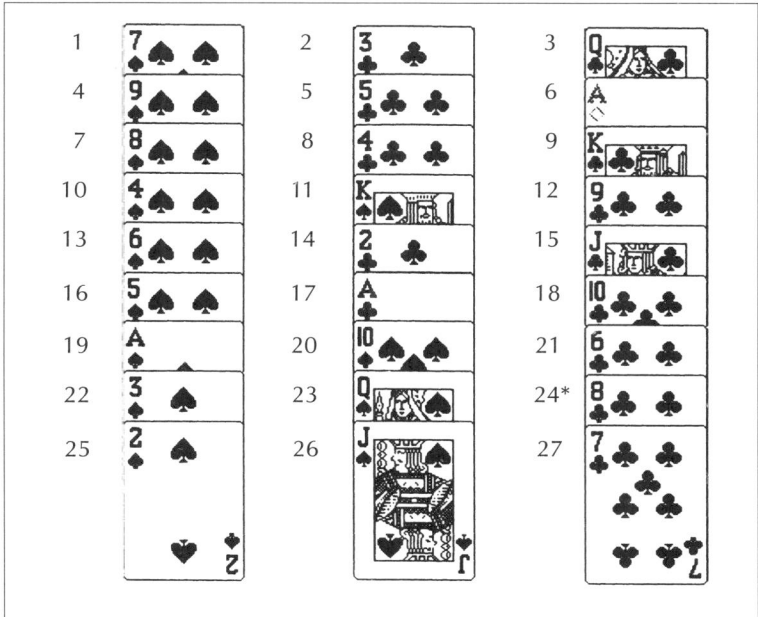

Abb. 98.
Der Trick
mit den
27 Karten,
dritter Teil

Erkennen Sie, warum ich dadurch erfahre, wie ich die Kartenreihen aufnehmen muß?

# Ein altes chinesisches Spiel

Der *Liber Abaci* enthält ein weiteres Zahlenratespiel, das sich als viel raffinierter erweist als das Gesellschaftsspiel mit dem versteckten Ring:

*Jemand soll sich eine Zahl ausdenken, sie durch 3, durch 5 und durch 7 teilen
und dir nach jeder Division den Rest nennen. Für jede Einheit, die nach der
Division durch 3 übrigbleibt, merke dir 70; für jede Einheit, die nach der Division
durch 5 übrigbleibt, merke dir 21; und für jede Einheit, die nach der Division
durch 7 übrigbleibt, merke dir 15. Und sooft die Ergebnisse 105 überschreiten,
ziehst du davon 105 ab; und was du danach übrigbehältst, ist die ausgedachte
Zahl.*

Beispiel: *Nimm an, nach der Division durch 3 bleibt ein Rest von 2; also merk
dir zwei mal 70 oder 140. [Fibonacci zieht davon sogleich 105 ab und merkt*

*sich 35.] Nach der Division durch 5 ist der Rest 3; du merkst dir also drei mal 21 oder 63 und addierst dies zu den obigen 35; du erhältst 98; und nach der Division durch 7 ist der Rest 4, wobei du dir vier mal 15 oder 60 merkst; das addierst du wieder zu den obigen 98 und erhältst 158; davon ziehst du 105 ab, und der Rest ist 53. Das ist die ausgedachte Zahl.*

Dieses Rätsel nun hat Fibonacci gleichfalls in ein Gesellschaftsspiel umgewandelt:

*Aus dieser Regel läßt sich ein reizvolles Spiel machen, nämlich wenn jemand anderes die Regel mit dir gelernt hat; wenn jemand anderes ihm nun eine Zahl ins Ohr sagt, dann sollte dein Mitspieler für sich die Zahl durch 3, durch 5 und durch 7 dividieren, ganz nach der oben erwähnten Regel; dann sagt er dir in der Reihenfolge die Reste von jeder dieser Divisionen; und auf diese Weise kannst du die Zahl errechnen, die man ihm ins Ohr gesagt hat.*

Dieses Problem ist eigentlich eine wunderbare Demonstration des chinesischen Resttheorems, wie man es heute im allgemeinen nennt, weil es vielleicht zum ersten Mal im *Sun Tzu Suan-ching* oder *Die klassische Mathematik von Sun Tzu* aufgetaucht ist (siehe Abbildung 99). Wie bei allen klassi-

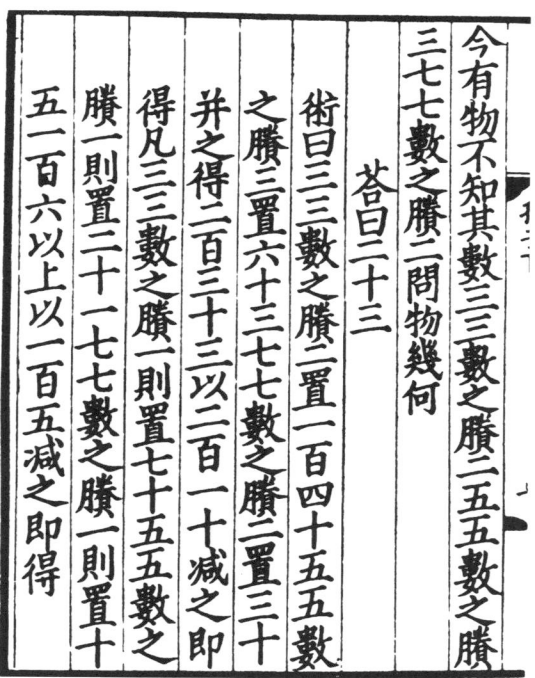

Abb. 99.
Das
Problem
des
Sun Tzu
(Aus Davis
und Hersch,
1981)

244

schen chinesischen Werken ist sein genaues Entstehungsdatum unbekannt, aber höchstwahrscheinlich wurde es um das Jahr 200 geschrieben. Zu dieser Zeit beherrschten die Chinesen das Stellenwertsystem natürlich längst meisterhaft.

Wie das folgende Zitat aus der *Klassischen Mathematik* zeigt, ist das ursprüngliche Sun-Tzu-Problem die Quelle von Fibonaccis Version:

*Wir haben Dinge, deren Anzahl wir nicht kennen; wenn wir sie nach Dreiern zählen, bleiben 2 übrig; wenn wir sie nach Fünfern zählen, bleiben 3 übrig; wenn wir sie nach Siebenern zählen, bleiben 2 übrig. Wie viele Dinge sind das? Antwort: 23.*
*Methode: Wenn du nach Dreiern zählst und den Rest 2 erhältst, setze 140 an. Wenn du nach Fünfern zählst und den Rest 3 erhältst, setze 63 an. Wenn du nach Siebenern zählst und den Rest 2 erhältst, setze 30 an. Zähle diese zusammen, und du erhältst 233. Davon ziehe 210 ab, und du hast das Ergebnis.*
*Für jede Einheit als Rest beim Zählen nach Dreiern setze 70 an.*
*Für jede Einheit als Rest beim Zählen nach Fünfern setze 21 an.*
*Für jede Einheit als Rest beim Zählen nach Siebenern setze 15 an.*
*Wenn die Summe 106 oder mehr ist, ziehe 105 davon ab, und du erhältst das Ergebnis.*

Weder Sun Tzu noch Fibonacci erklären diese Rechnung, und keiner von beiden macht sich die Mühe, die Lösung ganz allgemein zu formulieren. Angesichts seiner Fähigkeiten als Mathematiker ist es unwahrscheinlich, daß Fibonacci nur blind zitiert hat, aber dennoch ist es ungewöhnlich, daß er sich nicht bemüht, für seine Methode eine Erklärung zu bieten.
Schauen wir uns einmal an, was hier vor sich geht. Zunächst einmal lauten – für Fibonacci wie für Sun Tzu – die drei Zahlen, durch die die ursprüngliche »ausgedachte Zahl« dividiert wird, 3, 5 und 7. An diesen Zahlen ist eigentlich nichts Besonderes. Wir könnten auch jeden anderen Satz von teilerfremden Zahlen verwenden, also von Zahlen, die keine gemeinsamen Divisoren haben – etwa 2, 3 und 5 oder 8, 15 und 59 649 589 127 497 217, obwohl es natürlich mühsam wäre, mit der letzten Zahl zu arbeiten. Wir können aber nicht 4, 6 und 5 nehmen, da 4 und 6 einen gemeinsamen Divisor haben. Außerdem müssen wir uns nicht auf nur drei Zahlen beschränken; mit vier oder mehr würde es genauso funktionieren, aber auch hier wird dieses Gesellschaftsspiel dann schwierig.
Zum andern gehen beide Autoren offenbar davon aus, daß die ausgedachte Zahl jede beliebige Zahl sein kann. Das aber ist nicht richtig. Die Zahl muß eine positive Zahl sein, die kleiner ist als das Produkt der drei Zahlen, von

denen gerade die Rede war. So mußte zum Beispiel sowohl für Sun Tzu wie für Fibonacci die ausgedachte Zahl kleiner als $3 \cdot 5 \cdot 7 = 105$ sein. Hätten sie statt dessen 2, 3 und 5 als Teiler verwendet, dann hätte die ausgedachte Zahl kleiner als 30 sein müssen. Ja, beide Autoren haben sich vermutlich deshalb für 3, 5 und 7 entschieden, um eine ziemlich große Auswahl an Zahlen zu bekommen und zugleich zu verhindern, daß die erforderlichen Divisionen zu schwierig werden.

Wenn schließlich die Reste ermittelt sind, werden sie mit einem weiteren Satz von Zahlen multipliziert, die beide Autoren aus der Luft gegriffen zu haben scheinen. Tatsächlich aber sind diese Zahlen durch den Satz der Divisoren festgelegt. Nehmen wir beispielsweise den ursprünglichen Satz von Divisoren: 3, 5, 7. Wir haben unsere Zahl zuerst durch 3 geteilt und dann den Rest mit 70 multipliziert. Woher kommt diese 70? Sie ist ein Vielfaches von $5 \cdot 7$, das genau um 1 größer ist als ein Vielfaches von 3. Dann teilten wir unsere Zahl durch 5 und multiplizierten den Rest mit 21. 21 ist ein Vielfaches von $3 \cdot 7$, daß genau um 1 größer ist als ein Vielfaches von 5. Zuletzt teilten wir unsere Zahl durch 7 und multiplizierten den Rest mit 15, und das ist ein Vielfaches von $3 \cdot 5$ und genau um 1 größer als ein Vielfaches von 7. Erkennen Sie das Muster? In jedem Fall nehmen wir die beiden Zahlen, die gerade nicht als Divisor verwendet werden, und finden das Vielfache ihres Produkts, daß genau um 1 größer ist als ein Vielfaches des Divisors.

Probieren Sie es doch einmal mit anderen Divisoren, etwa 2, 3 und 5, und denken Sie sich selbst ein Gesellschaftsspiel aus.

Das hört sich an wie eine recht komplizierte Methode, eine Zahl zu raten, aber das chinesische Resttheorem ist eines der großartigsten Instrumente der modernen Zahlentheorie. Die Chinesen konnten mit Hilfe dieses Theorems den gemeinsamen Zeitraum verschiedener astronomischer Zyklen vorhersagen, so wie Fibonacci damit eine ausgedachte Zahl ermittelte. Heute kann die Informatik auf dieses Instrument nicht mehr verzichten. Zur Erklärung seiner Funktionsweise beschränken wir uns auf die von Sun Tzu wie von Fibonacci erwähnten Divisoren, nämlich 3, 5 und 7. Relativ einfach läßt sich zeigen, daß man aus einem Satz von Resten aus diesen Zahlen eine einzelne Zahl ermitteln kann. Abbildung 100 stellt eine Tabelle der Zahlen von 0 bis 20 sowie der Reste dar, die man erhält, wenn man sie jeweils durch 3, 5 und 7 teilt.

| N | Rest, wenn N dividiert wird durch 3 | Rest, wenn N dividiert wird durch 5 | Rest, wenn N dividiert wird durch 7 |
|---|---|---|---|
| 0 | 0 | 0 | 0 |
| 1 | 1 | 1 | 1 |
| 2 | 2 | 2 | 2 |
| 3 | 0 | 3 | 3 |
| 4 | 1 | 4 | 4 |
| 5 | 2 | 0 | 5 |
| 6 | 0 | 1 | 6 |
| 7 | 1 | 2 | 0 |
| 8 | 2 | 3 | 1 |
| 9 | 0 | 4 | 2 |
| 10 | 1 | 0 | 3 |
| 11 | 2 | 1 | 4 |
| 12 | 0 | 2 | 5 |
| 13 | 1 | 3 | 6 |
| 14 | 2 | 4 | 0 |
| 15 | 0 | 0 | 1 |
| 16 | 1 | 1 | 2 |
| 17 | 2 | 2 | 3 |
| 18 | 0 | 3 | 4 |
| 19 | 1 | 4 | 5 |
| 20 | 2 | 0 | 6 |

Abb. 100. 3, 5 und 7 sind relative Primzahlen

Und schon lüftet sich der Schleier des Geheimnisses. Die erste Spalte, in denen die Reste nach der Division durch 3 aufgeführt sind, ist schlicht die Reihe 0,1,2,0,1,2,... Die zweite Spalte ist die Reihe 0,1,2,3,4,0,1,2,... Und die dritte Spalte enthält die Reihe 0,1,2,3,4,5,6,... Diese Reihen verfehlen einander stets in dem Sinne, daß keine zwei Reihen gleichzeitig neu beginnen. Ein Ergebnis besteht darin, daß bei diesen drei Reihen keine zwei Zahlen den gleichen Satz von Resten haben können. Nehmen wir zum Beispiel den Satz von Resten bei 18: 0, 3 und 4. Keine andere Zahl besitzt diesen Satz. Das ist so lange richtig, wie wir uns auf die ersten 105 Zahlen beschränken, denn danach wiederholt sich die ganze Tabelle.

Diese Eigenschaft der Einzigartigkeit funktioniert nur, wenn die Spalten die Reste von Ko-Primzahlendivisoren darstellen. Wenn man die dritte Spalte durch die Reste nach der Division durch 6 ersetzt (also die Reihe 0,1,2,3,4,5,...), stellt sich heraus, daß die Sätze nicht nur für eine einzige Zahl gelten. Das liegt daran, daß 6 und 3 einen Divisor gemeinsam haben.

Zumindest können wir feststellen, daß es aufgrund der Reste stets möglich ist, die Originalzahl zu finden. Wir brauchen sie nur in dieser Tabelle nachzusehen. In der Praxis allerdings ist kaum anzunehmen, daß irgend jemand sich eine derart lange Tabelle merkt, wenn er Fibonaccis Gesellschaftsspiel spielt. Wir benötigen also eine allgemeine Methode, die dann in Zahlen umgesetzt werden kann.

Nehmen wir an, die unbekannte Zahl sei $n$, und die von uns gewählten Ko-Primzahlen seien $a_p$, $b_p$ und $c_p$. (Denken Sie daran, daß Sie auch mehr als nur drei verwenden können.) Ferner nehmen wir an, daß wir die Reste $a_r$, $b_r$ und $c_r$ erhalten, wenn wir $n$ durch diese Primzahlen teilen. Schließlich seien die drei entsprechenden Multiplikatoren A, B und C, die auf die oben dargestellte Weise zustande kommen. Fibonacci und Sun Tzu fanden somit die Zahl

$$N = A \cdot a_r + B \cdot b_r + C \cdot c_r$$

Diese Zahl besitzt eine merkwürdige Eigenschaft. Was bekommen wir denn, wenn wir sie durch $a_p$ teilen? Offensichtlich lassen sich die beiden letzten Terme durch $a_p$ teilen, da B und C ja eigens als Vielfache von $a_p$ ausgewählt worden waren. Somit ist jeder Rest vollständig vom ersten Term bestimmt. Nun bleibt nach der Division von A durch $a_p$ ein Rest von 1 (denken Sie daran, wie wir A errechnet haben), und somit bleibt nach $A \cdot a_r$ ein Rest von $a_r$. Als wir die ursprüngliche Geheimzahl $n$ durch $a_p$ geteilt hatten, erhielten wir auch einen Rest von $a_r$. Somit wissen wir, daß (N-$n$) genau teilbar durch $a_p$ ist. Das ist eine Eigenschaft von Zahlen, von der Sie vielleicht noch nie etwas gehört haben, aber dafür können Sie viele Beispiele finden: Sowohl bei 18 wie auch bei 8 erhalten wir einen Rest von 3, wenn wir sie durch 5 teilen, und daher ist die Differenz (18-8) genau durch 5 teilbar.

Was wir über $a_p$ gesagt haben, gilt auch für die anderen Divisoren. Somit erhalten wir:

N – $n$ ist genau teilbar durch $a_p$.
N – $n$ ist genau teilbar durch $b_p$.
N – $n$ ist genau teilbar durch $c_p$.

Aber $a_p$, $b_p$ und $c_p$ sind Ko-Primzahlen, somit gilt:

N – $n$ ist genau teilbar durch ($a_p \cdot b_p \cdot c_p$).

Dies mag für Sie gleichfalls eine unbekannte Eigenschaft von Zahlen sein, aber auch hier lassen sich ohne weiteres Beispiele finden. So ist etwa 60 genau teilbar durch 2, 3 und 5, und da diese Zahlen Ko-Primzahlen sind, ist 60 auch teilbar durch $2 \cdot 3 \cdot 5 = 30$.

Und wenn Sie nun N durch ($a_p \cdot b_p \cdot c_p$) teilen, müssen Sie natürlich $n$ als Rest erhalten – und genau das haben Sun Tzu und Fibonacci eigentlich gesagt.

## Mehr über Ko-Primzahlen

Abbildung 101 zeigt ein Rechteck von 4 x 7 Feldern, in dem die waagrechten Reihen mit 0 bis 3, die senkrechten mit 0 bis 6 beziffert sind. Wir haben damit begonnen, die Zahlen von 1 bis 28 in dieses Rechteck einzutragen, wobei wir in der oberen linken Ecke angefangen haben und dann jeweils ein Feld nach unten sowie ein Feld nach rechts gegangen sind. Wenn wir bei diesem Verfahren über die untere Begrenzung des Rechtecks hinausgeraten (wie dies bei der Zahl 5 geschah), springen wir wieder nach oben in die erste Reihe; und wenn wir über die rechte Begrenzung hinausgeraten (wie bei der Zahl 8), springen wir zurück nach links in die erste Spalte. Nur ein Teil des Rechtecks ist hier ausgefüllt. Wenn Sie es vervollständigen, werden Sie sehen, daß jede Zahl ihr Feld findet.

Funktioniert dies auch bei Rechtecken von anderer Größe? In der Abbildung 101 befindet sich noch ein Rechteck mit 4 x 6 Feldern, in das wir ebenfalls bereits einige Zahlen gesetzt haben. Aber wenn wir diesmal zur Zahl 13 kommen, müßten wir nach oben und nach links zurückspringen, also ins erste Feld – und das ist bereits besetzt. Warum funktioniert die Methode im ersten, aber nicht im zweiten Rechteck?

Es ist leicht zu erkennen, was hier passiert. Indem wir ein Feld nach unten und eins nach rechts ziehen, bilden wir auf graphische Weise die Reste jeder Zahl ab, wenn sie durch die beiden Dimensionen des Rechtecks dividiert wird. So wird beispielsweise in Abbildung 101 oben die 15 im Feld Reihe 2, Spalte 0 plaziert. Wenn 15 durch 4 dividiert wird, bleibt ein Rest von 3, wenn sie durch 7 dividiert wird, bleibt ein Rest von 1. Diese Methode funktioniert nur, wenn die beiden Dimensionen des Rechtecks relative Primzahlen darstellen. Das chinesische Resttheorem besagt einfach, daß in diesem Fall ein Feld eine und nur eine Zahl enthalten wird.

Fibonaccis Zahlenratespiel läßt sich auch bei einem dreidimensionalen Hexaeder oder sechsseitigen Körper veranschaulichen. Die Dimensionen

4 und 7 sind relative Primzahlen, und alle Zahlen zwischen 1 und 28 passen in ein Rechteck...

| | 0 | 1 | 2 | 3 | 4 | 5 | 6 |
|---|---|---|---|---|---|---|---|
| 0 | 1 | 9 | | | 5 | 13 | |
| 1 | | 2 | 10 | | | 6 | ? |
| 2 | | | 3 | 11 | | | 7 |
| 3 | 8 | | | 4 | 12 | | |

... aber 4 und 6 sind keine Primzahlen. Wo soll die 13 hin?

| | 0 | 1 | 2 | 3 | 4 | 5 |
|---|---|---|---|---|---|---|
| 0 | 1 | | 9 | | 5 | |
| 1 | | 2 | | 10 | | 6 |
| 2 | 7 | | 3 | | 11 | |
| 3 | | 8 | | 4 | | 12 |

Abb. 101.

des Körpers sind die drei zu Beginn gewählten Ko-Primzahlen. Beginnen Sie in einer Ecke des Körpers und setzen Sie die Zahlen so hinein, daß Sie ein Feld nach unten, ein Feld nach rechts und ein Feld nach hinten gehen und gegebenenfalls eine Dimension zurückspringen. Sie können sicher sein, daß alle Zahlen hineinpassen werden. Wenn sich jemand eine Geheimzahl ausgedacht hat, dann werden die drei Reste, die Sie bei der Division der Zahl durch die Dimensionen des Körpers erhalten, diese Zahl innerhalb des Hexaeders verraten.

(All dies ist in gewisser Weise mit magischen Quadraten verwandt. Wenn wir Zahlen ins *Lo Shu* setzen, werden einige Zahlen miteinander kollidieren. Es ist interessant zu spekulieren, daß irgend jemand, als er mit magischen Quadraten spielte, beschlossen hat, es mit anderen Dimensionen zu versuchen, um ein Quadrat zu finden, in dem es nicht zu Kollisionen kommt. Als dies mißlang, ging er zu Rechtecken über. Im Laufe der Zeit wurde so eine Regel für die Dimensionen von kollisionsfreien Rechtecken entwickelt – daher das chinesische Resttheorem. Wir wissen nicht, ob dies tatsächlich so geschah, aber es ist doch ganz faszinierend, sich vorzustellen, daß das wichtigste Instrument der Zahlentheorie, genauso wie der Satz des Pythagoras, vielleicht in einem einfachen Spiel seinen Ursprung hat.)

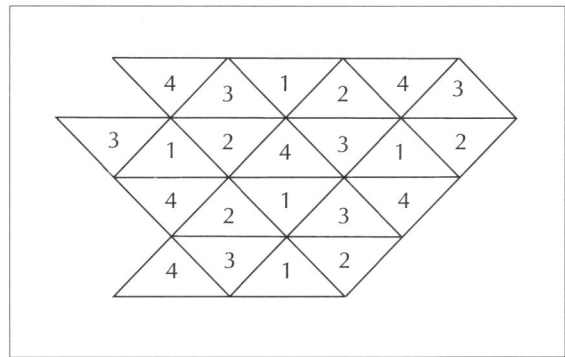

Abb. 102.
Bei einem Tetraeder
überlappen sich die Zahlen nie

Ein interessanteres Beispiel zeigt Abbildung 102. Im oberen Abschnitt geben wir den vier Seiten eines regelmäßigen Tetraeders die Zahlen 1 bis 4. Nehmen wir an, diese Zahlen sind mit Stempelfarbe versehen, wie ein viereckiger Stempel, den wir nun abrollen, um Zahlen auf die Ebene zu stempeln. Wenn wir ihn dann über die gleiche Fläche zurückrollen, werden die Zahlen nie überstempelt werden. Von den regelmäßigen Körpern werden nur der Würfel und der Oktaeder gleichfalls die Ebene bedecken, wenn sie abgerollt werden. Aber der Würfel wird auf jeden Fall alle Zahlen überstempeln. Und der Oktaeder, der so numeriert ist, daß die einander gegenüberliegenden Flächen die Summe 9 ergeben, wird alle geraden Zahlen und alle ungeraden Zahlen überstempeln, aber nie gerade und ungerade zusammen. Warum?
Hinweis: Sehen Sie sich die Zahl der Flächen an, die an einem Scheitelpunkt am Körper und auf der Ebene zusammenkommen. Für welchen Körper sind diese beiden Zahlen Ko-Primzahlen?

## Sichtbare Punkte in einem Gitter

Ein Gitter ist eine Anordnung von Punkten, die an den ganzzahligen Schnittpunkten der Ebene *x,y* liegen. Aufgrund dieser Definition können wir den Punkten die üblichen Bezeichnungen geben. In Abbildung 103 heißen die beiden dunklen Punkte (1,2) und (4,4). Man sagt, diese beiden Punkte sind gegenseitig sichtbar, da es möglich ist, sie miteinander zu verbinden, ohne irgendeinen anderen Punkt zu berühren. Hätten wir

251

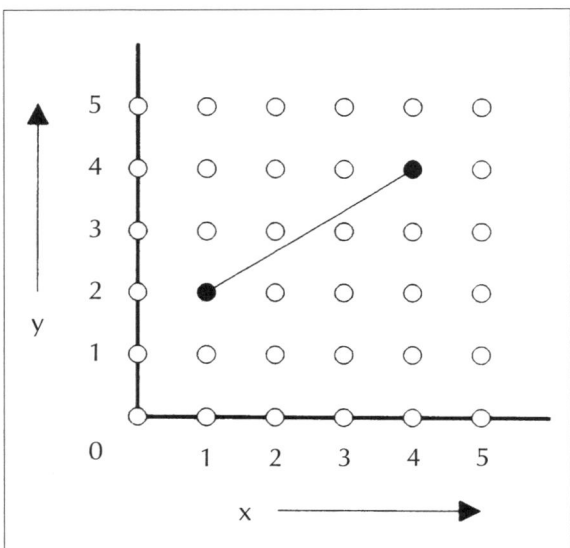

Abb. 103.
Wechselseitig sichtbare
Punkte in einem Gitter

dagegen (2,2) und (4,4) gewählt, wären diese beiden Punkte nicht gegenseitig sichtbar gewesen.

Allgemein gesprochen: Wann sind zwei Punkte ($a,b$) und ($x,y$) sichtbar und wann nicht? Die Lösung dieses hübschen Problems ist ein wenig knifflig. Ich verschweige die Antwort, aber es empfiehlt sich, zunächst einmal von Ko-Primzahlen auszugehen.

## Karnickel und Bienen

Das berühmteste Problem im *Liber Abaci* ist zweifellos das Karnickelproblem. Im Laufe der Zeit hat es sich zur Quelle einiger der faszinierendsten Rätsel der Unterhaltungsmathematik entwickelt, wenngleich kaum anzunehmen ist, daß Fibonacci selbst gewußt hat, auf was er da gestoßen war. Hier das Originalproblem zusammen mit Fibonaccis Lösung:

*Wie viele Kaninchen können in einem Jahr mit einem Paar Kaninchen gezüchtet werden?*

252

Ein Mann hält ein Kaninchenpaar an einem Ort, der gänzlich von einer Mauer umgeben ist. Wir wollen nun wissen, wie viele Paare von ihnen in einem Jahr gezüchtet werden können, wenn die Natur es so eingerichtet hat, daß diese Kaninchen jeden Monat ein weiteres Paar zur Welt bringen und damit im zweiten Monat nach ihrer Geburt beginnen.

Das erste Paar hat also ein Paar Junge im ersten Monat, dann verdoppelt sich ihre Zahl, und es gibt 2 Paare in einem Monat. Von diesen beiden Paaren hat eines, nämlich das erste, wieder ein Paar im zweiten Monat. Von diesen werden in einem Monat zwei trächtig, so daß im dritten Monat 2 Paare Kaninchen zur Welt kommen. Somit sind es in diesem Monat 5 Paare. Von diesen werden im selben Monat 3 trächtig, so daß es im vierten Monat 8 Paare sein werden. Von diesen werden 5 Paare weitere 5 Paare Junge haben, die zusammen mit den 8 Paaren 13 Paare im fünften Monat ergeben, von denen 5 Paare (die im selben Monat zur Welt kommen) nicht trächtig werden, aber dafür die anderen 8 Paare. Somit werden es im sechsten Monat 21 Paare sein. Wenn wir zu diesen die 13 Paare hinzufügen, die im siebten Monat zur Welt kommen, dann werden es in diesem Monat 34 Paare sein … [und so weiter: 55, 89, 144, 233, 377 …] Am Ende werden es 377 sein. Und diese Anzahl von Paaren ist nach dem zuerst erwähnten Paar an jenem Ort in einem Jahr geboren. Du kannst sehen, wie wir dies fertiggebracht haben, nämlich indem wir die erste mit der zweiten Zahl verbunden haben, daher 1 und 2, und die zweite mit der dritten, und die dritte mit der vierten… Schließlich verbinden wir die 10. mit der 11., somit 144 mit 233, und nun haben wir die Summe der oben erwähnten Kaninchen, nämlich 377, und auf diese Weise kannst du es für den Fall von unendlich vielen Monaten tun.

Diese Zahlenfolge nennt man heute überall die Fibonacci-Folge. Die ersten beiden Zahlen in der Folge sind gleich 1, und alle folgenden Zahlen sind gleich der Summe der beiden vorhergehenden. Traditionsgemäß bezeichnet man die Zahlen mit $F_1$, $F_2$, $F_3$ und so weiter, so daß $F_n = F_{n-2} + F_{n-1}$. Zum Nachschlagen sind in Abbildung 104 die ersten 50 Fibonacci-Zahlen aufgelistet.

Es ist ganz einfach, die Folge rückwärts zu erweitern, um $F_0$, $F_{-1}$, $F_{-2}$, usw. zu finden. Wieviel ist $F_0$? Nach unserer Regel wissen wir, daß $F_1 + F_0$ gleich $F_2$ sein muß; somit muß $F_0$ 0 sein. Wenn wir so fortfahren, erhalten wir die vollständige Fibonacci-Folge:

$$…-8,5,-3,2,-1,1,0,1,1,2,3,5,8…$$

Die additive Weise, auf die wir die Fibonacci-Folge erzeugen, läßt darauf schließen, daß sie irgendwo in Chu Shih-chiehs Dreieck zu finden sein muß.

| N | Die N-te Fibonacci-Zahl | N | Die N-te Fibonacci-Zahl |
|---|---|---|---|
| 1 | 1 | 26 | 121 393 |
| 2 | 1 | 27 | 196 418 |
| 3 | 2 | 28 | 317 811 |
| 4 | 3 | 29 | 514 229 |
| 5 | 5 | 30 | 832 040 |
| 6 | 8 | 31 | 1 346 269 |
| 7 | 13 | 32 | 2 178 309 |
| 8 | 21 | 33 | 3 524 578 |
| 9 | 34 | 34 | 5 702 887 |
| 10 | 55 | 35 | 9 227 465 |
| 11 | 89 | 36 | 14 930 352 |
| 12 | 144 | 37 | 24 157 817 |
| 13 | 233 | 38 | 39 088 169 |
| 14 | 377 | 39 | 63 245 986 |
| 15 | 610 | 40 | 102 334 155 |
| 16 | 987 | 41 | 165 580 141 |
| 17 | 1 597 | 42 | 267 914 296 |
| 18 | 2 584 | 43 | 433 494 437 |
| 19 | 4 181 | 44 | 701 408 733 |
| 20 | 6 765 | 45 | 1 134 903 170 |
| 21 | 10 946 | 46 | 1 836 311 903 |
| 22 | 17 711 | 47 | 2 971 215 073 |
| 23 | 28 657 | 48 | 4 807 526 976 |
| 24 | 46 368 | 49 | 7 778 742 049 |
| 25 | 75 025 | 50 | 12 586 269 025 |

Abb. 104. Die ersten 50 Fibonacci-Zahlen

Und tatsächlich ist sie dort leicht zu finden, allerdings müssen wir dazu das Dreieck ein wenig drehen. In Abbildung 105 haben wir das Dreieck mit seiner negativen Hälfte wiedergegeben. Wenn man nun die Zahlen in einer Diagonalen zusammenzählt, erhält man beide Teile der Fibonacci-Folge. Diese Folge sieht so künstlich aus, daß daraus mit Sicherheit nichts Nützliches entstehen zu können scheint. Aber überraschenderweise gibt es in der Natur viele Phänomene, die nach dem Vorbild der Folge gestaltet sind. Fibonacci war mit seiner Geschichte über Karnickel, die nach Plan hinter verschlossenen Türen Junge werfen, tatsächlich nicht selbst auf den Trichter gekommen. Er hätte statt Karnickeln lieber Bienen nehmen sollen. Ross Honsberger, ein Mathematiker an der University of Waterloo, hat einmal das merkwürdige Fortpflanzungsverhalten der gemeinen Honigbiene humorvoll beschrieben:

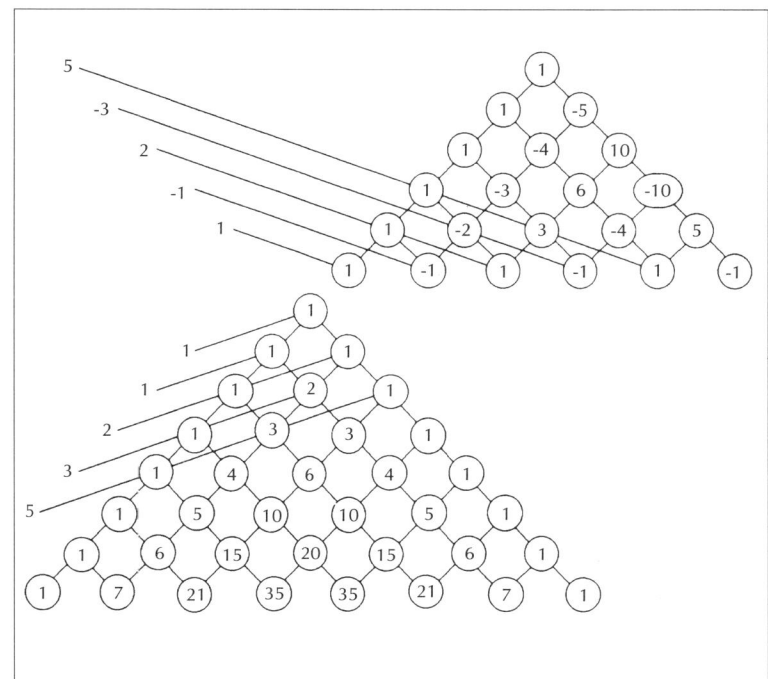

Abb. 105.
Die
Fibonacci-
Zahlen in
Chu Shih-
chiehs
Dreieck

*Eines der charakteristischen Merkmale [der Honigbiene] ist ein System der gesteuerten Fortpflanzung. Offenbar zieht eine Bienenkönigin zu Beginn ihrer Karriere los und sammelt das Sperma von eifrigen Männchen ein, die, soviel ich weiß, zum Lohn dafür augenblicklich dahinscheiden (lächelnd, hoffe ich). Nun legt die Bienenkönigin viele Eier, und nach der allgemeinen Regel schlüpfen aus unbefruchteten Eiern Männchen und aus befruchteten Eiern Weibchen. Somit haben männliche Honigbienen keinen Vater. Die Bienenkönigin ist in der Lage, das gesammelte Sperma über Monate, ja sogar Jahre zu speichern und aufgrund von Informationen von seiten ihres Gefolges das Geschlecht des Nachwuchses zu regulieren, ganz nach den Bedürfnissen des Bienenstocks. Weibliche Bienen sind zweifellos das überlegene Geschlecht, denn sie machen alles – die einzige Funktion des Männchens besteht in seiner Rolle bei der Produktion des wertvollsten Weibchens. Es ist nicht zu leugnen, daß wir hier die unbestreitbare Rechtfertigung des mahnenden Hinweises haben, den Mütter seit undenklichen Zeiten an ihre Töchter weiterzugeben suchen: Männer sind allenfalls zu einer Sache gut!*

Abbildung 106 zeigt einen Stammbaum für ein Volk von Honigbienen. Das arme Männchen hat nur 1 Elternteil, 2 Großeltern, 3 Urgroßeltern, 5 Ururgroßeltern, 8 Urururgroßeltern und so weiter auf der ganzen Fibonacci-Leiter.

Ein weiteres verblüffendes Beispiel für die Anwesenheit der Fibonacci-Folge ist die sogenannte Phyllotaxis oder Blattfolge. Abbildung 107 ist die ziemlich stilisierte Zeichnung des Zweigs von einem Kirschbaum. Sie werden viele Zweige dieser Art in Ihrer näheren oder weiteren Umgebung vorfinden. Beachten Sie, wie die Blätter spiralförmig nach oben um den Zweig wachsen. In dem hier abgebildeten zählen wir fünf Blätter und umkreisen den Zweig zweimal, ehe wir das nächste Blatt in der gleichen Position am Zweig entdecken. Diese beiden Zahlen bilden einen Bruch, den man Phyllotaxis nennt:

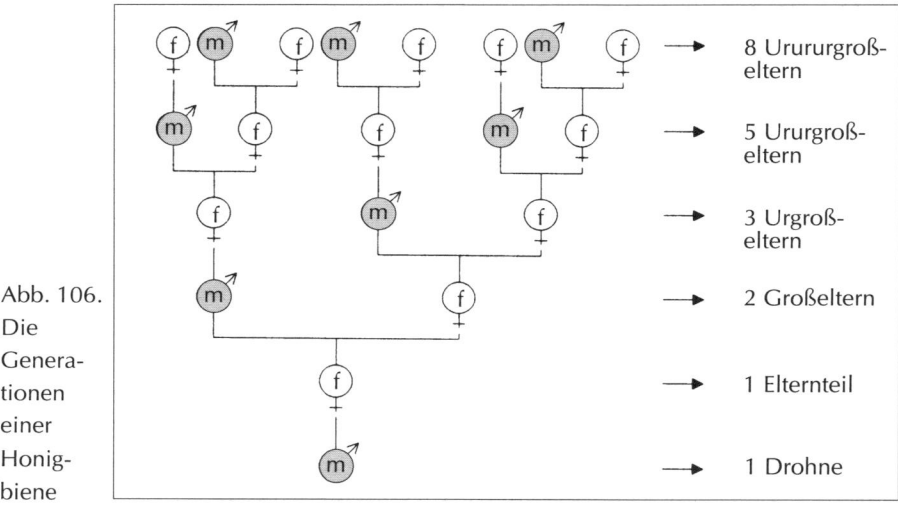

Abb. 106. Die Generationen einer Honigbiene

Abb. 107.
Phyllotaxis an einem Kirschbaum

256

Zahl der vollständigen Umdrehungen
Zahl der Blätter in einem Zyklus

In Abbildung 107 beträgt die Phyllotaxis $\frac{2}{5}$. Dies gilt für alle Zweige auf einem Kirschbaum. Tatsächlich hält sich jede Art streng an eine spezielle Phyllotaxis. Wenn Sie sich einmal eine Ulme ansehen, werden Sie entdecken, daß die Phyllotaxis hier $\frac{1}{2}$ ist, das heißt, die Blätter stehen abwechselnd auf gegenüberliegenden Seiten des Zweigs. Auf einem Birnbaum ist die Phyllotaxis $\frac{3}{8}$, auf der Weide $\frac{5}{13}$. Im ganzen Pflanzenreich sind dies die Quotienten aus Zahl und übernächster Zahl der Fibonacci-Folge. Hat diese Anordnung irgendeine Bedeutung für die Evolution? Wir können hier nur spekulieren, aber vermutlich sorgt das Festhalten an der Fibonacci-Folge dafür, daß zu jedem Blatt die größtmögliche Menge Licht gelangt. Hätte die Phyllotaxis irgendeinen Nicht-Fibonacci-Wert, sagen wir $\frac{5}{7}$, dann würden wahrscheinlich einige Blätter das Sonnenlicht nicht zu anderen Blättern dringen lassen.

Das Phyllotaxis-Verhältnis, und damit die Fibonacci-Folge, auf der es beruht, hat auch unseren Sinn für »natürliche Schönheit« geprägt. Wenn Sie einmal einen Kirschzweig zeichnen, der dem in Abbildung 107 ähnlich sieht, aber eine andere, eine Nicht-Fibonacci-Phyllotaxis aufweist, dann würde dieser Zweig irgendwie unnatürlich oder schief aussehen. Das gleiche Gefühl für Natürlichkeit stellt sich ein, wenn wir uns das Verhältnis von aufeinanderfolgenden Termen in der Folge ansehen. Diese Verhältnisse sind abwechselnd größer und kleiner als die Zahl Phi, 1,61803398… Dies zeigt die folgende Tabelle:

| kleiner als Phi | | größer als Phi | |
|---|---|---|---|
| $\frac{1}{1}$ | = 1,0000 | $\frac{2}{1}$ | = 2,0000 |
| $\frac{3}{2}$ | = 1,5000 | $\frac{5}{3}$ | = 1,6667 |
| $\frac{8}{5}$ | = 1,6000 | $\frac{13}{8}$ | = 1,6250 |
| $\frac{21}{13}$ | = 1,6154 | $\frac{34}{21}$ | = 1,6190 |
| $\frac{55}{34}$ | = 1,6176 | $\frac{89}{55}$ | = 1,6182 |
| $\frac{144}{89}$ | = 1,6180 | $\frac{233}{144}$ | = 1,6181 |

Wenn wir in der Folge fortfahren, nähern sich die beiden Seiten der Tabelle dem echten Wert von Phi immer mehr an, aber wir werden ihn nie ganz erreichen. Er ist wie sein Vetter Pi eine irrationale Zahl. Am einfachsten kann man sich die Zahl Phi wie einen Stock vorstellen, der durch eine Kerbe in zwei Teile geteilt ist – in den größeren Teil x und den kleineren Teil y –, und zwar so, daß das Verhältnis der Länge des ganzen Stocks zu x gleich dem Verhältnis von x zu y ist. Wir erhalten dann folgende Formel:

$$\frac{x + y}{x} = \frac{x}{y}$$

Das Verhältnis $\frac{x}{y}$ ist Phi. Wie ist der reziproke Wert von Phi? Er ist einfach Phi – 1 oder 0,61803398…. Wie lautet das Quadrat von Phi? Es ist Phi + 1 oder 2,61803398…. Viele Mathematiker glauben heute, daß Phi das angenehmste Verhältnis darstellt, und alle sind überzeugt, daß dieser Glaube weit zurückreicht. Sogar seriöse Autoren geben die Anekdote wieder, daß große Kunstwerke oder bestimmte antike Denkmäler, darunter auch die ägyptischen Pyramiden, bewußt nach dem Verhältnis Phi geschaffen wurden, aber dies stimmt einfach nicht.

## Zahlentheorie für Amateure

Einige der interessanten Eigenschaften der Fibonacci-Folge fallen nicht sogleich ins Auge, und mit Sicherheit hat Fibonacci selbst sie nicht erkannt. Wenn beispielsweise eine Fibonacci-Zahl eine Primzahl und größer als 4 ist, dann muß sie eine Primstelle einnehmen. (Sie wissen ja: Eine Primzahl ist nur durch sich selbst und durch 1 teilbar.) So ist etwa 13 eine Primzahl und nimmt die Stelle $F_7$ ein, und auch 7 ist eine Primzahl. Umgekehrt muß dies nicht unbedingt der Fall sein. Das heißt, 31 ist zwar eine Primzahl, aber $F_{31}$ nicht – sie ist gleich 1 346 269 = 2417 · 557.
Ein anderes Beispiel: Die Summe von beliebigen 10 aufeinanderfolgenden Fibonacci-Zahlen ist stets durch 11 teilbar. Beispiel:

$$3 + 5 + 8 + 13 + 21 + 34 + 55 + 89 + 144 + 233 = 605$$
und 605 = 11 · 55.

Ein weiteres Beispiel: Man nehme beliebige drei aufeinanderfolgende Terme in der Folge; dann ist das Produkt des ersten und des letzten dieser drei Terme (das heißt, die Terme des Phyllotaxis-Verhältnisses) gleich dem Quadrat des mittleren Terms plus oder minus eins. In Symbolen:

$$F_{n-1} \cdot F_{n+1} = F_n^2 \pm 1$$

Konkretes Beispiel:

$$3 \cdot 8 = 24 = 5^2 - 1$$
$$5 \cdot 13 = 65 = 8^2 + 1$$

Das nächste Beispiel ist ein wenig komplizierter, aber ganz eng mit einem schwierigen Problem in der Zahlentheorie verwandt. $p$ sei irgendeine Primzahl. Wenn $p$ die Form $(10k \pm 1)$ hat, dann ist $F_p = ap + 1$. Und wenn $p$ die Form $(10k \pm 3)$ hat, dann ist $F_p = bp - 1$. In beiden Fällen sind $a$ und $b$ ganze Zahlen. Auch hier ist das Umgekehrte nicht der Fall. Wir wollen dies an einigen Beispielen verdeutlichen. Die folgende Tabelle enthält einige Primzahlen der Form $(10k \pm 1)$, dann die entsprechende Fibonacci-Zahl und ihre Erweiterung:

| $p = (10k \pm 1)$ | F | = | Erweiterung |
|---|---|---|---|
| 11 | 89 | = | $11 \cdot 8 + 1$ |
| 19 | 4 181 | = | $19 \cdot 220 + 1$ |
| 29 | 514 229 | = | $29 \cdot 17\ 732 + 1$ |
| 31 | 1 346 269 | = | $31 \cdot 43\ 428 + 1$ |

Nun das gleiche bei einigen Primzahlen der Form $(10k \pm 3)$:

| $p = (10k \pm 3)$ | F | = | Erweiterung |
|---|---|---|---|
| 7 | 13 | = | $7 \cdot 2 - 1$ |
| 13 | 233 | = | $13 \cdot 18 - 1$ |
| 17 | 1 597 | = | $17 \cdot 94 - 1$ |
| 23 | 28 657 | = | $23 \cdot 1246 - 1$ |

Derartige Beispiele lassen sich praktisch endlos vermehren. Die Folge ist tatsächlich eine Art von arithmetischem System für sich, in dem jeder interessante und zuweilen ganz nützliche Theoreme beweisen kann – so etwas wie eine Zahlentheorie für Amateure. Im folgenden werde ich für Sie ein kleines Theoriensystem zu entwickeln beginnen. Es wird Ihnen ein Gefühl für das Entdeckerfieber vermitteln, das professionelle Zahlentheoretiker befällt. Achten Sie besonders darauf, wie ein Theorem auf dem anderen aufbaut.

1. Theorem (Spezielles Additionstheorem):
*Die Summe der ersten $n$ Fibonacci-Zahlen ist gleich $F_{n+2} - 1$. Das heißt, sie ist gleich der übernächsten Fibonacci-Zahl nach dem Ende der fraglichen Folge minus 1.*

Beweis: Zur Definition der Fibonacci-Folgen gehört, daß $F_n = F_{n-1} + F_{n-2}$. Wir können dies auch umschreiben und erhalten $F_{n-2} = F_n - F_{n-1}$. Zum Beispiel: $F_7 = F_9 - F_8$ oder $13 = 34 - 21$. Lassen Sie uns nun annehmen, wir wollten die ersten 5 Fibonacci-Zahlen miteinander addieren, und das notieren wir im folgenden, zusammen mit ihrer Erweiterung. (Ignorieren Sie zunächst einmal den Umstand, daß einige Terme gestrichen sind.)

$$1 \quad F_1 = F_3 - F_2$$
$$1 \quad F_2 = F_4 - F_3$$
$$2 \quad F_3 = F_5 - F_4$$
$$3 \quad F_4 = F_6 - F_5$$
$$5 \quad F_5 = F_7 - F_6$$

Die Summe der ersten Spalte ist genauso groß wie die Summe der dritten Spalte, aber in dieser dritten Spalte gibt es mehrere Terme, die eliminiert werden können: Die $F_3$ heben sich auf, die $F_4$, und so weiter. Tatsächlich hebt jede Zahl sich selbst auf, außer zweien, so daß wir am Ende $F_7 - F_2$ vor uns haben oder, da $F_2 = 1$, $F_7 - 1$. Die Summe von $F_1$ bis $F_5$ beträgt in unserem Beispiel $F_7 - 1$ oder einfach $13 - 1 = 12$. Offensichtlich läßt sich dies zum Beweis unseres Theorems verallgemeinern.

2. Theorem (Allgemeines Additionstheorem)
*Die Summe jeder Folge aus n Fibonacci-Zahlen, $F_r$ bis $F_{r+n-1}$, ist stets gleich $F_{r+n+1} - F_{r+1}$.*

*Das klingt kompliziert, so daß wir dies an einem Beispiel demonstrieren wollen. Nehmen Sie irgendeinen Satz aufeinanderfolgender Fibonacci-Zahlen, wobei Sie nicht unbedingt mit den ersten beginnen sollten, wie wir dies beim ersten Theorem taten, und dann läßt sich die Summe dieser Zahlen auf folgende Weise ermitteln: Ziehen Sie von der übernächsten Fibonacci-Zahl nach der Folge die zweite Zahl der Folge ab. Nehmen wir beispielsweise die Folge von $F_7$ bis $F_{12}$:*

$$13 + 21 + 34 + 55 + 89 + 144 = 356$$

*Die übernächste Fibonacci-Zahl ist $F_{14}$, also 377. Nun ziehen Sie davon den zweiten Term in der Folge ab, also $F_8$ oder 21. Dies ergibt 356, die korrekte Summe. Beachten Sie, daß dieses Theorem selbst dann gilt, wenn die Folge mit dem ersten Term beginnt, so daß unser erstes Theorem ein spezielles Beispiel des zweiten Theorems darstellt.*

Beweis: Sehen wir uns zwei Reihen in der Fibonacci-Folge an, die beide mit dem ersten Term beginnen. Die erste Reihe geht bis $F_{r-1}$, die zweite bis $F_{r+n-1}$. Offensichtlich ist die fragliche Folge die Differenz zwischen diesen beiden. In unserem Beispiel nahmen wir tatsächlich die ersten zwölf Fibonacci-Zahlen und zogen davon die ersten sechs Fibonacci-Zahlen ab. Es blieb also die Reihe von $F_7$ bis $F_{12}$ übrig. Somit ergibt sich allgemein:

$$\text{(Summe aus } F_r \text{ bis } F_{r+n+1}) =$$
$$\text{(Summe aus } F_1 \text{ bis } F_{r+n+1}) -$$
$$\text{(Summe aus } F_1 \text{ bis } F_{r-1})$$

Nach dem 1. Theorem haben wir:

$$\text{(Summe aus } F_r \text{ bis } F_{r+n+1}) =$$
$$(F_{r+n+1} - 1) - (F_{r+1} - 1) =$$
$$(F_{r+n+1} - F_{r+1})$$

womit unser Theorem bewiesen ist.

3. Theorem (Die Verteilung von Fibonacci-Zahlen)
*n sei irgendeine ganze Zahl. Dann kann es zwischen aufeinanderfolgenden Potenzen von n höchstens n Fibonacci-Zahlen geben.*

*Auch hier ist ein Beispiel erforderlich. n sei 4. Dann kann es zwischen $4^2$ und $4^3$ oder zwischen $4^7$ und $4^8$ oder allgemein zwischen $4^k$ und $4^{k+1}$ höchstens 4 Fibonacci-Zahlen geben.*

Beweis: Nehmen wir das Gegenteil an, das heißt, daß es zwischen $n^k$ und $n^{k+1}$ genau $n + 1$ Fibonacci-Zahlen gäbe, und diese Zahlen seien die Zahlen von $F_{r+1}$ bis $F_{r+n+1}$ einschließlich. (Beachten Sie, daß es hier n + 1 Zahlen sind.) Ein Mathematiker würde hier schreiben:

$$n^k < F_{r+1}, F_{r+2} \dots F_{r+n+1} < n^{k+1}$$

Wir möchten nun beweisen, daß diese Annahme zu einem Widerspruch führt. Sehen wir uns zunächst die Summe der ersten $n - 1$ von diesen Zahlen an. Wir wissen bereits, wie wir dies durch das 2. Theorem herausfinden können:

$$F_{r+1} + F_{r+2} + \dots + F_{r+n-1} = F_{r+n+1} - F_{r+2}$$

Nun läßt sich dies durch simple Algebra auflösen, um für $F_{r+n+1}$ folgendes zu erhalten:

$$F_{r+n+1} = (F_{r+1} + F_{r+2} + \ldots + F_{r+n-1}) + F_{r+2}$$

Jeder dieser Terme ist größer als $n^k$ aufgrund unserer Annahme, und es gibt $n$ dieser Terme. Daher:

$$F_{r+n+1} > n(n^k)$$

oder:

$$F_{r+n+1} > n^{k+1}$$

und das widerspricht unserer ursprünglichen Annahme und beweist somit unser Theorem.

Diese Art von System kann bis zu jedem gewünschten Schwierigkeitsgrad aufgebaut werden. Einige der Theoreme werden ganz trivial sein, aber andere wie etwa unser 3. Theorem können bereits an eine ziemlich wichtige Zahlentheorie grenzen. All dies läßt ahnen, an welcher Art von Systembildung professionelle Mathematiker ihre Freude haben.

Vielleicht hat der Leser bemerkt, daß in unseren Beweisen nicht von der Annahme die Rede war, die ersten beiden Zahlen unserer Folge seien 1. Dies ist aber auch gar nicht erforderlich. Sie können mit allen beliebigen zwei Zahlen beginnen, um eine allgemeine Fibonacci-Folge zu erzeugen. Daran sehen Sie bereits, daß unser System von Theoremen keineswegs trivial war, da sich die Theorien auf *jede Zahlenfolge nach dem Fibonacci-Muster* beziehen. So kann man auch eine trickreiche Blitzrechnung aufmachen, die auf diesen Theoremen basiert. Was ist zum Beispiel die Summe aus

$$5 + 32 + 37 + 69 + 106 + 175 +$$
$$281 + 456 + 737 + 1193 + 1930 + 3123?$$

Die oberen Terme sind die ersten Terme der allgemeinen Fibonacci-Folge, die mit 5, 32 und so weiter beginnt. Also habe ich nach dem 2. Theorem die Folge um zwei weitere Terme fortgesetzt, um 8176 zu erhalten, und dann den zweiten Term – 32 – abgezogen, so daß die Antwort lautet: 8144.

# Pfennige teilen

Ich habe fünf Pfennige in der Hand und teile sie in Häufchen von 1 und 2 auf. Wie viele verschiedene Möglichkeiten habe ich? Ich kann Häufchen von (2-2-1) oder von (2-1-2) bilden, die ich als verschiedene Aufteilung ansehe, und ich kann Häufchen von (1-1-1-2) bilden. Ich kümmere mich nicht darum, daß ich in manchen Fällen mehr Häufchen habe als in anderen. Ich möchte nichts weiter wissen als die Gesamtzahl unterschiedlicher Konfigurationen. Nach ein bißchen Kopfzerbrechen finde ich heraus, daß ich insgesamt 8 verschiedene Konfigurationen zustande bringe, womit sich alle Möglichkeiten erschöpft haben.

| | |
|---|---|
| (1-2-2) | (1-1-2-1) |
| (2-1-2) | (1-2-1-1) |
| (1-1-1-2) | (2-1-1-1) |
| (2-2-1) | (1-1-1-1-1) |

Wenn $n$ Pfennige gegeben sind, wie viele Möglichkeiten gibt es dann, sie in Häufchen von 1 und 2 aufzuteilen?

# Matra-vrttas und Ganita Kaumudi

Man kann dies auch auf ganz umständliche Weise beantworten. *Matra-vrttas* ist ein Stil der Sanskrit-Dichtung, für den es aufgrund tiefgreifender linguistischer Unterschiede keine direkte Entsprechung in europäischen Sprachen gibt. Er läßt sich daher auch nicht durch irgendein Beispiel veranschaulichen, aber für unsere Zwecke genügt es zu wissen, daß alle Metren des *Matra-vrttas* die gleiche Zahl von Akzenten aufweisen, während die Zahl der Silben variieren darf. Eine Silbe kann weniger betont (*laghu*) oder betont (*guru*) sein. Die weniger betonten wollen wir mit 1 symbolisieren, die schweren mit 2. Diese Übersetzung in Zahlen ist durchaus legitim, da indische Dichter zuweilen in ihren Versen ein kombinatorisches Spiel spielen. Wenn im *Matra-vrttas* alle Metren fünf Akzente haben sollen, dann kann es etwa die Muster 2-2-1, 2-1-2 oder 1-1-1-2 geben. Alle sind zulässig, da die Gesamtzahl der Akzente, die sich aus der Summe der Zahlen ergibt, stets 5 ist, auch wenn die ersten beiden Metren drei Silben haben, während das letzte Metrum vier hat. Eine alte Frage unter indischen Dichtern lautete: Wenn es in einem Gedicht nur Metren mit $n$ Akzenten geben darf, wie viele verschiedene Metren sind dann möglich? Antwort: $F_{n+1}$. Beispielsweise gibt es bei Metren mit fünf Akzenten exakt $F_6$ oder 8 Möglichkeiten.

Diese Tatsache war indischen Dichtern vielleicht bereits um 700 v. Chr. bekannt. Außerdem hatten sie ein Schema zur Erzeugung aller Metren mit einer vorgegebenen Zahl von Akzenten erarbeitet. Sagen wir einmal, wir wollen eine Liste aller Metren mit sechs Akzenten erstellen. Wir können natürlich einfach herumprobieren, wie ich das mit den Pfennigen tat, aber dann können wir eigentlich nie sicher sein, ob unsere Liste auch vollständig ist. Wenn wir jedoch bereits eine Liste aller Metren mit vier Akzenten haben, können wir jedem Metrum einen *guru* (also eine »2«) anhängen; und wenn wir eine Liste von allen Metren mit fünf Akzenten haben, können wir jedem einen *laghu* (eine »1«) anhängen. Wenn wir beide Listen miteinander kombinieren, erhalten wir unsere gewünschte Liste, da dies eine erschöpfende Liste aller Metren mit exakt sechs Akzenten sein muß. Sollten wir die vorhergehenden Sätze aller Metren mit vier und mit fünf Akzenten nicht zur Verfügung haben, dann stellen wir sie uns auf die gleiche Weise zusammen. Die allgemeine Methode, auf dem Vorhergehenden aufzubauen, heißt heute »rekursiver Algorithmus«.

Wir wollen dies an einem Beispiel erläutern. Es ist kinderleicht, Sätze von Metren mit einem und mit zwei Akzenten zu erzeugen. Dies sind {(1)} beziehungsweise {(2), (1-1)}. Aus diesen Sätzen erzeugen wir Metren mit drei Akzenten, indem wir den entsprechenden *laghu* und *guru* anhängen:

| | | |
|---|---|---|
| (1) | $\rightarrow$ | (1-*2*) |
| | | |
| (2) | $\rightarrow$ | (2-*1*) |
| (1-1) | $\rightarrow$ | (1-1-*1*) |

Und nun Metren mit vier Akzenten:

| | | |
|---|---|---|
| (2) | $\rightarrow$ | (2-*2*) |
| (1-1) | $\rightarrow$ | (1-1-*2*) |
| | | |
| (1-2) | $\rightarrow$ | (1-2-*1*) |
| (2-1) | $\rightarrow$ | (2-1-*1*) |
| (1-1-1) | $\rightarrow$ | (1-1-1-*1*) |

In beiden Fällen sind die kursiven Zahlen die *laghu* und *guru*, die wir angehängt haben. Wenn Sie nun auszählen, wie viele Metren es in jedem

Satz gibt, kommen Sie auf 1, 2, 3, 5, 8, 13, 21 … und so weiter auf der Fibonacci- (oder sollten wir sagen Hindu-)Leiter. ($F_1$ fehlt; vielleicht konnten die Dichter sagen, dies sei ein Metrum ohne einen Akzent.) Nach dem indischen Schema läßt sich im Prinzip ein neuer Satz durch Kombination zweier vorhergehender Sätze bilden – eine direkte Anwendung also des Fibonacci-Prinzips.

Ich habe den *laghu* und den *guru* symbolisch mit 1 und 2 dargestellt, um zu zeigen, wie sich mit Hilfe der Sanskrit-Dichtung die Frage nach den Pfennigen beantworten läßt. Wenn ich $n$ Pfennige habe, dann gibt es exakt $F_{n+1}$ Möglichkeiten, sie in Häufchen von 1 und 2 aufzuteilen. Natürlich können wir diese Frage auch allgemein formulieren. Wenn Sie $n$ Pfennige haben – wie viele Möglichkeiten gibt es dann, sie in Häufchen von 3, 2 und 1 aufzuteilen? Wie viele Möglichkeiten gibt es, sie in Häufchen von 4, 3, 2 und 1 aufzuteilen? Ich möchte die Antworten Ihnen überlassen, werde Ihnen aber gleich ein paar Hinweise geben.

Abbildung 108 ist eine Tabelle mit den Aufteilungen für einen Pfennig sowie für zwei, drei, vier und fünf Pfennige. In jedem Fall erfolgt die Aufteilung in Häufchen von 1 und 2. Natürlich ist dies auch eine Liste von Sanskrit-Metren mit der gleichen Anzahl von Akzenten.

| 1 Pfennig | 2 Pfennige | 3 Pfennige | 4 Pfennige | 5 Pfennige |
|---|---|---|---|---|
| (1) | (2) | (1-2) | (2-2) | (1-2-2) |
| | (1-1) | (2-1) | (1-1-2) | (2-1-2) |
| | | (1-1-1) | (1-2-1) | (1-1-1-2) |
| | | | (2-1-1) | (2-2-1) |
| | | | (1-1-1-1) | (1-1-2-1) |
| | | | | (1-2-1-1) |
| | | | | (2-1-1-1) |
| | | | | (1-1-1-1-1) |

Abb. 108. Tabelle der Aufteilungen

Einige Zeit nach Fibonacci – und unabhängig von ihm – taucht in Indien eine vollständige allgemeine Darstellung dieser Zahlenfolge auf. Das *Ganita Kaumudi* erklärt die Konstruktion dieser »additiven Folge«:

*Zunächst nimm die Einheit zweimal und schreibe ihre Summe voran. Schreibe dem voran die Summe von Zahlen in der umgekehrten Reihenfolge [und an] Stellen gleich der größten Ziffer. Fehlen [Zahlen an] Stellen gleich der größten Ziffer, schreibe davor die Summe jener [an vorhandenen Stellen].*

Das hört sich vielleicht ein wenig geheimnisvoll an, aber es ist wirklich ganz einfach. Damit wird erklärt, wie man unendlich viele »additive Folgen« konstruieren kann, wobei die Fibonacci-Folge nur einen speziellen Fall darstellt. Jede Folge ist durch ihre »größte Ziffer« definiert, die wir $q$ nennen wollen. Wir wollen einmal die Folge konstruieren, für die $q = 3$. Wir beginnen, wie immer, damit, daß wir »die Einheit zweimal nehmen« – das heißt mit 1, 1. Um nun die nächste Ziffer zu erhalten, bilden wir die Summe aus den vorhergehenden 3 Ziffern (weil ja $q = 3$). Wenn es noch keine 3 Ziffern gibt, zählen wir so viele zusammen, wie wir haben. Die vollständige Folge für $q = 3$ ist somit 1, 1, 2, 4, 7, 13 … (Wir wollen dies ein wenig kalauernd die Tribonacci-Folge nennen.) Oder wenn wir $q = 4$ setzen, erhalten wir 1, 1, 2, 4, 8, 15, 29 … (die sogenannte Tetranacci-Folge). Die ursprüngliche Fibonacci-Folge ist damit nur der Fall, in dem q = 2. Läßt sich mit Hilfe der Tribonacci- und der Tetranacci-Folge das zuvor erwähnte Aufteilungsproblem lösen?

# Der indische Berg
## und das chinesische Dreieck

Sehen wir uns Abbildung 108 noch einmal an. In der Spalte für 5 Pfennige finden wir 1 Aufteilung in fünf Häufchen, nämlich (1-1-1-1-1), 4 Aufteilungen in vier Häufchen, nämlich (1-1-1-2), (1-1-2-1), (1-2-1-1) und (2-1-1-1) sowie 3 Aufteilungen in drei Häufchen, nämlich (1-2-2), (2-1-2) und (2-2-1). Gibt es hier irgendeine Regel?
Ja, und sie wurde in Indien gut ausgearbeitet, und zwar in Form eines Bergs aus Zahlen, der den Namen *matra-meru* trägt. (In der Hindu-Mythologie ist der *meru* der Berg im Mittelpunkt der Erde.) Er besteht aus zwei Reihen mit einem Kästchen, zwei Reihen mit zwei Kästchen, zwei Reihen mit drei, zwei mit vier Kästchen und so weiter. In Abbildung 109 (a) haben wir einen Berg aus insgesamt zehn Reihen errichtet, aber er läßt sich leicht weiterbauen. Das letzte Kästchen in jeder Reihe enthält eine 1. Das erste Kästchen in jeder ungeraden Reihe enthält gleichfalls eine 1. Das erste Kästchen in den geraden Reihen enthält, von oben nach unten, die 1, die 2, die 3, die 4 und so weiter. Die inneren Kästchen sind etwas mühsamer zu finden. In den geraden Reihen ist ein inneres Kästchen gleich dem Kästchen darüber plus dem Kästchen rechts über diesem. In den ungeraden Reihen ist ein inneres Kästchen gleich dem Kästchen links darüber plus dem Kästchen rechts über

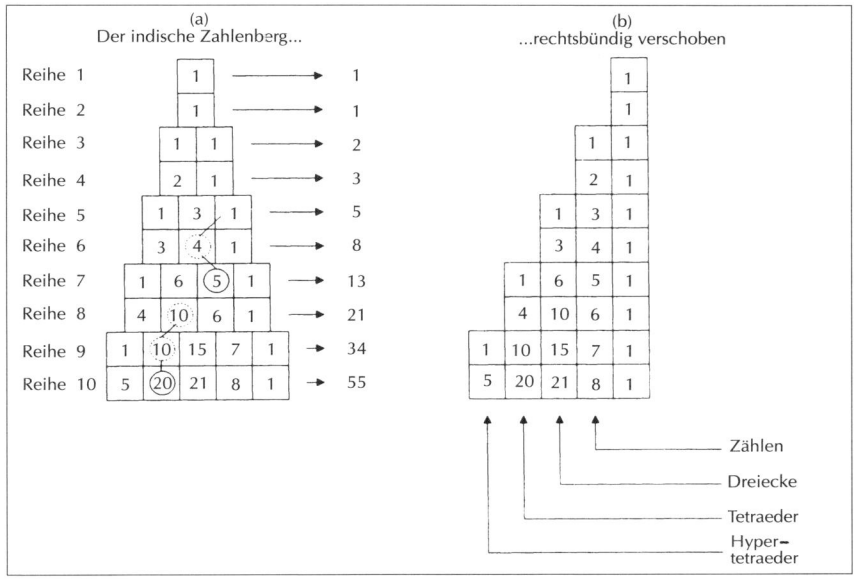

Abb. 109.

diesem. Abbildung 109 zeigt die beiden Arten von verwinkelten Wegen, die ein inneres Kästchen nimmt, für die Reihen 10 und 7.

Dieser indische Berg ist tatsächlich nichts anderes als das um 45 Grad gedrehte chinesische Dreieck. Um die Ähnlichkeiten sichtbar zu machen, wurden in Abbildung 109 (b) die Reihen des *meru* so verschoben, daß die Kästchen alle rechtsbündig liegen. Jede Spalte in diesem verschobenen Berg ist identisch mit einer Seite im chinesischen Dreieck.

Allerdings ist es praktischer, den *meru* zu benutzen, wenn man sich mit Fibonacci-Zahlen befaßt. Die Summe der Ziffern in jeder Reihe ergibt die Fibonacci-Folge. Die Ziffern selbst schlüsseln die entsprechende Fibonacci-Zahl nach der Anzahl der verschiedenen Aufteilungen auf. So entspricht beispielsweise die sechste Reihe $F_6 = 8$. Das bedeutet, daß zum Beispiel fünf Pfennige in 8 verschiedene Häufchen von 1 und 2 aufgeteilt werden können. Aber der *meru* zerlegt diese Fibonacci-Zahl in 1 + 4 + 3 und gibt damit an, daß es 1 Aufteilung in fünf Häufchen, 4 Aufteilungen in vier Häufchen und 3 Aufteilungen in drei Häufchen gibt – also genau das, was wir oben ermittelt haben.

# Die Urheber und die Nutznießer

*Es ist zwecklos, mein Sohn. Ich habe den Aristoteles*
*zweimal gelesen und darin nichts über Flecken auf*
*der Sonne gefunden. Es gibt keine Flecken auf der*
*Sonne. Sie sind entweder auf Mängel deines Teleskops*
*oder auf Fehler in deinen Augen zurückzuführen.*
*Ausspruch eines unbekannten Jesuiten*
*aus dem 17. Jahrhundert*

Man kann wohl sagen, daß die Westeuropäer gegen ihren Willen in die moderne Welt geschubst und gezogen werden mußten. Immer wieder begegnen wir bei ihnen einer hartnäckigen Dickköpfigkeit, die man bei keinem anderen Volk antrifft. Kann man sich beispielsweise vorstellen, daß die Chinesen behaupten, Sonnenflecken würden nicht existieren, weil Konfuzius sie nicht erwähnt? Doch eine derartige Einstellung erlebt man im Westen häufig. Noch im Jahre 1612, als Galilei die Monde des Jupiter tatsächlich beobachtet hatte, konnte ein florentinischer Astronom schreiben:

*Allen Lebewesen sind sieben Fenster gegeben, durch die die Luft Einlaß findet in die irdische Hülle des Leibes, um ihn zu erleuchten, zu wärmen und zu nähren. Welches sind diese Teile des Mikrokosmos? Zwei Nüstern, zwei Augen, zwei Ohren und ein Mund. Und so befinden sich auch am Himmel, wie in einem Mikrokosmos, zwei günstige Sterne, zwei ungünstige, zwei leuchtende und der unentschiedene und gleichgültige Merkur. Aus diesen und vielen anderen Ähnlichkeiten in der Natur, etwa den sieben Metallen, et cetera, die hier aufzuzählen müßig ist, schließen wir, daß die Zahl der Planeten notwendigerweise sieben beträgt. Außerdem sind diese Begleiter des Jupiter unsichtbar für das bloße Auge, und daher wären sie zu nichts nütze und existieren somit auch nicht. Überdies haben die Juden und andere alte Völker ebenso wie moderne Europäer die Einteilung der Woche in sieben Tage vorgenommen und diese nach den sieben Planeten benannt. Wenn wir nun die Zahl der Planeten erhöhen würden, fiele dieses ganze wunderschöne System in sich zusammen.*

Dieses Phänomen ist so weit verbreitet, daß man es ein »Gesetz« der Geschichte nennen könnte: Die Urheber sind nur selten die Nutznießer ihres eigenen Werks. Es mag wohl moralische Einwände gegen dieses Gesetz geben, aber es bleibt gleichwohl ein Gesetz. Den Nutzen tragen stets die davon, die zuschauen, bis die ganze schwere Arbeit getan ist. Wenn man bedenkt, wie spät die Europäer auf eigenen Füßen standen, dann trifft dies durchaus auf sie zu: Sie waren Menschen, die nur zusahen. Man kann sich der Schlußfolgerung nicht entziehen, daß die eigentliche Arbeit von anderen getan wurde, insbesondere von den Chinesen und Ägyptern, und selbst dies mußte erst noch von den Arabern weiterentwickelt werden. So bekamen die Europäer ein fertiges Produkt präsentiert, und dieses Geschenk war mehr wert als alles, was ihre Vorfahren besessen hatten. Doch als ihnen dieses Geschenk vor die Tür gelegt wurde, noch dazu umsonst, ignorierten es die Europäer weitgehend. Die Ironie des Schicksals besteht natürlich darin, daß dieses Europa heute und zumindest noch in naher Zukunft von einem Großteil der Welt für den wahren Urheber gehalten wird.

Fairerweise muß man freilich sagen, daß es noch nie zuvor ein Volk so weit gebracht hat in der Wissenschaft wie die Westeuropäer, und noch nie wurden die Früchte der Erkenntnis so offen mit anderen geteilt. Die Europäer haben diese Gaben in einem zuvor unvorstellbaren Maße weiterentwickelt und ein völlig rationales, von primitivem Aberglauben unbelastetes System darauf errichtet.

# GRAPHEN
# UND RÄTSEL

Abbildung 110 zeigt eine Variante des Damespiels. Ein Spieler legt einen schwarzen Stein auf Kreis 2. Sein Gegner legt einen weißen Stein auf Kreis 4. Die beiden Spieler ziehen dann abwechselnd ihren Stein auf den Linien des Spielbretts, bis ein Spieler den Stein des anderen nimmt, indem er auf denselben Kreis zieht. Welches ist die beste Strategie? Können Sie erkennen, welcher Spieler mit Sicherheit in sieben oder weniger Zügen gewinnen kann, ganz gleich, ob er als erster oder als zweiter zieht?

Der Trick besteht darin, daß das Spielbrett fast ausschließlich aus Rauten zusammengesetzt ist, auch wenn sie so gestreckt sind, daß man sie kaum erkennt. Sie können eine dieser Rauten erkennen, wenn Sie von Kreis 4

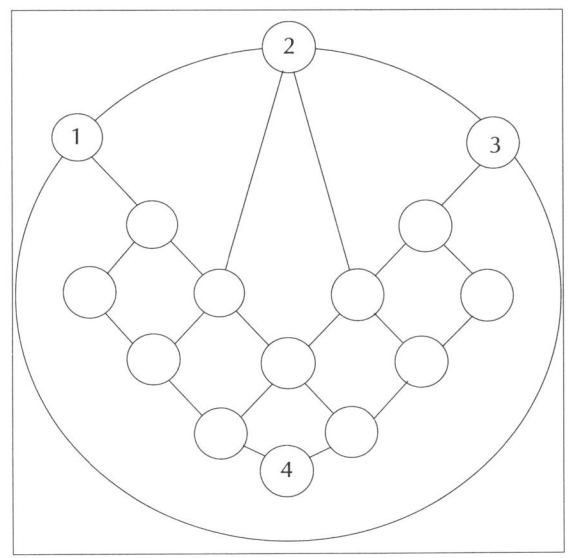

Abb. 110.
Kann der 2. Spieler
in sieben oder weniger
Zügen gewinnen?

losziehen und auf vier Linien wieder zurück zu 4 ziehen. Alle anderen Kreise außer 1 und 3 gehören zu ähnlichen Rautenformen.

Schwarz gewinnt mit Sicherheit, wenn er stets auf einen Kreis zieht, der dem von Weiß besetzten diagonal gegenüberliegt. Weiß kann dann entlang derselben Raute ziehen – in diesem Fall wird Schwarz ihn im nächsten Zug nehmen – oder zu einer anderen Raute gehen, und dann wird Schwarz ihm erneut auf den gegenüberliegenden Kreis folgen. Im letzten Fall hat Weiß die gleiche Alternative. Innerhalb von sieben Zügen allerdings wird er in einen Kreis gejagt werden, zu dem nur zwei Linien führen, und dann sitzt er fest.

Was ist, wenn Schwarz zuerst zieht? In diesem Fall hat Weiß die Möglichkeit, davonzulaufen. Die beste Strategie von Schwarz besteht darin, seinen ersten Zug »verfallen« zu lassen. Beachten Sie, daß nur ein Zug erforderlich ist, um von Kreis 2 zu 3 zu gelangen, aber Schwarz kann dies in zwei Zügen tun, indem er zuerst zu Kreis 1 zieht und dann auf der runden Linie zu 3. Weil er dafür statt einen Zug zwei Züge verwendet, wird Schwarz zum zweiten Spieler. Dann kann er die oben beschriebene Strategie verfolgen.

Diese Strategie hat einzig und allein etwas mit den Verbindungen von Linien und Knotenpunkten auf dem Brett zu tun. Dabei spielt es keine Rolle, ob wir eine Linie so verbiegen, daß sie nicht mehr gerade erscheint, oder ob wir das ganze Brett so verzerren, daß die rautenförmigen Kästchen kaum noch wie Rauten aussehen. Solange ihre »Verbundenheit« intakt bleibt, funktioniert die Strategie. Und wenn wir umgekehrt eine Linie so abschneiden, daß zwei bislang verbundene Knoten nun nicht mehr miteinander verbunden sind, oder wenn wir zwei Knoten miteinander verbinden, die bislang nicht miteinander verbunden waren, dann wird unsere Strategie nicht aufgehen.

Wenn wir nur an der Verbundenheit einer Figur interessiert sind, nennen wir diese Figur einen Graphen. Seine geometrischen Eigenschaften – etwa sein Umfang oder seine Fläche – sind völlig belanglos. Ja, wir können sie sogar beliebig verändern, indem wir die Figur strecken und schrumpfen lassen. Die Graphentheorie oder Topologie ist zwar eine relativ neue Erfindung, aber es gibt viele alte Rätsel, die auf einem Graphen beruhen, und das älteste sind vielleicht die Kerben, die sich auf dem Tempeldach von Karnak befinden.

# Sieben Brücken

Die großartige Schönheit eines Graphen besteht darin, daß er unklare, schwer durchschaubare Rätsel auf ein wunderbares Ding aus Linien und Knotenpunkten reduzieren kann. Das folgende ist so ein Rätsel. Stellen Sie sich alle Menschen der Welt vor. Die einen haben anderen Menschen bei einer ungeraden Anzahl von Gelegenheiten die Hand geschüttelt – nennen wir sie Menschen vom Typ U –, die anderen haben dies bei einer geraden Anzahl von Gelegenheiten getan – dies sind die Menschen vom Typ G. Können Sie nun beweisen, daß in irgendeinem bestimmten Augenblick die Anzahl der Menschen vom Typ U stets gerade sein muß? Das kann man wohl kaum beantworten, meinen Sie? In jeder Sekunde schütteln doch irgendwo auf der Welt zwei Menschen einander die Hände, und damit verändern beide ihren Typ. Aber das Problem ist wirklich ganz einfach, und wir werden es auch gleich lösen.

Zuerst allerdings wollen wir uns das Problem ansehen, mit dem praktisch die Topologie begonnen hat. Dies ist das Problem der sieben Brücken von Königsberg. Es war ein Spiel, das einst von den Kindern von Königsberg beim Überqueren der sieben Brücken gespielt wurde, aber berühmt wurde es erst, als der vielseitige Mathematiker Leonhard Euler darauf aufmerksam wurde. Hier seine Beschreibung:

*Das Problem, das vermutlich ganz bekannt ist, lautet wie folgt: In Königsberg in Preußen gibt es eine Insel A, genannt »der Kneiphof«, und der Fluß, in dem sie liegt, teilt sich in zwei Arme, wie man hier sieht [in Abbildung 111]. Über die Arme dieses Flusses führen sieben Brücken.... Die Frage lautet nun, ob man eine Wanderung so planen kann, daß man jede Brücke einmal und nicht öfter als einmal überquert. Wie ich höre, bestreiten die einen diese Möglichkeit, andere sind im Zweifel, aber niemand hat dies bejaht. Daher formulierte ich das*

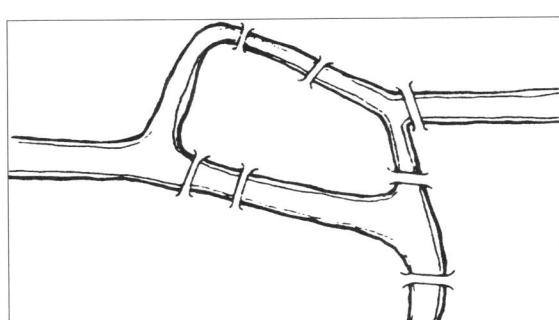

Abb. 111.
Eulers sieben Brücken
von Königsberg

*folgende Problem, und zwar in einer für mich ganz allgemeinen Weise. Ganz gleich, welche Form der Fluß und seine Verzweigung in Arme auch immer aufweisen und wie viele Brücken es auch immer sein mögen, so gilt es herauszufinden, ob es möglich ist, jede Brücke exakt einmal zu überqueren.*

Natürlich hat die Länge der Brücken oder ihre jeweilige Entfernung voneinander keinen Einfluß auf das Problem. Wir befassen uns nur mit der Art und Weise, wie sie mit der Insel verbunden sind – mit anderen Worten: Wir interessieren uns nur für den Graphen, den sie darstellen. Tatsächlich kann man das Problem leicht als ein einfaches Papier-und-Bleistift-Spiel betrachten und auf die Brücken ganz verzichten. Als Graph sind die sieben Brücken von Königsberg identisch mit der ersten Zeichnung in Abbildung 112. Kann man diese Zeichnung oder die anderen Graphen mit einem Zug des Bleistifts nachzeichnen, ohne irgendeine Linie zurückzufahren, also genauso wie die Bewohner von Königsberg über die Brücken gehen mußten, ohne denselben Weg noch einmal zu gehen?

Was wir hier herauszufinden suchen, nennt man eine Eulersche Linie, und es läßt sich leicht zeigen, daß es im ersten Graphen keine

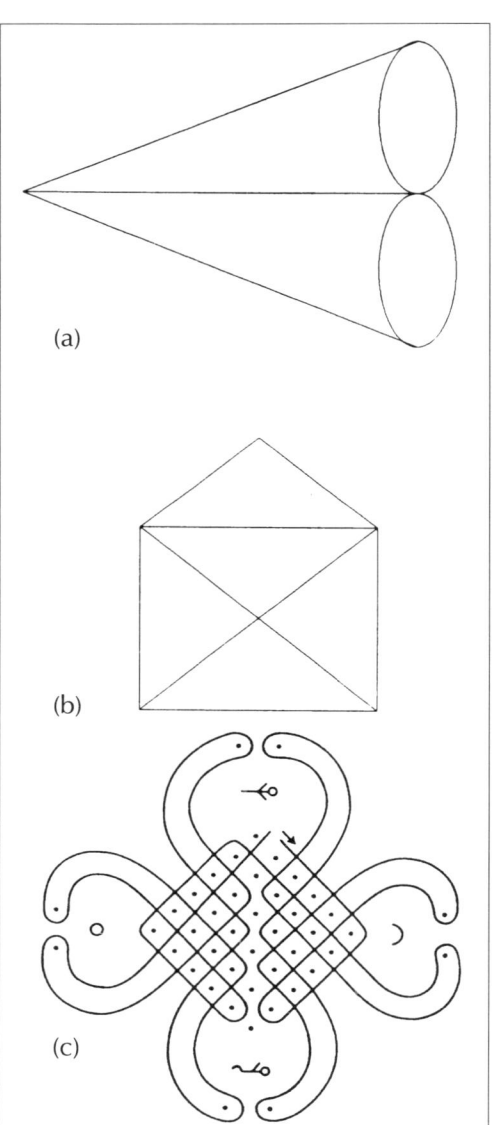

(a)

(b)

(c)

Abb. 112.

In welcher Figur gibt es eine Eulersche Linie? (Figur c aus Zaslavsky, 1973)

274

gibt. Sehen Sie sich die Knotenpunkte in jedem der Graphen an. Sie sind entweder gerade (mit einer geraden Zahl von Linien verbunden) oder ungerade (mit einer ungeraden Zahl von Linien verbunden). Nehmen wir an, ein Graph ermöglicht eine Eulersche Linie; dann müssen wir jedesmal, wenn wir einen Knotenpunkt betreten, ihn auch wieder verlassen können das heißt, jeder Knoten muß gerade sein. Die einzigen Ausnahmen sind zwei Knoten, die ungerade sein *können*, und in diesem Fall müssen Sie Ihre Linie an diesen Knoten beginnen beziehungsweise beenden. Somit gibt es in einem Graphen, allgemein gesprochen, nur dann eine Eulersche Linie, wenn die Anzahl der ungeraden Knoten entweder 0 oder 2 ist. Genauer: Es gibt eine geschlossene Eulersche Linie (das heißt, Sie können zur Ausgangsecke zurückkehren), wenn die Anzahl der ungeraden Knoten 0 ist, und eine offene Eulersche Linie (das heißt, Sie können nicht mehr zur Ausgangsecke zurückkehren), wenn die Anzahl der ungeraden Knoten 2 ist.

Die beiden anderen Graphen in Abbildung 112 erlauben eine offene beziehungsweise eine geschlossene Eulersche Linie, und der Leser kann dies leicht selbst herausfinden. Die mittlere ist natürlich eine bekannte Figur, der man bei vielen Völkern im Westen begegnet. Höchstwahrscheinlich ist sie aus dem Königsberg-Problem entstanden. Ganz bezeichnenderweise handelt es sich dabei um eine offene Eulersche Linie, die schwieriger und daher auch unterhaltsamer ist als die geschlossene Variante.

Die letzte Zeichnung stellt einen ziemlich komplizierten Euler-Graphen dar, der den vielen Symbolen der nahtlosen und ewigen Wiederkehr des Lebens gleicht, die man in ganz Afrika gefunden hat. Das hier gezeigte ist vielleicht das interessanteste Exemplar: Es wird von den Geschichtenerzählern aus Angola gezeichnet, während sie die folgende zarte Geschichte der Vertreibung aus dem Paradies zum besten geben (sie ist in Claudia Zaslavskys Buch *Africa Counts* enthalten):

*Eines Tages begab sich die Sonne zu Gott, um ihm ihre Reverenz zu erweisen. Sie ging und ging, bis sie den Weg fand, der zu Gott führte. Sie erschien vor Gott, der ihr einen Hahn gab und zu ihr sagte: »Komm am Morgen bei mir vorbei, ehe du gehst.« Am Morgen krähte der Hahn und weckte die Sonne auf, die sich sodann zu Gott begab. Gott sprach: »Ich hörte den Hahn krähen, den ich dir fürs Abendessen gab. Du darfst ihn behalten, aber du mußt jeden Morgen wiederkommen.« Daher kreist die Sonne um die Erde und erscheint jeden Morgen.*

*Auch der Mond suchte Gott auf und bekam einen Hahn, der ihn am nächsten Morgen weckte. Also sprach Gott: »Ich sehe, auch du hast den Hahn nicht*

*gegessen, den ich dir fürs Abendessen gab. Das ist gut so. Aber kehre wieder,*
*um mich alle 28 Tage aufzusuchen.«*
*Und schließlich suchte der Mensch Gott auf, und auch er bekam einen Hahn.*
*Aber er war sehr hungrig von seiner langen Reise, aß einen Teil des Hahns zum*
*Abendessen und hob sich den Rest für die Rückkehr auf. Am nächsten Morgen*
*stand die Sonne bereits hoch am Himmel, als unser Mensch erwachte. Rasch*
*verspeiste er die Überreste des Hahns und begab sich eilends zu seinem*
*göttlichen Gastgeber. Lächelnd sprach Gott zu ihm: »Was ist mit dem Hahn, den*
*ich dir gestern gab? Ich habe ihn heute morgen nicht krähen gehört.« Der Mensch*
*begann sich zu ängstigen. »Ich bin sehr hungrig gewesen und habe ihn geges-*
*sen.« – »Schon gut«, erwiderte Gott. »Aber höre: Wie du weißt, sind auch Sonne*
*und Mond hier gewesen, aber keiner von beiden hat den Hahn getötet, den ich*
*ihnen gab. Daher werden auch sie niemals sterben. Aber du hast den deinen*
*getötet, und so mußt du genauso wie er sterben. Doch nach deinem Tod mußt*
*du wieder hierherkommen.« Und so ist es auch.*

An diesem Punkt der Geschichte ist das hübsche Netz in der Abbildung 112 unten fertig, und der Geschichtenerzähler erklärt seine Bedeutung:

*Ganz oben an dieser Figur ist Gott, ganz unten der Mensch, links ist die Sonne*
*und rechts der Mond. Der Weg ist der Weg, der zu Gott führt.*

Vielleicht soll die geschlossene Euler-Linie in dieser Figur den einzelnen ununterbrochenen Weg eines Menschen darstellen, der von Gott ins Leben und durch den Tod wieder zu Gott zurückführt.
Eine Eulersche Linie zu beweisen ist nicht das gleiche, wie den Weg tatsächlich zu finden. Dies gelingt am besten, wenn Sie in einem Knoten beginnen und so weit wie möglich gehen, wobei Sie immer daran denken, keine Linie zweimal zu benützen. Nun gelangen Sie an einen Knoten, aus dem es keinen gültigen Ausgang gibt. Wenn Sie die Möglichkeiten des Graphen noch nicht ausgeschöpft haben, wird einer der Knoten auf Ihrem Weg Teil der unbenützten Linien sein. Beginnen Sie bei diesem Knoten, und gehen Sie über die unbenützten Linien ein zweites Mal. Dann verbinden Sie diesen Weg mit dem vorhergehenden. Wiederholen Sie diesen Vorgang, wenn es noch immer unbenützte Linien gibt. Schließlich ist der Weg vollständig. Diese Methode haben wir an der offenen Eulerschen Linie in Abbildung 113 veranschaulicht, und zwar in einer Figur, die so komplex ist, daß man sich daran die Zähne ausbeißt, wenn man die Aufgabe nicht systematisch angeht. Beachten Sie, daß der Weg an einem ungeraden Knoten beginnt, wie es der Fall sein muß, und vorzeitig am zweiten ungeraden Knoten endet. Die restlichen Knoten sind gerade, und so können wir

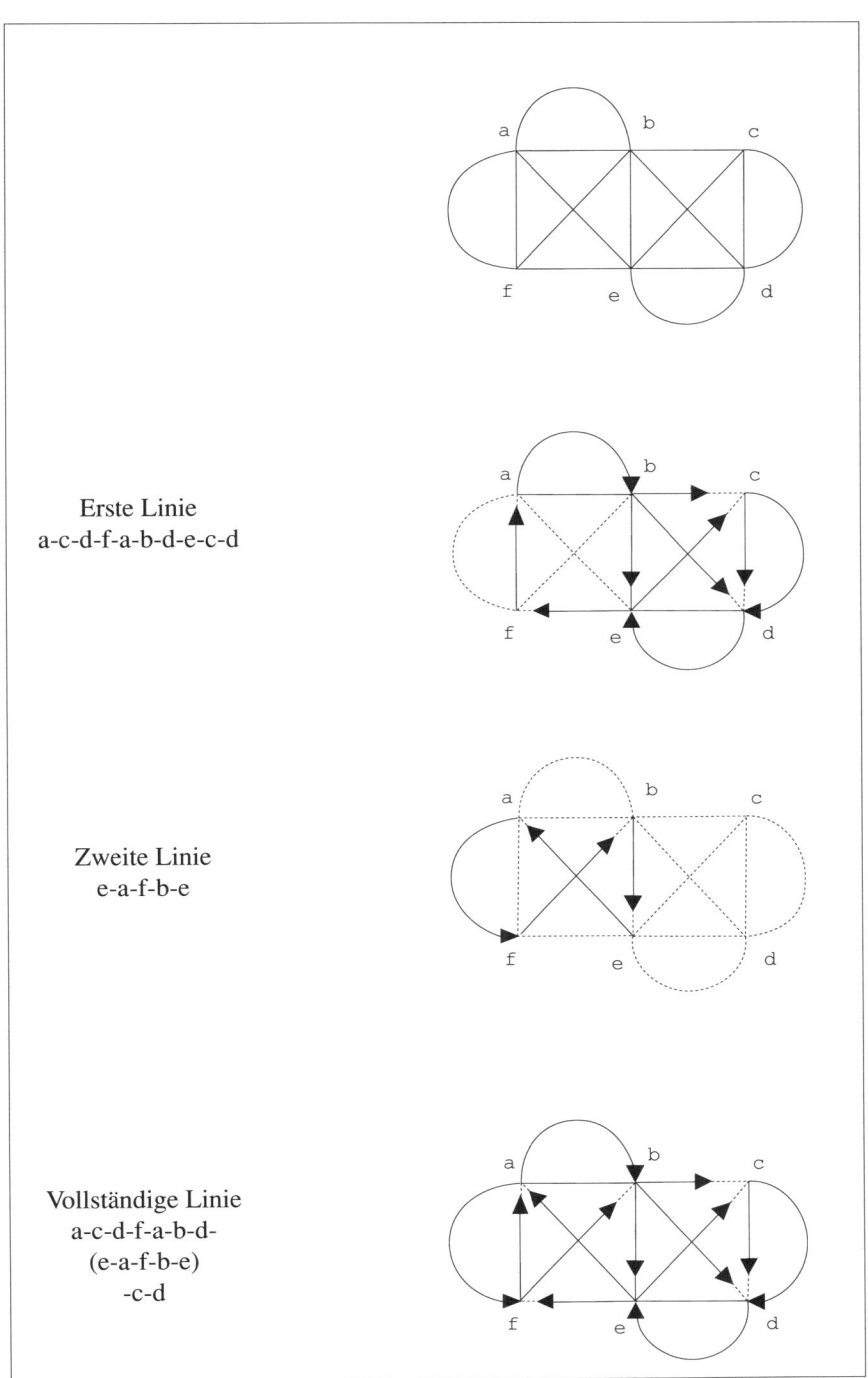

Erste Linie
a-c-d-f-a-b-d-e-c-d

Zweite Linie
e-a-f-b-e

Vollständige Linie
a-c-d-f-a-b-d-
(e-a-f-b-e)
-c-d

Abb. 113. Wie man eine Eulersche Linie findet

zwischen ihnen einen geschlossenen Weg zurücklegen, der dann mit dem ersten verbunden wird.

Die Analyse kann noch vertieft werden. Wenn ein Graph mehr als zwei ungerade Knoten hat, kann er überhaupt keine Eulersche Wanderung enthalten, weder eine offene noch eine geschlossene. Der Graph kann allerdings mit zwei oder mehr *unterschiedlichen* Linien nachgezeichnet werden. Die exakte Anzahl der benötigten Linien beträgt stets die Hälfte der Anzahl der ungeraden Knoten im Graphen, und jede Kante muß an einer der ungeraden Knoten beginnen und enden. Dies ist eine allgemeine Regel, die alles bisher Gesagte umfaßt. Wenn also ein Graph sechs ungerade Knoten hat, benötigt man drei Kanten, um alle Knoten zu erreichen. Wenn es zwei ungerade Scheitelpunkte gibt, benötigt man eine Linie, wie wir gesehen haben. Und wenn es 0 ungerade Scheitelpunkte gibt, wird keine Linie benötigt – was in gewisser Weise stimmt, da der Weg, der am Ende eingeschlagen wird, kreisförmig in sich selbst zurückläuft.

Diese Regel unterstellt, daß die Anzahl von ungeraden Scheitelpunkten in einem Netz stets gerade ist. Stimmt dies denn? Ja, und der Beweis zeigt, wie es möglich ist, mit einer Art von mathematischer Strenge über Figuren zu sprechen, die sich beliebig dehnen und schrumpfen. So sei $E_1$ die Anzahl der Knoten, die nur mit einer Kante verbunden sind, $E_2$ die Anzahl der Knoten, die mit zwei Kanten verbunden sind, und so weiter. Dann muß die Zahl

$$(1 \cdot E_1) + (2 \cdot E_2) + (3 \cdot E_3) + (4 \cdot E_4) \ldots$$

gerade sein, da hier jede Kante zweimal gezählt wird, nämlich an der Anfangs- und an der Endecke. Betrachten wir nun die Zahl

$$(2 \cdot E_1) + (2 \cdot E_2) + (4 \cdot E_3) + (4 \cdot E_4) \ldots$$

Auch diese Zahl muß gerade sein, da jeder Term in ihr einen geraden Faktor hat. Nun subtrahieren wir die erste Zahl von der zweiten und erhalten:

$$E_1 + E_3 + E_5 \ldots$$

Dies ist natürlich die Zahl der ungeraden Scheitelpunkte in einem Netz. Sie muß gerade sein, da sie die Differenz zweier gerader Zahlen ist.

Und dies ist schließlich, falls Sie es inzwischen vergessen haben sollten, die Antwort auf unser Problem mit dem Händeschütteln. Stellen Sie sich die Menschen auf der Erde wie Knoten auf einer Seite vor. Wenn zwei Menschen einander die Hände schütteln, zeichnen Sie eine Linie zwischen den beiden Knoten. Die Menschen vom Typ G sind die geraden Knoten, die vom Typ U sind die ungeraden Knoten. Wir haben soeben gezeigt, daß die Zahl der Menschen vom Typ U auf der Welt stets gerade sein wird.

# Einbahnstraßenschilder

Die Graphen in Abbildung 114 unterscheiden sich von anderen Graphen, da in ihnen die Richtungen vorgegeben sind. Die Pfeile auf den Kanten bedeuten nämlich, daß man darauf nur in der angegebenen Richtung ziehen darf. Können Sie im ersten Graphen eine Eulersche Wanderung finden, wenn Sie sich an diese Einbahnschilder halten? Und wie steht's mit dem zweiten? Können Sie eine allgemeine Regel aufstellen? Wir werden diese Regel in einem späteren Abschnitt über Gedächtnisräder anwenden.

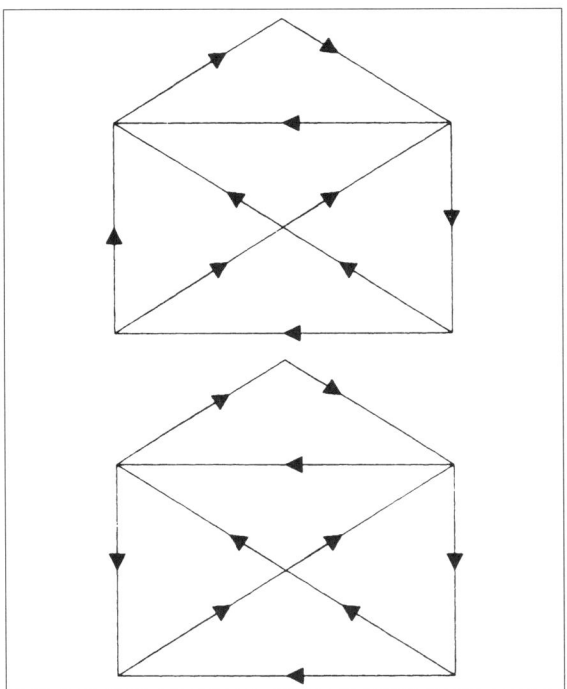

Abb. 114.
Welche Figur enthält
eine Eulersche Linie?

# Der Autobahninspektor und der Handlungsreisende

Im Jahre 1859 erfand der irische Mathematiker William Hamilton ein Spiel, das er »Die Reisenden auf dem Dodekaeder oder eine Reise um die Welt« nannte und das wegen sehr großer, aber auch sehr irreführender Ähnlichkeiten stets gleich nach Eulers Problem mit den sieben Brücken genannt wird. Er verkaufte dieses Spiel ursprünglich in Form eines regelmäßigen Dodekaeders (eines zwölfseitigen Körpers), aber auf diese Weise ist das Spiel sehr leicht zu lösen (Hamilton hat auch nie viel Geld damit verdient). Wir wollen uns statt dessen mit den beiden Graphen in Abbildung 115 befassen.

Ist es möglich, die Kanten beider Graphen so entlangzufahren, daß wir jeden Knoten exakt einmal passieren? Wenn dies möglich ist und wenn man zur Ausgangsecke zurückkehren kann, dann nennt man diesen Weg eine geschlossene Hamiltonsche Linie; falls man nicht zur Ausgangsecke zurückkehren kann, spricht man von einer offenen Hamiltonschen Linie.

Das ist ganz ähnlich den beiden Typen von Eulerschen Linien. Sherman K. Stein von der University of California hat Eulers Problem einmal das »Problem des Autobahninspektors« genannt, der dieselbe Straße nicht

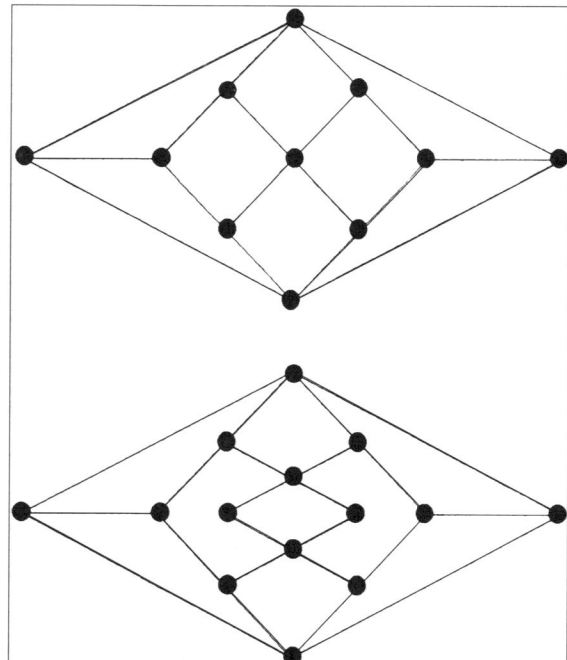

Abb. 115. Welche Figur enthält eine Hamiltonsche Linie?

zweimal entlangfahren möchte. Hamiltons Problem sei das »Problem des Handlungsreisenden«, der dieselbe Stadt nicht zweimal besuchen möchte. Dennoch sind die beiden Rätsel wesensmäßig verschieden. Im Euler-Rätsel sollen wir jede Kante exakt einmal entlangfahren, und dabei dürfen wir einen Knoten beliebig oft passieren. Im Hamilton-Rätsel hingegen sollen wir jeden Knoten exakt einmal ansteuern, und dabei dürfen wir eine Kante auslassen, falls dies erforderlich ist.

Aber der wichtigste Unterschied ist sehr bedauerlich: Die Frage, welcher Graph eine Hamiltonsche Linie enthält, ist noch immer nicht beantwortet. Bei einem bestimmten Graphen kann ich augenblicklich sagen, ob er eine Eulersche Linie enthält oder nicht und ob dieser Weg offen oder geschlossen ist. Ich kann das sogar erklären, bevor ich den Weg selbst gefunden habe. Dazu muß ich ja nichts anderes tun als die Zahl der Knoten zählen, von denen eine ungerade Anzahl von Kanten ausgeht. Aber sehen wir uns nun die beiden Graphen in Abbildung 115 noch einmal an. Sie sehen ganz ähnlich aus, doch der eine enthält eine offene Hamiltonsche Linie, der andere überhaupt keine.

Wenn Sie herausgefunden haben, welcher Graph dies jeweils ist, dann ist Ihnen dies erst nach mühsamer Untersuchung gelungen. Es gibt wirklich keine andere Möglichkeit. Wir können nur auf zwei Theorien zurückgreifen, die aber beide umständlich und nicht aufschlußreich sind. Nehmen wir an, wir haben einen Graphen vor uns, der $n$ Knoten hat, und der Grad eines Knotens ist gleich der Anzahl der Kanten, die in ihm zusammenkommen. Dann können wir sagen:

1) Ein Graph enthält eine offene Hamiltonsche Linie, wenn die Summe der Grade von jedem Knotenpaar mindestens $n - 1$ ist.
2) Ein Graph enthält eine geschlossene Hamiltonsche Linie, wenn die Summe der Grade von jedem Knotenpaar mindestens $n$ ist.

Diese beiden Theorien sind fast lächerlich übertrieben. Sie stellen eine hinreichende Bedingung dar, um eine Hamiltonsche Linie zu garantieren, aber sie sind keineswegs zwingend. Das heißt, wenn die Theorien bei einem Graphen zutreffen, dann enthält der Graph eine Hamiltonsche Linie, aber selbst wenn sie sich nicht als richtig erweisen, könnte es immer noch einen derartigen Weg geben. Lassen Sie sich auch nicht durch die präzise Terminologie beeindrucken. Beide Theorien sagen eigentlich nichts weiter aus, als daß es eine Hamiltonsche Linie geben müsse, wenn nur hinreichend viele Kanten gleichmäßig über die Knoten verteilt seien.

# Hamilton, Euler und Yamátárájabhánasalagám

Die Hamiltonschen Linien sind mit den Eulerschen Linien zwar nicht verwandt, doch sie können als unterschiedliche Aspekte ein und desselben interessanten Problems aufgefaßt werden, das den Namen »Gedächtnisrad« trägt.

Betrachten wir einmal die beiden Ziffern 0 und 1. Wir können damit vier unterschiedliche Paare bilden: 00, 01, 10 und 11. Die beste Art, sich alle vier Paare zu merken, besteht darin, sie in ein »Gedächtnisrad« zu schreiben, wie in der Abbildung 116 zu sehen ist.

Wir beginnen in der 12-Uhr-Position, nehmen die ersten beiden Ziffern und erhalten so das erste Paar: 00. Nun gehen wir eine Ziffer weiter, nehmen die nächsten beiden Ziffern und erhalten das zweite Paar, 01. Wir fahren so fort bis zum vierten Paar.

Bei solch einem Gedächtnisrad muß man sich zwei Punkte merken: Erstens kann es keine überflüssigen Ziffern geben, das heißt, jedes mögliche Paar in einem Rad muß sich von den anderen unterscheiden. Zweitens muß das Rad eine Schleife bilden, das heißt, die Ziffer, mit der ein Rad beginnt, muß die erste Ziffer im ersten Paar sowie die letzte Ziffer im letzten Paar sein. Das Rad läßt sich vielleicht noch leichter verstehen, wenn man die Paare

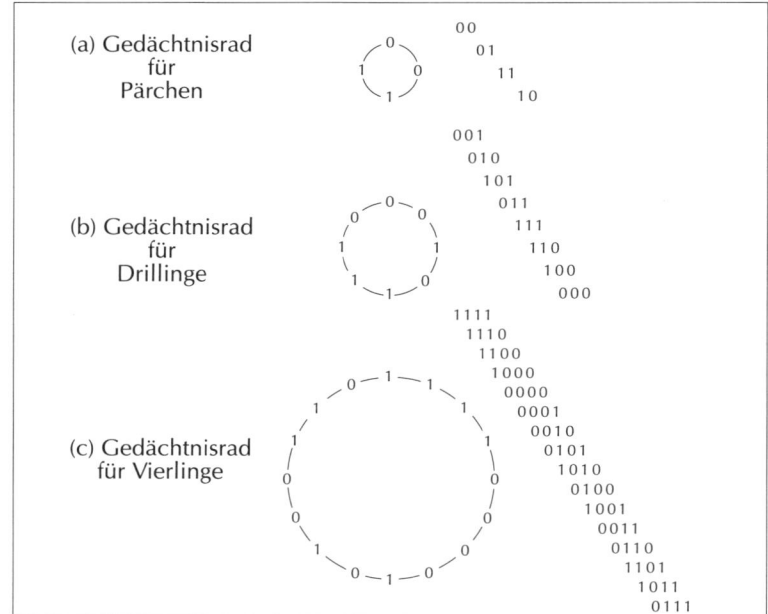

Abb. 116.
Die ersten
drei
Gedächtnis-
räder

versetzt untereinander darstellt, wie dies gleichfalls in Abbildung 116 der Fall ist. Beachten Sie, daß die Paare so angeordnet sind, daß die letzte Ziffer eines Paares die erste Ziffer des nächsten ist; damit ist unsere erste Bedingung erfüllt, daß wir nämlich keine Ziffer übergehen. Beachten Sie ferner, daß die Linie kontinuierlich fortgesetzt werden kann, so daß die letzte Ziffer des letzten Paars auch die erste Ziffer des ersten Paars ist; damit ist unser zweiter Punkt sichergestellt, nämlich der, daß das Rad eine Schleife bildet. Wenn man ein Gedächtnisrad legen will, muß man also alle Paare notieren und sie dann in Form einer Kette anordnen.

Ist dies auch bei »Drillingen«, einem sogenannten 3-Tupel, möglich? Ja. Das entsprechende Gedächtnisrad befindet sich in der Mitte von Abbildung 116, und daneben haben wir die Kette der 3-Tupel notiert. Beachten Sie nun, daß die letzten *beiden* Ziffern eines 3-Tupels mit den ersten beiden des folgenden 3-Tupels übereinstimmen müssen. Abbildung 116 zeigt schließlich auch noch das Rad und die entsprechende Kette von 4-Tupeln. Wenn Sie wissen wollen, wie schwierig dieses Problem ist, können Sie ja versuchen, ein Rad für »Fünflinge« und »Sechslinge« zu konstruieren.

In einer Formel ausgedrückt, gibt es für jede Länge $n$ genau $2^n$ $n$-Tupel. Diese müssen eine Kette bilden, so daß die letzten $n-1$ Ziffern eines $n$-Tupels mit den ersten $n-1$ Ziffern des folgenden $n$-Tupels übereinstimmen. Das Gedächtnisrad, das wir aus dieser Kette erhalten, enthält dann $2^n$ Ziffern. Daran erkennen Sie, wie platzsparend ein Gedächtnisrad ist. Nehmen wir beispielsweise »Achtlinge«. Es gibt davon 256, die insgesamt 2048 Ziffern enthalten; ein Gedächtnisrad komprimiert diese auf nur 256 Ziffern.

Die eigentlich interessante Frage lautet natürlich: Können wir solche Räder für alle möglichen $n$-Tupel konstruieren? Eine Methode, an dieses Problem heranzugehen, stellt überraschenderweise die Hamilton-Linie dar. Dies ist in Abbildung 117 für das Rad aus 3-Tupeln veranschaulicht. In dieser Figur plazieren wir alle möglichen 3-Tupel an den Knoten eines Graphen und verbinden Knoten, die aufeinanderfolgen können, mit einer Kante. Bei diesen Kanten ist die Richtung vorgegeben, da wir nicht die Möglichkeit haben zurückzugehen. So zeichnen wir beispielsweise von 001 Kanten zu 010 und 011 ein, da beide nach unserer Liste in Abbildung 116 nach 001 kommen können. Wir brauchen nun nur noch eine Hamiltonsche Linie in diesem Graphen ausfindig zu machen und die Knoten so aufzurufen, wie wir ihnen folgen, um unser Gedächtnisrad zu konstruieren.

Aber damit ist unsere Frage noch nicht beantwortet. Wir haben sie nur in eine andere Frage übersetzt, nämlich nach Hamiltonschen Linien, und das ist nicht gerade hilfreich, da das Problem der Hamiltonschen Linie ja noch nicht für allgemeine Graphen gelöst worden ist. Aber zum Glück können wir das Problem auch in eine Eulersche Linie übersetzen, die viel einfacher zu lösen ist. Diese Übersetzung ist überraschend leicht möglich. In Abbildung 117 waren die Knoten 3-Tupel, und die Kanten waren die einander überlappenden Ziffern. In Abbildung 118 sind die Kanten die Drillinge und die Knoten die einander überlappenden Ziffern. Beachten Sie die Kante zwischen den Knoten 10 und 00, der mit 100 bezeichnet ist – das ist der Drilling, der von einem Knoten zum andern geht.

Auch hier ist die Richtung der Kanten vorgegeben, weil wir nur in eine bestimmte Richtung gehen können. Aber wenn Sie das vorhergehende Rätsel gelöst haben, wissen Sie, daß ein Graph mit vorgegebenen Richtungen dann eine Eulersche Linie enthält, wenn die Zahl der von einem Knoten ausgehenden Kanten gleich der Zahl der in einen Knoten mündenden Kanten ist. Dann erhalten wir eine geschlossene Linie. Wenn es statt dessen aber zwei Knoten gibt, für die diese Regel nicht gilt, wobei von einem eine Kante mehr ausgeht, als Kanten in ihn münden, während es beim anderen Knoten genau umgekehrt ist, dann ist die Linie offen. Im Graph von Abbildung 118 ist sie geschlossen. Dies muß stets der Fall sein, ganz gleich wie groß die Länge der $n$-Tupel ist. Sehen wir uns den Knoten 00 an. Die Beschriftung der an ihm endenden Kanten erhalten wir, indem wir den Ziffern 00 entweder eine 0 oder eine 1 voranstellen. Die sind die Tupel 000 und 100. Ebenso erhalten wir die Beschriftung der von ihm ausgehenden Kanten, indem wir an die Ziffern 00 eine 0 oder 1 anhängen. Dies gilt in ähnlicher Weise für jeden Knoten des Graphen. Die Kante mit der Beschriftung 000 bildet hier eine Schleife; sie beginnt und endet am gleichen Knoten.

Wie für das Gedächtnisrad gefordert sind die letzten n-1 Ziffern der Beschriftung der am Knoten endenden 3-Tupel die ersten n-1 Ziffern der Beschriftung der von dem Knoten ausgehenden 3-Tupel. Suchen Sie die geschlossene Eulersche Linie, dann können Sie den Kanten die Liste der Zahlen für das Gedächtnisrad entnehmen.

Es gibt einfache Methoden, ein Rad von einer bestimmten Größe zu finden. Beginnen Sie zum Beispiel mit einem $n$-Tupel aus allen Nullen. Nun plazieren Sie auf der rechten Seite die größere der beiden Ziffern, 0 oder 1, so daß kein doppelter $n$-Tupel entsteht. Wiederholen Sie dieses Verfahren, bis das Rad komplett ist. Versuchen Sie mit Hilfe dieser Methode das abgebildete einfache »Vierlingsrad« zu erhalten.

Die Idee eines Gedächtnisrads hat eine ganz interessante Geschichte. Ob Sie es glauben oder nicht: Ein solches Rad wurde erstmals von mittelalterlichen indischen Dichtern und Musikern als praktische Gedächtnisstütze für alle möglichen Rhythmen verwendet. Das erste »Rad« war das unsinnige indische Wort *yamátárájabhánasalagám*. Wenn Sie die langen Silben mit den

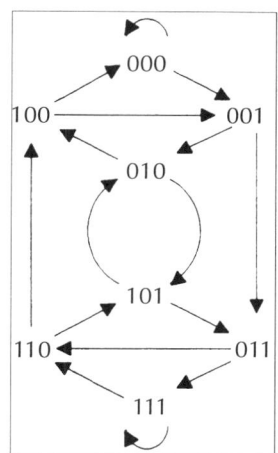

Abb. 117.
Gedächtnisräder und Hamiltons Graph

akzentuierten Vokalen durch 1 und die anderen Silben ohne akzentuierte Vokale durch 0 ersetzen, erhalten Sie das Gedächtnisrad für 3-Tupel. Seitdem wurde dieses Rad auch in der Telegrafie, in der Wahrscheinlichkeitstheorie, bei der Fehleranalyse und -korrektur und anderem mehr verwendet. In der Frühzeit der Informatik war das Gedächtnisrad ein echtes Rad, das so lange gedreht wurde – mit elektrischem Antrieb –, bis das entsprechende *n*-Tupel gefunden war. Wenn man beispielsweise bei den

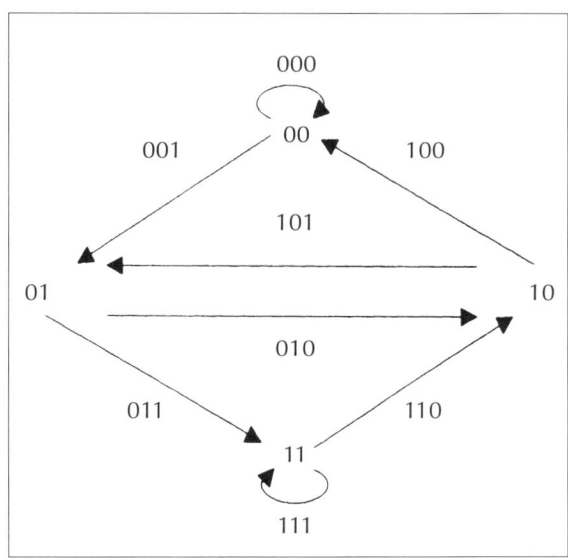

Abb. 118.
Gedächtnisräder
und Eulers Graph

altmodischen Fernschreibern eine bestimmte Taste anschlug, wurde eine Kette von Ziffern gesendet, etwa 01101110, und das Rad wurde gedreht, bis die spezielle Kette gefunden war. Die Position des Rades verwies dann auf den gewünschten Buchstaben, der eingegeben werden sollte. Der Vorteil des Rads bestand darin, daß es viel weniger Platz benötigte als eine vollständige Liste aller 8-Tupel.

## Ein Spiel mit Dominosteinen

Vor mir liegt ein Dominospiel, in dem jeder Stein zwei Zahlen von 0 bis 4 aufweist. Ich habe die doppelten Steine aussortiert, so daß nur zehn übrigbleiben, nämlich (0-1),(0-2),(0-3) und so weiter bis (4-4). Der ganze Satz kann wie folgt angeordnet werden:

$$(0\text{-}1)(1\text{-}2)(2\text{-}3)(3\text{-}4)(4\text{-}0)$$
$$(0\text{-}2)(2\text{-}4)(4\text{-}1)(1\text{-}3)(3\text{-}0)$$

Beachten Sie, wie dieser Satz eine Kette bildet: Die letzte Zahl eines Dominosteins ist die erste Zahl des nächsten Dominosteins. Das gilt sogar für den letzten und den ersten Dominostein, so daß wir so etwas wie ein Domino-Rad vor uns haben.
Funktioniert dies bei allen Sätzen von Dominosteinen? Was passiert, wenn wir einen Satz verwenden, in dem jeder Stein zwei Zahlen von 0 bis 5 enthält? Wann erhalten wir ein Domino-Rad und wann nicht? Können Sie die Lösung mit Hilfe eines Graphen finden?

## Grazie

Strenggenommen kann man jede Ansammlung von Knoten und Kanten einen Graphen nennen. Aber nun wollen wir uns auf die Fälle beschränken, in denen es keine Kanten gibt, die einen Knoten mit ihm selbst verbinden, und in denen es zwischen zwei Knoten nicht mehr als eine Kante gibt. Diese Einschränkungen erlauben es uns, einen Graphen zu »numerieren«. Dieses Numerierungsverfahren bedeutet einfach, daß wir den Knoten eines Graphen eine Zahl zuordnen und dann daraus einen Wert für die Kanten

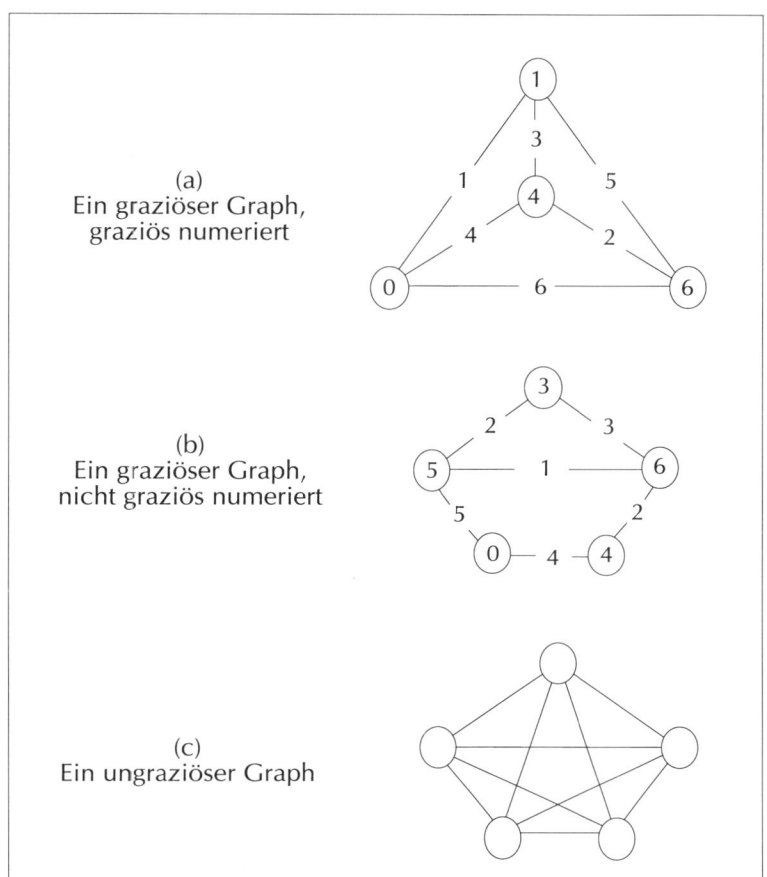

(a)
Ein graziöser Graph,
graziös numeriert

(b)
Ein graziöser Graph,
nicht graziös numeriert

(c)
Ein ungraziöser Graph

Abb. 119.

ableiten. Der abgeleitete Wert ist nichts anderes als die absolute Differenz zwischen den beiden Knoten, die von der Kante miteinander verbunden werden. Lassen Sie uns beispielsweise die Zahlen 1 und 3 zwei Knoten zuordnen; dann erhält die Verbindungskante den Wert 2, da 2 = (3-1). Sollten wir die Werte der Knoten verändern, dann werden sich natürlich auch die Werte der Kanten ändern. Wir haben es mit einigen der faszinierendsten Probleme der Graphentheorie zu tun, wenn wir einen Graphen so zu numerieren versuchen, daß seine Knoten und Kanten eine Eigenschaft besitzen, die man Grazie nennt.

Um verstehen zu können, was Grazie in diesem Zusammenhang bedeutet, betrachten wir den ersten numerierten Graphen in Abbildung 119. Die Numerierung seiner Knoten mag willkürlich erscheinen, aber tatsächlich ist sie genau durchdacht. Der Graph hat sechs Kanten, und seine Knoten sind so numeriert, daß die Kanten *alle* Werte zwischen 1 und 6 bekommen

287

haben. Außerdem liegen die den Knoten zugeordneten Werte zwischen 0 und 6, und keine zwei Knoten haben denselben Wert, auch wenn wir natürlich nicht alle Werte verwendet haben. Wenn ein Graph all diese Eigenschaften aufweist, dann sagt man, er sei graziös numeriert.

Der zweite Graph in Abbildung 119 ist nicht graziös numeriert (wir müssen zwei Kanten die Zahl 2 geben), aber gleichwohl ist es noch immer ein graziöser Graph. Es ist nämlich möglich, die Numerierung der Knoten so zu ändern, daß die Kanten wie zuvor die Werte von 1 bis 6 aufweisen. Ich überlasse es Ihnen, die richtige Numerierung zu finden. Denken Sie daran, daß den Knoten Werte zwischen 0 und 6 (und zwar keinen zwei Knoten dieselben) so zugeordnet werden müssen, daß die Kanten alle Werte zwischen 1 und 6 aufweisen.

Auch der dritte Graph in Abbildung 119 ist nicht graziös numeriert, aber in diesem Fall ist der Graph an sich nicht graziös. Sie können es noch so oft versuchen, aber Sie werden nie ein richtiges Numerierungsschema finden. Offensichtlich ist die Eigenschaft Grazie eine Eigenschaft des Graphen an sich. Die Verbundenheit der ersten beiden Graphen unterscheidet sich völlig von der Verbundenheit des dritten. Worin besteht dieser Unterschied? Wir wissen es nicht, aber wir sollten uns unbedingt vor Augen halten, daß es nicht nur eine Menge Spaß macht, über diese Frage nachzudenken, sondern daß wir es hier mit einer fundamentalen Frage zum Raum an sich zu tun haben. Das ganze Konzept der graziösen Graphen und die meisten wichtigen Fragen, die damit zusammenhängen, sind das Werk eines einzigen Mannes: Solomon W. Golomb, Professor für Mathematik und Elektrotechnik an der University of Southern California. Nach der ursprünglichen Konzeption ergaben sich für Professor Golombs graziösen Graphen wichtige Anwendungsmöglichkeiten auf so unterschiedlichen Gebieten wie der Röntgenkristallographie und der Radioastronomie, aber allein schon als überaus amüsantes Gebilde vermag dieser Graph unsere Aufmerksamkeit auf sich zu ziehen.

# Graziöse Schachbretter, Bäume und Raupen

Es gibt ganze Klassen von Graphen, deren Grazie man nachweisen kann. Beispiele dafür sind alle Graphen, die sich in die Ecke eines Schachbretts einfügen lassen, wie der Graph in Abbildung 120 oben. Daß derartige Graphen stets graziös sind, läßt sich mit Hilfe eines konstruktiven Beweises

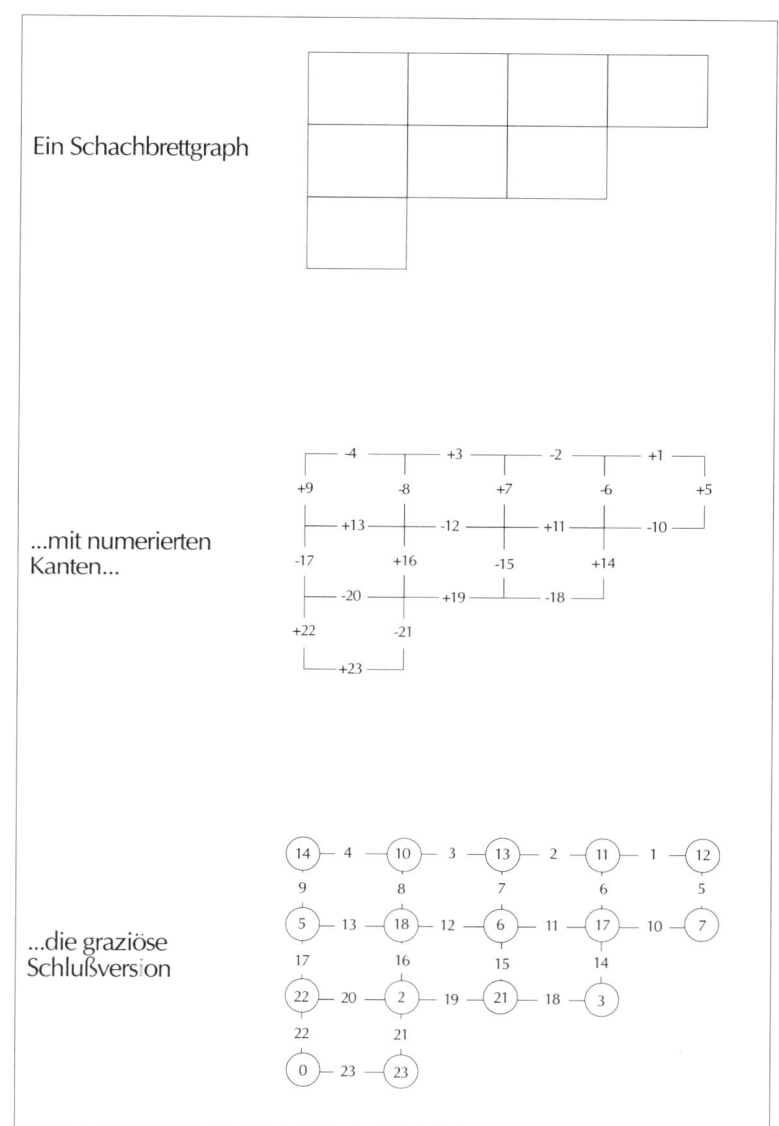

Ein Schachbrettgraph

...mit numerierten Kanten...

...die graziöse Schlußversion

Abb. 120. Wie man die Ecke eines Schach-bretts graziös numeriert

demonstrieren, mit dem wir eine generelle Methode zur Numerierung des Graphen vorstellen. Da sich diese Methode nie auf die spezielle Größe des Graphen bezieht, sondern nur auf seine Verbundenheit, wissen wir, daß sie sich auf jeden Graphen von dieser allgemeinen Form anwenden läßt. Kurz: Wir wissen, daß all diese Graphen graziös sind, weil wir von jeder gewünschten Größe einen konstruieren können.

Zuerst ordnen wir den Kanten eine Zahl zu. Das ist ganz einfach: Wir beginnen oben rechts und ordnen die Zahlen nacheinander von rechts nach links zu. Nun möchten wir diese Zahlen auch mit einem Vorzeichen versehen. Das ist ein bißchen komplizierter: Bei den senkrechten Kanten beginnen wir ganz unten links und setzen ein Pluszeichen vor die Zahl; nun zeichnen wir alle anderen senkrechten Kanten aus, indem wir entweder nach rechts oder nach oben ziehen und dabei immer abwechselnd ein positives oder negatives Vorzeichen setzen. Dann wiederholen wir dieses Verfahren bei den waagrechten Kanten; das heißt, wir beginnen mit der Kante ganz unten links und schreiben ein Pluszeichen vor die Zahl, dann gehen wir nach oben oder nach rechts und setzen abwechselnd ein positives oder negatives Vorzeichen. Das Ergebnis ist in der Mitte von Abbildung 120 dargestellt.

Nun numerieren wir die Knoten. Wir beginnen mit dem Knoten unten links und geben ihm den Wert 0. Jeder benachbarte Knoten erhält die Summe aus 0 plus dem mit einem Vorzeichen versehenen Wert der Verbindungskante der beiden Knoten. Wir gehen den ganzen Graphen auf diese Weise durch, wobei wir nach oben und nach rechts ziehen und allen Knoten eine

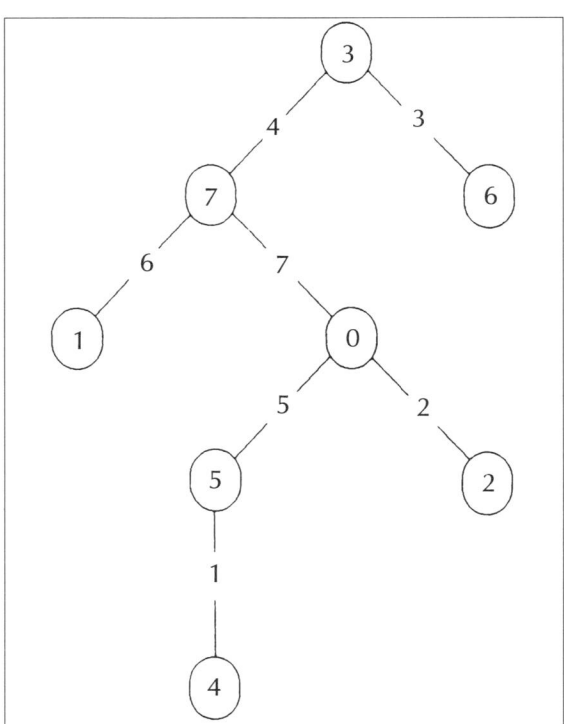

Abb. 121. Ein graziöser Baum.
Sind alle Bäume graziös?

290

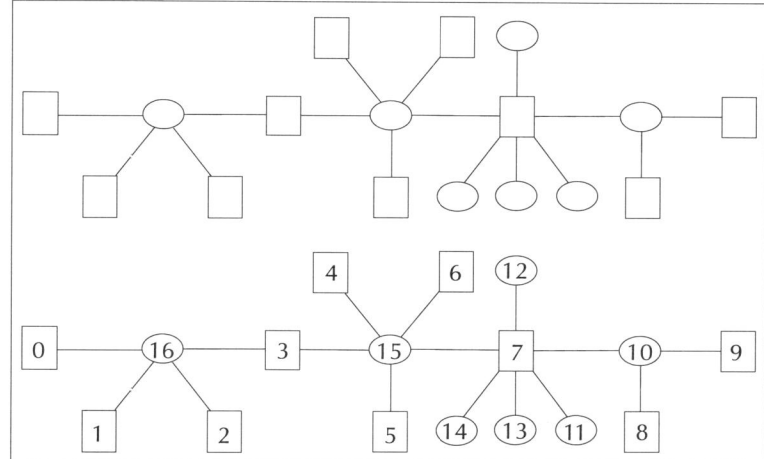

Abb. 122.
Wie man
eine
graziöse
Raupe
entwirft

Zahl geben. Unten in Abbildung 120 ist das Ergebnis zu sehen. Wenn Sie sich die Werte der Kanten ansehen, erkennen Sie, wie graziös der Graph ist. Eine andere allgemeine Klasse von Graphen zeigt die Abbildung 121. Sie weist zwei Eigenschaften auf: Erstens ist es möglich, auf den Kanten von irgendeinem Knoten zu irgendeinem anderen Knoten zu gehen; und zweitens ist es nicht möglich, auf den Kanten von einem Knoten in ihn selbst zurückzugehen. Solche Graphen gelten als verbunden und als azyklisch, und man bezeichnet sie als Bäume. Der Prototyp ist natürlich der Familienstammbaum. Für diesen lauten die beiden Einschränkungen: Jede Person auf dem Baum ist ein Abkömmling von allen Leuten über ihr, und keine Person ist ihr eigener Vorfahr. Der Baum in Abbildung 121 ist offenkundig graziös, und wenn sie eine Zeitlang mit solchen Bäumen herumspielen und sie immer größer und komplizierter machen, werden sie bald von einer ganz ärgerlichen Frage heimgesucht werden: Sind alle Bäume graziös?

Leider kann ich Ihnen darauf keine Antwort geben. Die Frage ist bereits etliche Jahrzehnte alt, und obwohl sich inzwischen die intelligentesten Menschen der Welt damit beschäftigt haben, kann niemand sie eindeutig beantworten.

Wir wissen allerdings, daß bestimmte Arten von Bäumen graziös sind. Eine dieser Arten ist in Abbildung 122 dargestellt, eine sogenannte Raupe. (Eine der vergnüglichen Seiten der Graphentheorie ist ihre verspielte Terminologie.) Die Raupe besteht aus einem einzelnen »Rückgrat« aus Knoten sowie aus einer Anzahl von »Füßen«, die vom Rückgrat ausgehen. Alle Raupen sind graziös. Wieder können wir einen konstruktiven Beweis führen, der in diesem Fall »zweiteilige Methode« genannt wird. Die ungewöhn-

lichen Formen der Knoten der Raupe sollen diese Methode veranschaulichen. Zunächst einmal lassen wir die Füße außer acht und gestalten abwechselnd die Knoten des Rückgrats, indem wir erst ein Quadrat nehmen, dann
einen Kreis, dann wieder ein Quadrat, und so weiter. Die Füße, zu denen
Kanten von Knoten des Rückgrats aus verlaufen, erhalten dann alle die
gegenteilige Form. Nun numerieren wir von links nach rechts alle Quadrate, wobei wir mit Null beginnen; dann numerieren wir von rechts nach links
fortlaufend alle Kreise. Achten Sie bei diesem Verfahren darauf, daß Sie
sowohl die Knoten des Rückgrats wie auch die der Füße genau in der
Reihenfolge ihres Auftretens numerieren. Wenn Sie damit fertig sind,
haben Sie eine graziöse Raupe vor sich. Auch die Kanten werden – typisch
für die zweiteilige Methode – nacheinander numeriert. Diese Methode
funktioniert unabhängig von der Größe oder Komplexität der Raupe.
Daher sind, wie gesagt, alle Raupen graziös.
Raupen sind nicht nur eine Unterklasse der Bäume, sondern auch Beispiele
einer speziellen Art von Graphen, den sogenannten »zweiteiligen« Graphen. Das heißt, ihre Knoten lassen sich derart in zwei Gruppen einteilen,
daß die Knoten einer Gruppe mit den Knoten der anderen Gruppe verbunden sind, aber die Knoten innerhalb einer Gruppe nie untereinander
verbunden sind. Sie finden die beiden Gruppen, wenn Sie einen Knoten
entweder als Quadrat oder als Kreis gestalten. Wenn alle Knoten einer
Gruppe mit allen Knoten der anderen Gruppe verbunden sind, dann
spricht man von einem vollständigen »zweiteiligen« Graphen, und von
diesen Graphen weiß man, daß sie graziös sind. Ein Beispiel eines solchen
Graphen zeigt die Abbildung 123. Wie wir gesehen haben, sind auch nicht
vollständige »zweiteilige« Graphen graziös, sofern sie die für Raupen typische Verbundenheit aufweisen.
Man hat auch andere Arten von Bäumen untersucht. So sind beispielsweise

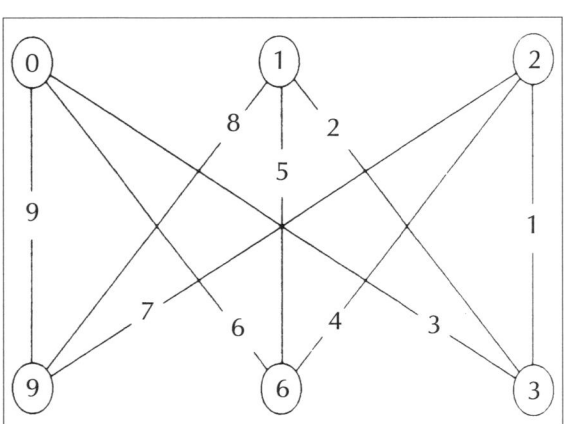

Abb. 123.
Alle vollständig zweiteiligen
Graphen sind graziös

292

alle Bäume mit 16 oder weniger Knoten graziös. Ebenso alle Bäume mit weniger als fünf Blättern oder Knoten, die nur durch eine Kante verbunden sind. Die Frage allerdings, ob Bäume generell, unabhängig von ihrem verwickelten Aufbau, graziös sind oder nicht, bleibt eine der großen ungelösten Fragen der Graphentheorie.

## Mit Bäumen zerlegen

Diese Frage hängt mit einem weiteren Problem zusammen, das genauso unterhaltsam ist, nämlich der Zerlegung vollständiger Graphen. Vollständig ist ein Graph, in dem jeder Knoten mit jedem anderen Knoten verbunden ist, wie es bei dem ersten Graphen in Abbildung 119 der Fall ist. Solche Graphen bezeichnet man zuweilen mit dem speziellen Kürzel $K_n$, wobei $n$ die Anzahl der Knoten ist. Der Graph in Abbildung 119 oben ist ein $K_4$. Theoretisch kann $K_n$, wenn $n$ ungerade ist, in mehrere Kopien eines einzelnen Baums zerlegt werden. Sehen wir uns das einmal genauer an. $K_n$ sei irgendein vollständiger Graph, in dem $n$ ungerade ist. Dann sei $n = 2k + 1$. (Dies kann stets angenommen werden, da $n$ ja ungerade ist.) Dann kann $K_n$ in exakt $n$ Kopien eines Baums zerlegt werden, wobei der Baum exakt $k$ Kanten hat. Es ist gar nicht einfach, $K_n$ aufs Geratewohl zu zerlegen, und dies sollte immer auf zyklische Weise geschehen. Wir beginnen mit einem vollständigen Graphen $K_n$, in dem die Knoten von 0 bis $n - 1$ numeriert worden sind. Nun suchen wir darin einen entsprechenden Baum. Wir gehen dann im Kreis zur nächsten Kopie des Baums, indem wir an jeden Knoten einen solchen Baum anfügen. Sollten wir dabei den Graphen verlassen müssen, beginnen wir wieder oben bei Null. Sagen wir zum Beispiel, daß wir es mit dem Graphen $K_5$ zu tun haben und daß unser Baum die drei Knoten 1, 3 und 4 hat. Dann wird der nächste Baum im Zyklus die Knoten 2, 4 und 0 haben. Dieser Baum wird erneut gedreht, so daß sich der nächste Baum mit den Knoten 3, 0 und 1 ergibt, und dann machen wir so lange auf diese Weise weiter, bis wir alle $n$ Bäume haben.

In Abbildung 124 versuchen wir $K_7$ mit Hilfe von zwei verschiedenen Bäumen zu zerlegen. Hier ist also $n = 7$, so daß $k = 3$, und darum wollen wir $K_7$ in 7 Bäume mit je 3 Kanten zerlegen. Hätten wir statt dessen $K_9$ genommen, dann wäre $n = 9$ und $k = 4$, und wir würden den Graphen in 9 Bäume mit je 4 Kanten zerlegen.

Unser erster Versuch scheitert ziemlich schnell: Ein Zweig des nächsten

Baums ist bereits verwendet worden, so daß Teile des Graphen übrigbleiben. Aber im zweiten Versuch verwenden wir einen anderen Baum, und nun funktioniert die Zerlegung. Alle Kanten sind dann in einem der Bäume verwendet worden, und am Ende sind alle Kanten verschwunden.

Warum scheitert nun eigentlich der erste Versuch, während der zweite funktioniert? Mit welchen Bäumen läßt sich ein Graph erfolgreich zerlegen? Eine hinreichende, aber nicht notwendige Bedingung besteht darin, daß der Baum graziös numeriert ist, wie es beim zweiten Beispiel in Abbildung 124 der Fall ist. Wenn Sie also nachweisen können, daß alle Bäume tatsächlich graziös sind, dann haben Sie damit auch bewiesen, daß alle vollständigen Graphen $K_n$ , bei denen $n$ ungerade ist, sich in $n$ Bäume zerlegen lassen. Damit haben wir gleich zwei Fliegen mit einer Klappe geschlagen.

Versuchen Sie einmal, Bäume von unterschiedlicher Gestalt zu finden, um

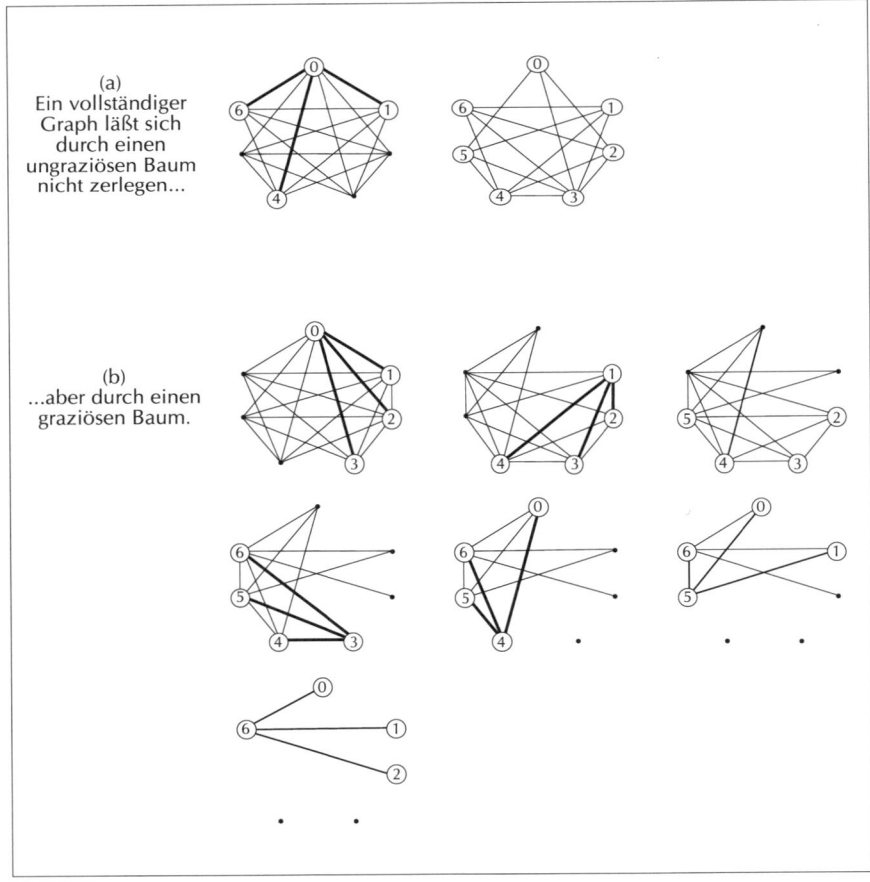

Abb. 124. Wie man einen Graphen in Kopien eines graziösen Baums zerlegt

294

$K_7$ zu zerlegen und an diesem Beispiel nachzuvollziehen, wie das Ganze funktioniert. Sie werden rasch dahinterkommen, daß Sie auf einem neuen Gebiet arbeiten, das irgendwo zwischen Graphen und Zahlen liegt.

# Ein erster Versuch
# zu einem konstruktiven Beweis

Die einleuchtendste Methode, mit diesem Problem fertig zu werden, ist konstruktiver Natur. Wenn wir eine allgemeine »Baumschule« hätten, also eine Methode, aus kleineren Bäumen größere zu erzeugen und dabei die ursprüngliche Grazie zu erhalten, dann könnten wir alle Bäume konstruieren und zeigen, daß sie in der Tat graziös sind. Wir beginnen mit dem einfachsten Baum – einem einzelnen Knoten, der mit 0 numeriert ist. Dieser Baum ist natürlich graziös. Nun kann der Baumschulmeister einen »Zweig« nehmen – einen Knoten und eine Kante –, dessen Knoten die Zahl 1 geben und ihn an den ursprünglichen Baum »pfropfen«. Das Ergebnis ist ein etwas größerer Baum, der aber genauso graziös ist wie der erste. Dieser größere Baum hat zwei Knoten, die mit 0 und 1 numeriert sind. Wir nehmen einen weiteren Zweig, dessen Knoten diesmal mit 2 numeriert ist, pfropfen ihn wieder an den Null-Knoten und bekommen damit einen größeren, aber

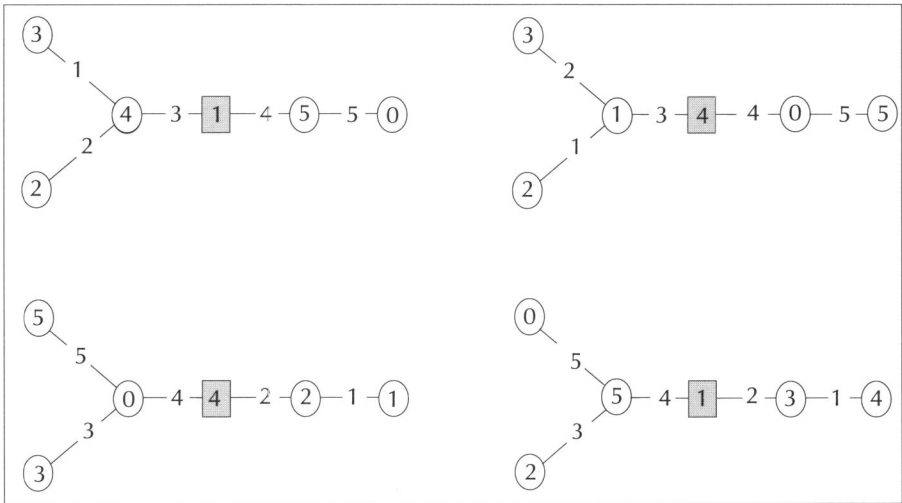

Abb. 125. Null kann in jedem Knoten auftauchen, außer im quadratischen

noch immer graziösen Baum. Daran pfropfen wir einen weiteren Zweig und noch einen und …

Können wir auf diese Weise alle möglichen Bäume erzeugen? Nein. Wir haben nichts anderes getan, als einen graziösen Baum mit $n$ Knoten zu nehmen und *an seinen Null-Knoten* einen mit $n + 1$ numerierten Zweig zu pfropfen. Dies ist aber nicht allgemein genug – unendlich viele Bäume werden von unserer Konstruktion nicht erfaßt. Wenn wir alle Bäume erzeugen wollen, müssen wir einen Zweig an jeden nur möglichen Knoten pfropfen und nicht nur an den mit 0 numerierten.

Unsere Baumschulmethode ließe sich retten, wenn wir beweisen könnten, daß alle graziösen Bäume »um Null drehbar« sind. Das heißt, wenn wir zeigen könnten, daß wir jedem Knoten eine Null geben und dann alle anderen Knoten auf irgendeine systematische Weise umnumerieren könnten, um ihre Grazie zu bewahren. Dann wären wir in der Tat imstande, einen Zweig an einen beliebigen Knoten zu pfropfen: Wir müßten dann nur noch den Knoten in die Null-Position drehen.

Leider aber sind Bäume nicht um Null drehbar. Der Baum in Abbildung 125 ist ein Gegenbeispiel. Wir haben die Null in alle seine Knoten plaziert, außer in die quadratische. In jedem Fall wurde der übrige Baum graziös numeriert, und ohne weiteres läßt sich nun an den Null-Knoten, wo immer er auch auftauchen mag, ein mit 6 numerierter Zweig pfropfen, um einen größeren graziösen Baum zu erzeugen. Aber in dem mit einem Quadrat markierten Knoten kann keine Null auftauchen. Dies bedeutet freilich nicht, daß an diesen Knoten kein Zweig gepfropft werden kann. In diesem Fall wären nicht alle Bäume graziös. Dies bedeutet statt dessen nur, daß die ganze Numerierung noch einmal von vorn durchgeführt werden muß.

# Ein zweiter Versuch
## zu einem konstruktiven Beweis

Es sind aber auch noch andere Baumschulmethoden möglich. Die bislang überzeugendste stammt von R. G. Stanton und C. R. Zarnke. Sehen Sie sich einmal die Abbildung 126 an. In (a) haben wir zunächst zwei Bäume, die bereits graziös numeriert sind. In (b) haben wir eine Replik aus dem ersten und drei Repliken aus dem zweiten Baum, von denen keine mehr graziös numeriert ist. In (c) schließlich pfropfen wir alles zusammen und erzeugen einen letzten monströsen Baum in seiner ganzen graziösen Pracht. Sie können sich vorstellen, wie schwierig es wäre, den letzten Baum sozusagen aus dem Nichts zu erzeugen.

Zur näheren Erläuterung, wie wir zu diesem Ergebnis gekommen sind, wollen wir das Ganze allgemein formulieren, so daß die Methode später auch auf größere Bäume angewendet werden kann. Den ersten Baum nennen wir S, und er hat $s$ Knoten (in unserem Beispiel ist $s = 3$). Der zweite Baum heißt T und hat $t$ Knoten ($t = 6$). Wir müssen von S eine einzige Replik machen ($S_0$) und $s$ Repliken von T ($T_0, T_1 \ldots T_{s-1}$), da später an jeden Knoten von $S_0$ eine Replik gepfropft wird.

Beginnen wir mit der einzelnen Replik von S. Das ist ganz leicht: Wir multiplizieren einfach jeden Knoten mit $t$.

Die Repliken von T werden dadurch erzeugt, daß man ein Vielfaches von $t$ bei einigen Knoten »korrekt hinzufügt«. Damit ist folgendes gemeint: Wir nehmen einen beliebigen Knoten und nennen ihn die Wurzel. Dann werden an der Replik $T_i$ die Wurzel und alle Knoten, die von ihr durch eine gerade Zahl von Kanten – die quadratischen Knoten in (b) – getrennt sind, um $i \cdot t$ erhöht. Die Knoten, die von der Wurzel durch eine ungerade Anzahl von Kanten – die runden Knoten in (b) – getrennt sind, werden um $(s\text{-}1\text{-}i)\,t$ erhöht.

Das hört sich komplizierter an, als es tatsächlich ist. Zunächst betrachten wir einmal die quadratischen Knoten, die von der Wurzel durch eine gerade Zahl von Kanten getrennt sind. Bei $T_0$ erhöhen wir diese um $0 \cdot t$ (0 in unserem Beispiel). Bei $T_1$ erhöhen wir sie um $1 \cdot t$ (hier: 6). Bei $T_2$ erhöhen wir sie um $2 \cdot t$ (= 12). Und so weiter, so daß wir bei der letzten Replik, $T_{s-1}$, diese Knoten um $(s\text{-}1)\,t$ erhöhen. Betrachten wir nun die runden Knoten, die von der Wurzel durch eine ungerade Zahl von Kanten getrennt sind. Diese werden in entgegengesetzter Richtung verändert. Bei $T_0$ werden sie um $(s\text{-}1)\,t$ (oder 12) erhöht. Bei $T_1$ werden sie um $(s\text{-}2)\,t$ (oder 6) erhöht. Und so weiter, so daß sie bei unserer letzten Replik, $T_{s-1}$, um $0 \cdot t$ (oder 0) erhöht werden.

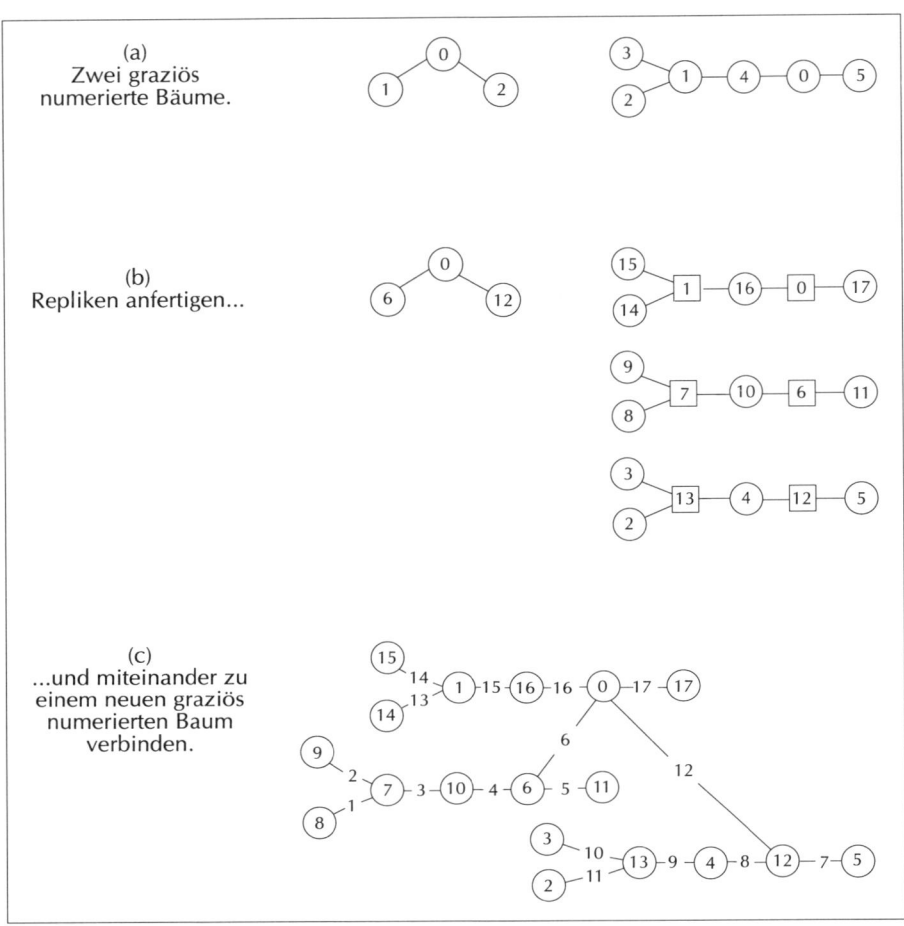

Abb. 126. Die Stanton-Zarnke-Baumschule

In Abbildung 126 (c) schließlich hängen wir die Repliken von T an die Replik von S, indem wir identische Knoten miteinander verbinden.

Auf diese Weise lassen sich ganz einfach noch größere Bäume anlegen. Außerdem können Sie bei Ihrer Replik von S an die Knoten eine beliebige Konstante zwischen 1 und $t-1$ einschließlich anhängen. Damit erhält Ihr endgültiger Baum entweder eine andere Form oder eine andere Numerierung, aber er wird stets graziös sein. Diese Methode ist wirklich ganz beeindruckend. Es läßt sich nur schwer erklären, warum sie funktioniert, aber ich empfehle Ihnen dringend, sie an ziemlich großen Bäumen auszuprobieren, einfach nur um zu sehen, wie sie ihre Zauberwirkung entfaltet. Und wenn wir mit zwei Bäumen mit je zwei Knoten beginnen, erhalten wir einen Baum mit vier Knoten, dann acht Knoten und so weiter. Doch leider sind wir noch immer weit davon entfernt, alle möglichen Bäume anzulegen. Sinnigerweise stehen wir am Ende dieses Buches vor einem ungelösten Rätsel: Sind alle Bäume graziös?

# Wir sind die Ishango

Und damit sind wir wieder auf der Stufe der Ishango angelangt. Ja, eigentlich sind wir nie etwas anderes gewesen, und höchstwahrscheinlich werden wir nie etwas anderes sein. Was für ein demütigender Gedanke.

Die Ishango waren in der Lage, zwei Dinge festzustellen:

1. Vier Kerben können in einen Knochen eingeritzt werden, gefolgt von vier weiteren Kerben.
2. Acht Kerben können in einen Knochen auf einmal eingeritzt werden.

Sie waren außerstande, irgendeine Verbindung zwischen den beiden Feststellungen zu sehen, doch für uns liegt diese Verbindung so klar auf der Hand, daß wir sie nicht einmal für ein Rätsel halten würden.

Wir betrachten zwei andere Feststellungen:

1. Ein Graph ist verbunden und azyklisch – das heißt, er ist ein Baum.
2. Der Graph kann graziös numeriert werden.

Irgend etwas an der ersten Feststellung impliziert die zweite, aber wie die Ishango können wir diese Implikation nicht erkennen. Die erste Feststellung betrifft den Raum um uns herum, während die zweite von Zahlen handelt. In diesem Sinne wird unser Zahlensystem wieder einmal unsere Welt verändern, genauso wie es einst die Welt der Ishango veränderte. Im Augenblick sind uns die Zahlen verborgen – wir haben nur Kerben auf einem Knochen vor uns. Wie sagte doch Ahmes? »Genaues Rechnen…« Wie die Bakairi zählen wir eins, zwei, wir raufen uns die Haare, zeigen auf unsere Zehen, rufen *méra, méra*. »…Der Zugang zum Wissen über alle existierenden Dinge und alle dunklen Geheimnisse.« Gott ist einer, der bereits alle möglichen Spiele gespielt hat. Ist der Raum, was er ist, zum Teil weil Gott wollte, daß alle Bäume graziös seien? Was würden wir sonst tun, um uns den Kopf zu zerbrechen?

Vielleicht wird irgendeine künftige Generation ein neues Buch über alte Rätsel schreiben, in dem zu Beginn, statt am Ende, von diesem Baum die Rede ist und das ihn wie einen alten Hut behandelt, der nur zu einem kuriosen und primitiven Verstand paßt. Ich jedenfalls kann es gar nicht erwarten, es zu lesen.

Wir werden nicht ablassen von der Forschung,
Und das Ende all unseres Forschens
Wird sein, daß wir ankommen, wo wir begannen,
Und den Ort zum ersten Mal kennenlernen.
*T.S. Eliot, Vier Quartette*

# Glossar

Abu Kamil Schodja ibn Aslam
Ägyptischer Mathematiker; lebte um 900. Sein kurzes Werk → *Das Buch der Seltenheiten der Rechenkunst* ist ein frühes Beispiel für eine allgemeine Methode, die zur Lösung einer Klasse von Problemen angewendet wird, den sogenannten → linear unbestimmten Gleichungen.

Ahmes
Ägyptischer Schreiber; lebte um 1650 v. Chr. Er war zuständig für das Abschreiben des Papyrus → *Anweisungen zur Erlangung von Kenntnissen in allen dunklen Geheimnissen.* Wir wissen nicht, wieviel davon ursprünglich von Ahmes stammt.

Alkuin von York
Angelsächsischer Theologe und Gelehrter; geboren um 730 in Northumbrien, England, gestorben am 19. Mai 804 in Tours. Alkuin war einer der Mitbegründer der karolingischen Renaissance und wurde 782 von Karl dem Großen damit beauftragt, das Erziehungssystem zu reformieren, das als Vorbild für das westliche Europa dienen sollte. In einem Brief verweist Alkuin auf eine Sammlung von Rätseln, die er dem Kaiser zu dessen Unterhaltung geschickt hatte. Man nimmt an, daß es sich dabei um die → *Aufgaben zur Schärfung des Geistes der Jünglinge* handelte.

*Anweisungen zur Erlangung
von Kenntnissen in allen dunklen Geheimnissen*
Eine um 1650 v. Chr. entstandene Sammlung von Problemen, die vom Schreiber → Ahmes abgeschrieben wurden. Sie enthält die Verwendung von → Stammbrüchen, ein → Stellenwertsystem, das von seiner Funktion her dem → Dezimalsystem ähnlich ist, den → russischen Bauernalgorithmus und sogar → Pi.

*Aufgaben zur Schärfung des Geistes der Jünglinge*
Diese um 800 entstandene lateinische Schrift ist vermutlich identisch mit der Sammlung von Rätseln, die → Alkuin Kaiser Karl dem Großen zu dessen Zerstreuung schickte. Die meisten der darin enthaltenen Probleme stammen wahrscheinlich von den Arabern, so daß Alkuin in erster Linie ihr Vermittler war. Er begriff nämlich meist gar nicht, wie er die Rätsel zu lösen hatte, und wir wissen nicht, wie Karl der Große damit zurecht kam.

## Binäres Zahlensystem
Das → Stellenwertsystem, das auf der Zahl 2 basiert – das heißt, jede Ziffer einer Zahl ist mit der entsprechenden Potenz von 2 zu multiplizieren. Beispiel: Die Binärzahl 101 ist $(1 \cdot 2^2) + (0 \cdot 2^1) + (1 \cdot 2^0) = 5$. Es wird auch beim → russischen Bauernalgorithmus verwendet.

## Binomialkoeffizienten
Die Koeffizienten in der Erweiterung von $(x+y)^n$, wobei $n$ eine positive ganze Zahl ist. Wenn man zum Beispiel $(x+y)^3$ erweitert, erhält man $1x^3 + 3x^2y + 3xy^2 + 1y^3$. Die Zahlen 1, 3, 3, 1 sind die Koeffizienten. Diese Zahlen ergeben im → chinesischen Dreieck eine Reihe.

## Chang Tshang
Chinesischer Mathematiker; lebte um 200 v. Chr. Wir wissen nichts weiter über ihn, außer daß er vermutlich der Verfasser der → *Neun Bücher über Mathematik* war, ein Werk, in dem ein Großteil der zeitgenössischen chinesischen Mathematik zusammengefaßt war. Zweifel an seiner Autorschaft bestehen auch weiterhin, da dieses Werk zusammen mit vielen anderen schon bald vernichtet wurde. Andere Mathematiker, vor allem Liu Hui, versuchten das Werk aus der Erinnerung zu rekonstruieren.

## Chinesisches Dreieck
Ein allgegenwärtiges Zahlenschema, das vermutlich ursprünglich aus China stammt, aber auch in Indien und Westeuropa anzutreffen ist. Man nennt es zuweilen auch → Pascalsches Dreieck, nach dem Mathematiker, der es im Westen einführte. Das Dreieck macht auf die Beziehung zwischen Zahlenfolgen aufmerksam, die scheinbar nichts miteinander zu tun haben: die → Fibonacci-Folge, → figurierte Zahlen und → Binomialkoeffizienten. Wenn man es um 45 Grad dreht, wird daraus der indische → matra-meru.

## Das Buch der Seltenheiten der Rechenkunst

Dieses um 900 von → Abu Kamil verfaßte Buch enthält sechs Probleme von → linear unbestimmten Gleichungen – ein Beweis dafür, wie hochentwickelt die arabische Welt zur Zeit Kamils war.

## Dezimalsystem

Das → Stellenwertsystem, das auf der 10 basiert – das heißt, jede Ziffer einer Zahl ist mit einer entsprechenden Potenz von 10 zu multiplizieren. Beispiel: Die Dezimalzahl 101 ist $(1 \cdot 10^2) + (0 \cdot 10^1) + (1 \cdot 10^0) = 101$. Dieses Zahlensystem ist heute auf der ganzen Welt verbreitet. Es wurde zuerst von den Chinesen vor dem 14. Jahrhundert v. Chr. entwickelt und gelangte vermutlich von China aus nach Westen. Die Ägypter haben unabhängig davon etwas Ähnliches erfunden, wie aus den *Anweisungen zur Erlangung von Kenntnissen in allen dunklen Geheimnissen* hervorgeht. Von den Arabern kam es durch → Fibonacci nach Westeuropa.

## Unärsystem

Das einfachste und primitivste Zahlensystem. Jeder Strich steht für 1, so daß die Einerzahl 111 gleich 3 ist, und so weiter. Viele primitive Völker kennen das Einerzahlensystem, aber es spricht einiges dafür, daß die → Ishango damit weiterkamen als andere Völker.

## Euler, Leonhard

Schweizer Mathematiker, geboren am 15. April 1707 in Basel, gestorben am 18. September 1783 in Petersburg. Gilt gemeinhin als Fürst der Mathematiker und auch als Vater der → Graphentheorie.

## Fibonacci, Leonardo

Italienischer Kaufmann und Mathematiker, geboren um 1170, vermutlich in Pisa, dort nach 1240 gestorben. Man nannte ihn auch Leonardo von Pisa oder Leonardo Pisano. Er war einer der ersten und ganz sicher der erfolgreichste Europäer, der die arabische Mathematik in den Westen brachte. Mit seinem Buch → *Liber abaci* führte er das → Dezimalsystem in Europa ein, und damit veränderte er vermutlich den Lauf der Geschichte. Außerdem enthielt der *Liber abaci* die → Fibonacci-Folge, eine reichhaltige Quelle überaus unterhaltsamer Rätsel und Probleme der Zahlentheorie. Fibonacci selbst war ein eigenständiger meisterhafter Mathematiker.

Fibonacci-Folge
Die Zahlenfolge 1,1,2,3,5,8,13,21…, in der jede Zahl die Summe der beiden vorhergehenden Zahlen ist. Man kann sie allgemein als $q$-nacci-System formulieren, in der jede Zahl die Summe der vorhergehenden $q$ Zahlen ist. Zum Beispiel lautet die Tetranacci-Folge 1,1,2,4,8,15… Die Folge war lange vor → Fibonacci in Indien bekannt, aber Fibonacci erfand sie unabhängig davon, um das Karnickel-Problem in seinem → *Liber abaci* zu lösen.

Figurierte Zahlen
Die Anzahl einzelner Objekte, die in verschiedenen geometrischen Formen von unterschiedlicher Größe angeordnet werden können. Die Anzahl der Billardkugeln ist eine figurierte Zahl, eine spezielle → Trigonalzahl, da die Kugeln zu Beginn des Poolbillardspiels in einem Dreieck angeordnet werden.

Graphentheorie
Die Untersuchung der Position von Objekten, die in der Ebene liegen, im Gegensatz zu den geometrischen Eigenschaften (Fläche, Umfang und so weiter) derartiger Objekte. Es hat schon immer Spiele gegeben, die man theoretisch hätte Graphen nennen können, aber erst → Euler hat sie systematisch untersucht.

Ishango
Der Name eines prähistorischen Volkes, das um 8500 v. Chr. im Gebiet des heutigen Lake Edward in Afrika siedelte. Unter den archäologischen Funden dieses Volkes befindet sich ein Knochen mit drei Reihen von Kerben. Man ist sich darin einig, daß diese Kerben die erstmalige Verwendung eines → Unärsystems darstellen. Manche Forscher meinen, auch ein Verdoppelungsverfahren nachweisen zu können, und für den einen oder anderen deuten die Kerben sogar auf eine frühe Ahnung von → Primzahlen hin.

*Liber Abaci*
Das von → Fibonacci im Jahre 1202 geschriebene »Buch des Rechnens« hat das → Dezimalsystem der Araber im westlichen Europa eingeführt. In diesem Buch ist auch zum ersten Mal die → Fibonacci-Folge außerhalb Indiens erwähnt.

## Linear unbestimmte Gleichungen

Ein Gleichungssystem, in dem die Zahl der Unbekannten gleich der oder größer als die Zahl der Gleichungen ist. Die Unbekannten sind nicht zu einer Potenz erhoben, daher die Bezeichnung »linear«. → Abu Kamil hat derartige Gleichungen zum ersten Mal systematisch untersucht.

## Magisches Quadrat

Eine quadratische Anordnung von Zahlen, in der jede waagrechte und jede senkrechte Reihe sowie jede Diagonale die gleiche »magisch« konstante Summe ergeben. Magische Quadrate wurden zuerst in China konstruiert. Stets haben ihnen die Menschen außergewöhnliche mystische Kräfte zugeschrieben.

## Matra-meru

Der Zahlenberg Indiens. Die dortigen Regeln für seine Errichtung sind unnötig kompliziert. Im Grunde ist er einfach das um 45 Grad gedrehte → chinesische Dreieck, wobei bestimmte Eigenschaften der → Fibonacci-Folge eine Rolle spielen.

## *Neun Bücher über Mathematik*

Ein um 200 v. Chr. entstandenes Buch, das einen Großteil der damals bekannten chinesischen Mathematik enthielt. Man glaubt, daß es von → Chang Tshang stammt. Zu seinen zahlreichen Neuerungen gehören das → Dezimalsystem, die Verwendung von Null und von negativen Zahlen und der → Satz vom rechtwinkligen Dreieck.

## Pascalsches Dreieck

Das → chinesische Dreieck

## Pi

Das Verhältnis des Kreisumfangs zum Durchmesser. Wahrscheinlich hat bereits → Ahmes davon eine Ahnung gehabt.

## Primzahl

Eine ganze positive Zahl außer 1, die keine anderen Divisoren außer sich selbst und 1 besitzt. Die ersten Primzahlen sind 2,3,5,7 und 11. Die Archäologen nehmen an, daß die → Ishango ein primitives Wissen über Primzahlen besaßen, aber die Mathematiker bezweifeln dies. Primzahlen gelten als Atome oder Bausteine aller anderen Zahlen. So besteht zum Beispiel die → zusammengesetzte Zahl 10 aus den Primzahlen 2 und 5, da $2 \cdot 5 = 10$.

Römische Ziffern
Das Beispiel eines Zahlensystems, das kein → Stellenwertsystem ist. Es ist eigentlich überhaupt kein System, sondern es handelt sich hier nur um Bezeichnungen, die unterschiedlichen Mengen gegeben werden. Überraschenderweise wurden sie in ganz Europa noch bis ins 18. Jahrhundert hinein verwendet. Auch → Alkuin bediente sich dieser Ziffern in den *Aufgaben zur Schärfung des Geistes der Jünglinge*.

Russischer Bauernalgorithmus
Eine einfache Multiplikationsmethode, die mit dem → binären Zahlensystem arbeitet. Sie läßt sich bis zu den → *Anweisungen zur Erlangung von Kenntnissen in allen dunklen Geheimnissen* zurückverfolgen.

Satz des Pythagoras
Der → Satz vom rechtwinkligen Dreieck

Satz vom rechtwinkligen Dreieck
In einem rechtwinkligen Dreieck ist das Quadrat der Hypotenuse gleich der Summe der Quadrate der anderen beiden Seiten. Dieser Satz stammt vermutlich aus China und wird fälschlicherweise Pythagoras zugeschrieben.

Stammbrüche
Jeder Bruch der Form $\frac{1}{n}$. Außer dem Bruch $\frac{2}{3}$ waren Stammbrüche die einzigen Brüche, die bereits von den alten Ägyptern verwendet wurden, etwa von → Ahmes.

Stellenwertsystem
Ein Zahlensystem, bei dem der Wert einer Ziffer von ihrer Position in der Zahl abhängt. Jede Ziffer ist mit der entsprechenden Potenz der Basis zu multiplizieren, wobei die Potenz von der Position der Ziffer abhängt. Ist die Basis 10, nennt man das Stellenwertsystem Dezimalsystem; bei der Basis 2 spricht man vom → binären Zahlensystem, bei 3 vom → ternären Zahlensystem und so weiter. Stellenwertsysteme wurden unabhängig voneinander in China und in Ägypten entwickelt.

Ternäres Zahlensystem
Das → Stellenwertsystem mit der Basis 3. Das heißt, jede Ziffer ist mit der entsprechenden Potenz von 3 zu multiplizieren. Beispiel: Die Ternärzahl 101 ist $(1 \cdot 3^2) + (0 \cdot 3^1) + (1 \cdot 3^0) = 10$.

## Trigonalzahl

Die Trigonalzahlen, die nützlichsten → figurierten Zahlen, kann man sich als Teilsumme der ganzen Zahlen vorstellen. So ist zum Beispiel $1 + 2 + 3 + 4 + 5$ die fünfte Trigonalzahl. Somit läßt sich die $n$-te Trigonalzahl leicht errechnen: $\frac{1}{2}n(n + 1)$. Die Teilsummen der Trigonalzahlen nennt man Tetraederzahlen, die Teilsummen der Tetraederzahlen nennt man Hypertetraederzahlen, und so weiter.

# Kommentierte
# Literaturhinweise

*Alles ist schon einmal
von jemandem gesagt worden.*
Alfred North Whitehead

Ein sehr kluger Mensch hat einmal gesagt: »Wenn ich aus einer Quelle zitiere, begehe ich ein Plagiat; wenn ich aus mehreren Quellen zitiere, betreibe ich Forschung.« Ich habe Forschung betrieben. Doch um den schönen Fluß des Textes nicht zu unterbrechen, habe ich vielleicht nicht immer auf die entsprechende Quelle verwiesen. Deshalb erläutere ich im folgenden ausführlich die von mir verwendeten Bücher, die dem interessierten Leser weitere Informationen bieten. Die Zahlen in Klammern beziehen sich auf die Quellen, die im Literaturverzeichnis aufgeführt sind.

## EINLEITUNG

Von der allgemeinen Idee einer Geschichte der Rätsel und Probleme läßt sich David Singmaster (64) in einem Buch leiten, an dem er mindestens schon zehn Jahre arbeitet. Es verspricht ein erschöpfendes Werk zum Thema zu werden, aber noch ist es nicht erschienen. Ein weiterer produktiver Autor in dieser Hinsicht ist Frank Swetz, und unter seinen vielen Büchern und Beiträgen für Zeitschriften wird den Leser vielleicht (77) interessieren. Generell denkt man bei Rätseln, wenn auch nicht unbedingt bei ihrer Geschichte, an einen ganz bestimmten Autor: Martin Gardner, der weit über fünfundzwanzig einschlägige Bücher geschrieben hat. Es ist unmöglich, einen einzigen Satz über Rätsel zu schreiben, den er nicht besser formuliert hat. Besonders möchte ich auf (24-27) hinweisen, aber ich war schon immer der Meinung, daß es ein noch größeres Vergnügen bereitet, alle Bücher von ihm nacheinander zu lesen.
Es gibt viele wunderbare Bücher über die Geschichte der Mathematik, und ich will nicht versäumen, hier auf meine beiden Lieblingsbücher aufmerk-

sam zu machen. Dies sind *The History of Mathematics: An Introduction*, von David Burton (14) und *The Exact Sciences in Antiquity*, von Otto Neugebauer (53).

## DIE ERSTEN ZEICHEN

Über den Ishango-Knochen hat als erster Jean de Heinzelin (37) geschrieben. Auf die Idee, daß es sich dabei um einen alten Kalender gehandelt haben könnte, ist Alexander Marshack (48) gekommen, dessen Buch viele Relikte wie den Ishango-Knochen ausführlich behandelt. Auch Claudia Zaslavsky (87) erwähnt den Knochen und dazu noch eine ganze Menge mehr über das alte Afrika, in einem Buch, das ein wahres Lesevergnügen bereitet. Die Geschichte der Zahlen wird am besten von Graham Flegg (23) dargeboten, aber auch John McLeish (49) behandelt das Thema souverän und stellt es in einen mathematischen Kontext. Wie viele in neuerer Zeit erschienene Bücher vertritt auch dieses einen entschieden »ethnischen Standpunkt« – ob zum Guten oder Schlechten sei dahingestellt. C. Stanley Ogilvy und John T. Anderson haben die erste wirklich populärwissenschaftliche Darstellung über die Zahlentheorie geschrieben (55), wobei sie sich auch mit einigen der frühen Rechenmethoden befaßt haben. Die Übertragung des russischen Bauernalgorithmus auf andere Module hat erstmals Beverly Gimmestad (31) vorgenommen. Philip J. Davis und Reuben Hersch (19) erläutern das schwierige Thema der Riemann-Hypothese in ihrem in jeder Hinsicht großartigen Buch. Was ich das Conway-Sieb und den Ishango-Computer genannt habe, wurde zum ersten Mal von John Horton Conway (17) erwähnt, der natürlich keine dieser Bezeichnungen verwendet. Beiden Phänomenen – ebenfalls ohne die Verwendung dieser Bezeichnungen – hat sich ausführlich Richard K. Guy (34) gewidmet.
Ich möchte nicht versäumen, an dieser Stelle auch Howard Eves' vier (viel zu dünne) Bändchen über kuriose mathematische Geschichten (22) zu erwähnen – eine Art Bettlektüre für Mathematikfans.

## DER ZUGANG ZU ALLEN DUNKLEN GEHEIMNISSEN

Der Ahmes-Papyrus, gewöhnlich Rhind-Papyrus genannt, wurde von A. B. Chace und seinen Kollegen ins Englische übersetzt (15). Es ist schon ein merkwürdiges Gefühl, das man beim Blättern in diesen Seiten bekommt – als ob unsere Urahnen leibhaftig vor uns auferstehen würden. Im Hinblick auf den mathematischen Inhalt dieses Papyrus kennt sich keiner so gut aus wie Richard J. Gillings (30). Eine kurze, aber wichtige Fußnote sowie Gillings' Erwiderung befinden sich im Buch von Rising (61). Gillings hat auch mehrere Zeitschriftenbeiträge geschrieben, die ein wenig mehr ins Detail gehen, besonders (28/29). Burton hat zwar die lesenswerteste Geschichte des alten Ägypten verfaßt (14), doch informativ sind auch E. A. Wallis Budge (12-13) und Torgny Säve-Söderberg (62). Eine deutsche Übersetzung des *Totenbuchs* stammt von E. Hornung (11). Das Rätsel mit dem Kamel, das verschwindet, und seine Beziehung zu ägyptischen Brüchen wurden von Ian Stewart untersucht (73).

Zweifellos die faszinierendste Darstellung der Zahl Pi sowie der Methoden zu ihrer Berechnung bietet Petr Beckmann (5). Wie alle Bücher dieses Autors ist auch dieses skurril, respektlos gegenüber tradierten Lehrmeinungen und sorgfältig recherchiert; das macht Beckmann so schnell keiner nach.

## AUF EINEM TEMPELDACH

Mit den Zeichen, die den Beginn der Tic-Tac-Toe-Spiele zu markieren scheinen, hat sich H. J. R. Murray befaßt (51). Er hat sich zwar auch mit dem Mühlespiel beschäftigt, aber das von mir verwendete spezielle Spiel stammt von Geoffrey Mott-Smith (50). Das letzte Wort über das numerische Tic-Tac-Toe hat George Markowsky gesprochen (46/47) – er hat ein Computerprogramm für alle möglichen Züge entwickelt und uns damit das Spiel verdorben. Das Buch von Elwyn Berlekamp, John Conway und Richard Guy (6) ist praktisch eine Enzyklopädie der Spiele und enthält mehr Spiele, als Sie in Ihrem ganzen Leben spielen können. Mit vielen Wortspielen und Insiderwitzen bietet dieses Nachschlagewerk ein besonderes Lesevergnügen. (Darin ist es mit dem Buch von Conway (16) verwandt.) Die Kapitel über Tic-Tac-Toe-Spiele vermitteln einem das Gefühl, daß darüber nun alles gesagt sei, aber einige originale Details dazu lassen sich auch bei Hales und Jewitt (35), Jerome L. Paul (58) und Oren Patashnik (57) finden.

## DEN HIMMEL MESSEN

Es gibt keine vollständige Übersetzung der *Neun Kapitel über die Kunst der Mathematik* – immerhin wurden zwei Kapitel von Frank Swetz und T. I. Kao (78) sowie von Lam Lay Yong (86) übersetzt. Das Vorwort zu dem Buch von Swetz und Kao enthält auch eine Sammlung von Rätseln aus anderen Kapiteln. Die interessante Entdeckung, daß eines der Probleme aus den

*Neun Kapiteln* später im *Mathematiklehrer* wieder auftauchte, verdanken wir Swetz (77). Julian Lowell Coolidges Buch (18) enthält eine allgemeine Geschichte geometrischer Probleme, aber einige Abschnitte darin sind doch überholt.

Im Grunde ist alles überholt, was über China vor dem gewaltigen Werk von Joseph Needham (52) geschrieben wurde. Das mehrere sehr dicke Bände umfassende Werk schreckt die meisten Leser ab, aber zum Glück gibt es eine Kurzfassung von Robert Temple (79), die dieser offensichtlich unter Needhams Anleitung verfaßt hat: ein gut lesbares Buch, das nichts von der Gelehrsamkeit des Originals geopfert hat.

Die negative Hälfte von Pascals Dreieck hat als erster James Varnadore (82) entdeckt, der darin auch die negative Hälfte der Fibonacci-Folge gefunden hat.

Die Entscheidung, den Abschnitt über Tangrams aufzunehmen, ist mir nicht leichtgefallen. Martin Gardner hat zwar als einer der ersten behauptet, dieses Spiel reiche bis ins Jahr 2000 v. Chr. zurück, ist aber später davon abgerückt, als Ronald C. Read (60) nachwies, daß es sich bei dieser Datierung um einen Scherz handelte. Das Buch von Read ist ein Muß für jeden, der gern mit Tangrams spielt. Die vollständige Geschichte der falschen Datierung und weiteres Material zu Tangrams findet sich bei Gardner (26). Swetz (77) läßt die Möglichkeit offen, daß das Spiel tatsächlich sehr alt sein könnte. Mit der Frage der konvexen Tangrams befassen sich Fu Traing Wang und Chuan-Chih Hsiung (84).

## AUF DEM RÜCKEN EINER SCHILDKRÖTE

Ganze Bibliotheken füllt die Literatur über magische Quadrate, und jeden Tag wird mehr darüber geschrieben. Die beliebtesten Quellen sind die Bücher von W. S. Andrews (3), William H. Benson und Oswald Jacoby (7). Letzteres enthält alle wichtigen Informationen über das faszinierende Thema der magischen Würfel.

Der erste magische Würfel stammt von Robert Myers und wurde der Welt von Martin Gardner (26) präsentiert, obwohl sich später herausstellte, daß es darüber schon davor entsprechende Zeitschriftenartikel gegeben hatte. Detailliert befaßt sich damit das Buch von Benson und Jacoby.

Die Geschichte von Mohammed ibn Mohammed hat Zaslavsky (87) nacherzählt.

Magische Graphen wurden erstmals von R. M. Stewart (74/75) untersucht, allerdings sind diese Beiträge ziemlich schwierig. Eine schöne Zusammenfassung bieten Hartsfield und Ringel (36).

312

Die erste englische Übersetzung von Alkuins Schrift *Aufgaben zur Schärfung des Geistes der Jünglinge* erschien zusammen mit einem sehr hilfreichen Kommentar in *The Mathematical Gazette* (1992) und stammt von David Singmaster und John Hadley (1). Ich möchte Dr. Singmaster an dieser Stelle dafür danken, daß er sie mir während der Arbeit an diesem Buch zugänglich gemacht hat. Die Geschichte von Alkuin hat George F. Browne erzählt (10), der zwar den spirituellen Unsinn für bare Münze genommen, aber immerhin die meisten Briefe von Alkuin aufgenommen hat. Eine eher wissenschaftliche historische Darstellung bietet Burton (14). Alkuins *Epitaph* und viele andere wunderschöne lateinische Verse können bei Helen Waddell nachgelesen werden (83).

Viele Varianten des Transportproblems bietet Pierre Berloquins Buch (8), eine sehr unterhaltsame Sammlung von Rätseln. Die neuere Wüstenfuchs-Variante findet sich bei A. K. Dewdney (21) und wurde endgültig von D. R. Westbrook gelöst (85).

Figurierte Zahlen hat Maurice Kraitchik (42) sehr schön beschrieben, aber diese unerschöpfliche Quelle mathematischer Spiele sprudelt nahezu überall. Gardner (26) hat dazu wie gewöhnlich den besten Beitrag geliefert. Martin D. Stern (71) erzählt die Geschichte der Verwendung von Trigonalzahlen im Talmud. Sterns Beiträge sind eine zuverlässige Informationsquelle über die Mathematik im Nahen Osten.

Ich dachte, ich hätte das kleine Rätsel über sich schneidende Linien selbst erfunden, bis ich kaum einen Monat später entdeckte, daß es bereits vorher existiert hatte. Ich verlasse mich auf Richard Grassl und Robert Lochel (33), seitdem ich ihre Notation verwende.

Eine Kulturgeschichte des Problems der eifersüchtigen Ehemänner wurde von Marcia Ascher (4) veröffentlicht, die inzwischen höchstwahrscheinlich die führende Autorität auf dem neuen Gebiet der »ethnischen Mathematik« ist. Originelle Varianten des Problems hat Thomas H. O'Beirne (54) erfunden. Und das Neueste über dieses Problem bei Alkuin stammt von Ian Pressman und David Singmaster (59), der sich damit auch im Zusammenhang seiner Alkuin-Übersetzung befaßte.

Das Faßaufteilungsrätsel wurde von vielen Autoren gelöst, aber Singmaster (66) bemerkte als erster, daß es mit dem Problem der Aufzählung von Dreiecken mit ganzzahligen Seiten identisch ist. Letzteres Problem wird auch von Jordan, Walch und Wisner (39) erläutert.

Schließlich wurde Tartaglias Problem des Weinausschenkens zum ersten Mal graphisch von M. C. K. Tweedie gelöst (81), aber O'Beirne (54) hat das Problem buchstäblich in höhere Dimensionen erhoben.

ERSTAUNT SAH MAN MICH AN

Von Abu Kamils *Buch der Seltenheiten der Rechenkunst* gibt es eine deutsche Übersetzung von Suter (40). Das Buch von O'Beirne (54) enthält die meisten Probleme, ebenso der Beitrag von Singmaster (65), der allerdings viele andere ähnliche Probleme zusammen mit ihrer Geschichte erwähnt. Die Geschichte vom Affen und den Kokosnüssen findet sich bei Gardner (24), und die beste und ganz allgemeine Lösung des Problems verdanken wir Roger B. Kirchner (41). Die interessante Geschichte von Rabbi ibn Esra erzählen David Smith und Jekuthial Ginsburg (67).

## DIE KAUFLEUTE VON PISA UND
## DIE ZIFFERN DER HINDUS

Es gibt noch immer keine deutsche oder englische Übersetzung von Fibonaccis *Liber Abaci*, allerdings hat mir der Altphilologe Richard E. Grimm mitgeteilt, daß Sherman K. Stein und er sich eine englische Übersetzung vorgenommen hätten. Mein Latein ist zwar ganz passabel, aber ich kann nur Teile des mittellateinischen Originaltextes übersetzen, der sich, wie Grimm mir schrieb, in einem »ziemlich üblen Zustand« befindet. Probleme aus dem *Liber Abaci* sind in vielen Quellen zu finden.
Davis und Hersch (19) haben das chinesische Resttheorem vorzüglich erläutert. O'Beirne (54), Gardner (25) und Calvin T. Long (44) bieten jeweils unterschiedliche, aber miteinander verwandte Methoden zur Lösung des Zwölf-Münzen-Problems. (Ich habe es für meine Zwecke so genannt. Der korrekte Titel lautet Odd-Ball Puzzle.) Der Trick mit den siebenundzwanzig Karten wurde von Long (44) in einem Artikel aus jüngerer Zeit erläutert, und Hugo Steinhaus (70) hat als erster gezeigt, wie sich ein Tetraeder auf einer Ebene abrollen läßt, ohne daß sich die Zahlen überlappen. Das Buch von Steinhaus enthält wunderschöne intellektuelle Rätsel und ist noch heute ein wahres Juwel.
Die Fibonacci-Folge ist in vielen Quellen zu finden, aber die beste grundlegende Erläuterung bieten U. Alfred (2) sowie Ogilvy und Anderson (55). Moderneres Material enthält Ross Honsbergers Buch (38). Die Tatsache, daß die Fibonacci-Folge in Indien bekannt war, hat Paramanand Singh festgestellt (63).

Seit Euler und der Entdeckung am Tempel von Karnak ist die Graphen-theorie ein viel zu großes Gebiet für ein einziges Buch. Grundkenntnisse vermitteln auf sehr vergnügliche Weise Mitch Struble (76) und Oystein Ore (56), etwas für Fortgeschrittene ist das Buch von Richard J. Trudeau (80). Zaslavsky (87) ist die einzige, die sich die Graphenspiele aus Afrika näher angesehen hat. Die aus Angola stammende Geschichte der Vertreibung aus dem Paradies habe ich in ihrem Buch gefunden.

Die beste Darstellung der Eulerschen und Hamiltonschen Linien bietet Sherman K. Stein (69), in dessen Buch auch sein origineller Beitrag über Gedächtnisräder abgedruckt ist. Stewart (72) hat vieles von Stein übernom-men, ergänzt es aber auch mit neuen Informationen.

Graziöse Graphen sind ein weiteres Thema, mit dem sich mehrere Autoren befaßt haben. Solomon W. Golomb war der erste. (32) Er hat dieses Phänomen in einer von Gardners Zeitschriftenkolumnen dargestellt, die in (27) abgedruckt ist. Dewdney (21), der Gardners Kolumne übernahm, hat das Thema unter einem anderen Blickwinkel betrachtet. R. G. Stanton und C. R. Zarnke (68) ist die faszinierende Methode der Entwicklung graziöser Bäume zu verdanken. Sin-Min Lee und Kam-Chueng Ng (43) haben die Methode zur Gestaltung eines graziösen Young-Tableaus entwickelt, das ich als Schachbretteckengraphen bezeichnet habe. In einer Rezension hat Bloom (9) das aktuelle Wissen über graziöse Graphen zusammengefaßt, aber inzwischen wird es darüber vermutlich noch mehr geben.

Sollte ich zufällig irgend
etwas mehr oder weniger hierher Gehörendes
oder Notwendiges ausgelassen haben,
so bitte ich um Nachsicht, da es niemanden gibt,
der in allen Dingen frei von Tadel ist
und an alles
im voraus denken kann.
*Leonardo Fibonacci,* Liber Abaci

1. Alkuin von York, *Problems to Quicken a Young Mind*, übers. v. John Hadley u. David Singmaster, in: *The Mathematical Gazette* (1992), S. 102-126.
2. Alfred, U., *An Introduction to Fibonacci Discovery*, San Jose, Calif. 1965.

3. Andrews, William S., *Magic Squares and Cubes*, New York² 1960.

4. Ascher, Marcia, »A River-Crossing Problem in Cross-Cultural Perspective«, in: *Mathematics Magazine*, 63 (1990), S. 26-29.

5. Beckmann, Petr, *A History of Pi*, New York 1971.

6. Berlekamp, Elwyn R., John H. Conway und Richard K. Guy, *Gewinnen. Strategien für mathematische Spiele*, Braunschweig/Wiesbaden 1985/86.

7. Benson, William H., und Oswald Jacoby, *Magic Cubes: New Recreations*, New York 1981.

8. Berloquin, Pierre, *Garten der Sphinx. 150 mathematische Denkspiele*, München 1994.

9. Bloom, Gary S., »A Chronology of the Ringel-Kotzig Conjecture and the Continuing Quest to Call All Trees Graceful«, in: *Topics in Graph Theory*, hrsg. v. Frank Harary, The New York Academy of Sciences 1979, S. 32-51.

10. Browne, George F., *Alcuin of York*, London 1908.

11. Budge, E. A. Wallis (Übers.), *The Book of the Dead*, New York 1967. Deutsch: Hornung, Erik, *Das Totenbuch der Ägypter*, Zürich/München 1979.

12. Ders., *Dwellers on the Nile*, New York 1985.*

13. Ders., *Egyptian Magic*, New York 1971.**

14. Burton, David M., *The History of Mathematics: An Introduction*, Boston 1985.

15. Chace, A.B., u.a. (Hrsg. u. Übers.), *The Rhind Mathematical Papyrus*, Oberlin: Mathematical Association of America, 1927; Nachdr. Reston, Va., 1978.

16. Conway, John H., *Über Zahlen und Spiele*, Braunschweig/Wiesbaden 1983.

17. Ders., »Problem 2.4.«, in: *The Mathematical Intelligencer*, 3 (1980), S. 45.

18. Coolidge, Julian Lowell, *A History of Geometrical Methods*, New York 1963.

19. Davis, Philip J., und Reuben Hersch, *Erfahrung Mathematik*, Boston 1986.

20. Dewdney, Alexander K., *The Armchair Universe: An Exploration of Computer Worlds*, San Francisco 1988.

21. Ders., »Computer Recreations«, in: Scientific American, 131 (1987), S. 128-131.***

22. Eves, Howard W., *In Mathematical Circles*, Boston 1969.

23. Flegg, Graham (Hrsg.), *Numbers Through the Ages*, London 1989.

24. Gardner, Martin, *Mathematisches Labyrinth. Neue Probleme für die Knobelgemeinde*, Braunschweig/Wiesbaden 1979.

  * Siehe auch: Brunner-Traut, Emma, *Die alten Ägypter*, Stuttgart 1987.

  ** Siehe auch: Lurker, Manfred, *Lexikon der Götter und Symbole der alten Ägypter*, Bern u.a. 1987.

*** Siehe auch: Ders., *Computer-Kurzweil*, Heidelberg 1987.

25. Ders., *Sixth Book of Mathematical Recreations*, San Francisco 1971.

26. Ders., *Mit dem Fahrstuhl in die 4. Dimension. Mathematische Rätsel, Paradoxien und neue logische Probleme* (Auswahl), Frankfurt a. M. 1991.

27. Ders., *Mathematische Denkspiele*, München 1987.

28. Gillings, Richard J., »Problems 1 to 6 of the Rhind Mathematical Papyrus«, in: *The Mathematics Teacher*, 55 (1962), S. 61-65.

29. Ders., »Think-of-a-Number Problems 28 and 29 of the Rhind Mathematical Papyrus«, in: *The Mathematics Teacher*, 54 (1961), S. 97-102.

30. Ders., *Mathematics in the Time of the Pharaohs*, Cambridge, Mass., 1972.

31. Gimmestad, Beverly J., »The Russian Peasant Algorithm«, in: *The Mathematical Gazette*, 75 (1991), S. 169-171.

32. Golomb, Solomon W., »How to Number a Graph«, in: *Graph Theory and Computing*, hrsg. v. Ronald C. Read, New York 1972.

33. Grassl, Richard, und Robert Lochel, »Where Have You Seen $n(n-1)/2$ Before?«, in: *The Mathematical Gazette*, 76 (1992), S. 378f.

34. Guy, Richard K., »Conway's Prime Producing Machine«, in: *Mathematics Magazine*, 56 (1983), S. 26-33.

35. Hales, A. W., und R. I. Jewitt, »Regularity and Positional Games«, in: *Transactions of the American Mathematical Society* (1963), S. 222-229.

36. Hartsfield, Nora, und Gerhard Ringel, »Supermagic and Antimagic Graphs«, in: *The Journal of Recreational Mathematics*, 21/2 (1989), S. 107-115.

37. de Heinzelin, Jean, »Ishango«, in: *Scientific American*, 131 (1962), S. 128-131.

38. Honsberger, Ross, *Mathematical Gems III.*, Washington, D.C., 1985.

39. Jordan, J. H., Ray Walch und R. J. Wisner, »Triangles with Integer Sides«, in: *American Mathematical Monthly* (1979), S. 686-689.

40. Kamil el-Misri, Abu, *Das Buch der Seltenheiten der Rechenkunst von Abu Kamil el-Misri*, übers. v. Heinrich Suter, in: *Bibliotheca Mathematica*, (3) 11 (1910/11), S. 100-120.

41. Kirchner, Roger B., »The Generalized Coconut Problem«, in: *American Mathematical Monthly* (1960), S. 516-519.

42. Kraitchik, Maurice, *Mathematical Recreations*, New York 1953.

43. Lee, Sin-Min, und Kam Chueng Ng, »Every Young Tableau Graph Is d-graceful«, in: *Combinatorial Mathematics: Proceedings of the Third International Conference*, hrsg. v. Gary S. Bloom, Ronald Graham und Joseph Malkevitch, S. 296-302.

44. Long, Calvin T., »Magic in Base 3«, in: *The Mathematical Gazette*, 76 (1992), S. 371-376.

45. Ders., »The Twenty-Seven-Card Trick«, in: *The Mathematical Gazette*, 75 (1991), S. 299-303.

46. Markowsky, George, »Numerical Tic-Tac-Toe - I.«, in: *The Journal of Mathematical Recreations*, 22/2 (1990), S. 114-123.

47. Ders., »Numerical Tic-Tac-Toe - II.«, in: *The Journal of Mathematical Recreations*, 22/3 (1990), S. 192-200.

48. Marshack, Alexander, *The Roots of Civilization*, New York 1971 [1972].

49. McLeish, John, *Number. The History of Numbers and How They Shape Our Lives*, New York 1991.

50. Mott-Smith, Geoffrey, *Mathematical Puzzles*, New York 1978.

51. Murray, H. J. R., *A History of Board Games Other Than Chess*, New York 1978.

52. Needham, Joseph, *Wissenschaftlicher Universalismus. Über Bedeutung und Besonderheit der chinesischen Wissenschaft*, Frankfurt a. M. 1977.

53. Neugebauer, Otto, *The Exact Sciences in Antiquity*, New York 1969.

54. O'Beirne, Thomas H., *Puzzles and Paradoxes*, New York 1965.

55. Ogilvy, Charles Stanley/John T. Anderson, *Zahlentheorie*, München 1970.

56. Ore, Oystein, *Graphen und ihre Anwendungen*, Stuttgart 1974.

57. Patashnik, Oren, »Qubic: 4x4x4 Tic-Tac-Toe«, in: *Mathematics Magazine*, 53 (1980), S. 202-216.

58. Paul, Jerome L., »Tic-Tac-Toe in n-Dimensions«, in: *Mathematics Magazine*, 51 (1978), S. 45-49.

59. Pressman, Ian, u. David Singmaster, »The Jealous Husbands and the Missionaries and Cannibals«, in: *The Mathematical Gazette*, 73 (1989), S.73-81.

60. Read, Ronald C., *Tangrams: 330 Tangram Puzzles*, New York 1965.*

61. Rising, Gerald R., »The Egyptian Use of Unit Fractions for Equitable Distribution, and a Response from R. J. Gillings«, in: *Historia Mathematica*, 1 (1974), S. 93f.

62. Säve-Söderberg, Torgny, *Pharaohs and Mortals*, übers. v. Richard E. Oldenburg, London 1963.**

63. Singh, Paramanand, »The So-called Fibonacci Numbers in Ancient and Medieval India«, in: *Historia Mathematica*, 25 (1918), S. 229-244.

64. Singmaster, David, »Some Early Sources in Recreational Mathematics«. (Unveröffentlichtes Manuskript).

65. Ders., »The Hundred Fowls, or How to Count Your Chickens«, in: *Mathematics Review* (noch nicht erschienen).

66. Ders., »Triangles with Integer Sides and Sharing Barrels«, in: *The College Mathematics Journal*, 21 (1990), S. 278-285.

67. Smith, David E., und Jekuthial Ginsburg, »Rabbi Ben Ezra and the Hindu-Arabic Problem«, in: *The American Mathematical Monthly*, 25 (1918), S. 99-108.

---

 * Siehe auch: Elffers, Joost, *Tangram. Das alte chinesische Fonnenspiel*, Köln 1978.
** Siehe auch: Hornung, Erik, *Geist der Pharaonenzeit*, Zürich/München 1989.

68. Stanton, R. G., und C. R. Zarnke, »Labelling of Balanced Trees«, in: *Proceedings of the Fourth S. E. Conference on Combinatorics and Graph Theory*, Winnipeg, Manitoba, Can., S. 479-495.

69. Stein, Sherman K., *Mathematics: The Man-made Universe*, San Francisco 1963.

70. Steinhaus, Hugo, *Kaleidoskop der Mathematik*, Berlin 1959.

71. Stern, Martin D., »A Mathematical Tosofot - A Case of Cross-Cultural Contact?«, in: *Niv Hamidrashia* (1990), S. 37-41.

72. Stewart, Ian, *Game, Sat and Math: Enigmas and Conundrums*, Cambridge 1989.

73. Ders., »The Riddle of the Vanishing Camel«, in: *Scientific American* (1992), S. 122-124.

74. Stewart, R. M., »Magic Graphs«, in: *Canadian Journal of Mathematics* (1966), S. 1031-1059.

75. Ders., »Supermagic Complete Graphs«, in: *Canadian Journal of Mathematics* (1967), S. 427-438.

76. Struble, Mitch, *Stretching a Point*, Philadelphia 1971.

77. Swetz, Frank J., »Using Problems from the History of Mathematics in Classroom Instructions«, in: *Mathematics Teacher* (1989), S. 370-377.

78. Ders. und T. I. Kao, *Was Pythagoras Chinese? An Examination of Right-Triangle Theory in Ancient China*, University Park, Penn., 1977.

79. Temple, Robert K., *The Genius of China: 3000 Years of Science, Discovery, and Invention*, New York 1987.*

80. Trudeau, Richard J., *Dots and Lines*, Kent, Ohio, 1976.

81. Tweedie, M. C. K., »A Graphical Method of Solving Tartaglian Measuring Puzzles«, in: *The Mathematical Gazette*, 23 (1939), S. 278-282.

82. Varnadore, James, »Pascal's Triangle and Fibonacci Numbers«, in: *Mathematics Teacher* (1991), S. 314-316.

83. Waddell, Helen, *Medieval Latin Lyrics*, New York 1977.**

84. Wang, Fu Traing, und Chuan-Chih Hsiung, »A Theorem of the Tangram«, in: *American Mathematical Monthly* (1942), S. 596-599.

85. Westbrook, D. R., »The Desert Fox, a Variation of the Jeep Problem«, in: *The Mathematical Gazette*, 74 (1990), S. 49f.

86. Yong, Lam Lay, »Yang Hui's Commentary on the Ying Nu Chapter of the Chiu Chang Shu (Nine Chapters)«, in: *Historia Mathematica*, 1 (1974), S. 47-64.

87. Zaslavsky, Claudia, *Africa Counts: Number and Pattern in African Culture*, Boston 1973.

\* Siehe auch: Gernet, Jacques, *Die chinesische Welt*, Frankfurt a.M. 1988.
\*\* Siehe auch: Lateinische Lyrik des Mittelalters, ausgewählt, übers. u. kommentiert v. Paul Klopsch, Stuttgart 1985.

# Danksagung

Autor und Verlag danken für die Abdruckgenehmigung aus folgenden Quellen:

Petr Beckmann, *The History of Pi*, 1971, The Golem Press; E.A. Wallis Budge, *Dwellers on the Nile*, 1985, Dover Publications, Inc; A.B. Chace u.a., Hrsg. und Übers., *The Rhind Mathematical Papyrus*, 1927, The Mathematical Association of America; Richard J. Gillings, *Mathematics in the Time of the Pharaohs*, 1972, MIT Press; *The Original Rubaiyat of Omar Khayyam*, übersetzt von Robert Graves und Omar Ali-Shah, A.P. Watt Ltd im Namen von The Trustees of the Robert Graves Copyright Trust und Omar Ali-Shah; »Ishango«, von Jean de Heinzelin. Copyright © 1962 by Scientific American, Inc. Alle Rechte vorbehalten; Ross Honsberger, *Mathematical Gems III*, 1985, The Mathematical Association of America; Alexander Marshack, *The Roots of Civilization*, 1971, McGraw-Hill, Inc.; Geoffry Mott-Smith, *Mathematical Puzzles*, 1978, Dover Publications, Inc.; James Newman, ed., *The World of Mathematics, Volume I*, 1956, Simon & Schuster, Inc.; T.H. O'Beirne, *Puzzles and Paradoxes*, 1965, A.L. O'Beirne; C. Stanley Ogilvy und John T. Anderson, *Excursions in Number Theory*, 1966, Oxford University Press; David Singmaster, »Some Early Sources in Recreational Mathematics«, unveröffentlichtes Manuskript, Rechte beim Autor; D.E. Smith und Jekuthial Ginsburg, in *The American Mathematical Monthly*, 25/3 (1918), The Mathematical Association of America; Frank J. Swetz und T.I. Kao, *Was Pythagoras Chinese?* 1977, The Pennsylvania State University Press; Robert Temple, *The Genius of China: 3000 Years of Science, Discovery, and Invention*, 1987, Simon & Schuster, Inc.; Helen Waddell, *Medieval Latin Lyrics*, 1977, W.W. Norton & Co., Inc.; (Abbildung 112 auf Seite 241) Copyright 1979 by Claudia Zaslavsky. Abdruck aus *Africa Counts: Number and Pattern in African Culture*, Lawrence Hill Books (Brooklyn, New York).